高等学校数学基础课程系列教材

高等数学

上册

主　编　王　震　惠小健　于蓉蓉
副主编　章培军　李小敏　王娇凤
参　编　刘　蕊　郭怡冰　郭姣姣
　　　　陈　瑶　吴会会　苏佳琳

机械工业出版社

本套书是按照高等学校的本科高等数学课程教学大纲的要求编写的。全书分为上下两册。本书为上册，共7章，主要内容包括函数、极限与连续，导数和微分，微分中值定理及导数的应用，不定积分，定积分，定积分的应用，微分方程。本书编写思路清晰，内容取材深广度合适，具体阐述深入浅出，突出高等数学的Maple计算，各章节例题配有Maple计算程序，以便于帮助读者利用Maple软件进行计算，增加其学习兴趣等。

本书可作为高等学校理工、经管、医学、农林类等本科专业的公共数学基础课程教材，也可供高校教师、工程技术人员和科研工作者等相关人员参考使用。

图书在版编目（CIP）数据

高等数学. 上册/王震，惠小健，于蓉蓉主编. —北京：机械工业出版社，2022.8（2024.6重印）

高等学校数学基础课程系列教材

ISBN 978-7-111-71251-0

Ⅰ.①高… Ⅱ.①王…②惠…③于… Ⅲ.①高等数学-高等学校-教材 Ⅳ.①O13

中国版本图书馆CIP数据核字（2022）第127380号

机械工业出版社（北京市百万庄大街22号 邮政编码100037）

策划编辑：韩效杰 责任编辑：韩效杰 李 乐

责任校对：李 杉 李 婷 封面设计：鞠 杨

责任印制：单爱军

河北环京美印刷有限公司印刷

2024年6月第1版第3次印刷

184mm×260mm · 19印张 · 458千字

标准书号：ISBN 978-7-111-71251-0

定价：59.80元

电话服务

客服电话：010-88361066

010-88379833

010-68326294

网络服务

机 工 官 网：www.cmpbook.com

机 工 官 博：weibo.com/cmp1952

金 书 网：www.golden-book.com

机工教育服务网：www.cmpedu.com

前 言

高等数学课程是高等学校理、工、经、管、农、医类各专业的基础课程，也是工程应用数学的重要基础。通过本课程的学习，学生能够系统地掌握微积分等基本知识和基本理论。

本书有如下几个特点：

1. 强化基础，教学内容突出基本概念、基本理论和数学基本思想方法，注意培养学生的抽象思维能力、逻辑推理与判断能力、空间想象能力、数学语言及符号的表达能力和学以致用的能力。符合国家对高等数学课程改革的要求以及基础课程“金课行动”的改革要求，增加课程高阶性、创新性、挑战度。

2. 针对学生学习的特点，难点内容的讲述尽量通俗易懂，习题难易尽量适合绝大多数学生，增强学生学习的信心。尽量通过实例引入概念，选择例题贴近生活，引入模型来源于实际，并特别注意数学在物理学、经济学和管理学中的应用。

3. 聚焦培养学生解决复杂问题的能力，强化对学生实践能力、创新意识与创新精神教育，将实践能力培养和创新创业教育融入人才培养全过程。培养学生应用数学方法解决实际问题并进行创新的能力，在各章节的教学内容中例题利用 Maple 进行了实现，以此来提高学生的学习兴趣和应用能力，达到知识和能力的转化。

本书是编者根据多年的教学经验编写的，同时也参考了国内的高等数学教材。本书在编写过程中曾向校内外同行广泛征求意见，承蒙众多同行厚爱，提出了许多宝贵意见，在此一并致谢。

本书虽经多次讨论，反复修正，但限于编者水平，缺点和疏漏之处在所难免，恳请大家不吝指正，万分感激。

编者

目　录

第 1 章 函数、极限与连续

函数是数学中最重要的概念之一，是高等数学研究的主要对象，极限理论是整个高等数学的基础。本章将介绍函数、极限和函数连续等一些基本概念及其性质。

1.1 函数的概念及其基本特性

1.1.1 函数的基本概念

定义 1.1.1（函数） 设 D 和 M 是两个实数集，若按照法则 f，使对于 D 内的每一个元素 x，都有确定的数 $y\in M$ 与之对应，则称 f 是定义在数集 D 上的**函数**，记作

$$f: D\to M \text{ 或 } x\to y。$$

其中，D 为函数 f 的**定义域**，x 所对应的数 y 称为 f 在点 x 处的**函数值**，$f(D)=\{y\mid y=f(x), x\in D\}$ 称为函数 f 的**值域**。

注 （1）函数定义中的记号"$f: D\to M$"表示按法则 f 建立 D 到 M 的函数关系，$x\to y$ 表示这两个数集中元素之间的对应关系，也记作 $x\to f(x)$。习惯上称 x 为自变量，y 为因变量。

（2）函数有三个要素，即定义域、对应法则和值域。当对应法则和定义域确定后，值域便自然确定下来。因此，函数的基本要素有两个：定义域和对应法则。所以函数也常表示为 $y=f(x)$，$x\in D$。由此，两个函数相同，是指它们有相同的定义域和对应法则，与两个变量用何种表示符号无关。例如，①$f(x)=1$，$x\in\mathbf{R}$ 与 $g(x)=1$，$x\in\mathbf{R}\setminus\{0\}$（不相同，对应法则相同，但定义域不同）；②$\varphi(x)=|x|$，$x\in\mathbf{R}$ 与 $\psi(x)=\sqrt{x^2}$，$x\in\mathbf{R}$（相同，只不过对应法则的表达形式不同）。

（3）函数用公式法（解析法）表示时，函数的定义域是使该运算式有意义的自变量的全体，通常称为自然定义域。此时，函数

的记号中的定义域 D 可省略不写，而只用对应法则 f 来表示一个函数，即“函数 $y=f(x)$”或“函数 f”。

（4）从“映射”的观点来看，函数给出了轴上的点集到轴上点集之间的单值对应，也称为映射。函数 f 是特殊的映射，对于 $a\in D$，$f(a)$ 称为映射 f 下 a 的像。a 称为 $f(a)$ 的原像。映射有一种直观的“箭头图”表示方法，即画两条平行的直线分别表示 x 轴与 y 轴，x 轴上点集 D 的每一点 a(原像)与 y 轴上点 $f(a)$(a 的像)相对应，是用由 a 指向 $f(a)$ 的带箭头的线段相连接。

（5）在函数定义中，$\forall x\in D$，只能有唯一的一个 y 值与它对应，这样定义的函数称为“单值函数”；若对同一个 x 值，可以对应多于一个 y 值，则称这种函数为“多值函数”。本书中只讨论单值函数(简称函数)。

（6）函数概念还可以推广，即 M 和 D(或其中某一个)可不限于是数集。例如，定义域 D 是一切三角形的集合，而 M 是圆的集合。对应法则规定每一个三角形与它唯一的外接圆相对应，这样在三角形集合与圆集合之间建立了函数关系。总之，推广后的函数仍建立了两个集合之间的对应关系，只不过集合中的元素可以不限于是实数。

例 1.1.1 求函数 $y=\sqrt{x^2-5x+4}+\lg(3+2x-x^2)$ 的定义域。

解 对于 $\sqrt{x^2-5x+4}$ 要求 $x^2-5x+4\geqslant 0$，即 $x\leqslant 1$ 或 $x\geqslant 4$；对于 $\lg(3+2x-x^2)$ 要求 $3+2x-x^2>0$，即 $-1<x<3$。因此 $y=\sqrt{x^2-5x+4}+\lg(3+2x-x^2)$ 的定义域是 $(-1,1]$。

例 1.1.2 确定函数 $y=\dfrac{1}{\sqrt{1-x^2}}+\arccos(2x-1)$ 的定义域。

解 函数的定义域是满足不等式组

$$\begin{cases}1-x^2>0,\\ -1\leqslant 2x-1\leqslant 1\end{cases}$$

的 x 的全体，所以定义域为 $[0,1)$。

例 1.1.3 已知 $f(x)=\dfrac{1}{x-1}$，求 $f(3)$，$f(3-a)$，$f(f(x))$。

解 $f(3)=\dfrac{1}{3-1}=\dfrac{1}{2}$；

$$f(3-a)=\frac{1}{(3-a)-1}=\frac{1}{2-a};$$

$$f(f(x))=\frac{1}{f(x)-1}=\frac{1}{\dfrac{1}{x-1}-1}=\frac{x-1}{1-(x-1)}=\frac{x-1}{2-x}。$$

例 1.1.4　符号函数

$$y=\operatorname{sgn}x=\begin{cases}1, & x>0,\\ 0, & x=0,\\ -1, & x<0\end{cases}$$

的定义域为$(-\infty,\infty)$，值域为$\{1,0,-1\}$，其图像如图 1.1.1 所示。

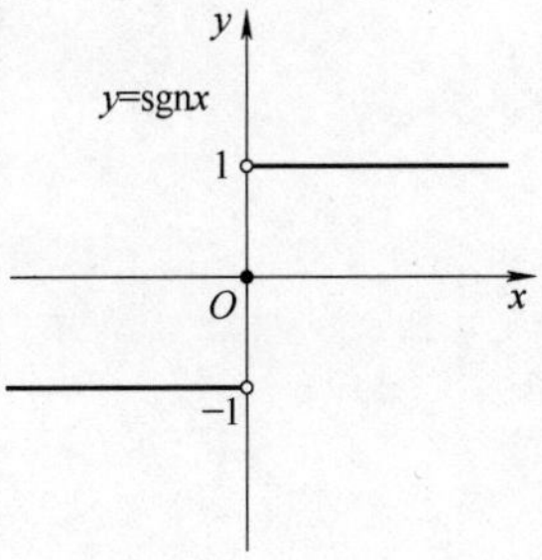

图　1.1.1

例 1.1.5　单位阶跃函数 $U(t)=\begin{cases}0, & t<0,\\ 1, & t>0,\end{cases}$ 其图像如图 1.1.2 所示。

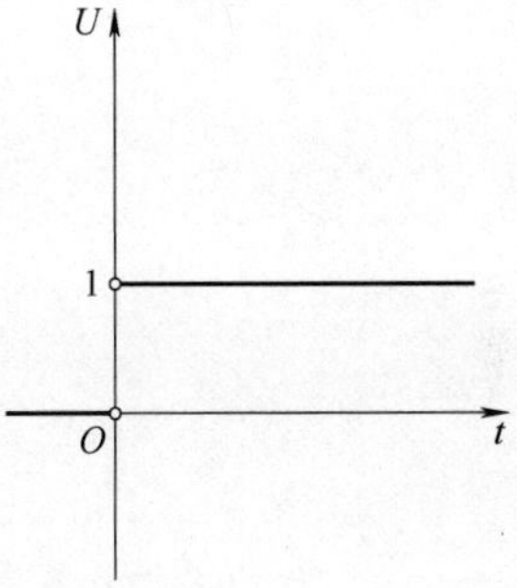

图　1.1.2

定义 1.1.2(邻域)　不等式$|x-a|<\delta$(δ 是大于 0 的常数)的一切 x 的解集称为**点 a 的 δ 邻域**，记作 $U(a,\delta)$。

它的几何意义表示以 a 为中心，δ 为半径的开区间$(a-\delta,a+\delta)$，即$\{x\mid a-\delta<x<a+\delta\}$，对不等式$0<|x-a|<\delta$ 称为点 a 的 δ 空心邻域，即$(a-\delta,a)\cup(a,a+\delta)$，记作 $\mathring{U}(a,\delta)$。

1.1.2　反函数

定义 1.1.3(反函数)　设 $y=f(x)$，定义域为 D，值域为 R，若对于 R 中的每一个数 y，在数集 D 中都有唯一的一个值 x 与之对应，即变量 x 是变量 y 的函数，这个函数称为 $y=f(x)$的**反函数**，记为 $x=f^{-1}(y)$。

注　(1) 并不是任何函数都有反函数，从映射的观点看，函数 f 有反函数，意味着 f 是 D 与 $f(D)$之间的一个一一映射，称 f^{-1} 为映射 f 的逆映射，它把 $f(D)\to D$。

(2) 函数 f 与 f^{-1} 互为反函数，并有 $f^{-1}(f(x))\equiv x$，$x\in D$，$f(f^{-1}(y))\equiv y$，$y\in f(D)$。

(3) 在反函数的表示 $x=f^{-1}(y)$，$y\in f(D)$中，是以 y 为自变量，x 为因变量。若按习惯做法用 x 作为自变量的记号，y 作为因变量的记号，则函数 f 的反函数 f^{-1} 可以改写为

$$y=f^{-1}(x),\ x\in f(D)。$$

(4) $y=f(x)$与 $y=f^{-1}(x)$的图像关于 $y=x$ 对称。

例 1.1.6　求函数 $y=\dfrac{2x+1}{2x-1}$的反函数。

解　由 $y=\dfrac{2x+1}{2x-1}$，可得　$x=\dfrac{y+1}{2(y-1)}$，

故得函数 $y=\frac{2x+1}{2x-1}$ 的反函数为 $y=\frac{x+1}{2(x-1)}$，定义域为 $x\neq 1$。

1.1.3 有界性

定义 1.1.4［有上(下)界函数］ 设 f 是定义在 D 上的函数。若存在数 $M(L)$，使得对所有 $x\in D$ 有 $f(x)\leqslant M(f(x)\geqslant L)$，则称 f 为 D 上有上(下)界函数，$M(L)$ 称作 f 在 D 上的一个**上(下)界**。f 为 D 上有上(下)界函数等价于 $f(D)$ 是一个有上(下)界的集合。

定义 1.1.5(有界函数) 若存在 $M>0$，使得对所有 $x\in D$ 有 $|f(x)|\leqslant M$，则 f 为 D 上**有界函数**。

1.1.4 单调性

定义 1.1.6(单调函数) $y=f(x)$ 为 D 上的**增函数**$\Leftrightarrow\forall x_1, x_2\in D$，当 $x_1<x_2$ 时有 $f(x_1)\leqslant f(x_2)$；

$y=f(x)$ 为 D 上的**严格增函数**$\Leftrightarrow\forall x_1, x_2\in D$，当 $x_1<x_2$ 时有 $f(x_1)<f(x_2)$；

$y=f(x)$ 为 D 上的**减函数**$\Leftrightarrow\forall x_1, x_2\in D$，当 $x_1<x_2$ 时有 $f(x_1)\geqslant f(x_2)$；

$y=f(x)$ 为 D 上的**严格减函数**$\Leftrightarrow\forall x_1, x_2\in D$，当 $x_1<x_2$ 时有 $f(x_1)>f(x_2)$。

增函数与减函数统称为**单调函数**，严格增函数与严格减函数统称为**严格单调函数**。

定理 1.1.1 设 $y=f(x)$，$x\in D$ 为严格增(减)函数，则 f 必有反函数 f^{-1}，且 f^{-1} 在 $f(D)$ 上也是严格增(减)函数。

证明 设 $y=f(x)$ 严格增，则对于 $\forall y\in f(D)$，有 $x\in D$ 使 $f(x)=y$。当 $x_1>x$ 时，有 $f(x_1)>f(x)$，当 $x_1<x$ 时，有 $f(x_1)<f(x)$，所以 $x_1\neq x$ 时，$f(x_1)\neq f(x)$，从而存在反函数 $x=f^{-1}(y)$，且 $y\in f(D)$，故对于 $\forall y_1, y_2\in f(D)$，当 $y_1<y_2$ 时，设 $x_1=f^{-1}(y_1)$，$x_2=f^{-1}(y_2)$，则 $f(x_1)=y_1$，$f(x_2)=y_2$，如果 $x_1\geqslant x_2$，则 $y_1\geqslant y_2$，所以 $x_1<x_2$，故 $x=f^{-1}(y)$ 严格增。

1.1.5 奇偶性

定义 1.1.7　函数 $y=f(x)$ 定义在关于原点对称的 D 上，若对每一个 $x\in D$ 有 $f(-x)=-f(x)$ $(f(-x)=f(x))$，则称 $y=f(x)$ 为 D 上的**奇(偶)函数**。

注　(1) 奇函数的图像关于原点对称，偶函数的图像关于 y 轴对称。

(2) 对于奇函数有 $f(x)+f(-x)=0$，对于偶函数有 $f(x)-f(-x)=0$。

例 1.1.7　判断 $f(x)=\ln(x+\sqrt{x^2+1})$ 的奇偶性。

解　因为

$$f(-x)=\ln(-x+\sqrt{x^2+1})$$
$$=\ln\frac{(-x+\sqrt{x^2+1})(x+\sqrt{x^2+1})}{x+\sqrt{x^2+1}}$$
$$=\ln\frac{1}{x+\sqrt{x^2+1}}=-\ln(x+\sqrt{x^2+1})=-f(x),$$

所以 $f(x)$ 为奇函数。

1.1.6 周期性

定义 1.1.8　设 f 为 D 上的函数，若存在某与 x 无关的正数 T，使得对 $\forall x\in D$ 有 $f(x\pm T)=f(x)$ 成立，则称 f 是以 T 为周期的**周期函数**。显然，若 T 为 f 的周期，则 $2T$，$3T$，$4T$，…也是 f 的周期。若在周期函数 f 的所有周期中有一个最小的正数，则称这个最小的正数为 f 的**最小正周期**，且一般函数的周期在未说明的情况下是指最小正周期。

例 1.1.8　求函数 $f(x)=A\sin(\omega x+\varphi)$ 的周期($\omega>0$)。

解　因为

$$f(x)=A\sin(\omega x+\varphi+2\pi)$$
$$=A\sin\left[\omega\left(x+\frac{2\pi}{\omega}\right)+\varphi\right]$$
$$=f\left(x+\frac{2\pi}{\omega}\right),$$

所以函数 $f(x)=A\sin(\omega x+\varphi)$ 的周期为 $\dfrac{2\pi}{\omega}$。

周期函数$f(x)$的图形特点是，每当自变量增加或减少一个周期T时，图形重复出现，所以我们可以向左、右无限复制，即可得到$f(x)$的整个图形，因此我们知道函数$f(x)$在一个周期内的性质，就可推知它在整个定义域内的性质。

注意　并非任意周期函数都有最小正周期。

例 1.1.9　狄利克雷函数

$$D(x)=\begin{cases}1, & x\text{ 为有理数},\\ 0, & x\text{ 为无理数}。\end{cases}$$

这是一个周期函数，任何正有理数r都是它的周期，但不存在最小正周期。

注　(1) 若k是$f(x)$的周期，则$f(ax+b)$的周期为$\dfrac{k}{|a|}$。

(2) 若$f(x)$，$g(x)$均以k为周期，则$f(x)\pm g(x)$也以k为周期。

(3) 若$f(x)$，$g(x)$分别以k_1，k_2为周期，则$f(x)\pm g(x)$以k_1，k_2的最小公倍数为周期。

(4) 常量函数$f(x)=c$是以任何正数为周期的周期函数，但不存在最小正周期。

习题 1.1

1. 求下列函数的定义域：

(1) $y=\dfrac{1}{1-x^2}$；　(2) $y=\sqrt{3x+2}$；

(3) $y=\dfrac{1}{x}-\sqrt{1-x^2}$；　(4) $y=\dfrac{1}{\sqrt{4-x^2}}$；

(5) $y=\sin\sqrt{x}$；　(6) $y=\tan(x+1)$；

(7) $y=\arcsin(x-3)$；

(8) $y=\sqrt{3-x}+\arctan\dfrac{1}{x}$；

(9) $y=\ln(x+1)$；　(10) $y=e^{\frac{1}{x}}$。

2. 判断下列函数是否相同，为什么？

(1) $f(x)=x+3$，$g(x)=\dfrac{x^2-9}{x-3}$；

(2) $f(x)=\sqrt{(x-1)^2}$，$g(x)=|x-1|$；

(3) $f(x)=1$，$g(x)=\sec^2x-\tan^2x$。

3. 判断下列函数中哪些是奇函数，哪些是偶函数，哪些是非奇非偶函数：

(1) $f(x)=1+3\cos x$；　(2) $f(x)=x-2x^2+x^5$；

(3) $f(x)=\sin x-\cos x+1$；(4) $f(x)=x(x-1)(x+1)$；

(5) $f(x)=x\sin\dfrac{1}{x}$；　(6) $f(x)=\ln\dfrac{1+x}{1-x}$。

4. 已知$f(x)=\begin{cases}2+x, & x<0,\\ 0, & x=0,\\ x^2+2, & 0<x\leqslant 4,\end{cases}$　试计算$f(x)$的定义域及$f(-2)$，$f(1)$的值，并作出它的图像。

5. 下列各函数中哪些是周期函数？对于周期函数，指出其最小正周期。

(1) $y=\cos 4x$；　(2) $y=\cos(x-2)$；

(3) $y=\sin^2x$；　(4) $y=1+\sin\pi x$。

1.2 初等函数

1.2.1 基本初等函数

1. 常值函数

$y=c$，定义域为$(-\infty,+\infty)$，值域为$\{c\}$。

2. 幂函数

$$y=x^{\alpha}(\alpha\neq 0 \text{ 且是常数})。$$

（1）幂函数的定义域

当 α 为正整数时，定义域为$(-\infty,+\infty)$；

当 α 为负整数时，定义域为$(-\infty,0)\cup(0,+\infty)$；

当 $\alpha=\frac{1}{\mu}$（μ 为正整数），若 μ 为奇数，定义域为$(-\infty,+\infty)$，若 μ 为偶数，定义域为$[0,+\infty)$；

当 $\alpha=\frac{q}{p}$（p，q 为正整数），若 p 为奇数，定义域为$(-\infty,+\infty)$，若 p 为偶数，定义域为$[0,+\infty)$；

当 α 为无理数时，则以公式 $x^{\alpha}=e^{\alpha\ln x}$ 作为 x^{α} 的定义，故定义域为$(0,+\infty)$。

（2）幂函数在第一象限内的图形如图 1.2.1 所示。

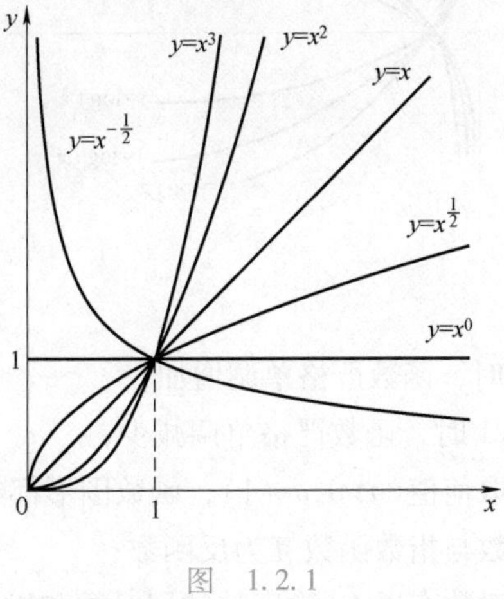

图　1.2.1

1）当 $\alpha>0$ 时，函数严格单调增加；

2）当 $\alpha<0$ 时，函数严格单调减少；

3）不论 α 为何值，函数图形都经过点$(1,1)$。

3. 指数函数

$y=a^x$（a 为任意正的常数，且 $a\neq 1$），定义域为$(-\infty,+\infty)$，值

域为$(0,+\infty)$，图像如图 1.2.2 所示。

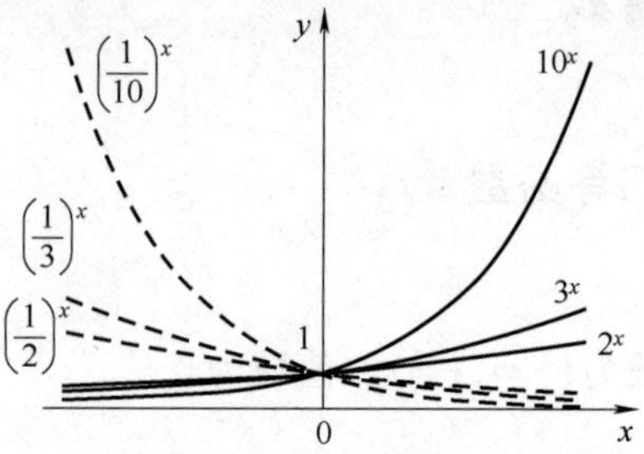

图 1.2.2

(1) 当 $a>1$ 时，函数严格单调增加；

(2) 当 $0<a<1$ 时，函数严格单调减少；

(3) 不论 a 取何值$(a>0,a\neq1)$，函数图形都经过点$(0,1)$；

(4) 函数 $y=a^x$ 与 $y=a^{-x}$的图形关于 y 轴对称。

4. 对数函数

$y=\log_a x$(a 为任意正的常数，且 $a\neq1$)，定义域为$(0,+\infty)$，值域为$(-\infty,+\infty)$，图像如图 1.2.3 所示。

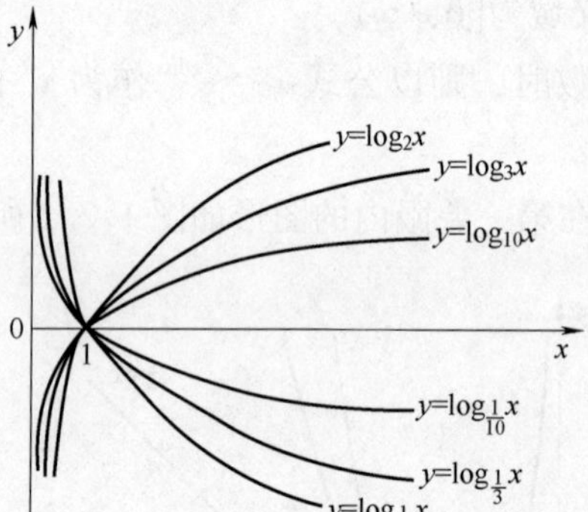

图 1.2.3

(1) 当 $a>1$ 时，函数严格单调增加；

(2) 当 $0<a<1$ 时，函数严格单调减少；

(3) 不论 a 取何值$(a>0,a\neq1)$，函数图形都经过点$(1,0)$；

(4) 对数函数与指数函数互为反函数；

(5) 常用的对数有以 10 为底的常用对数和以 $e=2.71828\cdots$为底的自然对数，且记自然对数为 $\ln x$。

5. 三角函数

正弦函数 $y=\sin x$，定义域为$(-\infty,+\infty)$，值域为$[-1,1]$，以 2π 为周期的有界奇函数；

余弦函数 $y=\cos x$，定义域为$(-\infty,+\infty)$，值域为$[-1,1]$，以

2π 为周期的有界偶函数；

正切函数 $y=\tan x$，定义域为$\left\{x \mid x \neq k\pi+\dfrac{\pi}{2}, k=0, \pm1, \pm2, \cdots\right\}$，以 π 为周期的奇函数；

余切函数 $y=\cot x$，定义域为$\{x \mid x \neq k\pi, k=0, \pm1, \pm2, \cdots\}$，以 π 为周期的奇函数；

正割函数 $y=\sec x$，定义域为$\left\{x \mid x \neq k\pi+\dfrac{\pi}{2}, k=0, \pm1, \pm2, \cdots\right\}$，以 2π 为周期的无界偶函数；

余割函数 $y=\csc x$，定义域为$\{x \mid x \neq k\pi, k=0, \pm1, \pm2, \cdots\}$，以 2π 为周期的无界奇函数。

以上六个函数的图像如图 1.2.4～图 1.2.6 所示。

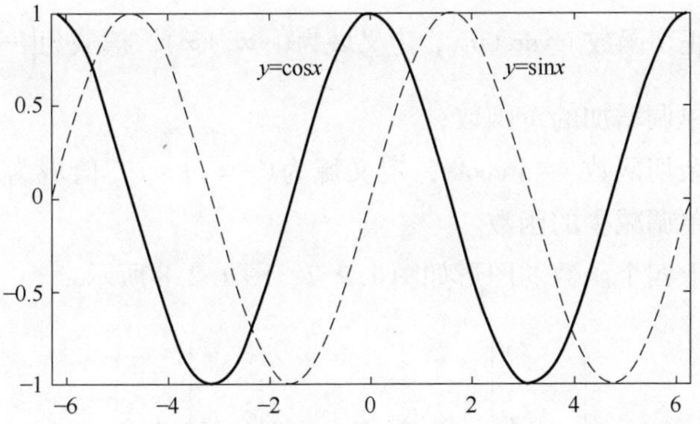

图　1.2.4

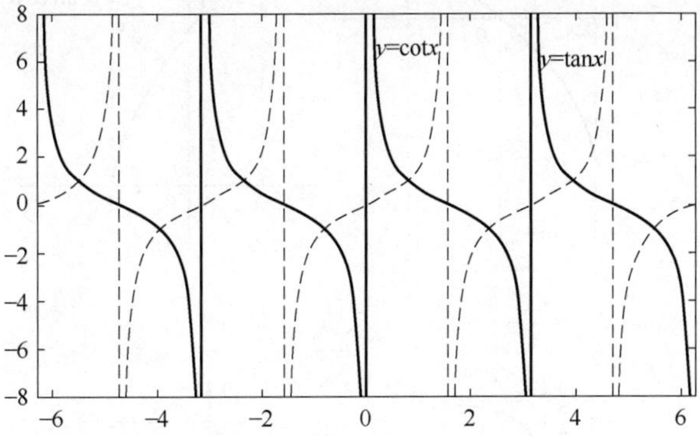

图　1.2.5

6. 反三角函数

反正弦函数 $y=\arcsin x$，定义域为$[-1,1]$，值域为$\left[-\dfrac{\pi}{2}, \dfrac{\pi}{2}\right]$，有界、单调增加的奇函数；

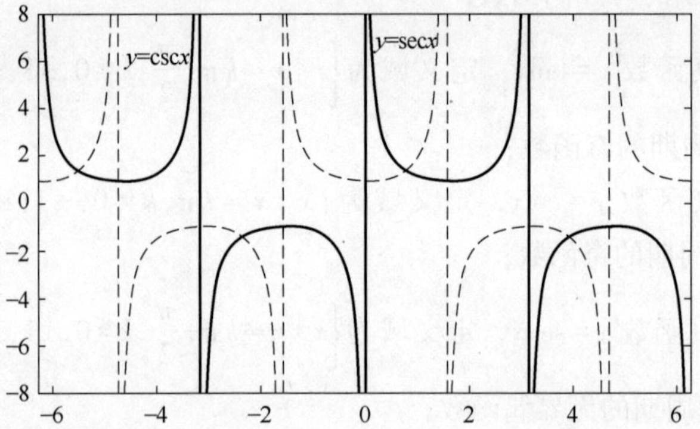

图 1.2.6

反余弦函数 $y=\arccos x$，定义域为$[-1,1]$，值域为$[0,\pi]$，有界、单调减少的函数；

反正切函数 $y=\arctan x$，定义域为$(-\infty,+\infty)$，值域为$\left(-\frac{\pi}{2},\frac{\pi}{2}\right)$，有界、单调增加的奇函数；

反余切函数 $y=\operatorname{arccot} x$，定义域为$(-\infty,+\infty)$，值域为$(0,\pi)$，有界、单调减少的函数。

以上四个函数的图形如图 1.2.7、图 1.2.8 所示。

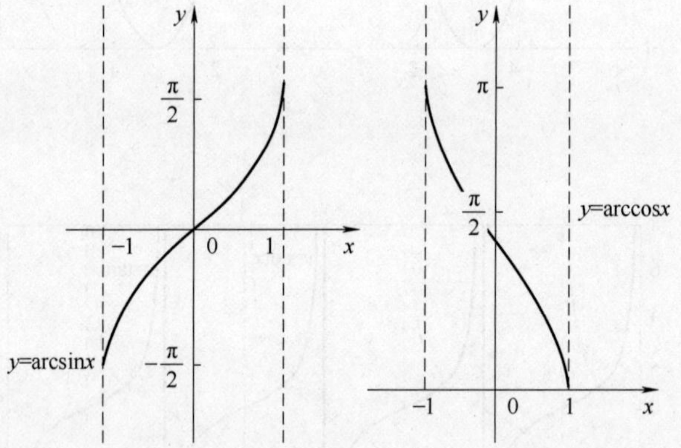

图 1.2.7

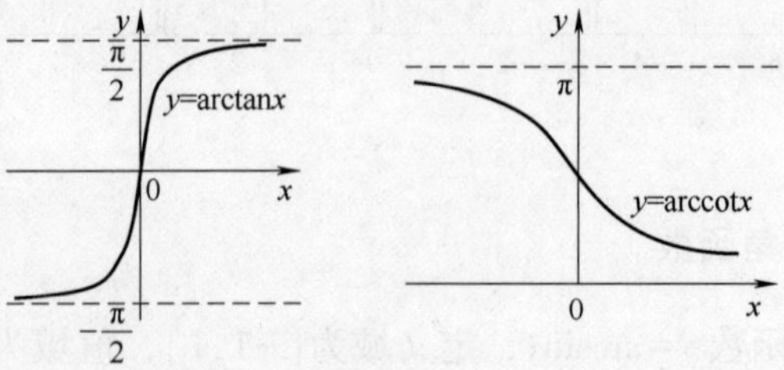

图 1.2.8

1.2.2 复合函数与初等函数

定义 1.2.1(复合函数)　设 y 是 u 的函数，$y=f(u)$；u 是 x 的函数，$u=\phi(x)$，当 x 在某一区间 D 取值，且相应 u 的值可使 y 有定义时，那么 y 是 x 的一个定义在 D 上的**复合函数**，记作 $y=f(\phi(x))$。

例 1.2.1　试求由函数 $y=\mathrm{e}^u$，$u=\sin x$ 复合而成的复合函数。

解　将 $u=\sin x$ 代入 $y=\mathrm{e}^u$ 中即为所求的复合函数 $y=\mathrm{e}^{\sin x}$，其定义域为 $(-\infty,+\infty)$。

例 1.2.2　已知 $f(1+x)=x^2$，求 $f(2x-1)$。

解　令 $1+x=u$，得 $f(u)=(u-1)^2$，将 $u=2x-1$ 代入得

$$f(2x-1)=(2x-2)^2=4(x-1)^2。$$

定义 1.2.2(初等函数)　由基本初等函数，经过有限次四则运算和复合运算构成，并且在其定义域内可用一个解析式表达的函数，称为**初等函数**。

1.2.3 双曲函数与反双曲函数

双曲正弦 $\mathrm{sh}x=\dfrac{\mathrm{e}^x-\mathrm{e}^{-x}}{2}$，$x\in(-\infty,+\infty)$；

双曲余弦 $\mathrm{ch}x=\dfrac{\mathrm{e}^x+\mathrm{e}^{-x}}{2}$，$x\in(-\infty,+\infty)$；

双曲正切 $\mathrm{th}x=\dfrac{\mathrm{e}^x-\mathrm{e}^{-x}}{\mathrm{e}^x+\mathrm{e}^{-x}}$，$x\in(-\infty,+\infty)$；

双曲余切 $\mathrm{coth}x=\dfrac{\mathrm{e}^x+\mathrm{e}^{-x}}{\mathrm{e}^x-\mathrm{e}^{-x}}$，$x\in(-\infty,0)\cup(0,+\infty)$。

以上四个函数的图像如图 1.2.9 所示。

反双曲正弦 $y=\mathrm{arsh}x=\ln(x+(x^2+1)^{\frac{1}{2}})=\ln\left|x+\sqrt{x^2+1}\right|$，$x\in(-\infty,+\infty)$；

反双曲余弦 $y=\mathrm{arch}x=\ln(x+(x^2-1)^{\frac{1}{2}})=\ln\left|x+\sqrt{x^2-1}\right|$，$x\in[1,+\infty)$；

反双曲正切 $y=\mathrm{arth}x=\dfrac{1}{2}\ln\left(\dfrac{1+x}{1-x}\right)$，$x\in(-1,1)$。

以上三个函数的图像如图 1.2.10 所示。

几点说明：

(1) $\mathrm{ch}^2x-\mathrm{sh}^2x=1$；$\mathrm{ch}2x=\mathrm{ch}^2x+\mathrm{sh}^2x$；$\mathrm{sh}2x=2\mathrm{ch}x\mathrm{sh}x$；

(2) $\mathrm{sh}(x\pm y)=\mathrm{sh}x\mathrm{ch}y\pm\mathrm{ch}x\mathrm{sh}y$；$\mathrm{ch}(x\pm y)=\mathrm{ch}x\mathrm{ch}y\pm\mathrm{sh}x\mathrm{sh}y$。

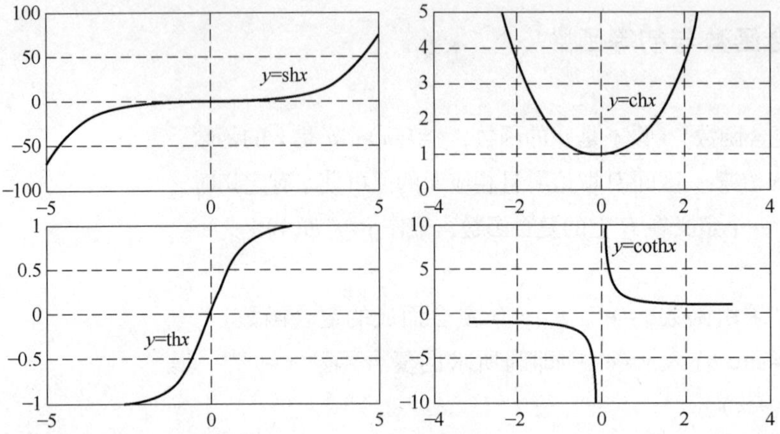

图 1.2.9

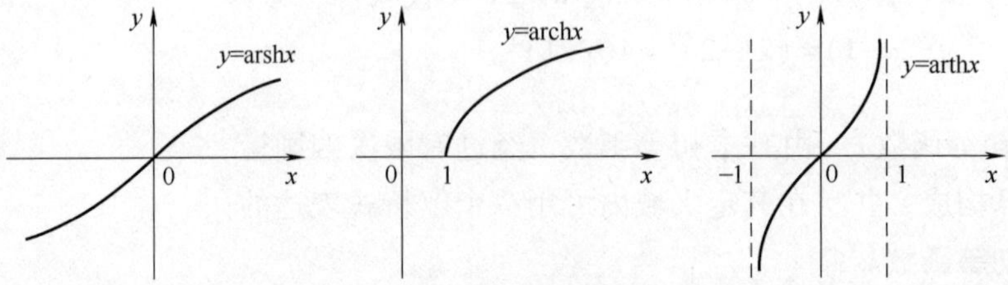

图 1.2.10

习题 1.2

1. 下列函数是由哪些简单函数复合而成的？

(1) $y=\sqrt{1+x^2}$；　(2) $y=\ln(1-x^2)$；

(3) $y=\sin^5(x^3+1)$；　(4) $y=e^{\sin^2 x}$；

(5) $y=\arcsin\sqrt{x^2-1}$；

(6) $y=\arctan(1+\sqrt{1+x^2})$。

2. 求下列函数的反函数：

(1) $y=\sqrt[3]{x+2}$；　(2) $y=\dfrac{1-x}{1+x}$；

(3) $y=1+\ln(x+2)$；

(4) $y=2\sin 3x\left(-\dfrac{\pi}{6}\leqslant x\leqslant\dfrac{\pi}{6}\right)$。

1.3 数列极限

为了掌握变量的变化规律，往往需要从它的变化过程来判断它的变化趋势。例如，有这么一个变量，它开始是 1，然后依次变化为$\dfrac{1}{2},\dfrac{1}{3},\dfrac{1}{4},\cdots,\dfrac{1}{n},\cdots$。如此，一直无尽地变下去，虽然无尽止，但它的变化有一个趋势，这个趋势就是它越来越接近于零。

再考虑如何求圆的面积和圆周长？我们知道 $S=\pi r^2$，$l=2\pi r$，但这两个公式从何而来？

事实上，获得这些结果并不容易！人们最初只知道求多边形的面积和直线段的长度。然而，要定义这种从多边形到圆的过渡就要求人们在观念上、在思考方法上来一个突破。

问题的困难何在？多边形的面积之所以好求，是因为它的周界是一些直线段，我们总可以把多边形分解为许多三角形。而圆呢？周界处处是弯曲的，困难就在这个“曲”字上面。在这里我们面临着“曲”与“直”这样一对矛盾。

在形而上学者看来，曲就是曲，直就是直，非此即彼。辩证唯物主义认为，在一定条件下，曲与直的矛盾可以相互转化。恩格斯提出：高等数学的主要基础之一是这样一个矛盾，在一定的条件下直线和曲线应当是一回事。整个圆周是曲的，每一小段圆弧却可以近似看成是直的；也就是说，在很小的一段上可以近似地“以直代曲”，即以弦代替圆弧。按照这种辩证思想，我们把圆周分成许多的小段，比方说，分成 n 个等长的小段，代替圆而先考虑其内接正 n 边形。易知，正 n 边形周长为

$$l_n = 2nR\sin\frac{\pi}{n}。$$

显然，这个 l_n 不会等于圆周长度 l。然而，从几何直观上可以看出，只要正 n 边形的边数不断增加。这些正多边形的周长将随着边数的增加而不断地接近于圆周长。n 越大，近似程度越高。但是，不论 n 多么大，这样算出来的总还只是多边形的周长。无论如何它只是周长的近似值，而不是精确值。为了从近似值过渡到精确值，我们自然想到让 n 无限地增大，记为 $n\to\infty$。直观上很明显，当 $n\to\infty$ 时，$l_n\to l$，记作 $\lim\limits_{n\to\infty} l_n = l$。即圆周长是其内接正多边形周长的极限。我国魏晋时期的数学家刘徽早在 3 世纪就提出来了这种方法，称为“割圆术”。其方法就是——无限分割、以直代曲。其思想在于“极限”。

在分析数学中，有很多重要的概念和方法本质上都是某种“极限”(如函数连续、导数、微分、积分、级数等)，并且极限理论在实际问题中也占有重要的地位。

本节我们对数列极限进行研究，建立严格的数列极限的理论，介绍数列收敛与发散的“ε-N”定义和严格证明许多常用的或者重要的性质，并且列举大量例题加深理解极限理论的概念、方法等。

1.3.1　数列极限的概念

数列就是“一列数”，但这“一列数”并不是任意的一列数，而是有一定的规律，有一定次序性，具体讲数列可定义如下：

若函数 f 的定义域为全体正整数集合 $\mathbf{N}_+$，则称 f：$\mathbf{N}_+\to\mathbf{R}$ 为

数列。

注 (1) 根据函数的记号，数列也可记为$f(n)$，$n\in\mathbf{N}_+$。

(2) 记$f(n)=a_n$，则数列$f(n)$就可写作为$a_1,a_2,\cdots,a_n,\cdots$，简记为$\{a_n\}$，即$\{f(n)\mid n\in\mathbf{N}_+\}=\{a_n\}$。

一般来说，对于数列$\{a_n\}$，当n无限增大时，a_n能无限地接近某一个常数a，则称此数列为收敛数列，常数a称为它的极限。不具有这种特性的数列就不是收敛的数列，或称为发散数列。

需要指出的是，上面关于“收敛数列”的说法，并不是严格的定义，而仅是一种“描述性”的说法，如何用数学语言把它精确地定义下来。还有待进一步分析。以$\left\{1+\frac{1}{n}\right\}$为例，可观察出该数列随着$n$的无限增大，$a_n=1+\frac{1}{n}$无限地接近于1→随着$n$的无限增大，$1+\frac{1}{n}$与1的距离无限减少→随着$n$的无限增大，$\left|1+\frac{1}{n}-1\right|$无限减少→$\left|1+\frac{1}{n}-1\right|$会任意小，只要$n$充分大。任给无论多么小的正数$\varepsilon$，数列中都会存在一项$a_N$，从该项之后$(n>N)$，$\left|\left(1+\frac{1}{n}\right)-1\right|<\varepsilon$，即$\forall\varepsilon>0$，$\exists N$，使得当$n>N$时，$\left|\left(1+\frac{1}{n}\right)-1\right|<\varepsilon$。

如何找N？(或N存在吗?)解上面的数学式子即得$n>\frac{1}{\varepsilon}$，取$N=\left[\frac{1}{\varepsilon}\right]+1$即可。这样对于$\forall\varepsilon>0$，当$n>N$时，$\left|\left(1+\frac{1}{n}\right)-1\right|=\frac{1}{n}<\frac{1}{N}<\varepsilon$。

综上所述，数列$\left\{1+\frac{1}{n}\right\}$的通项$1+\frac{1}{n}$随着$n$的无限增大，$1+\frac{1}{n}$无限接近于1，即对任意给定正数$\varepsilon$，总存在正整数$N$，使得当$n>N$时，有$\left|\left(1+\frac{1}{n}\right)-1\right|<\varepsilon$。此即$\left\{1+\frac{1}{n}\right\}$以1为极限的精确定义，记作$\lim\limits_{n\to\infty}\left(1+\frac{1}{n}\right)=1$或$1+\frac{1}{n}\to1(n\to\infty)$。

定义1.3.1a(数列收敛) 设$\{x_n\}$是一给定数列，a是一个实常数，如果对于任意给定的$\varepsilon>0$时，可以找到自然数N，使得当$n>N$时，$|x_n-a|<\varepsilon$成立，则称数列$\{x_n\}$收敛于a(或a是数列$\{x_n\}$的极限)，记为$\lim\limits_{n\to\infty}x_n=a$或$x_n\to a(n\to\infty)$。

注 (1) 数列收敛的定义常用作证明数列极限的存在，而一般不用来求极限的值。

(2) 注意 ε 的正值性、任意性与确定性；ε 以小为贵；N 的存在性与非唯一性；对 N 只要求存在，不在乎大小。

(3) $\lim\limits_{n\to\infty}a_n=a$ 的几何意义：邻域 $U(a,\varepsilon)$ 外最多只有 N 个点。

(4) "当 $n>N$ 时有 $|a_n-a|<\varepsilon$"$\Leftrightarrow$"当 $n>N$ 时有 $a-\varepsilon<a_n<a+\varepsilon$"$\Leftrightarrow$"当 $n>N$ 时有 $a_n\in(a-\varepsilon,a+\varepsilon)=U(a,\varepsilon)$"$\Leftrightarrow$所有下标大于 N 的项 a_n 都落在邻域 $U(a,\varepsilon)$ 内；而在 $U(a,\varepsilon)$ 之外，数列 $\{a_n\}$ 中的项至多只有 N 个(有限个)。反之，任给 $\varepsilon>0$，若在 $U(a,\varepsilon)$ 之外数列 $\{a_n\}$ 中的项只有有限个，设这有限个项的最大下标为 N，则当 $n>N$ 时有 $a_n\in U(a,\varepsilon)$，即当 $n>N$ 时有 $|a_n-a|<\varepsilon$，由此写出数列极限的一种等价定义(邻域定义)。

定义 1.3.1b(数列收敛)　对于数列 $\{a_n\}$，若当 n 无限增大时，a_n 能无限地接近某一个常数 a，则称此数列为**收敛数列**，常数 a 称为它的**极限**，记为 $\lim\limits_{n\to\infty}a_n=a$，反之称数列**发散**。

数列 $\left\{\dfrac{1}{2^n}\right\}$，$\left\{1+\dfrac{1}{n}\right\}$ 是收敛数列，0 和 1 分别是它们的极限；数列 $\{n^2\}$，$\{1+(-1)^{n+1}\}$ 都是发散的数列。

注　(1) 若存在某个 $\varepsilon_0>0$，使得数列 $\{a_n\}$ 中有无穷多个项落在 $U(a,\varepsilon_0)$ 之外，则 $\{a_n\}$ 一定不以 a 为极限。

(2) 数列是否有极限，只与它从某一项之后的变化趋势有关，而与它前面的有限项无关。所以，在讨论数列极限时，可以添加、去掉或改变它的有限项的数值，对收敛性和极限都不会产生影响。

例 1.3.1　证明 $\lim\limits_{n\to\infty}\dfrac{n+1}{n}=1$。

证明　第一步：由 $|x_n-a|<\varepsilon$ 确定 N。$|x_n-1|=\left|\dfrac{n+1}{n}-1\right|=\dfrac{1}{n}<\varepsilon$，$n>\dfrac{1}{\varepsilon}$，取 $N=\left[\dfrac{1}{\varepsilon}\right]$。

第二步：完整地写出 ε-N 的定义。对于 $\forall\varepsilon>0$，只要取 $N=\left[\dfrac{1}{\varepsilon}\right]$，则当 $n>N$ 时，就有 $|x_n-1|<\varepsilon$ 成立，所以 $\lim\limits_{n\to\infty}\dfrac{n+1}{n}=1$。

例 1.3.1 的 Maple 源程序

```
> #example1
> Limit((n+1)/n,n=infinity)=limit((n+1)/n,n=infinity);
```

$$\lim_{n\to\infty}\frac{n+1}{n}=1$$

例 1.3.2 证明 $\lim\limits_{n\to\infty}\dfrac{1}{n}\sin\dfrac{n\pi}{4}=0$。

证明 $|x_n-0|=\dfrac{1}{n}\left|\sin\dfrac{n\pi}{4}\right|\overset{\text{放大}}{\leqslant}\dfrac{1}{n}<\varepsilon$，$n>\dfrac{1}{\varepsilon}$，取 $N=\left[\dfrac{1}{\varepsilon}\right]$，所以对于 $\forall\varepsilon>0$，存在 $N=\left[\dfrac{1}{\varepsilon}\right]$，当 $n>N$ 时，$|x_n-0|<\varepsilon$。由定义知 $\lim\limits_{n\to\infty}\dfrac{1}{n}\sin\dfrac{n\pi}{4}=0$。

例 1.3.2 的 Maple 源程序

```
> #example2
> Limit((1/n)*sin((n*pi)/4),n=infinity)
=limit((1/n)*sin((n*pi)/4),n=infinity);
```

$$\lim_{n\to\infty}\frac{\sin\left(\frac{n\pi}{4}\right)}{n}=0$$

例 1.3.3 证明 $\lim\limits_{n\to\infty}\dfrac{3n^2}{n^2-4}=3$。

证明 因为 $\left|\dfrac{3n^2}{n^2-4}-3\right|=\dfrac{12}{n^2-4}\leqslant\dfrac{12}{n}$（当 $n\geqslant3$ 时），所以对于 $\forall\varepsilon>0$，取 $N=\max\left\{3,\ \dfrac{12}{\varepsilon}\right\}$，当 $n>N$ 时，有 $\left|\dfrac{3n^2}{n^2-4}-3\right|\leqslant\dfrac{12}{n}<\varepsilon$，故 $\lim\limits_{n\to\infty}\dfrac{3n^2}{n^2-4}=3$。

例 1.3.3 的 Maple 源程序

```
> #example3
> Limit((3*n^2)/(n^2-4),n=infinity)
=limit((3*n^2)/(n^2-4),n=infinity);
```

$$\lim_{n\to\infty}\frac{3n^2}{n^2-4}=3$$

例 1.3.4 证明：$\lim\limits_{n\to\infty}a^{\frac{1}{n}}=1$，$a>0$。

证明 （1）$a>1$ 情形

证法 1 有 $a^{\frac{1}{n}}>1$，对于 $\forall\varepsilon>0(0<\varepsilon<a-1)$，要使不等式 $|a^{\frac{1}{n}}-1|=$

$a^{\frac{1}{n}}-1<\varepsilon$ 成立，须有 $n>\dfrac{\ln a}{\ln(1+\varepsilon)}$，故取 $N=\left[\dfrac{\ln a}{\ln(1+\varepsilon)}\right]$。则对于 $\forall\varepsilon>0$，$\exists N=\left[\dfrac{\ln a}{\ln(1+\varepsilon)}\right]$，当 $n>N$ 时，有 $|a^{\frac{1}{n}}-1|<\varepsilon$，即 $\lim\limits_{n\to\infty}a^{\frac{1}{n}}=1(a>1)$。

证法 2　令 $\sqrt[n]{a}-1=\alpha_n$，有 $\alpha_n>0$，利用伯努利(Bernoulli)不等式，有

$$a=(1+\alpha_n)^n\geqslant1+n\alpha_n=1+n(a^{\frac{1}{n}}-1)\text{ 或 }0<a^{\frac{1}{n}}-1\leqslant\frac{a-1}{n}<\frac{a}{n}\to0。$$

证法 3　(用均值不等式)

$$0<\sqrt[n]{a}-1=\sqrt[n]{a\cdot\underbrace{1\cdot\cdots\cdot1}_{n-1个}}-1\leqslant\frac{a+n-1}{n}-1=\frac{a-1}{n}<\frac{a}{n}\to0。$$

(2) $a=1$ 情形

$\forall n\in\mathbf{N}_+$，$a^{\frac{1}{n}}=1$ 是一个常数数列，则 $\lim\limits_{n\to\infty}a^{\frac{1}{n}}=1(a=1)$。

(3) $0<a<1$ 情形

令 $a=\dfrac{1}{b}\Rightarrow b>1$，所以 $|a^{\frac{1}{n}}-1|=\left|\dfrac{1}{b^{\frac{1}{n}}}-1\right|=\left|\dfrac{1-b^{\frac{1}{n}}}{b^{\frac{1}{n}}}\right|<|b^{\frac{1}{n}}-1|$。

由情形(1)知，$\forall\varepsilon>0$，$\exists N=\left[\dfrac{\ln b}{\ln(1+\varepsilon)}\right]=\left[\dfrac{-\ln a}{\ln(1+\varepsilon)}\right]$。故对于 $\forall n>N$，有 $|a^{\frac{1}{n}}-1|<|b^{\frac{1}{n}}-1|<\varepsilon$，即 $\lim\limits_{n\to\infty}a^{\frac{1}{n}}=1(0<a<1)$。

综上所述，当 $a>0$ 时，都有 $\lim\limits_{n\to\infty}a^{\frac{1}{n}}=1$。

例 1.3.4 的 Maple 源程序

```
> #example4
> Limit(a^(1/n),n=infinity)=limit(a^(1/n),n=infinity);
```

$$\lim_{n\to\infty}a^{\left(\frac{1}{n}\right)}=1$$

例 1.3.5　证明 $\lim\limits_{n\to\infty}\sqrt[n]{n}=1$。

证明　当 $n\geqslant2$ 时，有

$$0<\sqrt[n]{n}-1=\sqrt[n]{\sqrt{n}\sqrt{n}\,1^{n-2}}-1\leqslant\frac{2\sqrt{n}+n-2}{n}-1=\frac{2\sqrt{n}-2}{n}<\frac{2}{\sqrt{n}},$$

于是，对 $\forall\varepsilon>0$，取 $N=\left[\dfrac{4}{\varepsilon^2}\right]+1$ 即可。

例 1.3.5 的 Maple 源程序

```
> #example5
> Limit(n^(1/n),n=infinity)=limit(n^(1/n),n=infinity);
```

$$\lim_{n\to\infty} n^{\left(\frac{1}{n}\right)} = 1$$

定义 1.3.2(无穷小数列) 若$\{a_n\}$以零为极限，则称$\{a_n\}$为**无穷小数列**。

定义 1.3.3(无穷大数列) 若数列$\{a_n\}$对于$\forall G\in\mathbf{R}$，均存在正整数 N，当 $n>N$ 时，就有$|a_n|>G$，则称 a_n 为**无穷大数列**。

定义 1.3.4(数列的上界、下界、有界数列) 对于数列$\{a_n\}$，如果存在实数 M，使数列的所有的项都满足 $a_n\leqslant M$，则称 M 是数列$\{a_n\}$的**上界**。如果存在实数 m，使数列所有的项都满足 $a_n\geqslant m$，则称 m 是数列$\{a_n\}$的**下界**。一个数列既有上界又有下界称为**有界数列**，即若$\exists M>0$ 时，使$|a_n|\leqslant M$ 成立，则$\{a_n\}$有界。

1.3.2 数列收敛的性质

性质 1.3.1 收敛数列$\{x_n\}$的极限是唯一的。

证明 设 $x_n\to a$，$x_n\to b$ 且 $a<b$，根据极限定义，对任意 $\varepsilon>0$，存在$\begin{cases}N_1,\\N_2,\end{cases}$当$\begin{cases}n>N_1,\\n>N_2\end{cases}$时，有$\begin{cases}|x_n-a|<\varepsilon,\\|x_n-b|<\varepsilon,\end{cases}$即$\begin{cases}a-\varepsilon<x_n<a+\varepsilon,\\b-\varepsilon<x_n<b+\varepsilon,\end{cases}$取 $\varepsilon=\dfrac{b-a}{2}$，则其变为$\begin{cases}\dfrac{3a-b}{2}<x_n<\dfrac{a+b}{2},\\\dfrac{a+b}{2}<x_n<\dfrac{3b-a}{2}.\end{cases}$显然若取 $N=\max\{N_1,N_2\}$，则当 $n>N$时，上述两不等式同时成立，矛盾，故得证。

性质 1.3.2 收敛的数列有界，反之未必。

证明 设 $x_n\to a$，由极限定义，取 $\varepsilon=1$，存在正整数 N，对一切 $n>N$，有$|a_n-a|<1$，即 $a-1<a_n<a+1$。记 $M=\max\{|a_1|,|a_2|,\cdots,|a_N|,|a-1|,|a+1|\}$，则对一切正整数 n，都有$|a_n|\leqslant M$，所

以数列$\{x_n\}$有界。有界的数列不一定收敛，如$x_n=(-1)^n$。

性质 1.3.3　设$\lim\limits_{n\to\infty}a_n=a$，$\lim\limits_{n\to\infty}b_n=b$，若$a>b$，则$\exists N$，$\forall n>N\Rightarrow a_n>b_n$。

性质 1.3.4　设$\lim\limits_{n\to\infty}a_n=a$，$\lim\limits_{n\to\infty}b_n=b$。若$\exists N$，$\forall n>N$有$a_n<b_n\Rightarrow a\leqslant b$。

性质 1.3.5(夹逼准则)　设数列$\{a_n\}$，$\{x_n\}$和$\{b_n\}$满足条件

(1) $a_n\leqslant x_n\leqslant b_n$，$n=N_0,N_0+1,N_0+2,\cdots$；

(2) 数列$\{a_n\}$和$\{b_n\}$收敛于同一极限，则数列$\{x_n\}$收敛，并且收敛于相同极限。即

$$\lim_{n\to\infty}x_n=\lim_{n\to\infty}a_n=\lim_{n\to\infty}b_n。$$

例 1.3.6　求$\lim\limits_{n\to\infty}\sqrt[n]{n}$。

解　由于$1\leqslant\sqrt[n]{n}=\sqrt[n]{\sqrt{n}\sqrt{n}\cdot 1^{n-2}}\leqslant\dfrac{2\sqrt{n}+n-2}{n}\to 1$，所以$\lim\limits_{n\to\infty}\sqrt[n]{n}=1$。

例 1.3.6 的 Maple 源程序

```
> #example6
> Limit(n^(1/n),n=infinity)=limit(n^(1/n),n=infinity);
```

$$\lim_{n\to\infty}n^{\left(\frac{1}{n}\right)}=1$$

性质 1.3.6　若$\{a_n\}$和$\{b_n\}$是收敛数列，则$\{a_n\pm b_n\}$，$\{a_nb_n\}$也都是收敛数列，而且$\lim\limits_{n\to\infty}(a_n\pm b_n)=\lim\limits_{n\to\infty}a_n\pm\lim\limits_{n\to\infty}b_n$，$\lim\limits_{n\to\infty}(a_n\cdot b_n)=\lim\limits_{n\to\infty}a_n\cdot\lim\limits_{n\to\infty}b_n$；如果再有$b_n\neq 0$及$\lim\limits_{n\to\infty}b_n\neq 0$，则$\left\{\dfrac{a_n}{b_n}\right\}$也是收敛数列，而且$\lim\limits_{n\to\infty}\dfrac{a_n}{b_n}=\dfrac{\lim\limits_{n\to\infty}a_n}{\lim\limits_{n\to\infty}b_n}$。

性质 1.3.7　$\lim\limits_{n\to\infty}\dfrac{1}{n}=0$；$\lim\limits_{n\to\infty}q^n=0(|q|<1)$；

$$\lim_{n\to\infty}\frac{a_k n^k+a_{k-1}n^{k-1}+\cdots+a_0}{b_1 n^l+b_{l-1}n^{l-1}+\cdots+b_0}=\begin{cases}0, & k<l,\\ \dfrac{a_k}{b_l}, & k=l,\\ \infty, & k>l。\end{cases}$$

定理 1.3.1(单调有界定理) 单调有界数列必收敛。

例 1.3.7 $a_n=\underbrace{\sqrt{2+\sqrt{2+\cdots+\sqrt{2}}}}_{n\text{个根号}}$，证明数列$\{a_n\}$单调有界，并求极限。

证明 数列$\{a_n\}$显然单调增加，且有上界 2(用数学归纳法可证)。由单调有界原理知数列$\{a_n\}$收敛，设极限为 a。再由递推式 $a_n^2=2+a_{n-1}$和四则运算可得 $a^2=2+a$。故$\lim\limits_{n\to\infty}a_n=2$。

例 1.3.8 设 $a_n=1+\frac{1}{2^\alpha}+\frac{1}{3^\alpha}+\cdots+\frac{1}{n^\alpha}(\alpha\geqslant 2)$，证明数列$\{a_n\}$收敛。

证明 显然$\{a_n\}$单调增加，由 $2^k\leqslant 2^k+j\leqslant 2^{k+1}$，$j=1,2,\cdots,2^k$，可得

$$b_{2^k}=\frac{1}{3^2}+\frac{1}{4^2}+\cdots+\frac{1}{(2^k)^2}\leqslant\frac{1}{2}+\frac{1}{2^2}+\cdots+\frac{1}{2^{k-1}}<1,$$

其中 $b_n=\frac{1}{3^2}+\frac{1}{4^2}+\cdots+\frac{1}{n^2}$。于是 $a_n\leqslant\frac{5}{4}+\frac{1}{3^2}+\frac{1}{4^2}+\cdots+\frac{1}{n^2}=\frac{5}{4}+b_n\leqslant\frac{9}{4}$。由单调有界定理知，数列$\{a_n\}$收敛。

例 1.3.9 $\lim\limits_{n\to\infty}\left(1+\frac{1}{n}\right)^n=\mathrm{e}$，$\mathrm{e}\approx 2.71828$(证明极限存在)。

证明 设 $x_n=\left(1+\frac{1}{n}\right)^n$，应用二项式展开，得

$$x_n=1+n\cdot\frac{1}{n}+\frac{n(n-1)}{2!}\cdot\frac{1}{n^2}+\frac{n(n-1)(n-2)}{3!}\cdot\frac{1}{n^3}+\cdots+\frac{n\cdot(n-1)\cdot\cdots\cdot 3\cdot 2\cdot 1}{n!}\cdot\frac{1}{n^n}$$

$$=1+1+\frac{1}{2!}\left(1-\frac{1}{n}\right)+\frac{1}{3!}\left(1-\frac{1}{n}\right)\left(1-\frac{2}{n}\right)+\cdots+\frac{1}{n!}\left(1-\frac{1}{n}\right)\left(1-\frac{2}{n}\right)\cdots\left(1-\frac{n-1}{n}\right),$$

$$x_{n+1}=1+1+\frac{1}{2!}\left(1-\frac{1}{n+1}\right)+\frac{1}{3!}\left(1-\frac{1}{n+1}\right)\left(1-\frac{2}{n+1}\right)+\cdots+\frac{1}{(n+1)!}\left(1-\frac{1}{n+1}\right)\cdots\left(1-\frac{n}{n+1}\right),$$

注意到$\left(1-\frac{1}{n}\right)<\left(1-\frac{1}{n+1}\right)$，…，$\left(1-\frac{n-1}{n}\right)<\left(1-\frac{n-1}{n+1}\right)$且$x_{n+1}$比$x_n$多一项$\frac{1}{(n+1)!}\left(1-\frac{1}{n+1}\right)\cdots\left(1-\frac{n}{n+1}\right)>0$，所以$x_{n+1}>x_n$，即$x_n$单调增加。

$$0<x_n<1+1+\frac{1}{2!}+\frac{1}{3!}+\cdots+\frac{1}{n!}<1+1+\frac{1}{1\cdot 2}+\frac{1}{2\cdot 3}+\cdots+\frac{1}{(n-1)n}$$

$$=1+1+\left(1-\frac{1}{2}\right)+\left(\frac{1}{2}-\frac{1}{3}\right)+\cdots+\left(\frac{1}{n-1}-\frac{1}{n}\right)=1+1+1-\frac{1}{n}<3,$$

所以，数列$\{x_n\}$单调有界，即$\{x_n\}$收敛，有极限。

例 1.3.9 的 Maple 源程序

```
> #example9
> Limit((1+1/n)^n,n=infinity)=limit((1+1/n)^n,n=infinity);
```

$$\lim_{n\to\infty}\left(1+\frac{1}{n}\right)^n=\mathrm{e}$$

习题 1.3

1. 观察下列数列一般项的变化趋势，若极限存在，写出其极限：

(1) $a_n=1+\frac{1}{2^n}$；　(2) $a_n=(-1)^n\frac{1}{n}$；

(3) $a_n=2-\frac{1}{n^2}$；　(4) $a_n=\frac{n-2}{n+3}$；

(5) $a_n=n(-1)^n$；　(6) $a_n=\cos\frac{n\pi}{2}$。

2. 利用数列极限的精确定义证明：

(1) $\lim\limits_{n\to\infty}\frac{1}{n^2}=0$；　(2) $\lim\limits_{n\to\infty}\frac{4n+1}{2n+1}=2$；

(3) $\lim\limits_{n\to\infty}\frac{1}{3^n}=0$；　(4) $\lim\limits_{n\to\infty}\sqrt[n]{a}=1(a>0)$。

3. 设数列$\{x_n\}$有界，又$\lim\limits_{n\to\infty}y_n=0$，证明：$\lim\limits_{n\to\infty}x_ny_n=0$。

1.4 函数极限

前面通过数列极限的学习，可以知道极限是研究变量的变化趋势的，或者说极限是研究变量的变化过程，并通过变化的过程来把握变化的结果。从函数角度看，数列$\{a_n\}$可视为一种特殊的函数f，其定义域为$\mathbf{N}_+$，值域是$\{a_n\}$，即$f(n)=a_n$，$n\in\mathbf{N}_+$。研究数列$\{a_n\}$的极限，即是研究当自变量$n\to+\infty$时，函数$f(n)$的变化趋势。

此处函数$f(n)$的自变量n只能取正整数！因此自变量的变化过程只有一种，即$n\to+\infty$。但是，如果将变量从正整数n变为$x\in\mathbf{R}$，那么情况又会如何呢？

考虑下列函数

$$f(x)=\begin{cases}1, x\neq 0,\\ 0, x=0。\end{cases}$$

类似于数列，可考虑自变量 $x\to+\infty$ 时，$f(x)$的变化趋势；除此之外，也可考虑自变量 $x\to-\infty$ 时，$f(x)$的变化趋势；还可考虑自变量 $x\to\infty$ 时，$f(x)$的变化趋势；还可考虑自变量 $x\to a$ 时，$f(x)$的变化趋势。由此可见，函数的极限比数列的极限要复杂得多，其根源在于自变量的变化过程。但同时看到，这种复杂仅仅表现在极限定义的叙述有所不同，而在各类极限的性质、运算、证明方法上都类似于数列的极限。

1.4.1 函数极限的概念

设函数定义在$[a,+\infty)$上，类似于数列情形，我们研究当自变量 $x\to+\infty$ 时，对应的函数值能否无限地接近于某个定数 A。回答是可能出现，但不是对所有的函数都具有此性质。例如，当 x 无限增大时，函数$f(x)=\frac{1}{x}$的值无限地接近于0；函数 $g(x)=\arctan x$ 的值无限地接近于$\frac{\pi}{2}$；而函数 $h(x)=x$ 的值与任何数都不能无限地接近。正因为如此，所以才有必要考虑 $x\to+\infty$ 时，函数的变化趋势。

定义 1.4.1a（$x\to+\infty$） 设$f(x)$为定义在$[a,+\infty)$上的函数，A 为定数。若对任给的 $\varepsilon>0$，存在正数 $M(\geqslant a)$，使得当 $x>M$ 时有 $|f(x)-A|<\varepsilon$，则称函数$f(x)$当 x 趋于正无穷时以 A 为极限，记作 $\lim\limits_{x\to+\infty} f(x)=A$。

注 (1) 定义 1.4.1a 中正数 M 的作用与数列极限定义中的正整数 N 相类似，表明 x 充分大的程度；但这里所考虑的是比 M 大的所有实数 x，而不仅仅是正整数 n。因此，当 x 趋于正无穷时，函数$f(x)$以 A 为极限意味着 A 的任意小邻域内必含有$f(x)$在正无穷的某邻域内的全部函数值。

(2) 定义 1.4.1a 的几何意义如图 1.4.1 所示。

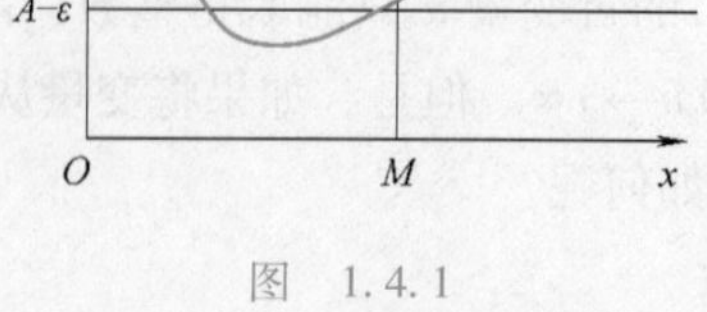

图 1.4.1

对任给的 $\varepsilon>0$，在坐标平面上平行于 x 轴的两条直线 $y=A+\varepsilon$ 与 $y=A-\varepsilon$，围成以直线 $y=A$ 为中心线、宽为 2ε 的带形区域；定义中的“当 $x>M$ 时，有 $|f(x)-A|<\varepsilon$”表示：在直线 $x=M$ 的右方，曲线 $y=f(x)$ 全部落在这个带形区域之内。如果正数 ε 给得小一点，即当带形区域更窄一点，那么直线 $x=M$ 一般要往右平移；但无论带形区域如何窄，总存在这样的正数 M，使得曲线 $y=f(x)$ 在直线 $x=M$ 的右边部分全部落在这更窄的带形区域内。

从几何上来说，$\lim\limits_{x\to+\infty}f(x)=A$ 的意义是：作直线 $y=A-\varepsilon$ 和 $y=A+\varepsilon$，则总有一个正数 M 存在，使得当 $x>M$ 时，函数 $y=f(x)$ 的图形位于这两直线之间(见图 1.4.1)。这时，直线 $y=A$ 是函数 $y=f(x)$ 的图形的水平渐近线。

现设 $f(x)$ 为定义在 $U(-\infty)$ 或 $U(\infty)$ 上的函数，当 $x\to-\infty$ 或 $x\to\infty$ 时，若函数值 $f(x)$ 能无限地接近某定数 A，则称 f 当 $x\to-\infty$ 或 $x\to\infty$ 时以 A 为极限，分别记作

$$\lim_{x\to-\infty}f(x)=A \text{ 和} \lim_{x\to\infty}f(x)=A。$$

这两种函数极限的数学定义与定义 1.4.1a 相仿，只需把定义 1.4.1a 中的“$x>M$”分别改为“$x<-M$”或“$|x|>M$”即可。

定义 1.4.1b($x\to\infty$)　如果 $|x|$ 无限增大时，函数 $f(x)$ 无限趋近于一个确定的常数 A，则称 A 为函数 $f(x)$ 当 $x\to\infty$ 时的极限，记作 $\lim\limits_{x\to\infty}f(x)=A$ 或 $f(x)\to A(x\to\infty)$。

例如，$\lim\limits_{x\to\infty}\dfrac{1}{x}=0$，$\lim\limits_{x\to+\infty}\left(\dfrac{1}{2}\right)^x=0$，$\lim\limits_{x\to-\infty}2^x=0$。

例 1.4.1　讨论当 $x\to\infty$ 时，函数 $y=\arctan x$ 的极限。

解　考察函数 $f(x)=\arctan x$ 的函数值随自变量的变化趋势，如图 1.4.2 所示，

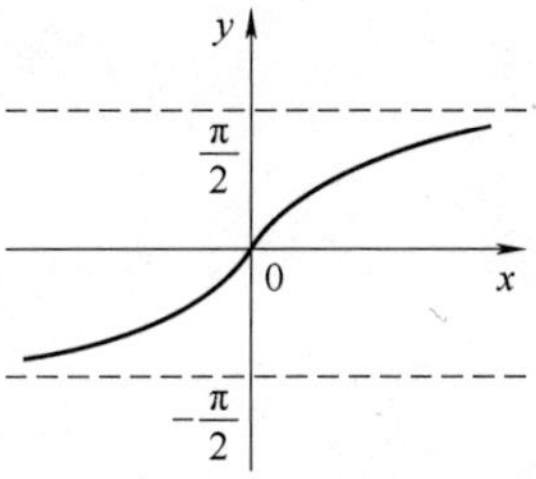

图　1.4.2

从图形上看　$\lim\limits_{x\to+\infty}\arctan x=\dfrac{\pi}{2}$，$\lim\limits_{x\to-\infty}\arctan x=-\dfrac{\pi}{2}$，

因为 $\lim\limits_{x\to+\infty}\arctan x\neq\lim\limits_{x\to-\infty}\arctan x$，所以当 $x\to\infty$ 时，$f(x)=\arctan x$ 极限不存在。

例 1.4.1 的 Maple 源程序

```
> #example1
> Limit(arctan(x),x=+infinity)=limit(arctan(x),x=+in-
finity);
```

$$\lim_{x\to+\infty}\arctan(x)=\frac{\pi}{2}$$

```
> Limit(arctan(x),x=-infinity)=limit(arctan(x),x=-in-
finity);
```

$$\lim_{x\to(-\infty)}\arctan(x)=-\frac{\pi}{2}$$

```
> Limit(arctan(x),x=infinity)=limit(arctan(x),x=infini-
ty,real);
```

$$\lim_{x\to\infty}\arctan(x)=\mathit{undefined}$$

例 1.4.2 证明

$$\lim_{x\to\infty}\frac{1}{x}=0。$$

证明 $\forall\varepsilon>0$，要证 $\exists M>0$，当 $|x|>M$ 时，不等式

$$\left|\frac{1}{x}-0\right|<\varepsilon$$

成立。因这个不等式相当于

$$\frac{1}{|x|}<\varepsilon$$

或

$$|x|>\frac{1}{\varepsilon}。$$

由此可知，如果取 $M=\frac{1}{\varepsilon}$，那么当 $|x|>M=\frac{1}{\varepsilon}$ 时，不等式 $\left|\frac{1}{x}-0\right|<\varepsilon$ 成立，这就证明了

$$\lim_{x\to\infty}\frac{1}{x}=0。$$

直线 $y=0$ 是函数 $y=\frac{1}{x}$ 的图形的水平渐近线。

例 1.4.2 的 Maple 源程序

```
> #example2
> Limit(1/x,x=infinity)=limit(1/x,x=infinity);
```

$$\lim_{x\to\infty}\frac{1}{x}=0$$

假定 $f(x)$ 为定义在点 x_0 的某个空心邻域 $\mathring{U}(x_0)$ 内的函数。讨论当 $x\to x_0(x\neq x_0)$ 时，对应的函数值能否趋于某个定数 A。例如，当 x 趋于 $2(x\neq2)$ 时，函数 $f(x)=\frac{x^2-4}{x-2}$（定义在 $\mathring{U}(2)$ 上的函数）的

值无限地接近于 4；当 x 趋于 $0(x\neq0)$ 时，函数 $g(x)=\dfrac{1}{x}$（定义在 $\mathring{U}(0)$ 上的函数）的值与任何数都不能无限地接近。可见，对有些函数，当 $x\to x_0(x\neq x_0)$ 时，对应的函数值 $f(x)$ 能趋于某个定数 A；但对有些函数却无此性质。我们称上述的第一类函数 $f(x)$ 为当 $x\to x_0(x\neq x_0)$ 时以 A 为极限，记作 $\lim\limits_{x\to x_0}f(x)=A$。和数列极限的描述性说法一样，这也是一种描述性的说法，不是严格的数学定义。

"当自变量 x 越来越接近于 x_0 时，函数值 $f(x)$ 越来越接近于一个定数 A"→只要 x 充分接近 x_0，函数值 $f(x)$ 和 A 的差就会相当小→欲使 $|f(x)-A|$ 相当小，只要 x 充分接近 x_0 就可以了，即对 $\forall\varepsilon>0$，$\exists\delta>0$，当 $0<|x-x_0|<\delta$ 时，都有 $|f(x)-A|<\varepsilon$。

定义 1.4.2a（$x\to x_0$） 设函数 $f(x)$ 在 x_0 的某个空心邻域 $\mathring{U}(x_0,\delta')$ 内有定义，A 为定数。若对任给的 $\varepsilon>0$，存在正数 $\delta(<\delta')$，使得当 $0<|x-x_0|<\delta$ 时，有 $|f(x)-A|<\varepsilon$，则称函数 $f(x)$ 当 x 趋于 x_0 时以 A 为极限，记作 $\lim\limits_{x\to x_0}f(x)=A$。

定义 1.4.2b（$x\to x_0$） 设函数 $f(x)$ 在 x_0 的某个空心邻域 $\mathring{U}(x_0,\delta)$ 内有定义，A 为定数。当 $x\to x_0$，函数 $f(x)$ 趋近于 A，则称当 $x\to x_0$ 时，$f(x)$ 以 A 为极限，记作 $\lim\limits_{x\to x_0}f(x)=A$。

例如，函数 $f(x)=x+1$，当 x 无限接近 1 时，$f(x)$ 就无限接近 2；函数 $f(x)=\dfrac{x^2-1}{x-1}$ 当 x 无限接近 1 时，$f(x)$ 也无限接近 2。

例 1.4.3 设 $f(x)=\dfrac{x^2-4}{x-2}$，证明 $\lim\limits_{x\to2}f(x)=4$。

证明 由于当 $x\neq2$ 时，$|f(x)-4|=\left|\dfrac{x^2-4}{x-2}-4\right|=|x+2-4|=|x-2|$，故对给定的 $\varepsilon>0$，只要取 $\delta=\varepsilon$，则当 $0<|x-2|<\delta$ 时有 $|f(x)-4|<\varepsilon$。

例 1.4.3 的 Maple 源程序

```
> #example3
> Limit((x^2-4)/(x-2),x=2)=limit((x^2-4)/(x-2),x=2);
```

$$\lim_{x\to2}\frac{x^2-4}{x-2}=4$$

例 1.4.4 证明$\lim\limits_{x\to1}\frac{x^2-1}{2x^2-x-1}=\frac{2}{3}$。

证明 当 $x\neq1$ 时，有 $\left|\frac{x^2-1}{2x^2-x-1}-\frac{2}{3}\right|=\left|\frac{x+1}{2x+1}-\frac{2}{3}\right|=\frac{|x-1|}{3|2x+1|}$，若 $0<|x-1|<1$(此时 $x>0$)，则 $|2x+1|>1$，于是，对任给的$\varepsilon>0$，只要取 $\delta=\min\{3\varepsilon,1\}$，则当 $0<|x-1|<\delta$ 时，便有 $\left|\frac{x^2-1}{2x^2-x-1}-\frac{2}{3}\right|<\frac{|x-1|}{3}<\varepsilon$。

例 1.4.4 的 Maple 源程序

```
> #example4
> Limit((x^2-1)/(2*x^2-x-1),x=1)=limit((x^2-1)/(2*x^
2-x-1),x=1);
```

$$\lim_{x\to1}\frac{x^2-1}{2x^2-x-1}=\frac{2}{3}$$

通过以上各个例子，读者对函数极限的 ε-δ 定义应能体会到下面几点：

(1) $|f(x)-A|<\varepsilon$ 是结论，$0<|x-x_0|<\delta$ 是条件，即结论由 $0<|x-x_0|<\delta$ 推出。

(2) ε 是表示函数 $f(x)$ 与 A 接近程度的量。为了说明函数 $f(x)$ 在 $x\to x_0$ 的过程中，能够任意地接近于 A，ε 必须是任意的。即 ε 的第一个特性——任意性，即 ε 是变量；但 ε 一经给定之后，暂时就把 ε 看作是不变的了。以便通过 ε 寻找 δ，使得当 $0<|x-x_0|<\delta$ 时，$|f(x)-A|<\varepsilon$成立。这是 ε 的第二个特性——暂时固定性，即在寻找 δ 的过程中 ε 是常量；另外，若 ε 是任意正数，则$\frac{\varepsilon}{2}$，ε^2，$\sqrt{\varepsilon}$，…均为任意正数，均可扮演 ε 的角色，也即 ε 的第三个特性——多值性($|f(x)-A|<\varepsilon\Leftrightarrow|f(x)-A|\leqslant\varepsilon$)。

(3) 定义 1.4.2 中的正数 δ，相当于数列极限 ε-N 定义中的 N，它依赖于 ε，但也不是唯一确定的。一般来说，ε 越小，δ 也相应地要小一些，而且把 δ 取得更小些也无妨。

(4) 定义 1.4.2 中只要求函数 $f(x)$ 在 x_0 的某一空心邻域内有定义，而一般不考虑 $f(x)$ 在点 x_0 处的函数值是否有定义，或者取什么值。这是因为，对于函数极限我们所研究的是当 x 趋于 x_0 过程中函数值的变化趋势。

(5) 定义 1.4.2 中的不等式 $0<|x-x_0|<\delta$ 等价于 $x\in\mathring{U}(x_0,\delta)$，

而不等式 $|f(x)-A|<\varepsilon$ 等价于 $f(x)\in U(A,\varepsilon)$。于是，ε-δ 定义又可写成：任给 $\varepsilon>0$，存在 $\delta>0$，使得对一切 $x\in \mathring{U}(x_0,\delta)$ 有 $f(x)\in U(A,\varepsilon)$。或更简单地表述为：任给 $\varepsilon>0$，存在 $\delta>0$，使得 $f(x\in \mathring{U}(x_0,\delta))\subset U(A,\varepsilon)$。

（6）ε-δ 定义的几何意义如图 1.4.3 所示。对任给的 $\varepsilon>0$，在坐标平面上画一条以直线 $y=A$ 为中心线、宽为 2ε 的横带，则必存在以直线 $x=x_0$ 为中心线、宽为 2δ 的竖带，使函数 $y=f(x)$ 的图像在该竖带中的部分落在横带内，但点 $(x_0,f(x_0))$ 可能例外（或无意义）。

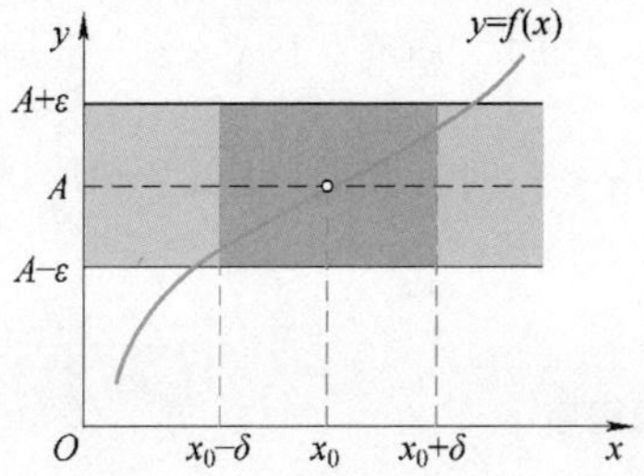

图　1.4.3

例 1.4.5　证明

$$\lim_{x\to 1}(2x-1)=1。$$

证明　由于

$$|f(x)-A|=|(2x-1)-1|=2|x-1|,$$

为了使 $|f(x)-A|<\varepsilon$，只要

$$|x-1|<\frac{\varepsilon}{2}。$$

所以，$\forall\,\varepsilon>0$，可取 $\delta=\dfrac{\varepsilon}{2}$，则适合不等式

$$|f(x)-1|=|(2x-1)-1|<\varepsilon,$$

故
$$\lim_{x\to 1}(2x-1)=1。$$

例 1.4.5 的 Maple 源程序

```
> #example5
> Limit(2 * x-1,x=1)=limit(2 * x-1,x=1);
```

$$\lim_{x\to 1} 2x-1=1$$

定义 1.4.3a（单侧极限）　设函数 $f(x)$ 在 $\mathring{U}_+(x_0,\delta')$ 内有定义，A 为定数。若对任给的 $\varepsilon>0$，存在正数 $\delta(<\delta')$，使得当 $x_0<x<x_0+\delta$（或 $x_0-\delta<x<x_0$）时，有 $|f(x)-A|<\varepsilon$，则称 A 为函数 $f(x)$ 当 x 趋于 x_0^+（或 x_0^-）时的右（左）极限，记作 $\lim\limits_{x\to x_0^+}f(x)=A$（$\lim\limits_{x\to x_0^-}f(x)=A$）。

定义 1.4.3b（单侧极限） 当 x 仅从 x_0 左侧无限趋近于 x_0（记为 $x\to x_0^-$）时，$f(x)$ 就无限接近定数 A，则称当 $x\to x_0^-$ 时，$f(x)$ 以 A 为左极限，记为 $\lim\limits_{x\to x_0^-}f(x)=A$。类似也可定义右极限，右极限与左极限统称为单侧极限。

例 1.4.6 讨论 $\sqrt{1-x^2}$ 在定义区间端点 $x=\pm1$ 处的单侧极限。

解 由于 $|x|\leqslant1$，故有 $1-x^2=(1+x)(1-x)\leqslant2(1-x)$，任给 $\varepsilon>0$，则当 $2(1-x)<\varepsilon^2$ 时，就有 $\sqrt{1-x^2}<\varepsilon$，于是取 $\delta=\dfrac{\varepsilon^2}{2}$，则当 $0<1-x<\delta$，即 $1-\delta<x<1$ 时，$\lim\limits_{x\to1^-}\sqrt{1-x^2}=0$，类似地可得 $\lim\limits_{x\to(-1)^+}\sqrt{1-x^2}=0$。

例 1.4.6 的 Maple 源程序

```
> #example6
> Limit(sqrt(1-x^2),x=1,'left')=limit(sqrt(1-x^2),x=1,
'left');
```

$$\lim_{x\to1^-}\sqrt{-x^2+1}=0$$

```
> Limit(sqrt(1-x^2),x=-1,'right')=limit(sqrt(1-x^2),
x=-1,'right');
```

$$\lim_{x\to(-1)^+}\sqrt{-x^2+1}=0$$

1.4.2 函数极限的性质

引进了六种极限：$\lim\limits_{x\to+\infty}f(x)$，$\lim\limits_{x\to-\infty}f(x)$，$\lim\limits_{x\to\infty}f(x)$，$\lim\limits_{x\to x_0}f(x)$，$\lim\limits_{x\to x_0^+}f(x)$，$\lim\limits_{x\to x_0^-}f(x)$。以下以极限 $\lim\limits_{x\to x_0}f(x)$ 为代表来叙述，至于其他类型极限的性质，类似地可以推出。

性质 1.4.1（唯一性） 若极限 $\lim\limits_{x\to x_0}f(x)$ 存在，则此极限是唯一的。

性质 1.4.2（局部有界性） 若极限 $\lim\limits_{x\to x_0}f(x)$ 存在，则 $f(x)$ 在 x_0 某空心邻域 $\mathring{U}(x_0)$ 内有界。

性质 1.4.3（夹逼准则） 设 $\lim\limits_{x\to x_0}f(x)=\lim\limits_{x\to x_0}g(x)=A$，且在某 $\mathring{U}(x_0)$ 内有 $f(x)\leqslant h(x)\leqslant g(x)$，则 $\lim\limits_{x\to x_0}h(x)=A$。

性质 1.4.4（四则运算法则）　若极限$\lim\limits_{x\to x_0}f(x)$与$\lim\limits_{x\to x_0}g(x)$都存在，则函数$f(x)\pm g(x)$，$f(x)\cdot g(x)$当$x\to x_0$时极限也存在，且

（1）$\lim\limits_{x\to x_0}[f(x)\pm g(x)]=\lim\limits_{x\to x_0}f(x)\pm\lim\limits_{x\to x_0}g(x)$；

（2）$\lim\limits_{x\to x_0}[f(x)g(x)]=\lim\limits_{x\to x_0}f(x)\lim\limits_{x\to x_0}g(x)$；

（3）又若$\lim\limits_{x\to x_0}g(x)\neq 0$，则$\dfrac{f(x)}{g(x)}$当$x\to x_0$时极限也存在，且

有$\lim\limits_{x\to x_0}\dfrac{f(x)}{g(x)}=\dfrac{\lim\limits_{x\to x_0}f(x)}{\lim\limits_{x\to x_0}g(x)}$。

性质 1.4.5　$\lim\limits_{x\to x_0}f(x)=A\Leftrightarrow\lim\limits_{x\to x_0^+}f(x)=\lim\limits_{x\to x_0^-}f(x)=A$。

例 1.4.7　设$f(x)=\begin{cases}1+x, & x<0,\\ x^2+1, & x\geqslant 0,\end{cases}$求$\lim\limits_{x\to 0}f(x)$。

解　$x=0$是函数的分界点，两个单侧极限分别为

$$\lim_{x\to 0^-}f(x)=\lim_{x\to 0^-}(1+x)=1,\ \lim_{x\to 0^+}f(x)=\lim_{x\to 0^+}(x^2+1)=1,$$

左右极限存在且相等，所以$\lim\limits_{x\to 0}f(x)=1$。

例 1.4.7 的 Maple 源程序

```
> #example7
> Limit(1+x,x=0,'left')=limit(1+x,x=0,'left');
```

$$\lim_{x\to 0^-}1+x=1$$

```
> Limit(x^2+1,x=0,'right')=limit(x^2+1,x=0,'right');
```

$$\lim_{x\to 0^+}x^2+1=1$$

```
> Limit(1+x,x=0,'left')=Limit(x^2+1,x=0,'right');
```

$$\lim_{x\to 0^-}1+x=\lim_{x\to 0^+}x^2+1$$

性质 1.4.6（常用极限）　$\lim\limits_{x\to x_0}C=C$，$\lim\limits_{x\to x_0}x=x_0$，$\lim\limits_{x\to x_0}\sin x=\sin x_0$，$\lim\limits_{x\to x_0}\cos x=\cos x_0$，$\lim\limits_{x\to\infty}\dfrac{1}{x}=0$，$\lim\limits_{x\to\pm\infty}\arctan x=\pm\dfrac{\pi}{2}$（注意前四个极限中极限就是函数值）。

例 1.4.8　求$\lim\limits_{x\to\frac{\pi}{3}}(x\tan x-1)$。

解 由 $x\tan x = x\dfrac{\sin x}{\cos x}$，得 $\lim\limits_{x\to\frac{\pi}{3}}\sin x = \sin\dfrac{\pi}{3} = \dfrac{\sqrt{3}}{2}$，$\lim\limits_{x\to\frac{\pi}{3}}\cos x = \cos\dfrac{\pi}{3}=\dfrac{1}{2}$，按四则运算法则有

$$\lim_{x\to\frac{\pi}{3}}(x\tan x-1)=\lim_{x\to\frac{\pi}{3}}x\frac{\lim\limits_{x\to\frac{\pi}{3}}\sin x}{\lim\limits_{x\to\frac{\pi}{3}}\cos x}-\lim_{x\to\frac{\pi}{3}}1=\frac{\sqrt{3}\pi}{3}-1。$$

例 1.4.8 的 Maple 源程序

```
> #example8
> Limit(x * tan(x)-1,x=(1/3) * pi)=limit(x * tan(x)-1,
x=(1/3) * pi);
```

$$\lim_{x\to\left(\frac{\pi}{3}\right)} x\tan(x)-1=\frac{1}{3}\pi\tan\left(\frac{\pi}{3}\right)-1$$

例 1.4.9 求 $\lim\limits_{x\to-1}\left(\dfrac{1}{x+1}-\dfrac{3}{x^3+1}\right)$。

解 当 $x+1\neq0$ 时，有 $\dfrac{1}{x+1}-\dfrac{3}{x^3+1}=\dfrac{(x+1)(x-2)}{x^3+1}=\dfrac{x-2}{x^2-x+1}$，故所求极限等于

$$\lim_{x\to-1}\left(\frac{1}{x+1}-\frac{3}{x^3+1}\right)=\frac{-1-2}{(-1)^2-(-1)+1}=-1。$$

例 1.4.9 的 Maple 源程序

```
> #example9
> Limit(1/(x+1)-3/(x^3+1),x=-1)=limit(1/(x+1)-3/(x^3+
1),x=-1);
```

$$\lim_{x\to(-1)}\frac{1}{x+1}-\frac{3}{x^3+1}=-1$$

例 1.4.10 求下列极限：

(1) $\lim\limits_{x\to2}\dfrac{x-2}{x^2-4}$；(2) $\lim\limits_{x\to1}(2x^2-3x+2)$；(3) $\lim\limits_{x\to0}\dfrac{\sqrt{x+1}-1}{x}$；

(4) $\lim\limits_{x\to\infty}\dfrac{a_0x^n+a_1x^{n-1}+\cdots+a_n}{b_0x^m+b_1x^{m-1}+\cdots+b_m}$，其中 a_0，$b_0\neq0$，$n\leqslant m$，m，n 为正数。

解 (1) 当 $x\to2$ 时，分子、分母的极限都为零，而 $x\to2$ 时，$x-2\neq0$，可以约去公因式 $x-2$，故

$$\lim_{x\to2}\frac{x-2}{x^2-4}=\lim_{x\to2}\frac{x-2}{(x-2)(x+2)}=\lim_{x\to2}\frac{1}{x+2}=\frac{1}{4}。$$

（2）$\lim\limits_{x\to1}(2x^2-3x+2)=\lim\limits_{x\to1}(2x^2)-\lim\limits_{x\to1}(3x)+\lim\limits_{x\to1}2$

$=2(\lim\limits_{x\to1}x)^2-3\lim\limits_{x\to1}x+\lim\limits_{x\to1}2$

$=2-3+2=1$。

（3）$\lim\limits_{x\to0}\frac{\sqrt{x+1}-1}{x}=\lim\limits_{x\to0}\frac{(\sqrt{1+x}-1)(\sqrt{1+x}+1)}{(\sqrt{1+x}+1)x}=\lim\limits_{x\to0}\frac{1}{\sqrt{1+x}+1}=\frac{1}{2}$。

（4）当 $m=n$ 时，

$$\lim_{x\to\infty}\frac{a_0x^n+a_1x^{n-1}+\cdots+a_n}{b_0x^n+b_1x^{n-1}+\cdots+b_n}=\lim_{x\to\infty}\frac{a_0+a_1\frac{1}{x}+a_2\frac{1}{x^2}+\cdots+a_n\frac{1}{x^n}}{b_0+b_1\frac{1}{x}+b_2\frac{1}{x^2}+\cdots+b_n\frac{1}{x^n}}=\frac{a_0}{b_0},$$

当 $n<m$ 时，

$$\lim_{x\to\infty}\frac{a_0x^n+a_1x^{n-1}+\cdots+a_n}{b_0x^m+b_1x^{m-1}+\cdots+b_m}=\lim_{x\to\infty}\frac{a_0\frac{1}{x^{m-n}}+a_1\frac{1}{x^{m-n+1}}+\cdots+a_n\frac{1}{x^n}}{b_0+b_1\frac{1}{x}+\cdots+b_m\frac{1}{x^m}}$$

$$=\frac{\lim\limits_{x\to\infty}\left(a_0\frac{1}{x^{m-n}}+a_1\frac{1}{x^{m-n+1}}+\cdots+a_n\frac{1}{x^n}\right)}{\lim\limits_{x\to\infty}\left(b_0+b_1\frac{1}{x}+\cdots+b_m\frac{1}{x^m}\right)}=0。$$

例 1.4.10 的 Maple 源程序

```
> #example10
> Limit((x-2)/(x^2-4),x=2)=limit((x-2)/(x^2-4),x=2);
```

$$\lim_{x\to2}\frac{x-2}{x^2-4}=\frac{1}{4}$$

```
> Limit(2*x^2-3*x+2,x=1)=limit(2*x^2-3*x+2,x=1);
```

$$\lim_{x\to1}2x^2-3x+2=1$$

```
> Limit((sqrt(x+1)-1)/x,x=0)=limit((sqrt(x+1)-1)/x,x=0);
```

$$\lim_{x\to0}\frac{\sqrt{x+1}-1}{x}=\frac{1}{2}$$

1.4.3　两个重要不等式与两个重要极限

定理 1.4.1　对于任意的 x 有 $|\sin x|\leqslant|x|$；当 $-\frac{\pi}{2}<x<\frac{\pi}{2}$ 有 $|x|\leqslant|\tan x|$，等号成立在 $x=0$ 处。

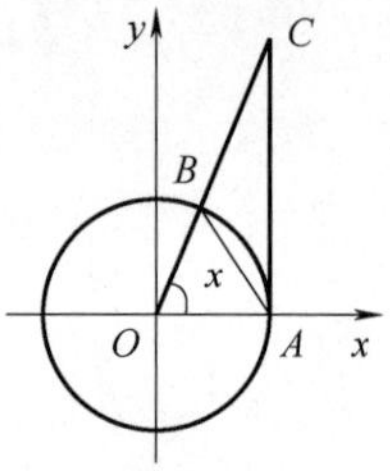

图 1.4.4

证明 作单位圆如图 1.4.4 所示，$\angle AOC=x\left(|x|<\frac{\pi}{2}\right)$，又 $S_{\triangle AOB}\leqslant S_{扇形AOB}\leqslant S_{\triangle AOC}$，即 $\sin|x|<|x|<\tan|x|$；当 $|x|\geqslant\frac{\pi}{2}$，$|\sin x|<|x|$。

定理 1.4.2 $\lim\limits_{x\to0}\frac{\sin x}{x}=1$。

证明 （1）当 $0<x<\frac{\pi}{2}$时，$\sin x<x<\tan x$，不等式两边同时除以 $\sin x$，得到 $1<\frac{x}{\sin x}<\frac{1}{\cos x}$，得 $\cos x<\frac{\sin x}{x}<1$。即 $\lim\limits_{x\to0}\frac{\sin x}{x}=1$。

（2）当$-\frac{\pi}{2}<x<0$ 时，同理可证。

综上所得
$$\lim_{x\to0}\frac{\sin x}{x}=1。$$

例 1.4.11 求$\lim\limits_{x\to\pi}\frac{\sin x}{\pi-x}$。

解 令 $t=\pi-x$，则 $\sin x=\sin(\pi-t)=\sin t$，且当 $x\to\pi$ 时 $t\to0$。所以有
$$\lim_{x\to\pi}\frac{\sin x}{\pi-x}=\lim_{t\to0}\frac{\sin t}{t}=1。$$

例 1.4.11 的 Maple 源程序

```
> #example11
> Limit(sin(x)/(pi-x),x=pi)=limit(sin(t)/t,t=0);
```
$$\lim_{x\to\pi}\frac{\sin(x)}{\pi-x}=1$$

例 1.4.12 求 $\lim\limits_{x\to0}\frac{1-\cos x}{x^2}$。

解 $\lim\limits_{x\to0}\frac{1-\cos x}{x^2}=\lim\limits_{x\to0}\frac{1}{2}\left(\frac{\sin\frac{x}{2}}{\frac{x}{2}}\right)^2=\frac{1}{2}$。同理有 $\lim\limits_{x\to0}\frac{x}{\sin x}=1$，$\lim\limits_{n\to\infty}n\sin\frac{1}{n}=1$。

例 1.4.12 的 Maple 源程序

```
> #example12
> Limit((1-cos(x))/x^2,x=0)=limit((1-cos(x))/x^2,x=0);
```

$$\lim_{x\to 0}\frac{1-\cos(x)}{x^2}=\frac{1}{2}$$

例 1.4.13　求$\lim\limits_{x\to 0}\frac{\tan x}{x}$。

解
$$\lim_{x\to 0}\frac{\tan x}{x}=\lim_{x\to 0}\left(\frac{\sin x}{x}\cdot\frac{1}{\cos x}\right)$$
$$=\lim_{x\to 0}\frac{\sin x}{x}\cdot\lim_{x\to 0}\frac{1}{\cos x}$$
$$=1。$$

例 1.4.13 的 Maple 源程序

```
> #example13
> Limit(tan(x)/x,x=0)=limit(tan(x)/x,x=0);
```

$$\lim_{x\to 0}\frac{\tan(x)}{x}=1$$

例 1.4.14　求$\lim\limits_{x\to 0}\frac{\arcsin x}{x}$。

解　设 $t=\arcsin x$，则 $x=\sin t$。当 $x\to 0$ 时，$t\to 0$，于是有
$$\lim_{x\to 0}\frac{\arcsin x}{x}=\lim_{t\to 0}\frac{t}{\sin t}=1。$$

例 1.4.14 的 Maple 源程序

```
> #example14
> Limit(arcsin(x)/x,x=0)=limit(arcsin(x)/x,x=0);
```

$$\lim_{x\to 0}\frac{\arcsin(x)}{x}=1$$

定理 1.4.3　$\lim\limits_{x\to\infty}\left(1+\frac{1}{x}\right)^x=\mathrm{e}$（证明参考$\lim\limits_{n\to\infty}\left(1+\frac{1}{n}\right)^n=\mathrm{e}$ 或者数学分析）。

我们知道：收敛数列一定有界，有界数列不一定收敛。夹逼准则表明：如果数列不仅有界，并且是单调的，那么这数列的极限必定存在，也就是说这数列一定收敛。

下面我们从数列的几何意义上看夹逼准则的正确性。

如果数列$\{x_n\}$单调增加且有界，即 $x_1\leqslant x_2\leqslant\cdots\leqslant x_n\leqslant x_{n+1}\leqslant\cdots$，且 $x_1\leqslant x_2\leqslant\cdots\leqslant M$，那么数列$\{x_n\}$在数轴上表示一串不断向右排

列的点，且不能超过正数 M，这样它的项 x_n 必定无限趋近于常数 a，这个数就是它的极限(见图 1.4.5)。

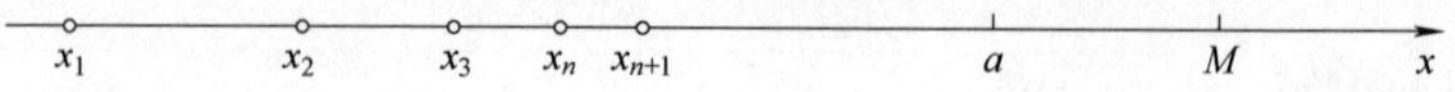

图 1.4.5

由图 1.4.5 可以看出，对单调增加且有界的数列，其极限必定是它的一个上界。类似地，可以看出单调减少而有界的数列也必定有极限，且极限 a 必定是它的一个下界。

我们先求 $\lim\limits_{x\to\infty}\left(1+\dfrac{1}{x}\right)^x=\mathrm{e}$。

设 $x_n=\left(1+\dfrac{1}{n}\right)^n$，我们证明它单调增加有界。

由二项式定理，有

$$x_n=\left(1+\frac{1}{n}\right)^n=1+\frac{n}{1!}\cdot\frac{1}{n}+\frac{n(n-1)}{2!}\cdot\frac{1}{n^2}+\cdots+\frac{n(n-1)\cdots(n-n+1)}{n!}\cdot\frac{1}{n^n}$$

$$=1+1+\frac{1}{2!}\left(1-\frac{1}{n}\right)+\cdots+\frac{1}{n!}\left(1-\frac{1}{n}\right)\left(1-\frac{2}{n}\right)\cdots\left(1-\frac{n-1}{n}\right)。$$

类似地，有

$$\begin{aligned}x_{n+1}=1+1+\frac{1}{2!}\left(1-\frac{1}{n+1}\right)+\cdots+\\ \frac{1}{n!}\left(1-\frac{1}{n}\right)\left(1-\frac{2}{n}\right)\cdots\left(1-\frac{n-1}{n}\right)+\\ \frac{1}{(n+1)!}\left(1-\frac{1}{n+1}\right)\left(1-\frac{2}{n+1}\right)\cdots\left(1-\frac{n-1}{n+1}\right)。\end{aligned}$$

显然 $x_{n+1}>x_n$，所以数列 $\{x_n\}$ 是单调增加的；并且

$$x_n<1+1+\frac{1}{2!}+\cdots+\frac{1}{n!}<1+1+\frac{1}{2}+\cdots+\frac{1}{2^{n-1}}=3-\frac{1}{2^{n-1}}<3,$$

这说明数列 $\{x_n\}$ 是有界的，由性质 1.4.3(夹逼准则)，这个数列 $\{x_n\}$ 的极限存在，即 $\lim\limits_{n\to\infty}x_n$ 存在。

将其极限记为 e，即

$$\lim_{n\to\infty}\left(1+\frac{1}{n}\right)^n=\mathrm{e}(\mathrm{e}=2.71828\cdots),$$

可以证明，当 x 取实数而趋于 $+\infty$ 或 $-\infty$ 时，函数 $\left(1+\dfrac{1}{x}\right)^x$ 的极限存在且都等于 e，因此

$$\lim_{x\to\infty}\left(1+\frac{1}{x}\right)^x=\mathrm{e}。$$

例 1.4.15　求$\lim\limits_{x\to\infty}\left(1-\dfrac{3}{x}\right)^{x}$。

解　令$\dfrac{1}{t}=-\dfrac{3}{x}$，则$x=-3t$，所以

$$\lim_{x\to\infty}\left(1-\frac{3}{x}\right)^{x}=\left(1+\frac{1}{t}\right)^{-3t}=\left[\left(1+\frac{1}{t}\right)^{t}\right]^{-3},$$

且当$x\to\infty$时，$t\to\infty$，于是

$$\lim_{x\to\infty}\left(1-\frac{3}{x}\right)^{x}=\lim_{t\to\infty}\left[\left(1+\frac{1}{t}\right)^{t}\right]^{-3}=\left[\lim_{t\to\infty}\left(1+\frac{1}{t}\right)^{t}\right]^{-3}=e^{-3}。$$

例 1.4.15 的 Maple 源程序

```
> #example15
> Limit((1-3/x)^x,x=infinity)=limit((1-3/x)^x,x=infini-
ty);
```

$$\lim_{x\to\infty}\left(1-\frac{3}{x}\right)^{x}=e^{(-3)}$$

例 1.4.16　求$\lim\limits_{x\to0}(1+x)^{\frac{1}{x}}$。

解　令$x=\dfrac{1}{t}$，当$x\to0$时，有$t\to\infty$，从而$\lim\limits_{x\to0}(1+x)^{\frac{1}{x}}=\lim\limits_{t\to\infty}\left(1+\dfrac{1}{t}\right)^{t}=e$。

作为 e 的另一种极限形式，以后经常用到。

例 1.4.16 的 Maple 源程序

```
> #example16
> Limit((1+x)^(1/x),x=0)=limit((1+x)^(1/x),x=0);
```

$$\lim_{x\to0}(x+1)^{\left(\frac{1}{x}\right)}=e$$

例 1.4.17　求$\lim\limits_{x\to0}(1+2x)^{\frac{1}{x}}$。

解　$\lim\limits_{x\to0}(1+2x)^{\frac{1}{x}}=\lim\limits_{x\to0}\left[(1+2x)^{\frac{1}{2x}}\cdot(1+2x)^{\frac{1}{2x}}\right]=e^{2}$。

例 1.4.17 的 Maple 源程序

```
> #example17
> Limit((1+2*(x))^(1/x),x=0)=limit((1+2*(x))^(1/x),x=
0);
```

$$\lim_{x\to0}(1+2x)^{\left(\frac{1}{x}\right)}=e^{2}$$

例 1.4.18 求$\lim\limits_{x\to 0}(1+x)^{-\frac{1}{x}}$。

解 $\lim\limits_{x\to 0}(1+x)^{-\frac{1}{x}}=\lim\limits_{x\to 0}[(1+x)^{\frac{1}{x}}]^{-1}=\dfrac{1}{\mathrm{e}}$。

例 1.4.18 的 Maple 源程序

```
> #example18
> Limit((1+x)^(-(1/x)),x=0)=limit((1+x)^(-(1/x)),x=0);
```

$$\lim_{x\to 0}(1+x)^{\left(-\frac{1}{x}\right)}=\mathrm{e}^{(-1)}$$

例 1.4.19 求$\lim\limits_{x\to\infty}\left(1-\dfrac{1}{2x}\right)^{x+1}$。

解 令$t=-\dfrac{1}{2x}$，当$x\to\infty$时，$t\to 0$，$x=-\dfrac{1}{2t}$，所以

$$\lim_{x\to\infty}\left(1-\frac{1}{2x}\right)^{x+1}=\lim_{t\to 0}(1+t)^{-\frac{1}{2t}+1}=\lim_{t\to 0}[(1+t)^{\frac{1}{t}}]^{-\frac{1}{2}}\cdot(1+t)$$

$$=[\lim_{t\to 0}(1+t)^{\frac{1}{t}}]^{-\frac{1}{2}}\cdot\lim_{t\to 0}(1+t)=\mathrm{e}^{-\frac{1}{2}}\cdot 1=\mathrm{e}^{-\frac{1}{2}}。$$

例 1.4.19 的 Maple 源程序

```
> #example19
> Limit((1-1/(2*x))^(x+1),x=infinity)
=limit((1-1/(2*x))^(x+1),x=infinity);
```

$$\lim_{x\to\infty}\left(1-\frac{1}{2x}\right)^{(x+1)}=\mathrm{e}^{(-1/2)}$$

例 1.4.20 求$\lim\limits_{n\to\infty}\left(1+\dfrac{1}{n}-\dfrac{1}{n^2}\right)^{n}$。

解 $\lim\limits_{n\to\infty}\left(1+\dfrac{1}{n}-\dfrac{1}{n^2}\right)^{n}=\lim\limits_{n\to\infty}\left(1+\dfrac{n-1}{n^2}\right)^{\frac{n^2}{n-1}\frac{n-1}{n}}=\mathrm{e}^{\lim\limits_{n\to\infty}\frac{n-1}{n}}=\mathrm{e}$。

例 1.4.20 的 Maple 源程序

```
> #example20
> Limit((1+1/n-1/n^2)^n,n=infinity)=limit((1+1/n-1/n^
2)^n,n=infinity);
```

$$\lim_{n\to\infty}\left(1+\frac{1}{n}-\frac{1}{n^2}\right)^{n}=\mathrm{e}$$

1.4.4 无穷小量与无穷大量

定义 1.4.4（无穷小量）　设 $f(x)$ 在某 $\mathring{U}(x_0)$ 内有定义，若 $\lim\limits_{x\to x_0} f(x)=0$，则称 $f(x)$ 为当 $x\to x_0$ 时的**无穷小量**，简称无穷小。特别地，以零为极限的数列 $\{a_n\}$ 称为当 $n\to\infty$ 时的无穷小量。

注　不要把无穷小量与很小的数（例如百万分之一）混为一谈，因为无穷小量是这样的函数，在 $x\to x_0$（或 $x\to\infty$）的过程中，这函数的绝对值能小于任意给定的正数 ε，而很小的数如百万分之一，就不能小于任意给定的正数 ε，例如取 ε 等于千万分之一，则百万分之一就不能小于这个给定的 ε。但零是可以作为无穷小的唯一的常数，因为如果 $f(x)\equiv 0$，那么对于任意给定的正数 ε，总有 $|f(x)|<\varepsilon$。

性质 1.4.7　两个（相同类型的）无穷小量之和、差、积仍为无穷小量。

性质 1.4.8　无穷小量与有界量的乘积为无穷小量。

定义 1.4.5（无穷小量的阶）　设当 $x\to x_0$ 时，$f(x)$ 与 $g(x)$ 均为无穷小量，

（1）若 $\lim\limits_{x\to x_0}\dfrac{f(x)}{g(x)}=0$，则称当 $x\to x_0$ 时 $f(x)$ 为 $g(x)$ 的高阶无穷小量，$g(x)$ 为 $f(x)$ 的低阶无穷小量，记作 $f(x)=o(g(x))$ $(x\to x_0)$。特别地，当 $f(x)$ 为 $x\to x_0$ 时的无穷小量，记作 $f(x)=o(1)(x\to x_0)$。

（2）若 $\lim\limits_{x\to x_0}\dfrac{f(x)}{g(x)}=c\neq 0$ 时，$f(x)$ 与 $g(x)$ 为同阶无穷小量。

（3）若 $\lim\limits_{x\to x_0}\dfrac{f(x)}{g(x)}=1$，则称 $f(x)$ 与 $g(x)$ 为当 $x\to x_0$ 时的等价无穷小量，记作 $f(x)\sim g(x)(x\to x_0)$。

定理 1.4.4（等价无穷小代换定理）　设函数 $f(x)$，$g(x)$，$h(x)$ 在 $\mathring{U}(x_0)$ 内有定义，且有 $f(x)\sim g(x)(x\to x_0)$，若 $\lim\limits_{x\to x_0} f(x)h(x)=A$，有 $\lim\limits_{x\to x_0} g(x)h(x)=A$；若 $\lim\limits_{x\to x_0}\dfrac{h(x)}{f(x)}=B$，则 $\lim\limits_{x\to x_0}\dfrac{h(x)}{g(x)}=B$。

例 1.4.21 求$\lim\limits_{x\to 0}\dfrac{\arctan 4x}{\sin x}$。

解 由于 $\arctan 4x \sim 4x\ (x\to 0)$，$\sin x \sim x\ (x\to 0)$，故得 $\lim\limits_{x\to 0}\dfrac{\arctan 4x}{\sin x}=\lim\limits_{x\to 0}\dfrac{4x}{x}=4$。

例 1.4.21 的 Maple 源程序

```
> #example21
> Limit(arctan(4 * x)/sin(x),x=0) = limit(arctan(4 * x)/
sin(x),x=0);
```

$$\lim_{x\to 0}\frac{\arctan(4x)}{\sin(x)}=4$$

例 1.4.22 利用等价无穷小量代换求极限$\lim\limits_{x\to 0}\dfrac{\tan x-\sin x}{\sin x^3}$。

解 由于 $\tan x-\sin x=\dfrac{\sin x}{\cos x}(1-\cos x)$，而 $\sin x\sim x\,(x\to 0)$，$1-\cos x\sim\dfrac{x^2}{2}(x\to 0)$，$\sin x^3\sim x^3(x\to 0)$，故有$\lim\limits_{x\to 0}\dfrac{\tan x-\sin x}{\sin x^3}=\lim\limits_{x\to 0}\dfrac{1}{\cos x}\cdot\dfrac{x\cdot\dfrac{x^2}{2}}{x^3}=\dfrac{1}{2}$。

注 在利用等价无穷小量代换求极限时，应注意：只有对所求极限式中相乘或相除的因式才能用等价无穷小量替代，而对极限式中的相加或相减部分则不能随意替代。如在例 1.4.22 中，若因有 $\tan x\sim x\,(x\to 0)$，$\sin x\sim x\,(x\to 0)$，而推出$\lim\limits_{x\to 0}\dfrac{\tan x-\sin x}{\sin x^3}=\lim\limits_{x\to 0}\dfrac{x-x}{\sin x^3}=0$，则得到错误的结果。

例 1.4.22 的 Maple 源程序

```
> #example22
> Limit((tan(x)-sin(x))/sin(x^3),x=0)
=limit((tan(x)-sin(x))/sin(x^3),x=0);
```

$$\lim_{x\to 0}\frac{\tan(x)-\sin(x)}{\sin(x^3)}=\frac{1}{2}$$

例 1.4.23 证明 x^2，$2(1-\cos x)$在 $x\to 0$ 时是等价无穷小量。

证明 因为$\lim\limits_{x\to 0}\dfrac{2(1-\cos x)}{x^2}=\lim\limits_{x\to 0}\dfrac{4\sin^2\dfrac{x}{2}}{x^2}=1$，所以 $x\to 0$ 时，

x^2，$2(1-\cos x)$是等价无穷小量，记作$2(1-\cos x)\sim x^2$。

例 1.4.23 的 Maple 源程序

```
> #example23
> Limit((2*(1-cos(x)))/x^2,x=0)=limit((2*(1-cos(x)))/
x^2,x=0);
```

$$\lim_{x\to 0}\frac{2(1-\cos(x))}{x^2}=1$$

常见的等价无穷小：当$x\to 0$时，$\sin x\sim x$，$\tan x\sim x$，$\arcsin x\sim x$，$\arctan x\sim x$，$1-\cos x\sim\frac{x^2}{2}$，后面将会得到，当$x\to 0$时，$e^x-1\sim x$，$\ln(1+x)\sim x$，$(1+x)^{\alpha}-1\sim\alpha x$。

定义 1.4.6（无穷大量）　设函数$f(x)$在$\mathring{U}(x_0)$内有定义，当$x\to x_0$时，相应的函数的绝对值$|f(x)|$无限增大，则称函数$f(x)$在$x\to x_0$时为无穷大量，分别记为

$$\lim_{x\to x_0}f(x)=\infty,\ \lim_{x\to x_0}f(x)=+\infty,\ \lim_{x\to x_0}f(x)=-\infty。$$

注　(1) 无穷大量不是很大的数，而是具有非正常极限的函数。

(2) 若$f(x)$为$x\to x_0$时的无穷大量，则易见$f(x)$为$\mathring{U}(x_0)$上的无界函数。但无界函数却不一定是无穷大量。

定理 1.4.5　(1) 设$f(x)$在$\mathring{U}(x_0)$内有定义且不等于 0，若$f(x)$为当$x\to x_0$时的无穷小量，则$\frac{1}{f(x)}$为当$x\to x_0$时的无穷大量；

(2) 若$g(x)$为当$x\to x_0$时的无穷大量，则$\frac{1}{g(x)}$为当$x\to x_0$时的无穷小量。

定理 1.4.6　$\lim_{x\to x_0}f(x)=A\Leftrightarrow f(x)-A=o(1)\ (x\to x_0)$。

证明　必要性：设$\lim_{x\to x_0}f(x)=A$，则$\forall\varepsilon>0$，$\exists\delta>0$，当$0<|x-x_0|<\delta$时，有$|f(x)-A|<\varepsilon$。令$a=f(x)-A$，则a是$x\to x_0$时的无穷小，且$f(x)=A+a$。

充分性：设$f(x)=A+a$，其中A是常数，a是$x\to x_0$时的无穷小，于是$|f(x)-A|=|a|$。因a是$x\to x_0$时的无穷小，所以$\forall\varepsilon>0$，

$\exists\delta>0$，当 $0<|x-x_0|<\delta$ 时，有 $|\alpha|<\varepsilon$。即 $|f(x)-A|<\varepsilon$。

也就是说，$\lim\limits_{x\to x_0}f(x)=A$ 的充分必要条件是 $f(x)=A+\alpha(x)$，其中当 $x\to x_0$ 时，$\alpha(x)$ 是一个无穷小。

习题 1.4

1. 通过观察下列函数的图形，判断有无极限。若极限存在，写出极限：

(1) $\lim\limits_{x\to1}(x+1)$； (2) $\lim\limits_{x\to\frac{\pi}{2}}\cos x$；

(3) $\lim\limits_{x\to1}\lg x$； (4) $\lim\limits_{x\to-\infty}2^x$；

(5) $\lim\limits_{x\to\infty}\dfrac{1}{x^3}$； (6) $\lim\limits_{x\to\infty}\sin x$。

2. 讨论下列函数的极限：

(1) 当 $x\to0$ 时，函数 $f(x)=\begin{cases}3x+1, & x<0,\\ 2^x, & x\geqslant0\end{cases}$ 的极限；

(2) 当 $x\to0$ 时，函数 $f(x)=\dfrac{|x|}{x}$ 的极限；

(3) 当 $x\to1$ 时，函数 $f(x)=\begin{cases}x+5, & x<1,\\ 5x+1, & x\geqslant1\end{cases}$ 的极限；

(4) 当 $x\to\infty$ 时，函数 $f(x)=e^x$ 的极限。

3. 利用函数极限的精确定义证明：

(1) $\lim\limits_{x\to1}(3x+2)=5$； (2) $\lim\limits_{x\to9}\sqrt{x}=3$；

(3) $\lim\limits_{x\to2}\dfrac{x^2-4}{x-2}=4$； (4) $\lim\limits_{x\to\infty}\dfrac{2x^2}{1+x^2}=2$。

4. 观察下列变量，哪些是无穷小，哪些是无穷大？

(1) $y=x^2+x^3+x^4$（当 $x\to0$ 时）；

(2) $y=\sin x$（当 $x\to0$ 时）；

(3) $y=(0.0001)^x$（当 $x\to+\infty$ 时）；

(4) $y=\ln(x+1)$（当 $x\to0$ 时）；

(5) $y=\tan x\left(当 x\to\dfrac{\pi}{2}时\right)$；

(6) $y=e^{\frac{1}{x}}$（当 $x\to0^+$ 时）；

(7) 数列 $\{n^3+(-1)^n\cdot n\}$（当 $n\to\infty$ 时）；

(8) $y=\dfrac{x^2-4}{x+2}$（当 $x\to2$ 时）。

5. 利用无穷小的性质求下列极限：

(1) $\lim\limits_{x\to\infty}\dfrac{1}{x}\cdot\sin x$； (2) $\lim\limits_{x\to\infty}\dfrac{\arctan x}{x}$；

(3) $\lim\limits_{x\to0}x\cdot\cos\dfrac{1}{x}$。

6. 求下列极限：

(1) $\lim\limits_{x\to\infty}\dfrac{3x^3-2x-1}{4x^3+7x^2-3}$； (2) $\lim\limits_{x\to0}\dfrac{3x^2-2x-1}{x^3+7x^2-3}$；

(3) $\lim\limits_{x\to\infty}\left(1+\dfrac{1}{x}\right)\left(2-\dfrac{1}{x^2}\right)$； (4) $\lim\limits_{x\to0}\dfrac{x^2-2x-3}{x^2-1}$；

(5) $\lim\limits_{x\to0}\dfrac{x^2+2x-3}{2x^2-3x}$； (6) $\lim\limits_{x\to0}\dfrac{1-\sqrt{1-x}}{x}$；

(7) $\lim\limits_{x\to0}(\sqrt{x+1}-x)$； (8) $\lim\limits_{x\to0}\dfrac{\sin ax}{x}(a\neq0)$；

(9) $\lim\limits_{\theta\to0}\dfrac{\sin2\theta}{\tan3\theta}$； (10) $\lim\limits_{x\to0^+}\dfrac{\sqrt{1-\cos x}}{x}$；

(11) $\lim\limits_{x\to\infty}x\sin\dfrac{1}{x}$； (12) $\lim\limits_{n\to\infty}2^n\cdot\sin\dfrac{x}{2^n}$；

(13) $\lim\limits_{\theta\to\frac{\pi}{2}}\dfrac{\cos\theta}{\theta-\dfrac{\pi}{2}}$； (14) $\lim\limits_{x\to\infty}\left(1+\dfrac{1}{x}\right)^{3x}$；

(15) $\lim\limits_{x\to\infty}\left(1+\dfrac{3}{x}\right)^x$； (16) $\lim\limits_{x\to0}(1-3x)^{\frac{1}{x}}$。

1.5 函数连续

在数学中要研究各种不同性质的函数，其中有一类重要的函数，就是连续函数。本节主要介绍函数的连续性概念、“间断”或“不连续”的情形、连续函数的性质以及初等函数连续性的特点。

1.5.1 函数连续性的概念

设函数$f(x)$在x_0的某个空心邻域内有定义，A是一个确定的数，若对$\forall\varepsilon>0$，$\exists\delta>0$，当$0<|x-x_0|<\delta$时，都有$|f(x)-A|<\varepsilon$，则称$f(x)$在$x\to x_0$时，以A为极限。这里$f(x_0)$可以有下列三种情况：

(1) $f(x_0)$无定义，如$\lim\limits_{x\to x_0}\dfrac{\sin(x-x_0)}{x-x_0}=1$；

(2) $f(x_0)\neq A$，如$f(x)=\begin{cases}x, & x\neq x_0,\\ x+1, & x=x_0,\end{cases}$ $\lim\limits_{x\to x_0}f(x)=x_0\neq f(x_0)$；

(3) $f(x_0)=A$。前两种情况，曲线在x_0处都出现了间断，最后一种情况与前两种情况不同，曲线在x_0处连续不断，我们称这种情况为$f(x)$在x_0处连续。

定义 1.5.1a（函数在点x_0连续）　设函数$f(x)$在x_0的某邻域内有定义，若$\lim\limits_{x\to x_0}f(x)=f(x_0)$，则称函数$f(x)$在点$x_0$**连续**。

为引入函数连续性的另一种表述，记$\Delta x=x-x_0$，$\Delta y=f(x)-f(x_0)$，称Δx为自变量x在x_0的增量，Δy为函数$f(x)$在x_0的增量。假定函数$y=f(x)$在点x_0的某一邻域内是有定义的，当自变量x在这一邻域内从x_0变到$x_0+\Delta x$时，函数y相应地从$f(x_0)$变到$f(x_0+\Delta x)$，因此函数y的对应增量为$\Delta y=f(x_0+\Delta x)-f(x_0)$。假如保持$x_0$不变而让自变量的增量$\Delta x$变动，一般来说，函数$y$的增量$\Delta y$也要随着变动，因此把$\lim\limits_{x\to x_0}f(x)=f(x_0)$可等价地叙述为$\lim\limits_{\Delta x\to 0}\Delta y=0$，于是函数$f(x)$在点$x_0$连续的定义又可以叙述为：

定义 1.5.1b（函数在点x_0连续）　设函数$f(x)$在x_0的某邻域内有定义，若$\lim\limits_{\Delta x\to 0}\Delta y=0$，则称$f(x)$在点$x_0$**连续**。

定义 1.5.1c（函数在点x_0连续）　设函数$f(x)$在x_0的某邻域内有定义，若对$\forall\varepsilon>0$，$\exists\delta>0$，使得当$|x-x_0|<\delta$时，都有$|f(x)-f(x_0)|<\varepsilon$，则称$f(x)$在点$x_0$连续。

注　函数$f(x)$在点x_0连续，不仅要求$f(x)$在点x_0有定义，而且要求$x\to x_0$时，$f(x)$的极限等于$f(x_0)$。

定义 1.5.2（函数在点 x_0 单侧连续） 设函数 $f(x)$ 在 x_0 的某左（右）邻域内有定义，若 $\lim\limits_{x\to x_0^-}f(x)=f(x_0)$（$\lim\limits_{x\to x_0^+}f(x)=f(x_0)$），则称 $f(x)$ 在点 x_0 **左（右）连续**。

定理 1.5.1 函数 $f(x)$ 在点 x_0 连续的充分必要条件为 $f(x)$ 在点 x_0 既左连续又右连续。

例 1.5.1 讨论函数 $f(x)=\begin{cases}x+4, & x\geqslant 0,\\ x-4, & x<0\end{cases}$ 在 $x=0$ 的连续性。

解 因为 $\lim\limits_{x\to 0^+}f(x)=\lim\limits_{x\to 0^+}(x+4)=4=f(0)$，$\lim\limits_{x\to 0^-}f(x)=\lim\limits_{x\to 0^-}(x-4)=-4\neq f(0)$，所以 $f(x)$ 在 $x=0$ 右连续，但不左连续，从而 $f(x)$ 在 $x=0$ 不连续。

例 1.5.1 的 Maple 源程序

```
> #example1
> Limit((x+4),x=0,'right')=limit((x+4),x=0,'right');
```

$$\lim_{x\to 0^+} x+4=4$$

```
> Limit((x-4),x=0,'left')=limit((x-4),x=0,'left');
```

$$\lim_{x\to 0^-} x-4=-4$$

1.5.2 间断点及其分类

定义 1.5.3（间断点） 设函数 $f(x)$ 在某 $\mathring{U}(x_0)$ 内有定义，若 $f(x)$ 在点 x_0 不连续，则称点 x_0 为函数 $f(x)$ 的**间断点**或**不连续点**。

由连续的定义知，函数 $f(x)$ 在点 x_0 不连续必出现三种情形：

（1）$\lim\limits_{x\to x_0}f(x)=A$，而 $f(x)$ 在点 x_0 无定义，或有定义但 $\lim\limits_{x\to x_0}f(x)=A\neq f(x_0)$；

（2）左、右极限都存在，但不相等；

（3）左、右极限至少一个不存在。

通常把间断点分成两类：若 x_0 是函数 $f(x)$ 的间断点，则：

（1）若 $f(x)$ 在点 x_0 处左、右极限都存在，则称 x_0 为 $f(x)$ 的**第一类间断点**。在第一类间断点中，若左极限、右极限相等，即 $\lim\limits_{x\to x_0}f(x)=A\neq f(x_0)$，$x_0$ 称为**可去间断点**；若左极限、右极限不相等，则称 x_0 为**跳跃间断点**。

(2) 若 $f(x)$ 在点 x_0 处左极限、右极限至少有一个不存在，则称 x_0 为 $f(x)$ 的**第二类间断点**。第二类间断点包括**无穷间断点**和**振荡间断点**。

例 1.5.2

设 $f(x)=\begin{cases}\dfrac{\sin x}{x}, & x\neq 0,\\ 0, & x=0。\end{cases}$ 判断 $x=0$ 的间断点类型。

解　由于 $\lim\limits_{x\to 0}f(x)=1\neq 0=f(0)$，所以 $x=0$ 是 $f(x)$ 的可去间断点。

“可去间断点”的意义是只要改变或重新定义 $f(x)$ 在这一点的值，使它等于 $f(x)$ 在这点的极限，新的函数就在点 x_0 连续，所以这类不连续点称为可移不连续点。

例 1.5.2 的 Maple 源程序

```
> #example2
> Limit(sin(x)/x,x=0)=limit(sin(x)/x,x=0);
```

$$\lim_{x\to 0}\frac{\sin(x)}{x}=1$$

例 1.5.3

考察 $x=\dfrac{\pi}{2}$ 对函数 $y=\tan x$ 的间断点类型。

解　显然函数 $y=\tan x$ 在 $x=\dfrac{\pi}{2}$ 处没有定义，又 $\lim\limits_{x\to\frac{\pi}{2}}\tan x=\infty$，所以 $x=\dfrac{\pi}{2}$ 是函数 $y=\tan x$ 的无穷间断点，属于第二类间断点。

例 1.5.3 的 Maple 源程序

```
> #example3
> Limit(tan(x),x=pi/2)=limit(tan(x),x=pi/2);
```

$$\lim_{x\to\left(\frac{\pi}{2}\right)}\tan(x)=\tan\left(\frac{\pi}{2}\right)$$

例 1.5.4

考察 $x=0$ 对函数 $y=\cos\dfrac{1}{x}$ 的间断点类型。

解　显然函数 $y=\cos\dfrac{1}{x}$ 在 $x=0$ 处没有定义，当 $x\to 0$ 时，函数值在 -1 与 $+1$ 之间变换无限多次，所以 $x=0$ 是函数 $y=\cos\dfrac{1}{x}$ 的振

荡间断点，属于第二类间断点。

例 1.5.4 的 Maple 源程序

```
> #example4
> Limit(cos(1/x),x=0)=limit(cos(1/x),x=0);
```

$$\lim_{x\to 0}\cos\left(\frac{1}{x}\right)=-1..1$$

定义 1.5.4(区间上的连续函数) 若函数$f(x)$在区间 I 上每一点都连续，则称$f(x)$为 I 上的**连续函数**。对于闭区间或半开半闭区间的端点，函数在这些点上连续是指左连续或右连续。若函数$f(x)$在区间$[a,b]$上仅有有限个第一类间断点，则称$f(x)$在$[a,b]$上分段连续。

例 1.5.5 证明$f(x)=\sin x$ 在 $\mathbf{R}$ 上连续。

证明 $\forall a\in\mathbf{R}$，$\forall\varepsilon>0$，要使$|\sin x-\sin a|=2\left|\sin\frac{x-a}{2}\cos\frac{x+a}{2}\right|\leqslant|x-a|<\varepsilon$。只要取 $\delta=\varepsilon$，于是对任意 $\varepsilon>0$，总存在 $\delta=\varepsilon>0$，当$|x-a|<\delta$ 时，$|\sin x-\sin a|<\varepsilon$，即 $\sin x$ 在 a 处连续。又由 a 的任意性，所以 $\sin x$ 在 $\mathbf{R}$ 上连续。

1.5.3 连续函数的性质

性质 1.5.1(局部有界性) 若$f(x)$在 x_0 连续，则$f(x)$在某$U(x_0)$有界。

证明 因为$f(x)$在点 x_0 连续，则有$\lim\limits_{x\to x_0}f(x)=f(x_0)$。即$\forall\varepsilon>0$，$\exists\delta>0$，当$|x-x_0|<\delta$ 时，有$|f(x)-f(x_0)|<\varepsilon$。所以取 $\varepsilon=1$ 时，有$|f(x)-f(x_0)|<1$，故有$|f(x)|\leqslant|f(x)-f(x_0)|+|f(x_0)|<|f(x_0)+1|$。记 $M=|f(x_0)|+1$，则 f 在某 $U(x_0)$有界。

性质 1.5.2(四则运算) 若 f 和 g 在点 x_0 连续，则$f\pm g$，$f\cdot g$，$f/g(g(x_0)\neq 0)$也都在点 x_0 连续。

性质 1.5.3(复合函数的连续性) 若函数 f 在点 x_0 连续，函数 g 在点 u_0 连续，且 $u_0=f(x_0)$，则复合函数 $g\circ f$ 在点 x_0 连续。

证明 已知 $y=g(u)$ 在 u_0 连续，即$\forall\varepsilon>0$，$\exists\eta>0$，对于

$\forall u$：$|u-u_0|<\eta$，有 $|g(u)-g(u_0)|<\varepsilon$。又已知 $u=f(x)$ 在 x_0 连续，且 $u_0=f(x_0)$，则对上述 $\eta>0$，$\exists\delta>0$，对于 $\forall x$：$|x-x_0|<\delta$，有 $|u-u_0|=|f(x)-f(x_0)|<\eta$，因此，

$$|g(f(x))-g(f(x_0))|=|g(u)-g(u_0)|<\varepsilon。$$

性质 1.5.4（反函数的连续性）　若函数 $y=f(x)$ 在 $[a,b]$ 上严格增加（或减少）且连续，则其反函数 $y=f^{-1}(x)$ 在相应的定义域 $(f(a),f(b))$ 或 $(f(b),f(a))$ 上连续。

例 1.5.6

求极限：(1) $\lim\limits_{x\to1}\sin(x^2-1)$；(2) $\lim\limits_{x\to0}\dfrac{\ln(1+x^2)}{\cos x}$。

解　(1) $\lim\limits_{x\to1}\sin(x^2-1)=\sin(\lim\limits_{x\to1}(x^2-1))=\sin0=0$；

(2) $\lim\limits_{x\to0}\dfrac{\ln(1+x^2)}{\cos x}=\dfrac{\lim\limits_{x\to0}\ln(1+x^2)}{\lim\limits_{x\to0}\cos x}=\dfrac{\ln(\lim\limits_{x\to0}(1+x^2))}{1}=\ln1=0$。

例 1.5.6 的 Maple 源程序

```
> #example6
> Limit(sin(x^2-1),x=1)=limit(sin(x^2-1),x=1);
```

$$\lim_{x\to1}\sin(x^2-1)=0$$

```
> Limit((ln(1+x^2))/cos(x),x=0)=limit((ln(1+x^2))/
cos(x),x=0);
```

$$\lim_{x\to0}\frac{\ln(x^2+1)}{\cos(x)}=0$$

例 1.5.7

求极限：(1) $\lim\limits_{x\to0}\sqrt{2-\dfrac{\sin x}{x}}$；(2) $\lim\limits_{x\to\infty}\sqrt{2-\dfrac{\sin x}{x}}$。

解　(1) 由于 $\lim\limits_{x\to0}\dfrac{\sin x}{x}=1$ 及函数 $\sqrt{2-u}$ 在 $u=1$ 处连续，所以

$$\lim_{x\to0}\sqrt{2-\frac{\sin x}{x}}=\sqrt{2-\lim_{x\to0}\frac{\sin x}{x}}=\sqrt{2-1}=1;$$

(2) 由于 $\lim\limits_{x\to\infty}\dfrac{\sin x}{x}=0$，所以 $\lim\limits_{x\to\infty}\sqrt{2-\dfrac{\sin x}{x}}=\sqrt{2-\lim\limits_{x\to\infty}\dfrac{\sin x}{x}}=\sqrt{2-0}=\sqrt{2}$。

例 1.5.7 的 Maple 源程序

```
> #example7
> Limit(sqrt(2-sin(x)/x),x=0)=limit(sqrt(2-sin(x)/x),
x=0);
```

$$\lim_{x\to 0}\sqrt{2-\frac{\sin(x)}{x}}=1$$

```
> Limit(sqrt(2-sin(x)/x),x=infinity)=limit(sqrt(2-
sin(x)/x),x=infinity);
```

$$\lim_{x\to\infty}\sqrt{2-\frac{\sin(x)}{x}}=\sqrt{2}$$

定理 1.5.2 基本初等函数都在其定义域上连续。

定理 1.5.3 任何初等函数在其有定义的区间上是连续的。

例 1.5.8 求函数 $f(x)=\dfrac{\sqrt{x+1}}{\ln|x-2|}$ 的连续区间和间断点。

解 函数的定义域为 $D_f=[-1,1)\cup(1,2)\cup(2,3)\cup(3,+\infty)$。所以 $f(x)$ 的连续区间为 $[-1,1)$、$(1,2)$、$(2,3)$ 和 $(3,+\infty)$，间断点为 $x=1$，2 和 3（$f(x)$ 在点 $x=-1$ 右连续）。

例 1.5.9 求下列极限：(1) $\lim\limits_{x\to a}\dfrac{\sin x-\sin a}{x-a}$；(2) $\lim\limits_{x\to a}\dfrac{\ln x-\ln a}{x-a}$；(3) $\lim\limits_{x\to 0}\dfrac{\ln(1+x)}{x}$；(4) $\lim\limits_{x\to 0}\dfrac{a^x-1}{x}(a>0)$；(5) $\lim\limits_{x\to 0}\dfrac{(1+x)^a-1}{x}$；(6) $\lim\limits_{x\to+\infty}\dfrac{\ln(x^2-x+1)}{\ln(x^{10}+x+1)}$。

解 (1) $\lim\limits_{x\to a}\dfrac{\sin x-\sin a}{x-a}=\lim\limits_{x\to a}\dfrac{2\cos\frac{x+a}{2}\sin\frac{x-a}{2}}{x-a}=\cos a$；

(2) $\lim\limits_{x\to a}\dfrac{\ln x-\ln a}{x-a}=\lim\limits_{x\to a}\dfrac{\ln\frac{x}{a}}{x-a}=\lim\limits_{x\to a}\dfrac{\ln\frac{a+x-a}{a}}{x-a}=\lim\limits_{x\to a}\dfrac{\ln\left(1+\frac{x-a}{a}\right)}{x-a}$

$$=\frac{1}{a}\ln e=\frac{1}{a};$$

(3) $\lim\limits_{x\to 0}\dfrac{\ln(1+x)}{x}=\lim\limits_{x\to 0}\ln(1+x)^{\frac{1}{x}}=\ln e=1$；

(4) 令 $a^x-1=y$，$x=\dfrac{\ln(1+y)}{\ln a}$，$x\to 0\Leftrightarrow y\to 0$，所以

$$\lim_{x\to 0}\frac{a^x-1}{x}=\lim_{y\to 0}\frac{y\ln a}{\ln(1+y)}=\ln a\cdot\lim_{y\to 0}\frac{y}{\ln(1+y)}=\ln a;$$

(5) 令 $y=(1+x)^a-1$，$a\ln(1+x)=\ln(1+y)$，$x\to 0\Leftrightarrow y\to 0$，所以

$$\lim_{x\to0}\frac{(1+x)^a-1}{x}=\lim_{x\to0}\frac{y}{x}=\lim_{x\to0}\frac{a\ln(1+x)}{x}\cdot\frac{y}{\ln(1+y)}=a\cdot\frac{\lim\limits_{x\to0}\frac{\ln(1+x)}{x}}{\lim\limits_{y\to0}\frac{\ln(1+y)}{y}}=a;$$

(6) $$\lim_{x\to+\infty}\frac{\ln(x^2-x+1)}{\ln(x^{10}+x+1)}=\lim_{x\to+\infty}\frac{\ln x^2\left(1-\frac{1}{x}+\frac{1}{x^2}\right)}{\ln x^{10}\left(1+\frac{1}{x^9}+\frac{1}{x^{10}}\right)}$$

$$=\lim_{x\to+\infty}\frac{2\ln x+\ln\left(1-\frac{1}{x}+\frac{1}{x^2}\right)}{10\ln x+\ln\left(1+\frac{1}{x^9}+\frac{1}{x^{10}}\right)}=\frac{1}{5}。$$

例 1.5.9 的 Maple 源程序

```
> #example9
> Limit((sin(x)-sin(a))/(x-a),x=a)=limit((sin(x)-
sin(a))/(x-a),x=a);
```

$$\lim_{x\to a}\frac{\sin(x)-\sin(a)}{x-a}=\cos(a)$$

```
> Limit((ln(x)-ln(a))/(x-a),x=a)=limit((ln(x)-ln
(a))/(x-a),x=a);
```

$$\lim_{x\to a}\frac{\ln(x)-\ln(a)}{x-a}=\frac{1}{a}$$

```
> Limit(ln(1+x)/x,x=0)=limit(ln(1+x)/x,x=0);
```

$$\lim_{x\to0}\frac{\ln(1+x)}{x}=1$$

```
> Limit((a^(x)-1)/x,x=0)=limit((a^(x)-1)/x,x=0);
```

$$\lim_{x\to0}\frac{a^x-1}{x}=\ln(a)$$

```
>Limit(((1+x)^(a)-1)/x,x=0)=limit(((1+x)^(a)-
1)/x,x=0);
```

$$\lim_{x\to0}\frac{(1+x)^a-1}{x}=a$$

```
> Limit(ln(x^2-x+1)/ln(x^10+x+1),x=+infinity)
=limit(ln(x^2-x+1)/ln(x^10+x+1),x=+infinity);
```

$$\lim_{x\to+\infty}\frac{\ln(x^2-x+1)}{\ln(x^{10}+x+1)}=\frac{1}{5}$$

性质 1.5.5(有界性)　函数 $f(x)$ 在闭区间 $[a,b]$ 上连续(简记为 $f(x)\in C[a,b]$)，则函数 $f(x)$ 在闭区间 $[a,b]$ 上有界。

定义 1.5.5 设$f(x)$为定义在数集D上的函数，若存在$x_0\in D$，使得对一切$x\in D$都有$f(x_0)\geqslant f(x)$（$f(x_0)\leqslant f(x)$），则称$f(x)$在D上有最大(小)值，并称$f(x_0)$为$f(x)$在D上的最大(小)值。

性质 1.5.6(最值性) 闭区间$[a,b]$上的连续函数$f(x)$一定能取到最小值m与最大值M，即存在$x_1,x_2\in[a,b]$使$f(x_1)=m$与$f(x_2)=M$，且$\forall x\in[a,b]$有$m\leqslant f(x)\leqslant M$。

定理 1.5.4(零点定理) 设函数$f(x)$在闭区间$[a,b]$上连续，且$f(a)f(b)<0$即$f(a)$与$f(b)$异号，则在区间(a,b)内至少存在一点ξ使$f(\xi)=0$。其几何意义是在闭区间$[a,b]$上连续的曲线$y=f(x)$其始点$(a,f(a))$与终点$(b,f(b))$分别在x轴的两侧，则连续曲线至少与x轴有一个交点。

例 1.5.10 证明方程$x\mathrm{e}^{2x}=1$至少有一个小于1的正根。

证明 设$f(x)=x\mathrm{e}^{2x}-1$，$f(x)\in C[0,1]$，又$f(0)=-1<0$与$f(1)=\mathrm{e}^2-1>0$异号，由零点定理，至少有一$\xi\in(0,1)$，使$f(\xi)=0$即方程$x\mathrm{e}^{2x}=1$至少有一个小于1的正根。

例 1.5.11 设$f(x)\in C[0,1]$，$0\leqslant f(x)\leqslant 1$，$x\in[0,1]$，证明至少存在一点$\xi\in[0,1]$，有$f(\xi)=\xi$。

证明 设$F(x)=f(x)-x$，则$F(x)\in C[0,1]$，$F(0)=f(0)\geqslant 0$，$F(1)=f(1)-1\leqslant 0$。若$F(0)=0$，$F(1)=0$，令$\xi=0$或1，$f(\xi)=\xi$。若$F(0)>0$，$F(1)<0$，由零点定理，至少有一$\xi\in(0,1)$，使$F(\xi)=0$。总之，有$\xi\in[0,1]$，$F(\xi)=0$，即$f(\xi)=\xi$。

例 1.5.12 证明：超越方程$x=\cos x$在$\left[0,\dfrac{\pi}{2}\right]$内至少有一个实根。

证明 已知函数$\varphi(x)=x-\cos x$在$\left[0,\dfrac{\pi}{2}\right]$上连续，并且$\varphi(0)=-1<0$与$\varphi\left(\dfrac{\pi}{2}\right)=\dfrac{\pi}{2}>0$，由零点定理，$\exists c\in\left(0,\dfrac{\pi}{2}\right)$有$\varphi(c)=c-\cos c=0$。即超越方程$x=\cos x$在$\left[0,\dfrac{\pi}{2}\right]$内至少存在一个实根。

定理 1.5.5a(介值定理) 设函数$f(x)$在闭区间$[a,b]$上连续，$f(x)$在$[a,b]$上的最小值m与最大值M，μ是m与M之间任意的数，则在$[a,b]$上至少存在一点ξ，使$f(\xi)=\mu$。

定理 1.5.5b（介值定理）　设函数 $f(x)$ 在闭区间 $[a,b]$ 上连续，且 $f(a)\neq f(b)$，那么对于 $f(a)$ 与 $f(b)$ 之间的任何一个数 μ，必存在 $\xi\in(a,b)$，使得 $f(\xi)=\mu$。即若 $f(x)$ 在 $[a,b]$ 上连续，不妨设 $f(a)<f(b)$，则 $f(x)$ 在 $[a,b]$ 内必能取得 $f(a)$ 与 $f(b)$ 之间的一切值。

例 1.5.13　设 $f(x)\in C[a,b]$，且 $a<c<d<b$，证明在 $[a,b]$ 上至少存在一点 ξ，使 $pf(c)+qf(d)=(p+q)f(\xi)$，其中 p、q 为任意正数。

解　$f(x)\in C[a,b]$，由最值定理，$f(x)$ 在 $[a,b]$ 上有最大值 M、最小值 m，$m\leqslant f(c)$，$f(d)\leqslant M$，所以 $(p+q)m\leqslant pf(c)+qf(d)\leqslant(p+q)M$。故 $m\leqslant\dfrac{pf(c)+qf(d)}{p+q}\leqslant M$，由介值定理，至少有一 $\xi\in[a,b]$，使 $f(\xi)=\dfrac{pf(c)+qf(d)}{p+q}$，即

$$pf(c)+qf(d)=(p+q)f(\xi)。$$

习题 1.5

1. 讨论下列函数 $f(x)$ 在点 $x=0$ 处的连续性：

（1）$f(x)=\begin{cases}e^x-2, & x\geqslant 0,\\ 2x, & x<0;\end{cases}$

（2）$f(x)=\begin{cases}x\sin\dfrac{1}{x}, & x\neq 0,\\ 0, & x=0。\end{cases}$

2. 指出下列函数的间断点，并判断间断点的类型：

（1）$y=\dfrac{1}{(x-1)(x+2)}$；　　（2）$y=\dfrac{x^2-1}{x^2-3x+2}$；

（3）$y=2^{\frac{1}{x}}$；　　（4）$y=x^2\cos\dfrac{1}{x}$。

3. 设 $f(x)=\begin{cases}\dfrac{\sin 2x}{3x}, & x<0,\\ x^2-2x+2k, & x\geqslant 0。\end{cases}$ 试问 k 为何值时，函数 $f(x)$ 在点 $x=0$ 处连续？

4. 证明方程 $x^5-3x=1$ 至少有一个根介于 1 和 2 之间。

5. 若 $f(x)$ 在 $[a,b]$ 上连续，$a<x_1<x_2<\cdots<x_n<b(n\geqslant 3)$，则在 (x_1,x_n) 内至少有一点 ξ，使 $f(\xi)=\dfrac{f(x_1)+f(x_2)+\cdots+f(x_n)}{n}$。

总 习 题 1

1. 选择题：

（1）函数 $f(x)=\begin{cases}\sqrt{9-x^2}, & |x|\leqslant 3,\\ x^2-9, & 3<x<4\end{cases}$ 的定义域是（　　）。

A. $[-3,4)$　　B. $(-3,4)$

C. $[-4,4)$　　D. $(-4,4)$

（2）下列函数是周期函数的是（　　）。

A. $3x\cos x$　　B. $\sin 4x$

C. $x\tan x$　　D. $\cos x^2$

（3）设函数 $f(x)=\ln(x+\sqrt{x^2+1})$，则该函数

是(　　)。

A. 奇函数　　B. 偶函数

C. 非奇非偶函数　　D. 以上都不对

(4) 函数 $y=e^x-1$ 的反函数是(　　)。

A. $y=\ln x-1$　　B. $y=\ln(x+1)$

C. $y=\ln x+1$　　D. $y=\ln(x-1)$

(5) 设函数 $f(x)=\begin{cases}-1, x<0,\\ 0, \quad x=0,\\ 1, \quad x>0,\end{cases}$ 则 $f(f(x))=$(　　)。

A. $-f(x)$　　B. $f(-x)$

C. 0　　D. $f(x)$

(6) 下列数列收敛的是(　　)。

A. $x_n=\dfrac{n}{n+1}$　　B. $x_n=n^2$

C. $x_n=\dfrac{1+(-1)^n}{2}$　　D. 2^n

(7) 当 $x\to\infty$ 时，下列函数有极限的是(　　)。

A. $\cos x$　　B. e^{-x}

C. $\dfrac{2x^3+3}{4x^3+2x^2+3x+5}$　　D. $\arctan x$

(8) 下列函数在给定的变化过程中为无穷小的是(　　)。

A. $\dfrac{\sin x}{x}(x\to0)$　　B. $\ln x(x\to0^+)$

C. $2^{-x}(x\to1)$　　D. $x\sin\dfrac{1}{x}(x\to0)$

(9) 当 $x\to0$ 时，$1-\cos x$ 与 x^2 相比较，是(　　)。

A. 低阶无穷小　　B. 等价无穷小

C. 同阶无穷小　　D. 高阶无穷小

(10) $x=1$ 是函数 $f(x)=\begin{cases}3x-1, x<1,\\ 1, \quad x=1,\\ 3-x, \quad x>1\end{cases}$ 的(　　)。

A. 连续点　　B. 可去间断点

C. 跳跃间断点　　D. 第二类间断点

(11) $\lim\limits_{x\to x_0}f(x)$ 存在是函数 $f(x)$ 在 x_0 处连续的(　　)。

A. 必要条件

B. 充分条件

C. 充要条件

D. 既不充分也不必要条件

(12) 函数 $f(x)=\dfrac{\sqrt{x+2}}{(x+1)(x-4)}$ 的连续区间是(　　)。

A. $[-2,-1]\cup(-1,4)$

B. $(-1,4)\cup(4,+\infty)$

C. $[-2,4]\cup(4,+\infty)$

D. $[-2,-1)\cup(-1,4)\cup(4,+\infty)$

(13) 若 $\lim\limits_{x\to3}\dfrac{x^2-2x+k}{x-3}=4$，则 $k=$(　　)。

A. 3　　B. -3

C. 1　　D. -1

(14) 当 $x\to0$ 时，与 $x+10x^4$ 是等价无穷小的是(　　)。

A. $\sin x^4$　　B. x^4

C. $\sin4x$　　D. $\sin x$

(15) $\lim\limits_{x\to+\infty}\left(\dfrac{x+a}{x-a}\right)^x=e^2$，则 $a=$(　　)。

A. 0　　B. 1

C. 2　　D. 4

2. 设函数 $f(x)$ 的定义域是 $[0,1]$，求下列函数的定义域：

(1) $f(e^x)$；　　(2) $f(\ln x)$；

(3) $f(\arctan x)$；　　(4) $f(\cos x)$。

3. 下列函数 $f(x)$ 和 $g(x)$ 是否相同？为什么？

(1) $f(x)=\sqrt{x^2}$，$g(x)=x$；

(2) $f(x)=\sqrt{1-\cos2x}$，$g(x)=\sqrt{2}\sin x$。

4. 求下列极限：

(1) $\lim\limits_{x\to0}(1+2x)(2+3x)(3+4x)$；

(2) $\lim\limits_{x\to1}\dfrac{x^2-1}{2x^2-x-1}$；　　(3) $\lim\limits_{x\to3}\dfrac{\sqrt{1+x}-2}{x-3}$；

(4) $\lim\limits_{x\to0}\dfrac{\sqrt{x+1}-1}{\sqrt{x+4}-2}$；　　(5) $\lim\limits_{x\to\infty}\dfrac{x-\sin x}{x+\sin x}$；

(6) $\lim\limits_{x\to0}\dfrac{x^2}{\sin^2\dfrac{x}{2}}$；　　(7) $\lim\limits_{x\to\infty}\left(\dfrac{x-3}{x}\right)^{2x}$；

(8) $\lim\limits_{x\to0}\dfrac{\sin x}{\sqrt{1+x}-1}$；

(9) $\lim\limits_{n\to\infty}\left[\dfrac{1}{1\cdot2}+\dfrac{1}{2\cdot3}+\dfrac{1}{3\cdot4}+\cdots+\dfrac{1}{n\cdot(n+1)}\right]$。

5. 已知 a，b 为常数，$\lim\limits_{x\to1}\dfrac{x^2+ax+b}{1-x}=1$，求 a，b 的值。

6. 证明当 $x\to1$ 时，$\dfrac{1-x}{1+x}$ 与 $1-\sqrt{x}$ 是等价无穷小。

7. 证明当 $x\to0$ 时，$(1-\cos x)^2$ 是 $\sin^2 x$ 的高阶无穷小。

8. 证明：方程 $x\ln x-2=0$ 在区间 $(1,\mathrm{e})$ 内恰好只有一个实数根。

9. 根据极限的 ε-δ 定义证明：

(1) $\lim\limits_{x\to3}\dfrac{x^2-x-6}{x-3}=5$；　　(2) $\lim\limits_{x\to5}\sqrt{x+4}=3$。

10. 设 $f(x)$ 在 $(0,+\infty)$ 上连续，且满足 $f(x^2)=f(x)$。对于 $\forall x>0$，求证 $f(x)$ 为一常数。

11. 设函数 $f(x)$ 在区间 $[a,b)$ 上连续，且 $f(a)>a$，$f(b)<b$，证明在 (a,b) 内至少存在一点 ξ，使得 $f(\xi)=\xi$。

12. 设 $0<x_n<+\infty$，且满足 $x_{n+1}+\dfrac{1}{x_n}<2$。求证 $\{x_n\}$ 的极限存在，并求出极限值。

第 2 章

导数和微分

本章将讨论导数和微分。微积分学包含微分学与积分学两个分支，微分学又分为一元函数微分学与多元函数微分学，而导数与微分是一元函数微分学中两个最基本的概念。本章将以极限概念为基础，从实际应用问题中引出导数和微分的概念，得到导数与微分基本公式和求导的运算法则，并应用导数和微分解决函数值的计算或近似计算。

2.1 导数的概念

2.1.1 导数的定义

例 2.1.1（变速直线运动的瞬时速度） 设某质点做变速直线运动，若质点的运行路程 s 与运行时间 t 的关系为 $s=f(t)$，求质点在某时刻 t_0 处的瞬时速度。

解 如果质点做匀速直线运动，那么质点在时刻 t_0 处的瞬时速度 v_0 就是质点在时间间隔 $[t_0,t_0+\Delta t]$ 内的平均速度 $\bar{v}$，即

$$v_0=\bar{v}=\frac{\Delta s}{\Delta t}=\frac{f(t_0+\Delta t)-f(t_0)}{\Delta t}。$$

若质点做变速直线运动，它的运行速度时刻都在发生变化，那么这种非匀速直线运动的质点在某时刻 t_0 处的速度应该如何求得呢?

当时间间隔 Δt 很小，其平均速度 $\bar{v}$ 就可以近似地描述时刻 t_0 处的瞬时速度，但这样做是不够准确的。精确地说，当 $\Delta t\to 0$ 时，平均速度 $\bar{v}$ 的极限若存在，设为 v，即

$$v=\lim_{\Delta t\to 0}\frac{\Delta s}{\Delta t}=\lim_{\Delta t\to 0}\frac{f(t_0+\Delta t)-f(t_0)}{\Delta t}$$

为质点在时刻 t_0 的瞬时速度。

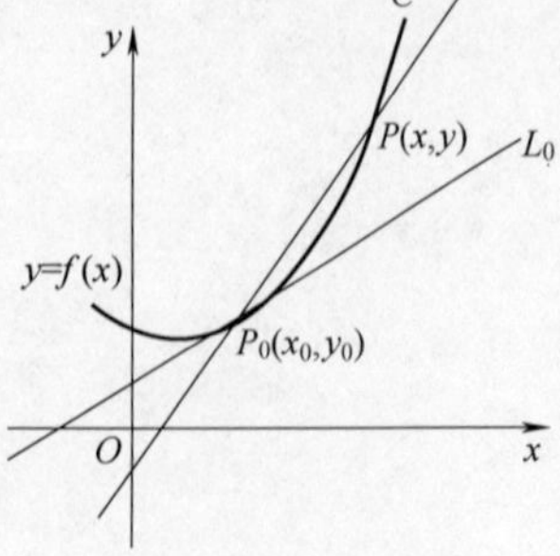

图 2.1.1

例 2.1.2（曲线切线的斜率） 如图 2.1.1 所示，设曲线 C（其函数为 $y=f(x)$）上有一定点 $P_0(x_0,y_0)$，在 P_0 外任取曲线 C 上的一动

点 $P(x,y)$，直线 L 是过点 P_0 与 P 的割线，直线 L_0 是曲线过点 P_0 的切线，即动点 P 沿曲线 C 无限趋近于定点 P_0 时割线 L 的极限位置，求切线 L_0 的斜率。

解　切线 L_0 是动点 P 沿曲线 C 无限趋近于定点 P_0 时割线 L 的极限位置，现在要求切线 L_0 的斜率，可以先求出割线 L 的斜率

$$k_{割线}=\frac{f(x)-f(x_0)}{x-x_0}。$$

当动点 P 无限趋近于定点 P_0，即 $x\to x_0$ 时，若上述割线斜率 $k_{割线}$ 的极限存在，记为 k，即

$$k=\lim_{x\to x_0}k_{割线}=\lim_{x\to x_0}\frac{f(x)-f(x_0)}{x-x_0}$$

存在，则此极限 k 是割线斜率的极限，也就是切线的斜率。如果令 $\Delta x=x-x_0$，那么 $x=x_0+\Delta x$，并且 $x\to x_0$，即 $\Delta x\to 0$，所以 $k=\lim\limits_{\Delta x\to 0}\dfrac{f(x_0+\Delta x)-f(x_0)}{\Delta x}$。

上述两个问题虽然有着不同的实际意义，但所求量具有相同的数学形式，都是求自变量的增量趋近于零时，函数增量与自变量的增量比值的极限。这种数量关系上的共性，促使了函数导数概念的提出。

定义 2.1.1　设函数 $y=f(x)$ 在点 x_0 的某邻域内有定义，当自变量 x 在 x_0 处取得增量 Δx（点 $x_0+\Delta x$ 仍在该邻域内）时，相应的函数 $f(x)$ 在点 x_0 也有一个增量 $\Delta y=f(x_0+\Delta x)-f(x_0)$，若

$$\lim_{\Delta x\to 0}\frac{\Delta y}{\Delta x}=\lim_{\Delta x\to 0}\frac{f(x_0+\Delta x)-f(x_0)}{\Delta x}\tag{2.1.1}$$

存在，则称函数 $f(x)$ 在点 x_0 处**可导**，并称该极限值为函数 $f(x)$ 在点 x_0 处的**导数**，记作 $f'(x_0)$，或 $y'\big|_{x=x_0}$，$\left.\dfrac{\mathrm{d}y}{\mathrm{d}x}\right|_{x=x_0}$，$\left.\dfrac{\mathrm{d}f(x)}{\mathrm{d}x}\right|_{x=x_0}$，即

$$f'(x_0)=\lim_{\Delta x\to 0}\frac{\Delta y}{\Delta x}=\lim_{\Delta x\to 0}\frac{f(x_0+\Delta x)-f(x_0)}{\Delta x}。\tag{2.1.2}$$

函数 $f(x)$ 在点 x_0 处可导有时也说成 $f(x)$ 在点 x_0 具有导数或导数存在。若 $\lim\limits_{\Delta x\to 0}\dfrac{\Delta y}{\Delta x}$ 不存在，则称 $f(x)$ 在点 x_0 处**不可导**。如果令 $x=x_0+\Delta x$，则 $\Delta y=f(x)-f(x_0)$，导数定义的形式可改写为 $f'(x_0)=\lim\limits_{x\to x_0}\dfrac{f(x)-f(x_0)}{x-x_0}$，下面给出函数 $f(x)$ 在点 x_0 处可导的第二种形式的定义。

定义 2.1.2 设函数 $y=f(x)$ 在点 x_0 的某邻域内有定义，若极限 $\lim\limits_{x\to x_0}\frac{f(x)-f(x_0)}{x-x_0}$ 存在，则称函数 $f(x)$ 在点 x_0 处可导，并称该极限值为函数 $f(x)$ 在点 x_0 处的**导数**，记作 $f'(x_0)$，或 $y'\big|_{x=x_0}$，$\frac{\mathrm{d}y}{\mathrm{d}x}\Big|_{x=x_0}$，$\frac{\mathrm{d}f(x)}{\mathrm{d}x}\Big|_{x=x_0}$，即

$$f'(x_0)=\lim_{x\to x_0}\frac{f(x)-f(x_0)}{x-x_0}。$$

常见形式的还有 $$f'(x_0)=\lim_{h\to 0}\frac{f(x_0+h)-f(x_0)}{h}。$$

由此可见，导数就是函数增量 Δy 与自变量增量 Δx 之比 $\frac{\Delta y}{\Delta x}$ 的极限。一般地，称 $\frac{\Delta y}{\Delta x}$ 为函数关于自变量的平均变化率（又称**差商**），而导数 $f'(x_0)$ 为 $f(x)$ 在点 x_0 处关于 x 的变化率，它反映了因变量随自变量变化而变化的快慢程度。

例 2.1.3 求函数 $y=-x^2+3$ 的导函数，并计算出 $f'(0)$。

解 按照导函数的定义可得

$$\begin{aligned}f'(x)&=\lim_{\Delta x\to 0}\frac{f(x+\Delta x)-f(x)}{\Delta x}\\&=\lim_{\Delta x\to 0}\frac{-(x+\Delta x)^2+3+x^2-3}{\Delta x}\\&=\lim_{\Delta x\to 0}\frac{-(\Delta x)^2-2x\Delta x}{\Delta x}\\&=\lim_{\Delta x\to 0}(-\Delta x-2x)=-2x,\end{aligned}$$

所以，$f'(0)=0$。

例 2.1.3 的 Maple 源程序

```
> #example3
> f:=x->-x^2+3;
                    f:=x→-x^2+3
> D(f)(x);
                    -2x
> D(f)(0);
                    0
```

2.1.2 单侧导数

函数 $f(x)$ 在点 x_0 处的导数 $f'(x_0)$ 的本质是一个极限，而极限存在的充分必要条件是左、右极限都存在且相等，因此 $f'(x_0)$ 存在即 $f(x)$ 在点 x_0 处可导的充分必要条件是左、右极限

$$\lim_{\Delta x\to 0^-}\frac{f(x_0+\Delta x)-f(x_0)}{\Delta x},\quad \lim_{\Delta x\to 0^+}\frac{f(x_0+\Delta x)-f(x_0)}{\Delta x}$$

都存在且相等。这两个极限分别称为函数 $f(x)$ 在点 x_0 处的**左导数**和**右导数**，记作 $f'_-(x_0)$ 及 $f'_+(x_0)$，即

$$f'_-(x_0)=\lim_{\Delta x\to 0^-}\frac{f(x_0+\Delta x)-f(x_0)}{\Delta x},\ f'_+(x_0)=\lim_{\Delta x\to 0^+}\frac{f(x_0+\Delta x)-f(x_0)}{\Delta x}。$$

左导数和右导数统称为**单侧导数**。因此函数在点 x_0 处可导的充分必要条件是左导数 $f'_-(x_0)$ 和右导数 $f'_+(x_0)$ 都存在且相等。

如果函数 $y=f(x)$ 在开区间 I 内每一点都可导，则称**该函数在开区间 I 内可导**。这时对于区间 I 内任意的点 x 都对应着一个导数值，这样就构成了一个新函数，这个新函数就称为原来函数 $y=f(x)$ 的**导函数**，简称函数 $y=f(x)$ 的**导数**，记作 $f'(x)$，或 y'，$\frac{dy}{dx}$，$\frac{df(x)}{dx}$，即

$$f'(x)=\lim_{\Delta x\to 0}\frac{f(x+\Delta x)-f(x)}{\Delta x},\ x\in I。$$

今后为了统一，导函数和导数不加区别地统称为**导数**。

定理 2.1.1　若函数 $y=f(x)$ 在点 x_0 的某邻域内有定义，则 $f'(x_0)$ 存在的充要条件是 $f'_+(x_0)$ 与 $f'_-(x_0)$ 存在且相等（即 $f'_+(x_0)=f'_-(x_0)$）。

例 2.1.4　设 $f(x)=\begin{cases}1-\cos x, & x\geqslant 0,\\ -x, & x<0。\end{cases}$ 讨论 $f(x)$ 在 $x_0=0$ 处的可导性。

解　因为 $\frac{\Delta y}{\Delta x}=\frac{f(0+\Delta x)-f(0)}{\Delta x}=\begin{cases}\frac{1-\cos\Delta x}{\Delta x}, & \Delta x>0,\\ -1, & \Delta x<0。\end{cases}$

所以

$$f'_+(0)=\lim_{\Delta x\to 0^+}\frac{1-\cos\Delta x}{\Delta x}=0,$$

$$f'_-(0)=\lim_{\Delta x\to 0^-}(-1)=-1,$$

因为 $f'_+(0)\neq f'_-(0)$，故 $f(x)$ 在 $x_0=0$ 处不可导。

例 2.1.4 的 Maple 源程序

```
> #example4
> f:=x->piecewise(x>=0,1-cosx,x<0,-x);
```

$$f:=x\to \text{piecewise}(0\leqslant x,1-\cos x,x<0,-x)$$

```
> f:=piecewise(x>=0,1-cosx,x<0,-x);
```

$$f:=\begin{cases}1-\cos x & 0\leqslant x\\ -x & x<0\end{cases}$$

```
> diff(f,x);
```

$$\begin{cases}-1 & x<0\\ undefined & x=0\\ 0 & 0<x\end{cases}$$

例 2.1.5 设 n 为正整数，幂函数 $f(x)=x^n$，求 $f'(x)$。

解 因为

$$\begin{aligned}\frac{\Delta y}{\Delta x}&=\frac{f(x+\Delta x)-f(x)}{\Delta x}\\&=\frac{(x+\Delta x)^n-x^n}{\Delta x}=\frac{nx^{n-1}\Delta x+C_n^2x^{n-2}(\Delta x)^2+\cdots+(\Delta x)^n}{\Delta x}\\&=nx^{n-1}+C_n^2x^{n-2}\Delta x+\cdots+(\Delta x)^{n-1},\end{aligned}$$

所以

$$\begin{aligned}f'(x)&=\lim_{\Delta x\to 0}\frac{f(x+\Delta x)-f(x)}{\Delta x}\\&=\lim_{\Delta x\to 0}[nx^{n-1}+C_n^2x^{n-2}\Delta x+\cdots+(\Delta x)^{n-1}]\\&=nx^{n-1}。\end{aligned}$$

例 2.1.5 的 Maple 源程序

```
> #example5
> f:=x->x^n;
```

$$f:=x\to x^n$$

```
> diff(f(x),x);
```

$$\frac{x^n n}{x}$$

更一般地，对于幂函数 $y=x^{\mu}$（μ 为常数），有 $(x^{\mu})'=\mu x^{\mu-1}$。利用此公式，可以快速计算出一些幂函数的导数。例如，当 $\mu=\frac{1}{2}$ 时，$(x^{\frac{1}{2}})'=\frac{1}{2}x^{\frac{1}{2}-1}=\frac{1}{2}x^{-\frac{1}{2}}$，即 $(\sqrt{x})'=\frac{1}{2\sqrt{x}}$。当 $\mu=-1$ 时，$y=x^{-1}=\frac{1}{x}(x\neq 0)$ 的导数为 $(x^{-1})'=-x^{-2}$，即 $\left(\frac{1}{x}\right)'=-\frac{1}{x^2}$。

例 2.1.6　设 $f(x)=\sin x$，求 $f'(x)$。

解　因为 $f(x+\Delta x)-f(x)=\sin(x+\Delta x)-\sin x=2\cos\left(x+\dfrac{\Delta x}{2}\right)\cdot\sin\dfrac{\Delta x}{2}$，

所以
$$f'(x)=\lim_{\Delta x\to 0}\frac{f(x+\Delta x)-f(x)}{\Delta x}=\lim_{\Delta x\to 0}\left[\cos\left(x+\frac{\Delta x}{2}\right)\cdot\frac{\sin\frac{\Delta x}{2}}{\frac{\Delta x}{2}}\right]=\cos x,$$

即

$$(\sin x)'=\cos x。$$

类似地可得余弦函数 $f(x)=\cos x$ 的导数 $(\cos x)'=-\sin x$。

例 2.1.6 的 Maple 源程序

```
> #example6
> f:=x->sin(x);
                    f:=x→sin(x)
> diff(f(x),x);
                      cos(x)
> f:=x->cos(x);
                    f:=x→cos(x)
> diff(f(x),x);
                      -sin(x)
```

例 2.1.7　设 $f(x)=a^x(a>0)$，求 $f'(x)$。

解　$f(x+\Delta x)-f(x)=a^{x+\Delta x}-a^x=a^x\cdot(a^{\Delta x}-1)$。令 $a^{\Delta x}-1=b$，则 $\Delta x=\log_a(1+b)$，显然，当 $\Delta x\to 0$ 时，$b\to 0$。因为

$$f'(x)=\lim_{\Delta x\to 0}\frac{f(x+\Delta x)-f(x)}{\Delta x}=\lim_{\Delta x\to 0}a^x\cdot\frac{a^{\Delta x}-1}{\Delta x}=\lim_{b\to 0}a^x\cdot\frac{b}{\log_a(1+b)}$$
$$=\lim_{b\to 0}\frac{a^x}{\frac{1}{b}\log_a(1+b)}=\lim_{b\to 0}\frac{a^x}{\log_a(1+b)^{\frac{1}{b}}}=\frac{a^x}{\log_a e}=a^x\ln a,$$

所以 $(a^x)'=a^x\ln a$，特别地，当 $a=e$ 时，即当 $f(x)=e^x$ 时，有 $(e^x)'=e^x$。

例 2.1.7 的 Maple 源程序

```
> #example7
> f:=x->a^x;
                    f:=x→a^x
```

```
> diff(f(x),x);
```

$$a^x \ln(a)$$

例 2.1.8 设$f(x)=\log_a x(a>0，a\neq 1，x>0)$，求$f'(x)$。

解 因为

$$f(x+\Delta x)-f(x)=\log_a(x+\Delta x)-\log_a x=\log_a\left(1+\frac{\Delta x}{x}\right),$$

所以

$$f'(x)=\lim_{\Delta x\to 0}\frac{f(x+\Delta x)-f(x)}{\Delta x}=\lim_{\Delta x\to 0}\frac{1}{\Delta x}\log_a\left(1+\frac{\Delta x}{x}\right)=\lim_{\Delta x\to 0}\log_a\left(1+\frac{\Delta x}{x}\right)^{\frac{1}{\Delta x}}$$

$$=\lim_{\Delta x\to 0}\frac{1}{x}\log_a\left(1+\frac{\Delta x}{x}\right)^{\frac{x}{\Delta x}}=\frac{1}{x}\log_a \mathrm{e}=\frac{1}{x\ln a},$$

即$(\log_a x)'=\frac{1}{x\ln a}$，特别地，当 $a=\mathrm{e}$ 时，即当$f(x)=\ln x$ 时，有$(\ln x)'=\frac{1}{x}$。

例 2.1.8 的 Maple 源程序

```
> #example8
> f:=x->log[a](x);
```

$$f:=x\to \log_a(x)$$

```
> diff(f(x),x);
```

$$\frac{1}{x\ln(a)}$$

2.1.3 导数的几何意义

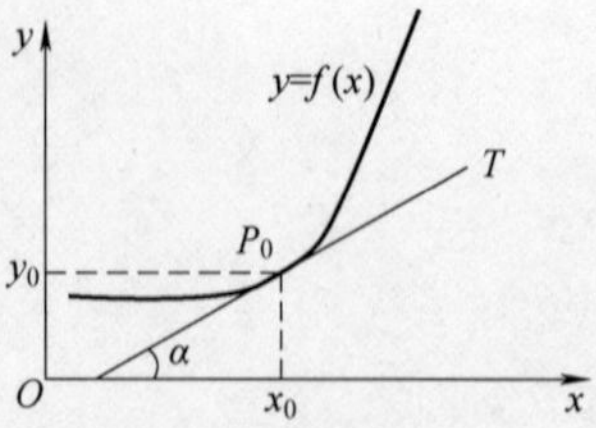

图 2.1.2

设曲线 C 的函数为 $y=f(x)$，$P_0(x_0,y_0)$是曲线上一定点，如图 2.1.2 所示。若函数 $y=f(x)$在点 x_0 处可导，则其导数$f'(x_0)$在数值上就等于曲线 $y=f(x)$在点 $P_0(x_0,y_0)$处的切线 P_0T 的斜率，即$f'(x_0)=\tan\alpha$，其中 α 是这条切线的倾角。由导数的几何意义可以得到曲线在点 $P_0(x_0,y_0)$的切线方程与法线方程。

曲线在点 $P_0(x_0,y_0)$的切线方程为 $y=f'(x_0)(x-x_0)+f(x_0)$。曲线$y=f(x)$在点 $P_0(x_0,y_0)$处的法线是过此点且与切线垂直的直线，所以它的斜率为$-\frac{1}{f'(x_0)}(f'(x_0)\neq 0)$，因此法线方程为 $y-y_0=-\frac{1}{f'(x_0)}(x-x_0)$。

注 若$f'(x_0)=0$，则曲线在点$(x_0,f(x_0))$的切线的倾斜角

$\alpha=0$，此时曲线 $y=f(x)$ 过点 P_0 处的切线平行于 x 轴；若 $f'(x_0)=\pm\infty$(此时导数不存在)，则曲线在点 $(x_0,f(x_0))$ 的切线的倾斜角 $\alpha=\pm\frac{\pi}{2}$，此时曲线 $y=f(x)$ 过点 P_0 处的切线垂直于 x 轴。当 $f'(x_0)=0$ 时，法线方程为 $x=x_0$；当 $f'(x_0)=\pm\infty$ 时，法线方程为 $y=y_0$。由此可知导数存在切线定存在，反之未必成立。

例 2.1.9　求曲线 $y=\frac{x^2}{2}$ 在点 $(2,1)$ 处的切线方程及法线方程。

解　由幂函数求导公式可知 $y'=x$，所以 $y'\big|_{x=2}=2$，所求切线方程为

$$y-1=2(x-2)\text{，即 }2x-y-3=0\text{。}$$

所求法线方程为

$$y-1=-\frac{1}{2}(x-2)\text{，即 }x+2y-4=0\text{。}$$

2.1.4　函数可导性与连续性的关系

设函数 $y=f(x)$ 在点 x 处可导，即 $\lim\limits_{\Delta x\to 0}\frac{\Delta y}{\Delta x}=f'(x)$ 存在。由具有极限的函数与无穷小的关系可知，$\frac{\Delta y}{\Delta x}=f'(x)+\alpha$，其中当 $\Delta x\to 0$ 时 α 为无穷小，该式两边同乘以 Δx，得 $\Delta y=f'(x)\Delta x+\alpha\Delta x$。由此可见，当 $\Delta x\to 0$ 时，$\Delta y\to 0$。这就是说，函数 $y=f(x)$ 在点 x 处是连续的。所以，如果函数 $y=f(x)$ 在点 x 处可导，则函数在该点必连续。另一方面，一个函数在某点连续却不一定在该点处可导。

例 2.1.10　证明函数 $f(x)=|x|$ 在点 $x=0$ 处连续但不可导。

证明　因为

$$\frac{\Delta y}{\Delta x}=\frac{f(x)-f(0)}{x-0}=\frac{|x|-0}{x}=\frac{|x|}{x}=\begin{cases}1, & x>0,\\ -1, & x<0\text{。}\end{cases}$$

所以 $f'_+(0)=1$，$f'_-(0)=-1$。$f'_+(0)\neq f'_-(0)$，因此 $f(x)$ 在 $x=0$ 处不可导。关于函数 $f(x)$ 在 $x=0$ 处的连续性在前面已给出说明。

注　连续是可导的必要条件，但不是充分条件。也就是说：**可导一定连续，连续不一定可导**。

例 2.1.11

设函数 $f(x)=\begin{cases}x\sin\frac{1}{x}, & x\neq 0,\\ 0, & x=0\text{。}\end{cases}$ 讨论其在 $x=0$ 的连续性和可导性。

解 因为$\lim\limits_{x\to0}x\sin\dfrac{1}{x}=0=f(0)$，所以$f(x)$在点$x=0$连续。又因为

$$\lim_{\Delta x\to0}\frac{f(0+\Delta x)-f(0)}{\Delta x}=\lim_{\Delta x\to0}\frac{\Delta x\cdot\sin\dfrac{1}{\Delta x}-0}{\Delta x}=\lim_{\Delta x\to0}\sin\frac{1}{\Delta x},$$

上述极限$\lim\limits_{\Delta x\to0}\sin\dfrac{1}{\Delta x}$不存在，所以$f(x)$在点$x=0$不可导。

根据单侧导数的定义，给出如下结论：若函数$f(x)$在点x_0处左(右)可导，则函数$f(x)$在点x_0左(右)连续。

习题 2.1

1. 设$f'(x)$存在，求极限$\lim\limits_{\Delta x\to0}\dfrac{f(x+a\Delta x)-f(x-b\Delta x)}{\Delta x}$，其中$a$，$b$为非零常数。

2. 设$f(x)=\begin{cases}x, & x<0,\\ \sin x, & x\geqslant0。\end{cases}$求$f'(0)$。

3. 已知$f'(x_0)$存在，求下列极限：

(1) $\lim\limits_{\Delta x\to0}\dfrac{f(x_0-\Delta x)-f(x_0)}{\Delta x}$；

(2) $\lim\limits_{\Delta x\to0}\dfrac{f(x_0)-f(x_0-\Delta x)}{\Delta x}$；

(3) $\lim\limits_{h\to0}\dfrac{f(x_0+h)-f(x_0-h)}{h}$；

(4) $\lim\limits_{h\to0}\dfrac{h}{f(x_0-3h)-f(x_0)}(f'(x_0)\neq0)$。

4. 求曲线$y=\dfrac{1}{x}$在点$\left(\dfrac{1}{2},2\right)$处的切线方程与法线方程。

5. 设$f(x)=\begin{cases}x\sin\dfrac{1}{x}, & x\neq0,\\ 0, & x=0。\end{cases}$试求$f'(0)$。

6. 设函数$f(x)=\begin{cases}1-\cos x, & x\geqslant0,\\ x, & x<0。\end{cases}$讨论$f(x)$在$x=0$处的左、右导数与导数。

7. 讨论下列函数在$x=0$处的连续性和可导性：

(1) $y=x^{\frac{1}{3}}$； (2) $y=|x^3|$。

8. 讨论函数$f(x)=\begin{cases}e^x-1, & x\leqslant0,\\ \dfrac{x^2}{\ln(1+x)}, & x>0\end{cases}$在$x=0$处的连续性与可导性。

9. 试求函数$f(x)=\begin{cases}\dfrac{2}{3}x^3, & x\leqslant1,\\ x^2, & x>1\end{cases}$在$x=1$处的左导数$f'_-(1)$和右导数$f'_+(1)$，并由此判断函数$f(x)$在$x=1$处是否可导。

10. 设函数$f(x)=\begin{cases}e^x, & x\leqslant0,\\ x^2+ax+b, & x>0。\end{cases}$问$a$，$b$取何值时，函数$f(x)$在$x=0$处可导？

11. 为使函数$f(x)=\begin{cases}x^2, & x\leqslant1,\\ ax+b, & x>1\end{cases}$在$x=1$处连续且可导，$a$，$b$该如何取？

12. 设函数$f(x)=\begin{cases}x^n\sin\dfrac{1}{x}, & x\neq0,\\ 0, & x=0。\end{cases}$试对整数$n$的取值讨论，使得函数$f(x)$在$x=0$处

(1) 连续； (2) 可导； (3) 导函数连续。

2.2 函数的求导法则

上一节我们根据导数的定义求出了部分基本初等函数的导数，但对于一般的初等函数，利用定义求导数，从理论上来说是可行

的，但实际求解过程比较烦琐。基于此，本节将介绍一些求导法则，利用这些法则可以求出一些常见的初等函数的导数。

2.2.1 函数的和、差、积、商的求导法则

定理 2.2.1　设函数 $u=u(x)$、$v=v(x)$ 在区间 I 上是可导函数，则 $u\pm v$、uv、$\frac{u}{v}(v\neq0)$ 在区间 I 上也是可导函数，并且满足：

(1) $(u\pm v)'=u'\pm v'$；

(2) $(uv)'=u'v+uv'$，特别地当 v 为常函数时，即 $(cu)'=cu'$；

(3) $\left(\frac{u}{v}\right)'=\frac{u'v-uv'}{v^2}$。

例 2.2.1　设 $f(x)=x^3+5x^2-6x+9$，求 $f'(x)$。

解　由定理 2.2.1 中(1)可知

$$f'(x)=(x^3)'+5\cdot(x^2)'-6\cdot x'+9'=3x^2+10x-6。$$

例 2.2.1 的 Maple 源程序

```
> #example1
> f:=x->x^3+5*x^2-6*x+9;
                    f:=x→x^3+5x^2-6x+9
> diff(f(x),x);
                    3x^2+10x-6
```

例 2.2.2　设 $y=x\ln x$，求 y'。

解　由定理 2.2.1 中(2)可得

$$y'=x'\cdot\ln x+x\cdot(\ln x)'=\ln x+1$$

例 2.2.2 的 Maple 源程序

```
> #example2
> f:=x->x*ln(x);
                    f:=x→x ln(x)
> diff(f(x),x);
                    ln(x)+1
```

例 2.2.3　证明：$(\tan x)'=\sec^2x$；$(\cot x)'=-\csc^2x$。

证明

$$(\tan x)'=\left(\frac{\sin x}{\cos x}\right)'=\frac{(\sin x)'\cos x-\sin x(\cos x)'}{\cos^2x}$$

$$=\frac{\cos^2 x+\sin^2 x}{\cos^2 x}=\sec^2 x,$$

即$(\tan x)'=\sec^2 x$。同理可得$(\cot x)'=-\csc^2 x$。

例 2.2.3 的 Maple 源程序

```
> #example3
> f:=tan(x);
                        f:=tan(x)
> diff(f,x);
                        1+tan(x)^2
> f:=cot(x);
                        f:=cot(x)
> diff(f,x);
                        -1-cot(x)^2
```

例 2.2.4 证明：$(\sec x)'=\sec x\tan x$；$(\csc x)'=-\csc x\cot x$。

证明 $(\sec x)'=\left(\frac{1}{\cos x}\right)'=-\frac{(\cos x)'}{\cos^2 x}=\frac{\sin x}{\cos^2 x}=\sec x\tan x,$

故$(\sec x)'=\sec x\tan x$，同理可得$(\csc x)'=-\csc x\cot x$。

例 2.2.4 的 Maple 源程序

```
> #example4
> f:=sec(x);
                        f:=sec(x)
> diff(f,x);
                        sec(x)tan(x)
> f:=csc(x);
                        f:=csc(x)
> diff(f,x);
                        -csc(x)cot(x)
```

2.2.2 复合函数的求导法则

目前，基本初等函数的导数我们已经会求了，下面将进一步学习复合函数导数的求法。

定理 2.2.2 若函数$u=\varphi(x)$在点x处可导，而$y=f(u)$在对应的点$u=\varphi(x)$处可导，则复合函数$y=f(\varphi(x))$在x处也可导，且其导数为

$$[f(\varphi(x))]'=f'(u)\cdot\varphi'(x)=f'(\varphi(x))\cdot\varphi'(x),$$

简记为$\frac{dy}{dx}=\frac{dy}{du}\cdot\frac{du}{dx}$或 $y'_x=y'_u\cdot u'_x$。

上述法则一般称为复合函数求导数的**链式法则**。

例 2.2.5　设 $y=(2x-1)^2$，求$\frac{dy}{dx}$。

解　$y=(2x-1)^2$ 可看作 $y=u^2$ 与 $u=2x-1$ 的复合函数。由复合函数求导法则得

$$\frac{dy}{dx}=\frac{dy}{du}\cdot\frac{du}{dx}=2u\cdot 2=4(2x-1)。$$

例 2.2.5 的 Maple 源程序

```
> #example5
> f:=(2*x-1)^2;
                    f:=(2x-1)^2
> diff(f,x);
                    8x-4
```

例 2.2.6　设 $y=\ln|x|$，求$\frac{dy}{dx}$。

解　当 $x>0$ 时，$\frac{dy}{dx}=(\ln x)'=\frac{1}{x}$；当 $x<0$ 时，$y=\ln(-x)$，令 $u=-x$，由复合函数求导法，得$\frac{dy}{dx}=\frac{dy}{du}\cdot\frac{du}{dx}=\frac{1}{u}\cdot(-1)=\frac{1}{-x}\cdot(-1)=\frac{1}{x}$，综上所述$\frac{dy}{dx}=\frac{1}{x}$。

例 2.2.6 的 Maple 源程序

```
> #example6
> f:=x->ln(x);
                    f:=x→ln(x)
> diff(f(x),x);
                    1/x
> f:=x->ln(-x);
                    f:=x→ln(-x)
> diff(f(x),x);
                    1/x
```

例 2.2.7 设 $y=\cos^2\dfrac{1}{x}$，求$\dfrac{dy}{dx}$。

解 函数 $y=\cos^2\dfrac{1}{x}$由 $y=u^2$，$u=\cos v$ 和 $v=\dfrac{1}{x}$复合而成的，由复合函数求导法则得

$$\frac{dy}{dx}=\frac{dy}{du}\cdot\frac{du}{dv}\cdot\frac{dv}{dx}=2u\cdot(-\sin v)\cdot\left(-\frac{1}{x^2}\right)=\frac{2}{x^2}\sin\frac{1}{x}\cos\frac{1}{x}。$$

例 2.2.7 的 Maple 源程序

```
> #example7
> f:=x->(cos(x^(-1)))^2;
```

$$f:=x\to\cos\left(\frac{1}{x}\right)^2$$

```
> diff(f(x),x);
```

$$\frac{2\cos\left(\frac{1}{x}\right)\sin\left(\frac{1}{x}\right)}{x^2}$$

例 2.2.8 设 $y=\ln(x+\sqrt{1+x^2})$，求$\dfrac{dy}{dx}$。

解 函数 $y=\ln(x+\sqrt{1+x^2})$由 $y=\ln u$，$u=x+\sqrt{1+x^2}$复合而成，由复合函数求导法则得

$$\frac{dy}{dx}=\frac{dy}{du}\cdot\frac{du}{dx}=\frac{1}{u}\cdot\left(1+\frac{1}{2}\frac{2x}{\sqrt{1+x^2}}\right)=\frac{1}{x+\sqrt{1+x^2}}\cdot\frac{\sqrt{1+x^2}+x}{\sqrt{1+x^2}}=\frac{1}{\sqrt{1+x^2}}。$$

例 2.2.8 的 Maple 源程序

```
> #example8
> f:=x->ln(x+sqrt(1+x^2));
```

$$f:=x\to\ln(x+\sqrt{1+x^2})$$

```
> diff(f(x),x);
```

$$\frac{1+\frac{x}{\sqrt{x^2+1}}}{x+\sqrt{x^2+1}}$$

2.2.3 反函数求导法则

定理 2.2.3 若函数 $x=\varphi(y)$在某区间 I_y 内严格单调可导，且 $\varphi'(y)\neq0$，那么它的反函数 $y=f(x)$在对应区间 $I_x=\{x\mid x=\varphi(y),$

$y \in I_y\}$ 内也严格单调可导，且 $f'(x)=\dfrac{1}{\varphi'(y)}$ 或 $\dfrac{\mathrm{d}y}{\mathrm{d}x}=\dfrac{1}{\dfrac{\mathrm{d}x}{\mathrm{d}y}}$。

设 $y=f(x)$ 是 $x=\varphi(y)$ 的反函数，则定理 2.2.3 可叙述为：**反函数的导数等于直接函数导数的倒数**。

例 2.2.9　求证 $(\arcsin x)'=\dfrac{1}{\sqrt{1-x^2}}$。

证明　由于 $y=\arcsin x$，$x\in(-1,1)$ 是 $x=\sin y$，$y\in\left(-\dfrac{\pi}{2},\dfrac{\pi}{2}\right)$ 的反函数，且 $x=\sin y$ 满足定理 2.2.3 的条件。所以由定理 2.2.3 可知，

$$(\arcsin x)'=\frac{1}{(\sin y)'}=\frac{1}{\cos y}=\frac{1}{\sqrt{1-\sin^2 x}}=\frac{1}{\sqrt{1-x^2}},\ x\in(-1,1);$$

即 $(\arcsin x)'=\dfrac{1}{\sqrt{1-x^2}}$，类似可得结论：$(\arccos x)'=-\dfrac{1}{\sqrt{1-x^2}}$。

例 2.2.9 的 Maple 源程序

```
> #example9
> f:=x->arcsin(x);
```

$$f:=x\to\arcsin(x)$$

```
> diff(f(x),x);
```

$$\frac{1}{\sqrt{-x^2+1}}$$

例 2.2.10　求证：$(\arctan x)'=\dfrac{1}{1+x^2}$。

证明　由于 $y=\arctan x$，$x\in\mathbf{R}$ 是 $x=\tan y$，$y\in\left(-\dfrac{\pi}{2},\ \dfrac{\pi}{2}\right)$ 的反函数，且 $x=\tan y$ 满足定理 2.2.3 的条件，所以由定理 2.2.3 可知，

$$(\arctan x)'=\frac{1}{(\tan y)'}=\frac{1}{\sec^2 y}=\frac{1}{1+\tan^2 y}=\frac{1}{1+x^2},\ x\in\mathbf{R},$$

即 $(\arctan x)'=\dfrac{1}{1+x^2}$，同理可证 $(\mathrm{arccot}\,x)'=-\dfrac{1}{1+x^2}$，$x\in\mathbf{R}$。

例 2.2.10 的 Maple 源程序

```
> #example10
> f:=x->arctan(x);
```

```
f:=x→arctan(x)
> diff(f(x),x);
1/(x^2+1)
```

初等函数是由常数和基本初等函数经过有限次四则运算和有限次的函数复合步骤所构成并可用一个式子表示的函数。为了解决初等函数的求导问题，前面已经介绍了基本初等函数的导数，还推出了函数的和、差、积、商的求导法则以及复合函数的求导法则。利用这些导数公式以及求导法则，可以方便地求初等函数的导数。由前面所列举的大量例子可见，基本初等函数的求导公式和上述求导法则，在初等函数的求导运算中起着重要的作用，我们必须熟练地掌握它，为了便于查阅，我们把这些导数公式和求导法则归纳如下：

1. 常数和基本初等函数的导数公式

(1) $C'=0$(C 为常数)；

(2) $(x^{\alpha})'=\alpha x^{\alpha-1}$，其中 α 为实数；

(3) $(\sin x)'=\cos x$；$(\cos x)'=-\sin x$；

(4) $(\tan x)'=\sec^2 x$；$(\cot x)'=-\csc^2 x$；

(5) $(\sec x)'=\sec x\tan x$；$(\csc x)'=-\csc x\cot x$；

(6) $(a^x)'=a^x\ln a(a>0,a\neq 1)$；特别地有 $(\mathrm{e}^x)'=\mathrm{e}^x$；

(7) $(\log_a x)'=\dfrac{1}{x\ln a}(a>0,a\neq 1)$；特别地有 $(\ln x)'=\dfrac{1}{x}$；

(8) $(\arcsin x)'=\dfrac{1}{\sqrt{1-x^2}}$，$x\in(-1,1)$；$(\arccos x)'=-\dfrac{1}{\sqrt{1-x^2}}$，$x\in(-1,1)$；

(9) $(\arctan x)'=\dfrac{1}{1+x^2}$，$x\in\mathbf{R}$；$(\operatorname{arccot} x)'=-\dfrac{1}{1+x^2}$，$x\in\mathbf{R}$。

2. 函数的和、差、积、商的求导法则

设 $u=u(x)$，$v=v(x)$ 都可导，则

(1) $(u\pm v)'=u'\pm v'$；

(2) $(uv)'=u'v+uv'$；

(3) $\left(\dfrac{u}{v}\right)'=\dfrac{u'v-uv'}{v^2}$。

3. 复合函数的求导法则

设 $y=f(u)$，而 $u=\varphi(x)$ 且 $f(u)$ 及 $\varphi(x)$ 都可导，则复合函数 $y=f(\varphi(x))$ 的导数为 $\dfrac{\mathrm{d}y}{\mathrm{d}x}=\dfrac{\mathrm{d}y}{\mathrm{d}u}\cdot\dfrac{\mathrm{d}u}{\mathrm{d}x}$ 或 $y'(x)=f'(u)\cdot\varphi'(x)$。

4. 反函数的求导法则

若$\frac{dy}{dx}$存在且不为零，则$\frac{dx}{dy}=\frac{1}{\frac{dy}{dx}}$。由该公式我们可以由直接函数的导数，求出其反函数的导数。

习题 2.2

1. 求下列函数的导数：

(1) $y=2x^2+3$；　(2) $y=x^3+2^x+\pi$；

(3) $y=x^2\sqrt[3]{x}$；　(4) $y=\frac{x}{2}+\frac{2}{x}$；

(5) $y=x\log_2 x$；　(6) $y=x^2\ln x$；

(7) $y=e^x\sin x$；　(8) $y=\frac{1-x}{1+x}$；

(9) $y=\frac{x}{x^2+1}$；　(10) $y=\frac{x}{1-\cos x}$；

(11) $y=\sqrt{x}\arctan x$；　(12) $y=x\arccos x-\sqrt{1-x^2}$。

2. 求下列函数的导数：

(1) $y=\sqrt{x^2+3}$；　(2) $y=(2x-1)^2$；

(3) $y=\ln(x^2+1)$；　(4) $y=\sin x^2$；

(5) $y=e^{2x+1}$；　(6) $y=\ln(\sin x)$；

(7) $y=\tan^2 x^2$；　(8) $y=3^{\sin x}$；

(9) $y=e^{-x}\cos x^2$；　(10) $y=(\arcsin e^x)^2$；

(11) $y=\cos^2\frac{1}{x}$；　(12) $y=(1+x^2)^{\arctan x}$。

3. 求下列函数在指定点处的导数：

(1) $f(x)=\ln x^2+3x$，求$f'(1)$；

(2) $f(x)=\sqrt{x^2+3}$，求$f'(0)$；

(3) $f(x)=\frac{\sin x}{x}$，求$f'(\pi)$。

4. 设$f(x)=x^2e^{\frac{1}{x}}$，而$h(x)$满足条件$h'(x)=\sin^2[\sin(x+1)]$，$h(0)=3$，求$\frac{d}{dx}f(h(x))\Big|_{x=0}$。

*5. 试从$\frac{dx}{dy}=\frac{1}{y'}$导出以下结果：

(1) $\frac{d^2x}{dy^2}=-\frac{y''}{(y')^3}$；　(2) $\frac{d^3x}{dy^3}=-\frac{3(y'')^2-y'y'''}{(y')^5}$。

6. 求曲线$y=2\sin x+x^2$上横坐标为$x=0$的点处的切线方程和法线方程。

7. 设函数$f(x)$和$g(x)$可导，且$f^2(x)+g^2(x)\neq 0$，试求函数$y=\sqrt{f^2(x)+g^2(x)}$的导数。

8. 设$f(x)$可导，求下列函数的导数$\frac{dy}{dx}$：

(1) $y=f(x^2)$；　(2) $y=f(\sin^2x)+f(\arcsin x)$。

9. 设$f(x)=x(x-1)(x-2)\cdots(x-99)$，求$f'(0)$。

10. 设$y=\ln|x|$，求y'。

2.3 隐函数与参数方程的求导法则及对数求导法

2.3.1 隐函数求导

前面我们介绍的都是以$y=f(x)$的形式出现的显函数的求导法则。但在实际中，有许多函数关系式是隐藏在一个方程中，例如：$x-y^2+1=0$，由该方程可解出$y=\sqrt{x+1}$。

这种由方程$F(x,y)=0$所确定的y与x之间的函数关系称为隐函数。

把一个隐函数化成显函数，叫作**隐函数的显化**。例如，从方

程 $x-y+1=0$ 解出 $y=x+1$，就把隐函数化成了显函数。隐函数的显化有时是有困难的，甚至是不可能的。但在实际问题中，无论是否可以显化有时都需要计算它的导数。下面，介绍一种能直接由方程算出它所确定的隐函数的导数方法。隐函数求导的具体方法如下：

（1）对方程 $F(x,y)=0$ 的两端同时关于自变量 x 求导，在求导过程中把 y 看成 x 的函数，也就是把 y 作为中间变量来看待。（有时也可以把 x 看作因变量，y 看作自变量）

（2）求导之后得到一个关于 y' 的一次方程，解此方程，便得 y' 的表达式。当然，在此表达式内可能会含有 y，这没关系，让它保留在式子中就可以了。

例 2.3.1 设 $1+xe^y-y=0$，求 y'。

解 对 $1+xe^y-y=0$ 两边关于 x 求导得

$$e^y+xe^y\cdot y'-y'=0,$$

所以

$$(xe^y-1)y'=-e^y,$$

即

$$y'=\frac{e^y}{1-xe^y}。$$

例 2.3.1 的 Maple 源程序

```
> #example1
> implicitdiff(1+x*e^y-y=0,y,x);
```

$$-\frac{e^y}{e^y\ln(e)x-1}$$

例 2.3.2 求由方程 $y=\cos(x+y)$ 所确定 $y=f(x)$ 的导数。

解 两边同时对 x 求导数得 $y'=-\sin(x+y)(1+y')$，解得

$$y'=-\frac{\sin(x+y)}{1+\sin(x+y)}。$$

例 2.3.2 的 Maple 源程序

```
> #example2
> implicitdiff(y=cos(x+y),y,x);
```

$$-\frac{\sin(x+y)}{\sin(x+y)+1}$$

2.3.2 对数求导法

形如 $y=u(x)^{v(x)}$ 这类函数称其为**幂指函数**，在前面介绍的公式和法则中，还没有这类函数的求导方法。下面将通过实例来说明幂指函数的求导方法——对数求导法。

例 2.3.3　设 $y=x^{\sin x}(x>0)$，求 $\frac{dy}{dx}$。

解　方程 $y=x^{\sin x}$ 两边取对数得

$$\ln y=\ln x^{\sin x}=\sin x\ln x,$$

方程 $\ln y=\sin x\ln x$ 两边关于 x 求导数，得 $\frac{1}{y}\cdot y'=\cos x\ln x+\frac{\sin x}{x}$，所以

$$y'=y\left(\cos x\ln x+\frac{\sin x}{x}\right)=x^{\sin x}\left(\cos x\ln x+\frac{\sin x}{x}\right)。$$

例 2.3.3 的 Maple 源程序

```
> #example3
> implicitdiff(y=x^(sin(x)),y,x);
```

$$\frac{x^{\sin(x)}(\cos(x)\ln(x)x+\sin(x))}{x}$$

更一般地，若 $y=u(x)^{v(x)}$，其中 $u(x)$，$v(x)$ 关于 x 都可导，且 $u(x)>0$，那么，“等式两边先取对数，再关于 x 求导数”，用此法后，先得到 $\ln y=v(x)\ln u(x)$，进一步有 $\frac{1}{y}\cdot y'=v'(x)\ln u(x)+\frac{v(x)\cdot u'(x)}{u(x)}$，再整理后得

$$y'=u(x)^{v(x)}\left[v'(x)\ln u(x)+\frac{v(x)\cdot u'(x)}{u(x)}\right]。$$

其实，幂指函数的导数结果稍加整理一下，便有

$$y'=u(x)^{v(x)}\cdot\ln u(x)\cdot v'(x)+v(x)\cdot u(x)^{v(x)-1}\cdot u'(x)。$$

前一部分是把 $u(x)^{v(x)}$ 作为指数函数求导数得到的结果，后一部分是把 $u(x)^{v(x)}$ 作为幂函数求导得到的结果，因此，幂指函数的导数等于幂函数的导数与指数函数的导数之和。

对于幂指函数求导，有时可以直接根据对数的性质以及复合函数的求导法则求导，无须转化为隐函数。对 $y=x^{\sin x}$ 的另一种简便的解法。将 $y=x^{\sin x}$ 变形为

$$y=x^{\sin x}=e^{\ln x^{\sin x}}=e^{\sin x\ln x},$$

所以它是由 $y=e^u$，$u=\sin x\ln x$ 复合而成的，故

$$y'=\frac{\mathrm{d}y}{\mathrm{d}u}\cdot\frac{\mathrm{d}u}{\mathrm{d}x}=\mathrm{e}^{\sin x\ln x}\left(\cos x\ln x+\sin x\cdot\frac{1}{x}\right)=x^{\sin x}\left(\cos x\ln x+\sin x\cdot\frac{1}{x}\right)。$$

当函数关系式是由若干个简单函数以及幂指函数经过乘方、开方、乘、除等运算组合而成的时候，可利用对数的性质将这些运算转化为加减运算，从而简化求导过程。下面通过实例来说明这类函数的对数求导法。

例 2. 3. 4 设 $y=\dfrac{(x+1)^2\ (x-2)^{\frac{1}{3}}}{(x+2)^4\ (x-1)^{\frac{1}{2}}}$，求$\dfrac{\mathrm{d}y}{\mathrm{d}x}$。

解 对 $y=\dfrac{(x+1)^2\ (x-2)^{\frac{1}{3}}}{(x+2)^4\ (x-1)^{\frac{1}{2}}}$两边同时取对数得

$$\ln|y|=\ln\left|\frac{(x+1)^2\ (x-2)^{\frac{1}{3}}}{(x+2)^4\ (x-1)^{\frac{1}{2}}}\right|=2\ln|(x+1)|+\frac{1}{3}\ln|x-2|-4\ln|x+2|-\frac{1}{2}\ln|x-1|,$$

上式两边关于 x 求导数，得$\dfrac{1}{y}\cdot y'=\dfrac{2}{x+1}+\dfrac{1}{3(x-2)}-\dfrac{4}{x+2}-\dfrac{1}{2(x-1)}$，

所以

$$y'=\frac{(x+1)^2(x-2)^{\frac{1}{3}}}{(x+2)^4(x-1)^{\frac{1}{2}}}\left(\frac{2}{x+1}+\frac{1}{3(x-2)}-\frac{4}{x+2}-\frac{1}{2(x-1)}\right)。$$

例 2. 3. 4 的 Maple 源程序

```
> #example4
> implicitdiff(y=(((x+1)^2)*((x-2)^(1/3)))/(((x+2)^4)
*((x-1)^(1/2))),y,x);
```

$$-\frac{(1+x)\,(13x^3-37x^2+14x-8)}{6\,(x+2)^5\,(x-1)^{(3/2)}\,(x-2)^{(2/3)}}$$

注 在解题过程中，用取对数方法求导时，在取对数的时候可以不加绝对值符号，隐含着在有意义的范围内进行。

例 2. 3. 5 求 $y=(x+2)\sqrt[5]{\dfrac{(x-3)^2}{x+4}}$ 的导数。

解 两边取对数，得

$$\ln y=\ln(x+2)+\frac{2}{5}\ln(x-3)-\frac{1}{5}\ln(x+4),$$

两边同时对 x 求导数，得

$$\frac{1}{y}\cdot y'=\frac{1}{x+2}+\frac{2}{5(x-3)}-\frac{1}{5(x+4)},$$

所以　　$y'=(x+2)\sqrt[5]{\frac{(x-3)^2}{x+4}}\cdot\left(\frac{1}{x+2}+\frac{2}{5(x-3)}-\frac{1}{5(x+4)}\right)$。

例 2.3.5 的 Maple 源程序

```
> #example5
> implicitdiff(y=(x+2)*((((x-3)^2)/(x+4))^(1/5)),y,x);
```

$$\frac{2(3x^3-46x+57)}{5\left(\frac{(x-3)^2}{x+4}\right)^{(4/5)}(x+4)^2}$$

2.3.3 参数方程求导

在实际生活中，有时需要用参数方程$\begin{cases}x=\varphi(t),\\y=\psi(t)\end{cases}$确定 y 与 x 的函数关系，但参数 t 有时不便消去。这部分将介绍由参数方程所确定的函数的求导方法。

定理 2.3.1　对参数方程$\begin{cases}x=\varphi(t),\\y=\psi(t),\end{cases}$如果 $y=\psi(t)$，$x=\varphi(t)$ 在 $[\alpha,\beta]$ 内可导，并且 $x=\varphi(t)$ 严格单调、$\varphi'(t)\neq 0$，则 y 关于 x 可导，且$\frac{\mathrm{d}y}{\mathrm{d}x}=\frac{\psi'(t)}{\varphi'(t)}$。

证明　因为 $x=\varphi(t)$ 在 $[\alpha,\beta]$ 内严格单调、可导，所以 $x=\varphi(t)$ 有连续的反函数 $t=\varphi^{-1}(x)$，所以，$y=\psi(t)=\psi(\varphi^{-1}(x))$，由反函数和复合函数的求导法则可知

$$\frac{\mathrm{d}y}{\mathrm{d}x}=\frac{\mathrm{d}y}{\mathrm{d}t}\cdot\frac{\mathrm{d}t}{\mathrm{d}x}=\psi'(t)\frac{1}{\varphi'(t)}=\frac{\psi'(t)}{\varphi'(t)}。$$

例 2.3.6　　设参数方程为$\begin{cases}x=\cos^4 t\\y=\sin^4 t\end{cases}$（$t$ 为参数），求$\left.\frac{\mathrm{d}y}{\mathrm{d}x}\right|_{t=0}$。

解　由定理 2.3.1 可知

$$\frac{\mathrm{d}y}{\mathrm{d}x}=\frac{\frac{\mathrm{d}y}{\mathrm{d}t}}{\frac{\mathrm{d}x}{\mathrm{d}t}}=\frac{4\sin^3 t\cos t}{-4\cos^3 t\sin t}=-\frac{\sin^2 t}{\cos^2 t}=-\tan^2 t,$$

故$\left.\frac{\mathrm{d}y}{\mathrm{d}x}\right|_{t=0}=-\tan^2 0=0$。

例 2.3.6 的 Maple 源程序

```
> #example6
> x:=t->(cos(t))^4:
y:=t->(sin(t))^4:
Yi:=D(y)(t)/D(x)(t);
Yi:=t->D(y)(t)/D(x)(t):
```

$$Yi := -\frac{\sin(t)^2}{\cos(t)^2}$$

习题 2.3

1. 求由下列方程所确定的隐函数 $y=f(x)$ 的导数:

(1) $y^3+y-2x=1$;　(2) $e^y+y-2x^2=3$;

(3) $x^2y+\ln y=0$;　(4) $\ln x+\sin y-y=e$。

2. 用对数求导法求下列函数的导数:

(1) $y=x^x$;　(2) $y=\sqrt{\frac{(x-1)(x-2)}{(x-3)(x-4)}}$;

(3) $y=\left(\frac{1}{1+x}\right)^x$;　(4) $y=\frac{\sqrt[3]{x-1}}{(x+1)e^x}$。

3. 求下列参数方程的导数:

(1) $\begin{cases}x=3t^2+2t+3,\\ e^y\sin t-y+1=0;\end{cases}$　(2) $\begin{cases}x=\ln(1+t^2),\\ y=\arctan t。\end{cases}$

4. 由方程 $xy-e^x+e^y=0$ 确定了函数 $y=y(x)$，求 y'及 $y'\big|_{x=0}$。

5. 证明曲线

$$\begin{cases}x=a(\cos t+t\sin t),\\ y=a(\sin t-t\cos t)\end{cases}$$

在任一点的法线到原点的距离等于 a。

6. 已知椭圆的参数方程为 $\begin{cases}x=a\cos t,\\ y=b\sin t。\end{cases}$ 求椭圆在 $t=\frac{\pi}{4}$处的切线方程。

7. 求曲线 $x^2+y^2=a^2$ 在点$\left(\frac{\sqrt{2}}{2}a,\frac{\sqrt{2}}{2}a\right)$处的切线方程和法线方程。

8. 已知抛射体的运动轨迹的参数方程为 $\begin{cases}x=v_1t,\\ y=v_2t-\frac{1}{2}gt^2。\end{cases}$ 求抛射体在时刻 t 的运动速度的大小和方向。

9. 设 $\arctan\frac{y}{x}=\frac{1}{2}\ln(x^2+y^2)$确定了函数 $y=y(x)$，已知 $x=1$ 时 $y=0$，求 $y'\big|_{x=1}$。

10. 设$f(x)=\begin{cases}x^3\sin\frac{1}{x}, & x\neq 0,\\ 0, & x=0。\end{cases}$求$f'(x)$。

2.4 高阶导数

众所周知，速度是路程关于时间的变化率，即 $v(t)=s'(t)$，而加速度是速度关于时间的变化率，即 $a(t)=v'(t)$，也就是说加速度是路程 $s(t)$关于时间的导数的导数。为了解决类似问题，便产生了高阶导数的概念。

定义 2.4.1 若函数 $y=f(x)$的导数$f'(x)$在点 x 处可导，则称

$f'(x)$在点 x 的导数为$f(x)$在点 x 的二阶导数，记作$f''(x)$，y''，$\frac{d^2y}{dx^2}$或$\frac{d^2f(x)}{dx^2}$，即

$$f''(x)=\lim_{\Delta x\to 0}\frac{f'(x+\Delta x)-f'(x)}{\Delta x},$$

从定义可知 $y''=(y')'$或$\frac{d^2y}{dx^2}=\frac{d}{dx}\left(\frac{dy}{dx}\right)$。

类似地，可以定义二阶导数$f''(x)$的导数，称为函数 $y=f(x)$ 的三阶导数，记作 $f'''(x)$，y'''，$\frac{d^3y}{dx^3}$或$\frac{d^3f(x)}{dx^3}$。对于函数 $y=f(x)$ 的三阶导数$f'''(x)$的导数称为四阶导数，记作 $f^{(4)}(x)$，$y^{(4)}$，$\frac{d^4y}{dx^4}$或$\frac{d^4f(x)}{dx^4}$。

一般地，函数$f(x)$的 $n-1$ 阶导数的导数称为 n 阶导数，记作

$$f^{(n)}(x),\ y^{(n)},\ \frac{d^ny}{dx^n}\text{或}\frac{d^nf(x)}{dx^n}。$$

二阶及二阶以上的导数统称为**高阶导数**，$f'(x)$称为$f(x)$的一阶导数，$f(x)$本身可理解为$f(x)$的零阶导数。

注　n 阶导数$f^{(n)}(x)$的表达式中，n 必须用小括号括起来。

例 2.4.1　求幂函数 $y=x^n$(n 为正整数)的各阶导数 $y^{(k)}$。

解　利用幂函数求导法则得

$$y'=nx^{n-1},$$

$$y''=(y')'=(nx^{n-1})'=n(n-1)x^{n-2},\cdots,$$

$$y^{(k-1)}=n(n-1)\cdots(n-k+2)x^{n-k+1},$$

$$y^{(k)}=(y^{(k-1)})'=(n(n-1)\cdots(n-k+2)x^{n-k+1})'=n(n-1)\cdots(n-k+1)x^{n-k},$$

当 $k=n$ 时，$y^{(k)}=y^{(n)}=n(n-1)(n-2)\cdots(n-n+1)x^{n-n}=n!$。

因为 $y^{(n)}=n!$ 为常量函数，当 $k>n$ 时，$y^{(k)}=0$，所以 $y^{(k)}=0(k>n)$。

例 2.4.2　设 $y=\sin x$，求 $y^{(n)}$。

解

$$y'=\cos x=\sin\left(x+\frac{\pi}{2}\right),$$

$$y''=\left[\sin\left(x+\frac{\pi}{2}\right)\right]'=\cos\left(x+\frac{\pi}{2}\right)=\sin\left(x+\frac{\pi}{2}+\frac{\pi}{2}\right)=\sin\left(x+\frac{2\pi}{2}\right),$$

$$y'''=\left[\sin\left(x+\frac{2\pi}{2}\right)\right]'=\cos\left(x+\frac{2\pi}{2}\right)=\sin\left(x+\frac{2\pi}{2}+\frac{\pi}{2}\right)=\sin\left(x+\frac{3\pi}{2}\right),$$

$$y^{(4)}=\left[\sin\left(x+\frac{3\pi}{2}\right)\right]'=\cos\left(x+\frac{3\pi}{2}\right)=\sin\left(x+\frac{3\pi}{2}+\frac{\pi}{2}\right)=\sin\left(x+\frac{4\pi}{2}\right),\ \cdots,$$

可用数学归纳法证明 $y^{(n)}=\sin\left(x+\frac{n\pi}{2}\right)$。同理可得 $\cos^{(n)}x=\cos\left(x+\frac{n\pi}{2}\right)$。

例 2.4.2 的 Maple 源程序

```
> #example2
> f:=x->sin(x);
Diff(f(x),x $ n)=diff(f(x),x $ n);
```

$$f:=x\rightarrow\sin(x)$$

$$\frac{d^n}{dx^n}\sin(x)=\sin\left(x+\frac{n\pi}{2}\right)$$

```
> f:=x->cos(x);
Diff(f(x),x $ n)=diff(f(x),x $ n);
```

$$f:=x\rightarrow\cos(x)$$

$$\frac{d^n}{dx^n}\cos(x)=\cos\left(x+\frac{n\pi}{2}\right)$$

例 2.4.3 设函数 $y=\mathrm{e}^{ax}$，求 $y^{(n)}$。

解 $y'=(\mathrm{e}^{ax})'=a\mathrm{e}^{ax}$；$y''=(a\mathrm{e}^{ax})'=a^2\mathrm{e}^{ax}$；$y'''=(a^2\mathrm{e}^{ax})'=a^3\mathrm{e}^{ax}$；…；$y^{(n)}=a^n\mathrm{e}^{ax}$。

注 $(\mathrm{e}^x)^{(n)}=\mathrm{e}^x$。

对于方程 $F(x,y)=0$ 确定的隐函数的高阶导数，以二阶导数为例，说明其求法。对方程 $F(x,y)=0$ 两边关于 x 求导后，得到一个新的方程

$$G(x,y,y')=0。$$

在对这个新的方程的两边再次求导数，得到一个含二阶导数 y'' 的方程，从中解出 y'，式中可能含有 y'，再由 $G(x,y,y')=0$ 解出 y'，然后由刚才求出的含二阶导数 y'' 的方程中便得二阶导数 y''。

例 2.4.4 设 $2x-y+\frac{1}{2}\sin y=0$，求 y''。

解 方程 $2x-y+\frac{1}{2}\sin y=0$ 两边关于 x 求导，得

$$2-y'+\frac{1}{2}\cos y\cdot y'=0,$$

解得

$$y'=\frac{4}{2-\cos y},$$

再对上式两边关于 x 求导，得 $y''=-4\frac{\sin y\cdot y'}{(2-\cos y)^2}=-\frac{16\sin y}{(2-\cos y)^3}$。

例 2.4.5　设$\begin{cases}x=a\cos^3 t,\\ y=a\sin^3 t。\end{cases}$求$\dfrac{d^2y}{dx^2}$。

解　由参数方程求导公式得

$$\frac{dy}{dx}=\frac{(a\sin^3 t)'}{(a\cos^3 t)'}=\frac{3a\sin^2 t\cos t}{-3a\cos^2 t\sin t}=-\tan t,$$

所以，

$$\frac{d^2y}{dx^2}=\frac{d}{dx}\left(\frac{dy}{dx}\right)=\frac{\frac{d}{dt}\left(\frac{dy}{dx}\right)}{\frac{dx}{dt}}=\frac{(-\tan t)'}{-3a\cos^2 t\sin t}=\frac{-\sec^2 t}{-3a\cos^2 t\sin t}=\frac{1}{3a\cos^4 t\sin t}。$$

例 2.4.5 的 Maple 源程序

```
> #example5
> x:=t->a*(cos(t))^3:
y:=t->a*(sin(t))^3:
Yi:=D(y)(t)/D(x)(t);
Yi:=t->D(y)(t)/D(x)(t):
Er:=D(Yi)(t)/D(x)(t):
Er:=simplify(%);
```

$$Yi:=-\frac{\sin(t)}{\cos(t)}$$

$$Er:=\frac{1}{3}\frac{1}{a\sin(t)\cos(t)^4}$$

习题 2.4

1. 求下列函数在指定点的高阶导数：

(1) $f(x)=3x^3+4x^2-5x-9$，求$f''(1)$，$f^{(4)}(1)$；

(2) $f(x)=\dfrac{x}{\sqrt{1+x^2}}$，求$f''(1)$，$f''(-1)$；

(3) $y=\dfrac{x}{2}(\sin\ln x-\cos\ln x)$，求$\left.\dfrac{d^2y}{dx^2}\right|_{x=1}$；

(4) $y=x\arcsin x$，求y''。

2. 求下列隐函数的二阶导数$\dfrac{d^2y}{dx^2}$：

(1) $xy+\ln x+\ln y=1$；　(2) $y=\sin(x+y)$；

(3) $e^y=xy$；　(4) $x^2-y^2=1$。

3. 求下列函数的 n 阶导数：

(1) $y=\ln(1-3x)$；　(2) $y=x^n+e^{-x}$；

(3) $y=e^x(x^2+2x+2)$；　(4) $y=\dfrac{x}{1-x^2}$；

(5) $y=e^x\sin x$；　(6) $y=\dfrac{x^n}{1+x}$。

4. 设函数 $y=f(x)$由$\dfrac{x^2}{a^2}+\dfrac{y^2}{b^2}=1$ 确定，求 y''。

5. 设 $y=1+xe^y$，求$\left.\dfrac{d^2y}{dx^2}\right|_{x=0}$。

6. 求由下列参数方程所确定的函数的二阶导数$\dfrac{d^2y}{dx^2}$：

(1) $\begin{cases}x=2t-t^2,\\ y=3t-t^3;\end{cases}$　(2) $\begin{cases}x=e^t\cos t,\\ y=e^t\sin t。\end{cases}$

7. 设$\begin{cases}x=a\cos^3 t,\\ y=a\sin^3 t,\end{cases}$ a 为常数，求$\dfrac{dy}{dx}$，$\dfrac{d^2y}{dx^2}$。

8. 设 $y=(\arcsin x)^2$。

(1) 求证 $(1-x^2)y''-xy'=2$；

(2) 求 $y^{(n)}(0)$。

9. 设参数方程 $\begin{cases} x=5e^{-t}, \\ y=3e^{t} \end{cases}$ 确定了函数 $y=y(x)$，求 y''。

10. $y=f(x^3)$ 可导，求 y''。

11. 设 $f(x)=(x+10)^6$，求 $f'''(2)$。

2.5 微分

本节将介绍微分学中另一个重要的概念——微分。我们知道，导数反映了实际问题中的变化率的问题，即因变量相对于自变量变化快慢的程度。而微分的概念是在解决直与曲的矛盾中产生的。微分具有双重意义：一是表示一个微小的量；二是表示一种与导数密切相关的运算。微分又是微分学转向积分学的一个关键性概念，在第 4 章，将引入不定积分的概念，可以说：**不定积分是微分的逆运算**。本节将以一个典型例子引入微分的概念。

2.5.1 微分的概念

例 2.5.1 如图 2.5.1 所示，一边长为 x_0 的正方形金属薄片，受热后边长增加 Δx，问其面积增加多少？

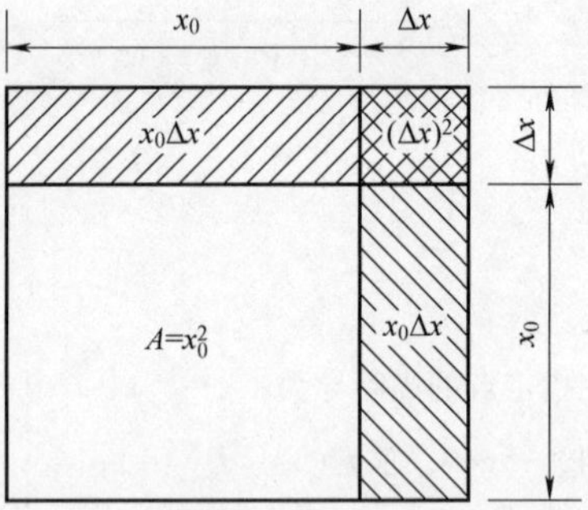

图 2.5.1

解 由已知可得受热前的面积 $A=x_0^2$，那么，受热后面积的增量是 $\Delta A=(x_0+\Delta x)^2-x_0^2=2x_0\Delta x+(\Delta x)^2$，从图 2.5.1 上可以看到，面积的增量可分为两个部分，第一部分是两个矩形的面积总和 $2x_0\Delta x$，它是 Δx 的线性部分；第二部分是右上角的正方形的面积 $(\Delta x)^2$，它是 Δx 的高阶无穷小量。不难看出，当 Δx 非常微小的时候，面积的增量主要部分就是 $2x_0\Delta x$，而 $(\Delta x)^2$ 可以忽略不计，也就是说，可以用 $2x_0\Delta x$ 来代替面积的增量。

从函数的角度来说，函数 $A=x^2$ 具有这样的特征：任给自变

量一个增量 Δx，相应函数值的增量 Δy 可表示成关于 Δx 的线性部分(即 $2x\Delta x$)与高阶无穷小部分(即$(\Delta x)^2$)的和。

人们把这种特征性质从具体意义中抽象出来，再赋予它一个数学名词——可微，从而产生了微分的概念。

定义 2.5.1　函数 $y=f(x)$ 在点 x_0 的某邻域 $U(x_0,\delta)$ 内有定义，任给 x_0 一个增量 $\Delta x(x_0+\Delta x\in U(x_0,\delta))$，得到相应函数值的增量 $\Delta y=f(x_0+\Delta x)-f(x_0)$，如果存在常数 A，使得

$$\Delta y=A\cdot\Delta x+o(\Delta x),$$

其中 $o(\Delta x)$ 是比 Δx 高阶的无穷小量，那么称函数 $y=f(x)$ 在点 x_0 处**可微**，$A\cdot\Delta x$ 为 $y=f(x)$ 在点 x_0 处的微分。记作

$$\mathrm{d}y\big|_{x=x_0}=A\Delta x \text{ 或 } \mathrm{d}f(x)\big|_{x=x_0}=A\Delta x。$$

$A\cdot\Delta x$ 通常称为 $\Delta y=A\cdot\Delta x+o(\Delta x)$ 的线性主部。“线性”是因为 $A\cdot\Delta x$ 是 Δx 的一次函数。“主部”是因为另一部分 $o(\Delta x)$ 是比 Δx 更高阶的无穷小量，在等式中它几乎不起作用，而 $A\cdot\Delta x$ 在式中起主要作用。

解决了微分的概念之后，接下来就要解决如何求微分了。我们已经知道了关系式 $\mathrm{d}y\big|_{x=x_0}=A\Delta x$，可 A 是什么呢？又怎么求呢？下面介绍一个定理，帮助我们找到答案。

定理 2.5.1　函数 $f(x)$ 在点 x_0 处可微的充要条件是：函数 $f(x)$ 在点 x_0 处可导，并且 $\Delta y=A\Delta x+o(\Delta x)$ 中的 A 与 $f'(x_0)$ 相等。

证明　必要性：因为 $f(x)$ 在点 x_0 处可微，由可微的定义可知，存在常数 A，使得

$$\Delta y=A\cdot\Delta x+o(\Delta x),$$

等式两边同时除以 Δx 得

$$\frac{\Delta y}{\Delta x}=A+\frac{o(\Delta x)}{\Delta x},$$

再令 $\Delta x\to 0$，取极限得

$$f'(x_0)=\lim_{\Delta x\to 0}\frac{\Delta y}{\Delta x}=\lim_{\Delta x\to 0}\left(A+\frac{o(\Delta x)}{\Delta x}\right)=A,$$

所以 $f(x)$ 在点 x_0 处可导且 $A=f'(x_0)$。

充分性：因为 $f(x)$ 在点 x_0 处可导，所以 $\lim\limits_{\Delta x\to 0}\frac{\Delta y}{\Delta x}=f'(x_0)$，因此有 $\frac{\Delta y}{\Delta x}=f'(x_0)+a$，其中当 $\Delta x\to 0$ 时，$a\to 0$。即得

$$\Delta y=f'(x_0)\cdot\Delta x+a\cdot\Delta x=f'(x_0)\cdot\Delta x+o(\Delta x),$$

其中$f'(x_0)$是与Δx无关的常数，$o(\Delta x)$是比Δx高阶的无穷小量，由可微定义可知，函数$f(x)$在点x_0处可微。

定理 2.5.1 表明函数$f(x)$在点x_0处可导和可微是等价的，即函数可微必可导，可导必可微。函数$y=f(x)$在点x_0处的微分可表示为$\mathrm{d}y\big|_{x=x_0}=f'(x_0)\Delta x$。

若函数$y=f(x)$在定义域中任意点x处可微，则称函数$f(x)$是**可微函数**，它在x处的微分记作$\mathrm{d}y$或$\mathrm{d}f(x)$，$\mathrm{d}y=f'(x)\cdot\Delta x$。

因为当$y=x$时，$\mathrm{d}y=\mathrm{d}x=(x')\Delta x=\Delta x$，所以自增量$x$的增量$\Delta x$等于自变量的微分$\mathrm{d}x$，即$\Delta x=\mathrm{d}x$。因此函数$y=f(x)$的微分通常记为$\mathrm{d}y=f'(x)\mathrm{d}x$。注意到导数的一种表示符号：$\dfrac{\mathrm{d}y}{\mathrm{d}x}$。现在，函数的导数可以赋予一种新的解释：**导数就是函数的微分$\mathrm{d}y$与自变量的微分$\mathrm{d}x$的商**。因此，导数也叫作**微商**。

2.5.2 微分的几何意义

如图 2.5.2 所示，设曲线方程为$y=f(x)$，PT是曲线上点$P(x,y)$处的切线，且设PT的倾斜角为α，则$\tan\alpha=f'(x)$。在曲线上取一点$Q(x+\Delta x,y+\Delta y)$，则$PM=\Delta x$，$MQ=\Delta y$，$MN=PM\cdot\tan\alpha$，所以$MN=\Delta x\cdot f'(x)=\mathrm{d}y$，因此函数的微分$\mathrm{d}y=f'(x)\cdot\Delta x$是：当$x$改变了$\Delta x$时曲线过点$P$的切线纵坐标的改变量，这就是微分的几何意义。

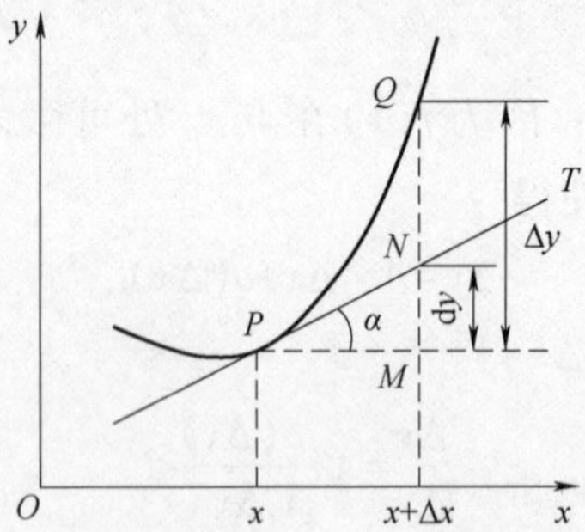

图 2.5.2

2.5.3 微分的运算法则

微分$\mathrm{d}y=f'(x)\mathrm{d}x$，所以由导数的运算法则与公式，我们能立刻推导出微分的运算法则与公式，现列出如下，以便查阅。

1. 基本微分法则

（1）$\mathrm{d}(u\pm v)=\mathrm{d}u\pm\mathrm{d}v$；　　（2）$\mathrm{d}(uv)=v\mathrm{d}u+u\mathrm{d}v$；

（3）$d\left(\frac{u}{v}\right)=\frac{vdu-udv}{v^2}$；

（4）$df(g(x))=f'(u)du=f'(g(x))g'(x)dx$，其中 $u=g(x)$。

在法则 4 中 $df(u)=f'(u)du$。这就是说，不论 u 是自变量还是中间变量，函数 $y=f(u)$ 的微分形式总是 $df(u)=f'(u)du$。这个性质称为**一阶微分形式的不变性**。

2. 基本微分公式

（1）$d(c)=0$（c 为常数）；（2）$d(x^a)=ax^{a-1}dx$（a 为常数）；

（3）$d(\sin x)=\cos x dx$；（4）$d(\cos x)=-\sin x dx$；

（5）$d(\tan x)=\sec^2 x dx$；（6）$d(\cot x)=-\csc^2 x dx$；

（7）$d(\sec x)=\sec x\cdot\tan x dx$；（8）$d(\csc x)=-\csc x\cdot\cot x dx$；

（9）$d(a^x)=a^x\ln a dx$；（10）$d(e^x)=e^x dx$；

（11）$d(\log_a x)=\frac{1}{x\ln a}dx$；（12）$d(\ln x)=\frac{1}{x}dx$；

（13）$d(\arcsin x)=\frac{1}{\sqrt{1-x^2}}dx$；（14）$d(\arccos x)=-\frac{1}{\sqrt{1-x^2}}dx$；

（15）$d(\arctan x)=\frac{1}{1+x^2}dx$；（16）$d(\text{arccot} x)=-\frac{1}{1+x^2}dx$。

例 2.5.2　设 $y=x^2\ln x+\cos 2x$，求 dy。

解法 1

$$\begin{aligned}dy&=d(x^2\ln x)+d(\cos 2x)\\&=\ln x\cdot d(x^2)+x^2\cdot d(\ln x)+d(\cos 2x)\\&=2x\ln x dx+x dx-2\sin 2x dx\\&=(2x\ln x+x-2\sin 2x)dx。\end{aligned}$$

解法 2　因为

$$\begin{aligned}y'&=(x^2\ln x+\cos 2x)'\\&=(x^2\ln x)'+(\cos 2x)'\\&=2x\ln x+x-2\sin 2x,\end{aligned}$$

所以，$dy=y'dx=(2x\ln x+x-2\sin 2x)dx$。

例 2.5.2 的 Maple 源程序

```
> #example2
>  > f:=x->(x^2) * (ln(x))+cos(2 * x);
                 f:=x→x^2 ln(x)+cos(2x)
> diff(f(x),x);
                 2x ln(x)+x-2sin(2x)
```

习题 2.5

1. 若 $x=1$，而 $\Delta x=0.1$，0.01。试问当函数 $y=x^2$ 时，$\Delta y-dy$ 分别是多少?

2. 求下列函数的微分:

(1) $y=\frac{\sin x}{x}$;

(2) $y=x^2\ln(x^2)+\cos x$;

(3) $y=e^{\sin(ax+b)}$;

(4) $y=x\ln x-x$;

(5) $y=\frac{x}{1-x^2}$;

(6) $y=(1+x)\ln(1+x+\sqrt{2x+x^2})-\sqrt{2x+x^2}$。

3. 求下列函数的微分:

(1) $y=\sin^2 t$，$t=\ln(3x+1)$;

(2) $y=\ln(3t+1)$，$t=\sin^2 x$;

(3) $y=e^{3u}$，$u=\frac{1}{2}\ln t$，$t=x^3-2x+5$;

(4) $y=\arctan u$，$u=(\ln t)^2$，$t=1+x^2-\cot x$。

4. 设 $f(x)=x\ln x$，求 $df(e)$。

5. 将适当的函数填入括号内，使等式成立:

(1) $d(\quad)=\frac{1}{x^2}dx$;

(2) $d(\quad)=e^{3x}dx$;

(3) $d(\quad)=\sin 3x dx$;

(4) $d(\quad)=x^2 dx$;

(5) $d(\quad)=\frac{dx}{\sqrt{x-1}}$;

(6) $d(\quad)=\sec^2 3x dx$。

6. 求下列函数在指定点处的微分:

(1) $y=3x^2-2x+1$，在 $x=0$ 处;

(2) $y=xe^x$，在 $x=1$ 处。

7. 求由方程 $e^{x+y}+xy=0$ 所确定的函数 $y=y(x)$ 的微分 dy。

8. 设函数 $y=f(x)$ 可微，且曲线 $y=f(x)$ 在点 $(x_0,f(x_0))$ 处的切线与直线 $y=2-x$ 垂直，求 $\lim\limits_{\Delta x\to 0}\frac{\Delta y-dy}{dy}$。

9. 设 $y=f(\ln x)e^{f(x)}$，其中 $f(x)$ 可微，求 dy。

2.6 微分在近似计算中的应用

2.6.1 函数增量的近似计算

根据微分的定义，如果 $f(x)$ 在点 x_0 处的导数 $f'(x_0)\neq 0$，且 $|\Delta x|$ 很小时，有

$$\Delta y\approx dy=f'(x)\Delta x。$$

据此，可以计算函数增量的近似值。

例 2.6.1 半径为 10cm 的金属圆片加热后，半径伸长了 0.05cm，问面积增大多少?

解 如图 2.6.1 所示，由已知条件可知，$r_0=10\text{cm}$，$\Delta r=0.05\text{cm}$。而金属圆片面积 $A=\pi r^2$，所以 $A'|_{r=r_0}=(\pi r^2)'|_{r=r_0}=2\pi r_0$，因此 $\Delta A\approx dA=2\pi r_0\cdot\Delta r=2\pi\times 10\text{cm}\times 0.05\text{cm}=\pi\text{cm}^2$，即面积约增大了 πcm^2。如图所示，即以长为 $2\pi r_0$(圆环内周长)宽为圆环厚度 Δr 的小长方形面积来近似 ΔA。

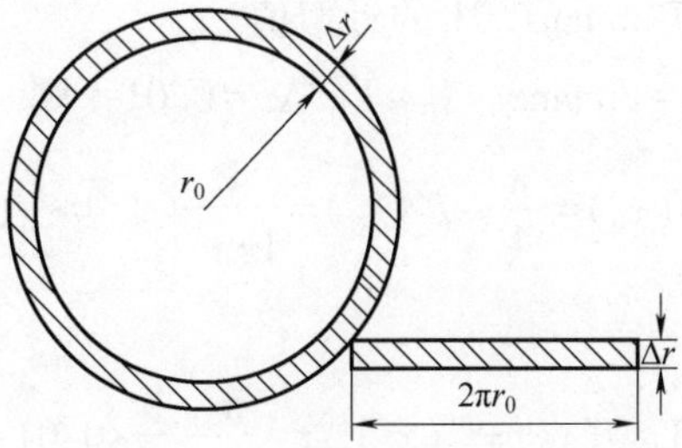

图　2.6.1

2.6.2 函数的近似值

在 $\Delta y\approx dy=f'(x)\Delta x$ 近似计算中，若令 $x=x_0+\Delta x$，则有

$$f(x)-f(x_0)=\Delta y\approx dy=f'(x_0)(x-x_0),$$

即有 $f(x)\approx f(x_0)+f'(x_0)(x-x_0)$，此式表明可利用 x 邻域内较近的点 x_0 的函数值 $f(x_0)$ 来近似计算 $f(x)$ 的值。

例 2.6.2　求 $\sqrt{27}$ 的近似值。

解　$\sqrt{27}$ 是函数 $f(x)=\sqrt{x}$ 在 $x=27$ 处的值，即 $x=27$，令 $x_0=25$，则 $x-x_0=2$。又因为 $f'(25)=(\sqrt{x})'\big|_{x=25}=\dfrac{1}{2\sqrt{x}}\Big|_{x=25}=\dfrac{1}{10}$，利用 $f(x)\approx f(x_0)+f'(x_0)(x-x_0)$ 得

$$\sqrt{27}=f(27)\approx f(25)+f'(25)(27-25)=5+\frac{1}{10}\times 2=5.2,$$

所以，$\sqrt{27}\approx 5.2$。

在 $f(x)\approx f(x_0)+f'(x_0)(x-x_0)$ 中，若 $x_0=0$，当 $|x|$ 很小时，有

$$f(x)\approx f(0)+f'(0)x,$$

由此式不难验证：当 $|x|$ 很小时，有 $\sin x\approx x$，$\tan x\approx x$，$\ln(1+x)\approx x$，$e^x\approx 1+x$，$(1+x)^{\frac{1}{n}}\approx 1+\dfrac{1}{n}x$ 等。

例 2.6.3　求 $\sin 31°$ 的近似值。

解　$f(x)=\sin x$，$f'(x)=\cos x$，$x_0=30°=\dfrac{\pi}{6}$，$\Delta x=1°=\dfrac{\pi}{180}$，

于是，

$$f(x_0)=\sin\frac{\pi}{6}=\frac{1}{2},\ f'(x_0)=\cos\frac{\pi}{6}=\frac{\sqrt{3}}{2},$$

所以，

$$\sin 31°=f(x_0+\Delta x)\approx f(x_0)+f'(x_0)\Delta x=\frac{1}{2}+\frac{\sqrt{3}}{2}\times\frac{\pi}{180}\approx 0.5151。$$

例 2.6.4 计算 arctan1.01 的近似值。

解 设 $f(x)=\arctan x$，$x_0=1$，$\Delta x=0.01$，则

$$f(x_0)=\frac{\pi}{4},\ f'(x_0)=\left.\frac{1}{1+x^2}\right|_{x=x_0}=\frac{1}{2},$$

所以，

$$\arctan 1.01\approx f(x_0)+f'(x_0)\Delta x=\frac{\pi}{4}+\frac{1}{2}\times 0.01\approx 45°17'。$$

注 用微分做近似计算时，关键在于选好 $f(x)$、x_0 及 Δx，然后按微分公式计算。注意 Δx 很小时才适用。

2.6.3 误差分析

微分还可以用于误差估计中，在测量某一量时，所测的结果与精确值有误差，有误差的结果在计算过程中，必导致所计算的其他量也带有误差，那么如何估计这些误差呢？一般地，设 A 为某量的精确值，a 为所测的近似值，$|A-a|$ 称为其**绝对误差**，$\left|\frac{A-a}{a}\right|$ 称为其**相对误差**，然而，A 经常是无法知道的，但根据使用者的经验，有时能够确定其绝对误差 $|A-a|$ 不超过 δ_A，即 $|A-a|\leqslant\delta_A$，此时，称 δ_A 为测量 A 的**绝对误差限**，而 $\frac{\delta_A}{|a|}$ 叫作 A 的**相对误差限**。

设 x 在测量时测得值为 x_0，且测量的绝对误差限为 δ_x，即 $|\Delta x|\leqslant\delta_x$，当 $f'(x_0)\neq 0$ 时，由于 $|\Delta y|\approx|\mathrm{d}y|=|f'(x_0)\Delta x|\leqslant |f'(x_0)|\delta_x$，$\delta_y=|f'(x_0)|\delta_x$ 称为 y 的绝对误差限，$\frac{f'(x_0)\delta_x}{|f(x_0)|}$ 称为 y 的相对误差限，绝对误差限常简称为**绝对误差**，相对误差限简称为**相对误差**。

例 2.6.5 已测得圆的半径为 3.5cm，在测量中半径的绝对误差为 0.5cm，求圆的面积，并估计其绝对误差和相对误差。

解 设圆的半径为 x，面积为 y，则

$$y=\pi x^2,\ y(3.5)=\pi\times 3.5^2=12.25\pi(\mathrm{cm}^2),$$
$$y'=2\pi x,\ y'(3.5)=2\pi\times 3.5=7\pi(\mathrm{cm}),$$

因为 $\delta_x=0.05\mathrm{cm}$，则

$$\delta_y=|y'(3.5)|\delta_x=7\pi\times 0.05=0.35\pi(\mathrm{cm}^2)$$

此相对误差为

$$\frac{\delta_y}{y}=\frac{0.35\pi}{12.25\pi}\approx 0.02857\approx 3\%$$

习题 2.6

1. 利用微分求下列各值的近似值：

(1) $\sin46°$；　(2) $\sqrt[5]{1.02}$；

(3) $\lg11$；　(4) $e^{1.01}$。

2. 当 $|x|$ 很小时，证明下列近似公式：

(1) $\ln(1+x)\approx x$；　(2) $\frac{1}{1+x}\approx 1-x$。

3. 有一批半径为 1cm 的球，为了使球面光亮，要镀上一层铜，铜层的厚度定为 0.01cm，估计一下每个球需用铜多少克？（铜的密度为 8.9g/cm^3）

4. 测得一球体的直径为 42cm，测量工具的进度为 0.05cm，试求此直径计算球体积时所起的误差。$\left(V=\frac{1}{6}\pi d^3\right)$

5. 一个内直径为 10cm 的球壳体，球壳的厚度为 $\frac{1}{16}$cm，求球壳体的体积的近似值。

6. 计算下列反三角函数值的近似值：

(1) $\arcsin0.5002$；　(2) $\arccos0.4995$。

7. 使用精度不超过 0.01m 的量具测得半球形水池的半径为 2m，水的密度为 $1.0\times10^3\text{kg/m}^3$，试求池中灌满水之后水的近似质量以及最大绝对误差和最大相对误差。

总习题 2

1. 选择题：

(1) 若(　　)所示的极限存在，则称 $f(x)$ 在 $x=0$ 处的导数存在。

A. $\lim\limits_{\Delta x\to0}\frac{f(-\Delta x)-f(0)}{-\Delta x}$；　B. $\lim\limits_{\Delta x\to0^-}\frac{f(-\Delta x)-f(0)}{-\Delta x}$；

C. $\lim\limits_{\Delta x\to0^-}\frac{f(-\Delta x)-f(0)}{-\Delta x}$；　D. $\lim\limits_{\Delta x\to0^+}\frac{f(-\Delta x)-f(0)}{\Delta x}$。

(2) 平均变化率 $\frac{f(x+\Delta x)-f(x)}{\Delta x}$ 是(　　)。

A. 只与 x 有关的；

B. 只与 Δx 有关的；

C. 与 x 及 Δx 都有关的；

D. 与 x 和 Δx 都无关的。

(3) 函数 $f(x)=\begin{cases}x^2\sin\frac{1}{x}, & x\neq0,\\ 0, & x=0\end{cases}$ 在 $x=0$ 点(　　)。

A. 连续且可导；　B. 不可导；

C. 不连续；　D. 连续但不可导。

(4) 已知直线 $y=x$ 与对数曲线 $y=\log_a x$ 相切，那么 a 的值是(　　)。

A. e；　B. $\frac{1}{e}$；

C. e^e；　D. $e^{\frac{1}{e}}$。

(5) $y'=\frac{1}{2}\sin x$ 是下列(　　)中函数的导数。

A. $y=\frac{\sin^2x}{2}$；　B. $y=\sin\frac{x^2}{2}$；

C. $y=\sin^2\frac{x}{2}$；　D. $y=\sin\left(\frac{x}{2}\right)^2$。

(6) 函数 $y=(x-1)^{\frac{1}{3}}$ 在 $x=1$ 处(　　)。

A. 连续且可导；　B. 连续不可导；

C. 既不连续也不可导；　D. 以上都不是。

(7) 函数在 x_0 处左右导数存在是该函数在 x_0 处导数存在的(　　)条件。

A. 充分；　B. 必要；

C. 充要；　D. 既非充分也非必要。

(8) 设 $f(x+\Delta x)-f(x)=A\Delta x+a$，若 a 是(　　)时，函数 $f(x)$ 在点 x_0 可微。

A. 关于 Δx 的等价无穷小；

B. 关于 Δx 的低阶无穷小；

C. 关于 Δx 的同阶无穷小；

D. 关于 Δx 的高阶无穷小。

(9) 已知 $f(x)=\sin(ax^2)$，则 $f'(a)=$ (　　)。

A. $\cos ax^2$；　B. $2a^2\cos a^3$；

C. $a^2\cos ax^2$；　D. $a^2\cos a^3$。

(10) 已知 $y=e^{f(x)}$，则 $y''=$(　　)。

A. $e^{f(x)}$；

B. $e^{f(x)}f'(x)$；

C. $e^{f(x)}[f'(x)+f''(x)]$；

D. $e^{f(x)}\{[f'(x)]^2+f''(x)\}$。

2. 填空题：

(1) 设$f'(x_0)$存在，则$\lim\limits_{h\to 0}\dfrac{f(x_0+2h)-f(x_0)}{h}=$__________。

(2) 设$f(x)$可导，$y=f(e^{\sin x})$，则$y'=$________。

(3) 函数$y=x^2$在x_0处的改变量与微分之差$\Delta y-dy=$__________。

(4) 已知$y=\sqrt{x^2}$，则$f'_-(0)=$______；$f'_+(0)=$______；$f'(0)=$______。

(5) $f(x)$是单调连续函数$g(x)$的反函数，且$g(1)=2$，$g'(1)=\dfrac{\sqrt{3}}{3}$，则$f'(2)=$________。

(6) 设$f(x)=\int_0^x|x^2-x|dx+(x+1)|x^2-1|$，则函数$f(x)$有________个不可导点。

(7) 设$\Delta y=(x_0+\Delta x)-f(x_0)$，则$\dfrac{\Delta y}{\Delta x}$表示函数$y=f(x)$在区间$[x_0,x_0+\Delta x]$上的__________，$f'(x_0)$反映函数在$x_0$处___________。

(8) 当x满足___________时，曲线$y=x^2$上切线的倾斜角为锐角。

3. 设

$$f(x)=\begin{cases}1-2x^2, & x<-1,\\ x^3, & -1\leqslant x<3,\\ 7x+6, & x\geqslant 3。\end{cases}$$

(1) 写出$f(x)$的反函数$g(x)$的表达式；

(2) 讨论$g(x)$是否有间断点，不可导点，并指出所有不可导点。

4. 设$f(x)=\begin{cases}\dfrac{x}{2}+x^3\sin\dfrac{1}{x}, & x\neq 0,\\ 0, & x=0。\end{cases}$试讨论$f'(x)$在$x=0$处的连续性。

5. 设$f(a+b)=2f(b)e^b+f(a)+3f(b)-2ab$，且$f'(0)$存在，讨论$f'(x)$是否存在，若存在，试计算$f'(x)$。

6. 求曲线$y=f(x)=\sin x$在点$A(a,\sin a)$处的切线方程。

7. 设$f(x)$在$x=0$处有二阶导数，试确定常数a，b，c使函数$g(x)$在$x=0$处有二阶导数，

这里 $g(x)=\begin{cases}ax^2+bx+c, & x>0,\\ f(x), & x\leqslant 0。\end{cases}$

8. 证明：(1) $(\cot x)'=-\csc^2 x$；

(2) $(\csc x)'=-\csc x\cot x$。

9. 确定曲线$y=\dfrac{x^2}{4}$在点$P(2,1)$处的切线方程和法线方程。

10. 求下列函数的导数：

(1) $y=x\log_2 x+\ln 2$；　(2) $y=\ln\tan x$；

(3) $y=e^{\arctan\sqrt{x}}$；　(4) $x^3+y^3-3axy=0$；

(5) $y=\sqrt[3]{\dfrac{x(x^2+1)}{(x^2-1)^2}}$；

(6) $f(x)=\begin{cases}\sin x, & x<0,\\ x, & x\geqslant 0。\end{cases}$

11. 证明：

(1) $(\arccos x)'=-\dfrac{1}{\sqrt{1-x^2}}$，$x\in(-1,1)$；

(2) $(\text{arccot}\,x)'=-\dfrac{1}{1+x^2}$，$x\in\mathbf{R}$。

12. 给定曲线$y=x^2+5x+4$，

(1) 确定b的值，使直线$y=-\dfrac{1}{3}x+b$为曲线的法线；

(2) 求过点$(0,3)$的切线方程。

13. 设$y=\int_0^x e^{t^2}dt+1$，求它的反函数$x=\varphi(y)$的二阶导数$\dfrac{d^2x}{dy^2}$及$\varphi''(1)$。

14. 设$f(x)=\begin{cases}\dfrac{g(x)-e^{-x}}{x}, & x\neq 0,\\ 0, & x=0。\end{cases}$其中$g(x)$有二阶连续导数，且$g(0)=1$，$g'(0)=-1$。

(1) 求$f'(x)$；

(2) 讨论$f'(x)$在$(-\infty,+\infty)$的连续性。

15. 设函数$f(x)$满足等式$f(x+y)=\dfrac{f(x)+f(y)}{1-f(x)f(y)}$，且$f'(0)$存在，求：

(1) $f'(x)$；　(2) $f(x)$。

16. 求下列函数的n阶导数：

（1）$y=\ln x$；　　（2）$y=e^{ax}$；

（3）$y=\dfrac{1}{1+x}$；　　（4）$y=\sin^4 x$。

17. 求下列函数所指定的阶导数：

（1）$y=3x^3+4x^2-5x-9$，求 $y^{(4)}$；

（2）$y=e^{-x^2}$，求 y'''；

（3）$y=\ln(1+x)$，求 $y^{(5)}$；

（4）$y=\dfrac{x}{\sqrt[3]{1+x}}$，求 $y^{(10)}$。

18. 证明：

（1）$\cos^{(n)} x=\cos\left(x+\dfrac{n\pi}{2}\right)$；

（2）$\ln^{(n)}(1+x)=(-1)^{n-1}\dfrac{(n-1)!}{(1-x)^n}$。

19. 设方程 $(2y)^{x-1}=\left(\dfrac{x}{2}\right)^{y-1}$ 隐含函数 $y=f(x)$，求 $dy\big|_{x=1}$。

20. 证明：函数

$$f(x)=\begin{cases} e^{-\frac{1}{x^2}}, & x\neq 0, \\ 0, & x=0 \end{cases}$$

在 $x=0$ 处 n 阶可导且连续，$f^{(n)}(0)=0$，其中 n 为正整数。

21. 求参数方程 $\begin{cases} x=\ln(1+t^2), \\ y=t-\arctan t \end{cases}$ 的导数 $\dfrac{dy}{dx}$。

22. 设 $\ln\sqrt{x^2+y^2}=\arctan\dfrac{y}{x}$ 确定 $y=y(x)$，求 dy。

23. 设方程 $e^y=xy+1$ 确定了函数 $y=f(x)$，求 $\dfrac{d^2y}{dx^2}\bigg|_{x=0}$。

24. 设 $y=3x^3\arcsin x+(x^2+2)\sqrt{1-x^2}$，求 dy 及 d^2y。

25. 设 $f(x)$ 连续，且对任意常数 a 和 b，有

$$f(a+b)=e^a f(b)+e^b f(a),\ f'(a)=e。$$

求 $f(x)$。

26. 已知 $y=\int_1^{1+\sin t}(1+e^{\frac{1}{u}})du$，其中 $t=t(x)$ 由方程组 $\begin{cases} x=\cos 2v, \\ t=\sin 2v \end{cases}$ 确定，求 $\dfrac{dy}{dx}$。

27. 求下列数值的近似值：

（1）ln1.01；　　（2）tan31°；

（3）$\sqrt[3]{31}$；　　（4）sin46°。

28. 已测得一根圆柱的直径为 43cm，并已知在测量中绝对误差不超过 0.2cm，试求用此数据计算圆柱的横截面面积所引起的绝对误差与相对误差。

29. 有一种医疗手段，是把示踪染色剂注射到胰脏里去以检查其功能。正常胰脏每分钟吸收掉染色剂的 40%，现内科医生给某人注射了 0.3g 染色剂，30min 后还剩下 0.1g，试问此人的胰脏是否正常？

第 3 章 微分中值定理及导数的应用

上一章详细地讨论了导数与微分的概念以及它们的运算问题。本章将继续学习导数的应用，即如何利用导数研究函数。

本章首先学习导数应用的理论基础——中值定理。再以中值定理为理论基础，以导数为工具，研究未定式的计算，即洛必达法则；函数的多项式逼近，即泰勒公式；以及函数的性态，包括函数的单调性、极值、最值、凹凸性、拐点等。

3.1 微分中值定理

罗尔(Rolle)定理、拉格朗日(Lagrange)定理和柯西(Cauchy)定理统称为微分中值定理。它们是沟通函数及其导数之间的桥梁、是研究函数性态的有力工具。以罗尔定理为据，通过引入适当的辅助函数，可以推导出其他两个微分中值定理。本节主要介绍微分中值定理的内容、证明以及简单的应用。

定义 3.1.1(极值)　设函数 $f(x)$ 在 x_0 的某邻域 $U(x_0)$ 内有定义，对 $\forall x\in \mathring{U}(x_0)$，若总有 $f(x)>f(x_0)$，则称 $f(x_0)$ 为函数的**极小值**，x_0 为**极小值点**；若总有 $f(x)<f(x_0)$，则称 $f(x_0)$ 为函数的**极大值**，x_0 为**极大值点**。

注　(1) 极大、极小值统称为极值。

(2) 极值是局部的概念，对于同一个函数而言，极大值不一定大于极小值，如图 3.1.1 所示。

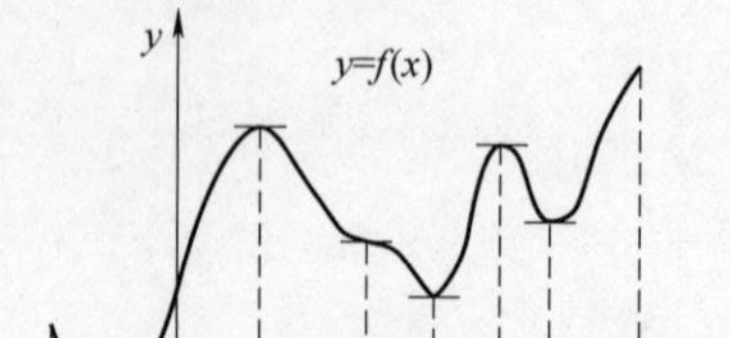

图　3.1.1

从图 3.1.1 可以看出：对于有切线的曲线来说，在极值点处其切线平行于 x 轴。

定理 3.1.1［费马（Fermat）定理］　若函数 $y=f(x)$ 在 x_0 的某邻域 $U(x_0)$ 内有定义，且在点 x_0 可导，并且取得极值，则 $f'(x_0)=0$。

证明　不妨设 $y=f(x)$ 在点 x_0 处取得极大值，由定义可知，必存在一个邻域 $\mathring{U}(x_0)$，对 $\forall x\in\mathring{U}(x_0)$，有 $f(x)<f(x_0)$，又因为 $y=f(x)$ 在点 x_0 可导，得

$$f'(x_0)=\lim_{x\to x_0}\frac{f(x)-f(x_0)}{x-x_0},$$

且 $f'(x_0)=f'_+(x_0)=\lim\limits_{x\to x_0^+}\dfrac{f(x)-f(x_0)}{x-x_0}\leqslant 0$，$f'(x_0)=f'_-(x_0)=\lim\limits_{x\to x_0^-}\dfrac{f(x)-f(x_0)}{x-x_0}\geqslant 0$，$f'(x_0)=f'_+(x_0)=f'_-(x_0)$，所以 $f'(x_0)=0$。

注　(1) $f'(x_0)=0$ 是可导函数 $f(x)$ 取得极值的必要条件。使得 $f'(x_0)=0$ 的点 x_0 称为函数 $y=f(x)$ 的驻点或稳定点。

(2) 在函数可导的条件下，导数不等于零的点一定不是极值点，即此时极值点一定产生于驻点，但驻点不一定是极值点。例如，$y=x^3$，$y'=3x^2$，$x=0$ 是驻点，但不是极值点。

(3) 若函数 $f(x)$ 在 x_0 有定义，但 $f'(x_0)$ 不存在，则 x_0 也可能是极值点。例如，$f(x)=|x|$，在点 $x=0$ 不可导，但 $x=0$ 是极小值点。

(4) 一般对于函数 $f(x)$，极值点产生于驻点和导数不存在的点。

如图 3.1.2 所示，在两个高度相同的点 A，B 之间的一段连续曲线上，若除端点外，它在每一点的切线都不垂直于 x 轴，则该段曲线至少存在一点，过该点的切线平行于 x 轴（过两端点 A，B 的弦）。

如图 3.1.3 所示，若曲线 $y=f(x)$ 在 (a,b) 内每一点的切线都不平行于 y 轴，则在该段曲线上至少存在一点 $P(\xi,f(\xi))$，使曲线在该点的切线平行于过曲线两端点 A，B 的弦。

如图 3.1.4 所示，若曲线 $\begin{cases}x=g(t),\\y=f(t)\end{cases}$ 在 (a,b) 内每一点都有不平行于 y 轴的切线，则在该曲线上至少存在一点 $P(g(\xi),f(\xi))$，使曲线过该点的切线平行于过曲线两端点 A，B 的弦。

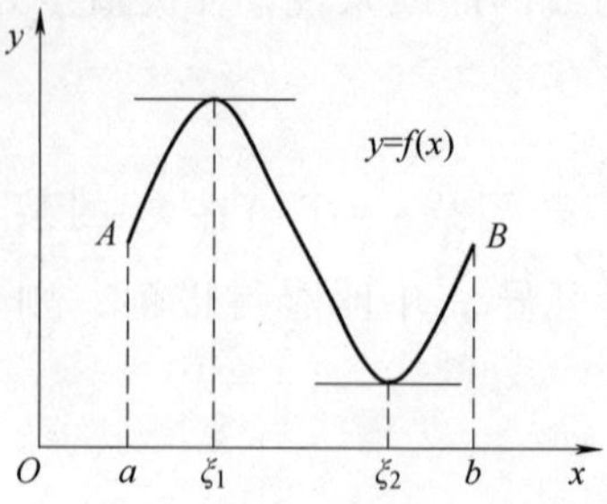

图 3.1.2

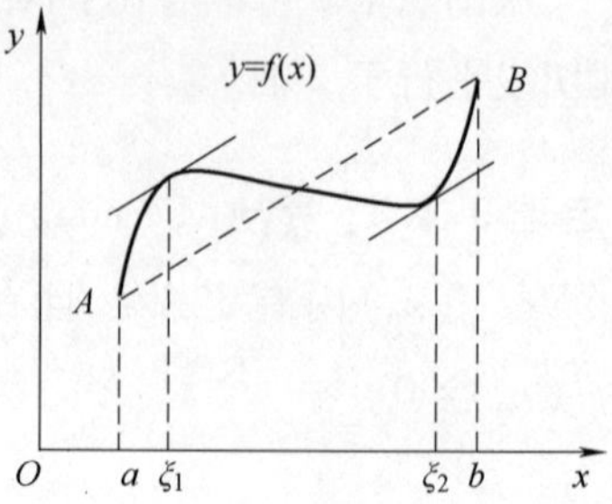

图 3.1.3

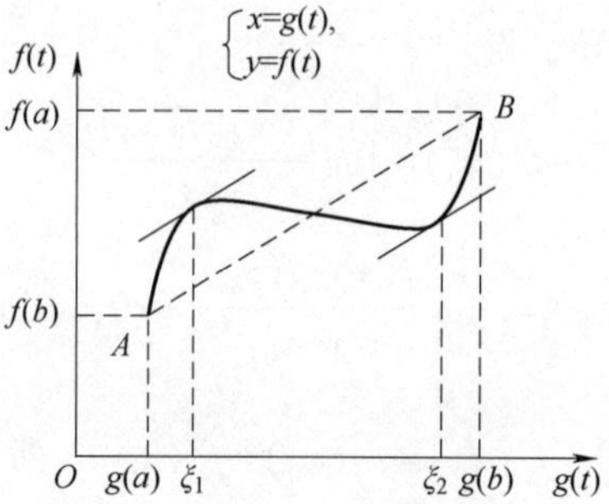

图 3.1.4

上述三个几何图形有一个共同的几何特征就是在曲线上至少存在一条切线平行于曲线两端点的连线。

定理 3.1.2[罗尔(Rolle)定理] 设函数$f(x)$满足条件:

(1) 在闭区间$[a,b]$上连续;

(2) 在开区间(a,b)内可导;

(3) $f(a)=f(b)$,

则在(a,b)内至少存在一点ξ,使$f'(\xi)=0$。

证明 由(1)知,函数$f(x)$必在闭区间$[a,b]$上取得最大值M与最小值m。

若$M=m$,则函数$f(x)$在$[a,b]$上是常数,因而$f'(x)=0$,这时(a,b)内的任意一点都可以作为点ξ;

若$M\neq m$,由(3)知,M与m中至少有一个不等于端点处的函数值。不妨设存在$\xi\in(a,b)$使$f(\xi)=M$,下证$f'(\xi)=0$:

由(2)知,$f'(x)$在$\xi\in(a,b)$存在,且$f(\xi)=M$是$f(x)$在区间$[a,b]$上的极大值。所以由费马定理立刻得到$f'(\xi)=0$。

注 (1) 罗尔定理的几何意义是说在每点都有切线的一段曲线上,若两端点的高度相同,则在此曲线上至少存在一条水平切线。

(2) 定理中三个条件缺少其中任何一个，定理的结论将不一定成立；但也不能认为定理条件不全具备，就一定不存在属于(a,b)的ξ，使得$f'(\xi)=0$。这就是说定理的条件是充分的，但非必要。

定理 3.1.3[拉格朗日(Lagrange)中值定理] 设函数$f(x)$满足条件：

(1) 在闭区间$[a,b]$上连续；

(2) 在开区间(a,b)内可导，

则在(a,b)内至少存在一点ξ，使得$\dfrac{f(b)-f(a)}{b-a}=f'(\xi)$。

证明 引进辅助函数

$$\varphi(x)=f(x)-f(a)-\frac{f(b)-f(a)}{b-a}(x-a),$$

容易验证函数$\varphi(x)$在区间$[a,b]$上满足罗尔定理的条件：$\varphi(a)=\varphi(b)=0$，$\varphi(x)$在闭区间$[a,b]$上连续，在开区间(a,b)内可导，且

$$\varphi'(x)=f'(x)-\frac{f(b)-f(a)}{b-a},$$

由罗尔定理可得，在(a,b)内至少存在一点ξ，使$\varphi'(\xi)=0$，即

$$\varphi'(\xi)=f'(\xi)-\frac{f(b)-f(a)}{b-a}=0,$$

由此可得$\dfrac{f(b)-f(a)}{b-a}=f'(\xi)$。

定理 3.1.4[柯西(Cauchy)中值定理] 设函数$f(x)$，$g(x)$满足条件：

(1) 在闭区间$[a,b]$上连续；

(2) 在开区间(a,b)内可导；

(3) $g'(x)\neq 0$，

则在(a,b)内至少存在一点ξ，使得

$$\frac{f(b)-f(a)}{g(b)-g(a)}=\frac{f'(\xi)}{g'(\xi)}。$$

证明 首先，对函数$g(x)$，由拉格朗日中值定理可得，存在$\eta\in(a,b)$使得

$$g(b)-g(a)=g'(\eta)(b-a),$$

根据条件(3)$g'(\eta)\neq 0$，且 $b-a\neq 0$，所以 $g(b)-g(a)\neq 0$。

引进辅助函数

$$\varphi(x)=f(x)-\frac{f(b)-f(a)}{g(b)-g(a)}g(x),$$

显然函数在闭区间$[a,b]$上连续，在开区间(a,b)内可导，且

$$\varphi(a)=\varphi(b)=\frac{g(b)f(a)-g(a)f(b)}{g(b)-g(a)},$$

故 $\varphi(x)$满足罗尔定理的条件，因此在(a,b)内至少存在一点，使

$$\varphi'(\xi)=f'(\xi)-\frac{f(b)-f(a)}{g(b)-g(a)}g'(\xi)=0,$$

由此得$\dfrac{f(b)-f(a)}{g(b)-g(a)}=\dfrac{f'(\xi)}{g'(\xi)}$。

推论 3.1.1 函数$f(x)$在区间 I 内为常值函数的充分必要条件是函数$f(x)$在区间 I 内可导，且导数恒为零。

证明 必要性(略)；

充分性：$\forall x_1$，$x_2\in I$ 且 $x_2>x_1$，则函数$f(x)$在$[x_1,x_2]$上满足拉格朗日中值定理的两个条件，从而有

$$f(x_2)-f(x_1)=f'(\xi)(x_2-x_1),\ \xi\in(x_1,x_2),$$

由条件可知$f'(\xi)=0$，所以$f(x_2)=f(x_1)$，再由 x_1，x_2 的任意性，可得函数$f(x)$在区间 I 内为常值函数。

推论 3.1.2 设函数$f(x)$和 $g(x)$在区间 I 上可导。则

$$f'(x)\equiv g'(x)\Leftrightarrow f(x)=g(x)+C，(C\text{ 为常数})x\in I。$$

证明 必要性：令 $F(x)=f(x)-g(x)$，由于 $F'(x)=f'(x)-g'(x)=0$，$\forall x\in I$，由推论 3.1.1 知 $F(x)=c$，$\forall x\in I$，即$f(x)=g(x)+c$；

充分性(略)。

推论 3.1.3(右导数极限定理) 设函数$f(x)$在点 x_0 处右连续，在点 x_0 的某右邻域 $\mathring{U}_+(x_0)$内可导。若$\lim\limits_{x\to x_0^+}f'(x)$存在，则右导数$f'_+(x_0)$也存在，且有$f'_+(x_0)=\lim\limits_{x\to x_0^+}f'(x)$。也可将$\lim\limits_{x\to x_0^+}f'(x)$记为$f'(x_0^+)$。

类似地可得左导数极限定理。

注 $f'(x_0^+)$不存在时，却未必有$f'_+(x_0)$不存在。例如，对于函数

$$f(x)=\begin{cases}x^2\sin\dfrac{1}{x}, & x\neq 0,\\ 0, & x=0。\end{cases}$$

虽然 $f'(0^+)$ 不存在，但 $f(x)$ 却在点 $x=0$ 可导（可用定义求得 $f'(0)=0$）。

推论 3.1.4（导数极限定理）　设函数 $f(x)$ 在点 x_0 的某邻域 $U(x_0)$ 内连续，在 $\mathring{U}(x_0)$ 内可导。若极限 $\lim\limits_{x\to x_0}f'(x)$ 存在，则 $f'(x_0)$ 也存在，且 $f'(x_0)=\lim\limits_{x\to x_0}f'(x)$。

由该定理可见，若函数 $f(x)$ 在区间 I 上可导，则区间 I 上的每一点，要么是导函数 $f'(x)$ 的连续点，要么是 $f'(x)$ 的第二类间断点。这就是说，当函数 $f(x)$ 在区间 I 上处处可导时，导函数 $f'(x)$ 在区间 I 上不可能有第一类间断点。

例 3.1.1　设 $f(x)$ 在 $[0,\pi]$ 上连续，在 $(0,\pi)$ 内可导，求证存在 $\xi\in(0,\pi)$，使得

$$f'(\xi)=-f(\xi)\cot\xi。$$

证明　将待证结果改写为：存在 $\xi\in(0,\pi)$，使得 $f'(\xi)\sin\xi+f(\xi)\cos\xi=0$。可见，若令 $F(x)=f(x)\sin x$，则 $F(x)$ 在 $[0,\pi]$ 上满足罗尔定理的全部条件，于是，至少存在一点 $\xi\in(0,\pi)$，使得 $F'(\xi)=f'(\xi)\sin\xi+f(\xi)\cos\xi=0$，即 $f'(\xi)=-f(\xi)\cot\xi$。

例 3.1.2　证明方程 $x^3-3x+1=0$ 在区间 $(0,1)$ 内有唯一的实根。

证明　存在性：设 $f(x)=x^3-3x+1$，则 $f(x)$ 在闭区间 $[0,1]$ 上连续，且 $f(0)=1$，$f(1)=-1$，端点函数值异号，根据闭区间上连续函数的性质，存在 $\xi\in(0,1)$，使得 $f(\xi)=0$，表明方程 $f(x)=0$ 在 $(0,1)$ 内有根 ξ；

唯一性（反证法）：假设方程 $f(x)=0$ 在 $(0,1)$ 内至少存在两个实根 ξ_1，ξ_2，即 $f(\xi_1)=0$，$f(\xi_2)=0$，不妨设 $\xi_1<\xi_2$，则 $f(x)=x^3-3x+1$，在闭区间 $[\xi_1,\xi_2]\subset[0,1]$ 上连续，在开区间 $(\xi_1,\xi_2)\subset(0,1)$ 内可导，端点函数值相等即 $f(\xi_1)=f(\xi_2)=0$，根据罗尔定理，应存在 $\xi\in(\xi_1,\xi_2)\subset(0,1)$，使得 $f'(\xi)=0$。但使得 $f'(x)=3x^2-3=0$ 的点只有两个 $x=\pm1$，均不在区间 $(0,1)$ 内。故假设不成立，从而唯一性得证。

例 3.1.3　证明当 $x>1$ 时，$e^x>ex$。

证明　设 $f(t)=e^t$，显然 $f(t)$ 在区间 $[1,x]$ 上满足拉格朗日中值定理的条件，根据定理，应有

$$f(x)-f(1)=f'(\xi)(x-1),\ 1<\xi<x,$$

由于$f(1)=\mathrm{e}$，$f'(t)=\mathrm{e}^t$，因此上式即为$\mathrm{e}^x-\mathrm{e}=\mathrm{e}^{\xi}(x-1)$，

又因为$1<\xi<x$，有$\mathrm{e}^x-\mathrm{e}=\mathrm{e}^{\xi}(x-1)>\mathrm{e}(x-1)$，即当$x>1$时，$\mathrm{e}^x>\mathrm{e}x$。

例 3.1.4 若函数$f(x)$在(a,b)内具有二阶导数，且

$$f(x_1)=f(x_2)=f(x_3),\ 其中\ a<x_1<x_2<x_3<b,$$

证明至少存在一点$\xi\in(a,b)$，使得$f''(\xi)=0$。

证明 $f(x)$在闭区间$[x_1,x_2]$、$[x_2,x_3]$上连续，在开区间(x_1,x_2)、(x_2,x_3)内可导，且端点函数值相等$f(x_1)=f(x_2)=f(x_3)$，由罗尔定理知，$\exists\xi_1\in(x_1,x_2)$，$\exists\xi_2\in(x_2,x_3)$，使得$f'(\xi_1)=0$且$f'(\xi_2)=0$，其中$a<\xi_1<\xi_2<b$；函数$f'(x)$在闭区间$[\xi_1,\xi_2]$上连续，在开区间(ξ_1,ξ_2)内可导，且端点函数值相等$f'(\xi_1)=f'(\xi_2)=0$，再由罗尔定理，$\exists\xi\in(\xi_1,\xi_2)\subset(a,b)$，使得$f''(\xi)=0$。

习题 3.1

1. 验证罗尔定理对函数$y=x^2+3x+2$在区间$[-3,0]$上的正确性。

2. 验证拉格朗日中值定理对函数$y=x^3-x^2+x-5$在区间$[0,2]$上的正确性。

3. 对函数$f(x)=x^2+1$及$F(x)=x^3+5x-8$在区间$[1,2]$上验证柯西中值定理的正确性。

4. 证明恒等式：$\arctan x+\operatorname{arccot} x=\dfrac{\pi}{2}$。

5. 若函数$f(x)$在$(-1,5)$内具有二阶导数，且$f(0)=f(2)=f(4)$，证明：在$(0,4)$内至少有一点ξ，使得$f''(\xi)=0$。

6. 设函数$f(x)$在$[a,b]$上可导。证明存在$\xi\in(a,b)$，使得

$$2\xi[f(b)-f(a)]=(b^2-a^2)f'(\xi)。$$

7. 设函数$f(x)$在区间$[a,b]$上连续，在(a,b)内可导，且有$f(a)=f(b)=0$。试证明：$\exists\xi\in(a,b)$，有$f(\xi)-f'(\xi)=0$。

8. 设函数$f(x)$在$[0,1]$上有三阶导数，且$f(0)=f(1)=0$，设$F(x)=x^2f(x)$，证明：存在$\xi\in(0,1)$，使得$F'''(\xi)=0$。

9. 对函数$f(x)$在$[0,x]$上应用拉格朗日中值定理有$f(x)-f(0)=f'(\theta x)x$，$\theta\in(0,1)$。试证对下列函数有$\lim\limits_{x\to0}\theta=\dfrac{1}{2}$：

(1) $f(x)=\ln(1+x)$； (2) $f(x)=\mathrm{e}^x$。

10. 设函数$f(x)$在$[a,b]$上连续，在(a,b)内二次可导，$f(a)=f(b)=0$，且存在$c\in(a,b)$，使得$f(c)>0$，证明：存在$\xi\in(a,b)$，使得$f''(\xi)<0$。

11. 设$p(x)$为多项式，α为$p(x)=0$的r重实根，证明：α必定是$p'(x)=0$的$r-1$重实根。

12. 设函数$f(x)$和$g(x)$可导且$f(x)\neq0$，又$\begin{vmatrix} f & g \\ f' & g' \end{vmatrix}=0$，则$g(x)=cf(x)$。

13. 证明不等式$\dfrac{x}{1+x}<\ln(1+x)<x\ (x>0)$。

14. 若$f(x)$在区间$[a,b]$上连续，在(a,b)内可导，且满足$f'(x)>0$及$f(a)f(b)<0$，证明方程$f(x)=0$在(a,b)内有唯一实根。并利用这一结论，证明$\sin x=x$有唯一实根。

15. 设$f(x)$在$[a,b]$上可导，$f(a)=f(b)=0$，$f'(a)\cdot f'(b)>0$，证明：方程$f'(x)=0$在(a,b)内至少有两个根。

3.2 函数的单调性

直接使用定义讨论函数的单调性一般比较困难，而通过拉格朗日中值定理，可以推导出利用导数的正负来判定函数单调性的定理，从而可以利用导数的正负较为容易地判定出函数的单调性。

定理 3.2.1 函数 $y=f(x)$ 在闭区间 $[a,b]$ 上连续，在开区间 (a,b) 内可导，则函数 $y=f(x)$ 在 $[a,b]$ 上单调增加(或减少)的充要条件是在 (a,b) 内 $f'(x)\geqslant 0$(或 $f'(x)\leqslant 0$)。

证明　下面只证单调增加的情形，对于单调减少的情形类似。

充分性($f'(x)\geqslant 0\Rightarrow f(x)$ 单调增加)：对任意 x_1，$x_2\in[a,b]$，不妨取 $x_1<x_2$，因为函数 $y=f(x)$ 在 $[x_1,x_2]$ 上满足拉格朗日中值定理，所以存在 $\xi\in(x_1,x_2)$，有

$$f(x_2)-f(x_1)=f'(\xi)(x_2-x_1),\quad x_1<\xi<x_2,$$

又因为 $f'(\xi)\geqslant 0$，$x_2-x_1>0$，所以 $f(x_2)-f(x_1)\geqslant 0$，即

$$f(x_1)\leqslant f(x_2),$$

故函数 $y=f(x)$ 在闭区间 $[a,b]$ 上单调增加。

必要性($f(x)$ 单调增加 $\Rightarrow f'(x)\geqslant 0$)：因为 $f(x)$ 在开区间 (a,b) 内可导，故对 $\forall x_0\in(a,b)$，有 $f'(x_0)=\lim\limits_{x\to x_0}\dfrac{f(x)-f(x_0)}{x-x_0}$，又 $f(x)$ 单调增加，所以不论 $x>x_0$，还是 $x<x_0$，总有 $\dfrac{f(x)-f(x_0)}{x-x_0}\geqslant 0$，故 $f'(x)\geqslant 0$。

定理 3.2.2 函数 $y=f(x)$ 在闭区间 $[a,b]$ 上连续，在开区间 (a,b) 内可导，则

(1) 若 $f'(x)>0$，则函数 $y=f(x)$ 在闭区间 $[a,b]$ 上严格单调增加；

(2) 若 $f'(x)<0$，则函数 $y=f(x)$ 在闭区间 $[a,b]$ 上严格单调减少。

注　(1) 如果函数 $y=f(x)$ 在区间 I 上单调，则称区间 I 为单调区间。

(2) 函数 $y=f(x)$ 在区间 I 上可能不单调，但是在局部的子区间上也可以具有某种单调性。

求函数 $y=f(x)$ 的单调区间，就是找 $f'(x)$ 不同号的区间，而

使$f'(x)=0$的点或$f'(x)$不存在的点可能是单调区间的分界点，因此把这样的点称作函数$y=f(x)$的临界点。

求解单调区间的步骤：

（1）确定函数$y=f(x)$的定义域；

（2）求$f'(x)$，并求出函数$f(x)$的临界点；

（3）用临界点将定义域分成若干小区间，列表分析；

（4）写出函数$y=f(x)$的单调区间。

例 3.2.1 求函数$f(x)=2x^3-3x^2-12x+11$的单调区间。

解 （1）函数的定义域为$(-\infty,+\infty)$。

（2）$f'(x)=6x^2-6x-12=6(x-2)(x+1)$，令$f'(x)=0$，得$x_1=-1$，$x_2=2$。

（3）$x_1=-1$，$x_2=2$把定义域分成三个区间，列表讨论如下：

x	$(-\infty,-1)$	-1	$(-1,2)$	2	$(2,+\infty)$
$f'(x)$	+	0	−	0	+
$f(x)$	↗	18	↘	−9	↗

（4）由上表可知：函数$f(x)$在$(-\infty,-1)$和$(2,+\infty)$上单调增加；在$(-1,2)$上单调减少。

例 3.2.1 的 Maple 源程序

```
> #example1
> f:=2*x^3-3*x^2-12*x+11;
                    f:=2x^3-3x^2-12x+11
> #D(f)=R
> g:=diff(f,x);
                    g:=6x^2-6x-12
> solve(g);
                    2,-1
> assume(x<-1);
> is(g>0);
                    true
> assume(x>-1,x<2);
> is(g>0);
                    false
> assume(x>2);
> is(g>0);
                    true
```

例 3.2.2　求函数$f(x)=x^2+\frac{2}{x}$的单调区间。

解　(1) 函数的定义域为$(-\infty,0)\cup(0,+\infty)$。

(2) $f'(x)=2x-\frac{2}{x^2}=\frac{2(x-1)(x^2+x+1)}{x^2}$，令$f'(x)=0$，得$x=1$，当$x=0$时，$f'(x)$不存在。

(3) 用$x=1$，$x=0$把定义域分成三个区间，列表讨论如下：

x	$(-\infty,0)$	0	$(0,1)$	1	$(1,+\infty)$
$f'(x)$	$-$		$-$	0	+
$f(x)$	↘		↘	3	↗

(4) 由上表可知：函数$f(x)$在$(1,+\infty)$上单调增加；在$(-\infty,0)\cup(0,1)$上单调减少。

例 3.2.2 的 Maple 源程序

```
> #example2
> f:=x^2+2/x;
```

$$f:=x^2+\frac{2}{x}$$

```
> #D(f)=R/{0}
> g:=diff(f,x);
```

$$g:=2x-\frac{2}{x^2}$$

```
> solve(g);
```

$$1,-\frac{1}{2}-\frac{1}{2}I\sqrt{3},-\frac{1}{2}+\frac{1}{2}I\sqrt{3}$$

```
> assume(x<0);
> is(g>0);
                    false
> assume(x>0,x<1);
> is(g>0);
                    false
> assume(x>1);
> is(g>0);
                    true
```

例 3.2.3　设$f(x)$在$[0,+\infty)$上连续，$f'(x)$在$(0,+\infty)$上存在，且$f'(x)$单调增加及$f(0)=0$，令$g(x)=\frac{f(x)}{x}(x>0)$，试证$g(x)$单调增加。

证明　当$x>0$时，$\frac{f(x)}{x}=\frac{f(x)-f(0)}{x-0}$，由拉格朗日中值定理，

存在$\xi \in (0,x)$使

$$\frac{f(x)-f(0)}{x-0}=f'(\xi),$$

由于$f'(x)$单调增加，所以$f'(\xi)\leqslant f'(x)$。故

$$g'(x)=\frac{xf'(x)-f(x)}{x^2}=\frac{f'(x)-\frac{f(x)}{x}}{x}=\frac{f'(x)-f'(\xi)}{x}\geqslant 0,$$

从而$g(x)$单调增加。

例 3.2.4 证明不等式$\ln(1+x)>\frac{\arctan x}{1+x}(x>0)$。

证明 设$f(x)=(1+x)\ln(1+x)-\arctan x$，则

$$f'(x)=\ln(1+x)+1-\frac{1}{1+x^2}=\ln(1+x)+\frac{x^2}{1+x^2}>0(x>0),$$

即函数$f(x)$在区间$(0,+\infty)$上单调增加；又$f(0)=0$，故对于$x>0$，有$f(x)>f(0)=0$，即$f(x)>0$，证得$x>0$时，$(1+x)\ln(1+x)-\arctan x>0$，即$\ln(1+x)>\frac{\arctan x}{1+x}(x>0)$。

习题 3.2

1. 判定函数$f(x)=2x-\arctan x$的单调性。
2. 判定函数$f(x)=2x^3-6x^2+18x-5$的单调性。
3. 判定下列函数的单调性：

(1) $f(x)=\arctan x-x$；

(2) $f(x)=\ln(x+\sqrt{1+x^2})-x$；

(3) $f(x)=e^{3x}$。

4. 求下列函数的单调区间：

(1) $f(x)=e^x-x+1$； (2) $y=xe^x$；

(3) $y=\frac{1}{3}(x^3-3x)$； (4) $y=\frac{4}{x^2-4x+3}$；

(5) $y=(x-1)(x+1)^3$；

(6) $f(x)=2-(x^2-2)^{\frac{2}{3}}$。

5. 讨论$f(x)=2x^3-9x^2+12x-3$的单调性，确定单调区间。
6. 讨论方程$\ln x=x$有几个实根。
7. 单调函数的导函数是否必为单调函数？研究下面的例子：

$$f(x)=x-\arctan x。$$

3.3 未定式

通过第1章的学习，我们知道，两个无穷小量或两个无穷大量的比，即$\frac{0}{0}$型或$\frac{\infty}{\infty}$型的极限可能存在也可能不存在。把这两种类型叫作基本未定式。例如重要极限$\lim\limits_{x\to 0}\frac{\sin x}{x}=1$就是$\frac{0}{0}$型未定式。而前面学习过的求基本未定式极限的方法较为复杂。本节将以柯

西中值定理为理论依据、以导数为工具，学习一种简便而又有效的求基本未定式极限的方法——洛必达(L'Hospital)法则。

下面仅以 $x\to x_0$ 为例进行讲解和证明。

3.3.1 基本未定式极限

1. $\frac{0}{0}$ 型

定理 3.3.1　如果函数 $f(x)$ 与 $g(x)$ 满足：

(1) $\lim\limits_{x\to x_0} f(x)=0$，$\lim\limits_{x\to x_0} g(x)=0$；

(2) $f(x)$ 与 $g(x)$ 在 x_0 的某去心邻域内可微，并且 $g'(x)\neq 0$；

(3) $\lim\limits_{x\to x_0}\dfrac{f'(x)}{g'(x)}=A$（$A$ 为有限值或 ∞），

则
$$\lim_{x\to x_0}\frac{f(x)}{g(x)}=\lim_{x\to x_0}\frac{f'(x)}{g'(x)}=A。$$

证明　因为在 $x\to x_0$ 的过程中，不涉及函数 $f(x)$ 与 $g(x)$ 在 x_0 的函数值，所以可以重新定义函数值 $f(x_0)=g(x_0)=0$，这样这两个函数就在点 x_0 处连续了。在 x_0 附近任取一点 x，由条件(2)知，函数 $f(x)$ 与 $g(x)$ 在以 x_0 和 x 为端点的闭区间上连续，在以 x_0 和 x 为端点的开区间内可导，且 $g'(x)\neq 0$，由柯西中值定理，得

$$\frac{f(x)}{g(x)}=\frac{f(x)-f(x_0)}{g(x)-g(x_0)}=\frac{f'(\xi)}{g'(\xi)}，\ \xi \text{ 介于 } x \text{ 与 } x_0 \text{ 之间。}$$

又因为 $x\to x_0 \Rightarrow \xi\to x_0$，所以 $\lim\limits_{x\to x_0}\dfrac{f'(x)}{g'(x)}=A$。

例 3.3.1　求下列各极限：

(1) $\lim\limits_{x\to 0}\dfrac{e^x-1}{\cos x-1}$；　(2) $\lim\limits_{x\to 0}\dfrac{e^x-e^{-x}}{\sin x}$；　(3) $\lim\limits_{x\to +\infty}\dfrac{\ln\left(1+\frac{1}{x}\right)}{\operatorname{arccot} x}$。

解　(1) $\lim\limits_{x\to 0}\dfrac{e^x-1}{\cos x-1}=\lim\limits_{x\to 0}\dfrac{e^x}{-\sin x}=\infty$；

(2) $\lim\limits_{x\to 0}\dfrac{e^x-e^{-x}}{\sin x}=\lim\limits_{x\to 0}\dfrac{e^x+e^{-x}}{\cos x}=2$；

(3) $$\lim_{x\to +\infty}\frac{\ln\left(1+\frac{1}{x}\right)}{\operatorname{arccot} x}=\lim_{x\to +\infty}\frac{\dfrac{1}{1+\frac{1}{x}}\left(-\dfrac{1}{x^2}\right)}{-\dfrac{1}{1+x^2}}=\lim_{x\to +\infty}\frac{x^2+1}{x^2+x}=1。$$

例 3.3.1 的 Maple 源程序

```
> #example1(1)
> Limit((exp(x)-1)/(cos(x)-1),x=0)=limit((exp(x)-1)/(cos(x)-1),x=0);
```

$$\lim_{x\to 0}\frac{e^x-1}{\cos(x)-1}=undefined$$

```
> #example1(2)
> Limit((exp(x)-exp(-x))/sin(x),x=0)=limit((exp(x)-exp(-x))/sin(x),x=0);
```

$$\lim_{x\to 0}\frac{e^x-e^{(-x)}}{\sin(x)}=2$$

```
> #example1(3)
> Limit(ln(1+1/x)/arccot(x),x=+infinity)=limit(ln(1+1/x)/arccot(x),x=+infinity);
```

$$\lim_{x\to\infty}\frac{\ln\left(1+\frac{1}{x}\right)}{\operatorname{arccot}(x)}=1$$

2. $\frac{\infty}{\infty}$型

定理 3.3.2 如果函数$f(x)$与$g(x)$满足：

（1）$\lim\limits_{x\to x_0}f(x)=\infty$，$\lim\limits_{x\to x_0}g(x)=\infty$；

（2）$f(x)$与$g(x)$在x_0的某去心邻域内可微，并且$g'(x)\neq 0$；

（3）$\lim\limits_{x\to x_0}\frac{f'(x)}{g'(x)}=A$（$A$为有限值或$\infty$），

则

$$\lim_{x\to x_0}\frac{f(x)}{g(x)}=\lim_{x\to x_0}\frac{f'(x)}{g'(x)}=A。$$

例 3.3.2 求极限$\lim\limits_{x\to 0^+}\frac{\ln x}{\ln\sin x}$。

解 $$\lim_{x\to 0^+}\frac{\ln x}{\ln\sin x}=\lim_{x\to 0^+}\frac{\frac{1}{x}}{\frac{\cos x}{\sin x}}=\lim_{x\to 0^+}\frac{\tan x}{x}=1。$$

例 3.3.2 的 Maple 源程序

```
> #example2
> Limit(ln(x)/ln(sin(x)),x=0,right)=limit(ln(x)/ln(sin(x)),x=0,right);
```

$$\lim_{x\to 0^+}\frac{\ln(x)}{\ln(\sin(x))}=1$$

例 3.3.3　求下列极限：

(1) $\lim\limits_{x\to+\infty}\dfrac{\ln x}{x^n}(n>0)$；(2) $\lim\limits_{x\to+\infty}\dfrac{x^n}{e^{ax}}(n$ 为正整数，$a>0)$。

解　(1) $\lim\limits_{x\to+\infty}\dfrac{\ln x}{x^n}=\lim\limits_{x\to+\infty}\dfrac{\frac{1}{x}}{nx^{n-1}}=\lim\limits_{x\to+\infty}\dfrac{1}{nx^n}=0$；

(2) $\lim\limits_{x\to+\infty}\dfrac{x^n}{e^{ax}}=\lim\limits_{x\to+\infty}\dfrac{nx^{n-1}}{ae^{ax}}=\lim\limits_{x\to+\infty}\dfrac{n\cdot(n-1)x^{n-2}}{a^2e^{ax}}=\cdots$

$$=\lim_{x\to+\infty}\frac{n!}{a^ne^{ax}}=0。$$

例 3.3.3 的 Maple 源程序

```
> #example3(1)
> Limit(ln(x)/x^n,x=+infinity)=limit(ln(x)/x^n,x=+in-
finity) assuming n>0;
```

$$\lim_{x\to\infty}\frac{\ln(x)}{x^n}=0$$

事实上，例 3.3.3(2) 中的 n 如果不是正整数而是任意正数，此极限仍为零。

从例 3.3.3 可以看出，虽然对数函数 $\ln x$、幂函数 $x^n(n>0)$、指数函数 $e^{\lambda x}(\lambda>0)$ 均为当 $x\to+\infty$ 时的无穷大，但这三个函数当 $x\to+\infty$ 时增大的“速度”是差别很大的，幂函数增大的“速度”比对数函数快得多，而指数函数增大的“速度”又比幂函数快得多。

用洛必达法则求极限是将函数之比的极限转化为求它们对应的导数之比的极限。在求极限的过程中，如果使用一次洛必达法则仍是$\dfrac{0}{0}$型或$\dfrac{\infty}{\infty}$型，可继续使用洛必达法则，直到不是$\dfrac{0}{0}$型或$\dfrac{\infty}{\infty}$型为止。

注　在用洛必达法则求$\dfrac{0}{0}$型或$\dfrac{\infty}{\infty}$型的极限时，若$\lim\limits_{x\to a}\dfrac{f'(x)}{g'(x)}$不存在，则不能用洛必达法则。例如，$\lim\limits_{x\to\infty}\dfrac{x+\sin x}{x}$存在，但不能用洛必达法则进行计算。

例 3.3.4　求极限$\lim\limits_{x\to0}\dfrac{e^x-1-x}{x(e^x-1)}$。

解　$\lim\limits_{x\to0}\dfrac{e^x-1-x}{x(e^x-1)}=\lim\limits_{x\to0}\dfrac{e^x-1}{e^x-1+xe^x}=\lim\limits_{x\to0}\dfrac{e^x}{2e^x+xe^x}=\dfrac{1}{2}$。

例 3.3.4 的 Maple 源程序

```
> #example4
> Limit ((exp (x) -1 - x) / (x * (exp (x) -1)), x = 0) = limit
((exp(x)-1-x)/(x*(exp(x)-1)),x=0);
```

$$\lim_{x\to0}\frac{e^x-1-x}{x(e^x-1)}=\frac{1}{2}$$

3.3.2 其他类型的未定式

以下用"0"和"1"分别表示以 0 和 1 为极限的函数，除基本未定式$\frac{0}{0}$型或$\frac{\infty}{\infty}$型外，未定式还有五种：$0\cdot\infty$，$\infty-\infty$，1^∞，0^0，∞^0。后三种称为幂指型的未定式。这五种未定式都可以转化为$\frac{0}{0}$型或$\frac{\infty}{\infty}$型。转化的简化过程如下：

$$0\cdot\infty=\frac{0}{\frac{1}{\infty}}=\frac{0}{0},\ 0\cdot\infty=\frac{\infty}{\frac{1}{0}}=\frac{\infty}{\infty},\ 1^\infty=e^{\ln1^\infty}=e^{\infty\cdot\ln1}=e^{0\cdot\infty},$$

$0^0=e^{\ln0^0}=e^{0\cdot\ln0}=e^{0\cdot\infty}$，$\infty-\infty$型经过通分等方式化简后也可化为$\frac{0}{0}$型或$\frac{\infty}{\infty}$型。

例 3.3.5 求下列各极限：

（1）$\lim\limits_{x\to0}x\cot2x$；（2）$\lim\limits_{x\to+\infty}(1+x^2)^{\frac{1}{x}}$；（3）$\lim\limits_{x\to1}\left(\frac{2}{x^2-1}-\frac{1}{x-1}\right)$。

解 （1）$\lim\limits_{x\to0}x\cot2x=\lim\limits_{x\to0}\frac{x}{\tan2x}=\lim\limits_{x\to0}\frac{1}{2\sec^2 2x}=\frac{1}{2}$；

（2）$\lim\limits_{x\to+\infty}(1+x^2)^{\frac{1}{x}}=\lim\limits_{x\to+\infty}e^{\frac{1}{x}\ln(1+x^2)}=e^{\lim\limits_{x\to+\infty}\frac{\ln(1+x^2)}{x}}=e^{\lim\limits_{x\to+\infty}\frac{2x}{1+x^2}}=e^{\lim\limits_{x\to+\infty}\frac{2}{2x}}=1$；

（3）$\lim\limits_{x\to1}\left(\frac{2}{x^2-1}-\frac{1}{x-1}\right)=\lim\limits_{x\to1}\left(\frac{2}{x^2-1}-\frac{x+1}{x^2-1}\right)=\lim\limits_{x\to1}\frac{1-x}{x^2-1}=\lim\limits_{x\to1}\frac{-1}{2x}=-\frac{1}{2}$。

例 3.3.5 的 Maple 源程序

```
> #example5(1)
> Limit(x * (cot(2 * x)),x=0)=limit(x * (cot(2 * x)),x=0);
```

$$\lim_{x\to0}x\cot(2x)=\frac{1}{2}$$

```
> #example5(2)
> Limit((1+x^2)^(1/x),x=+infinity)=limit((1+x^2)^(1/x),
x=+infinity);
```

$$\lim_{x\to\infty}(x^2+1)^{\left(\frac{1}{x}\right)}=1$$

```
> #example5(3)
> Limit((2/(x^2-1)-1/(x-1)),x=1)=limit((2/(x^2-1)-
1/(x-1)),x=1);
```

$$\lim_{x\to 1}\frac{2}{x^2-1}-\frac{1}{x-1}=\frac{-1}{2}$$

例 3.3.6　求极限$\lim\limits_{x\to 0^+}x^{\ln(1+x)}$。

解　$\lim\limits_{x\to 0^+}x^{\ln(1+x)}=\lim\limits_{x\to 0^+}e^{\ln[x^{\ln(1+x)}]}=e^{\lim\limits_{x\to 0^+}\ln(1+x)\cdot\ln x}=e^{\lim\limits_{x\to 0^+}x\cdot\ln x}=e^{\lim\limits_{x\to 0^+}\frac{\ln x}{x^{-1}}}=e^{\lim\limits_{x\to 0^+}\frac{\frac{1}{x}}{-\frac{1}{x^2}}}=e^{\lim\limits_{x\to 0^+}(-x)}=1$。

例 3.3.6 的 Maple 源程序

```
> #example6
> Limit(x^(ln(1+x)),x=0,right)=limit(x^(ln(1+x)),x=0,
right);
```

$$\lim_{x\to 0^+}x^{\ln(1+x)}=1$$

注　运用洛必达法则求极限有许多技巧以及注意事项，另外洛必达法则也不是万能的，有时也很烦琐。

（1）只有$\frac{0}{0}$、$\frac{\infty}{\infty}$型才可以考虑使用洛必达法则；

错误的解法：$\lim\limits_{x\to 0}\frac{x^3+3x^2}{3x^2+\sin x}=\lim\limits_{x\to 0}\frac{3x^2+6x}{6x+\cos x}=\lim\limits_{x\to 0}\frac{6x+6}{6-\sin x}=1$。

（2）应多种求极限方法综合使用，并注意随时化简；

例如：

$$\lim_{x\to 0}\frac{\sqrt{1+\tan x}-\sqrt{1+\sin x}}{x^2\sin x}=\lim_{x\to 0}\frac{\tan x-\sin x}{x^2\sin x(\sqrt{1+\tan x}+\sqrt{1+\sin x})}=\frac{1}{2}\lim_{x\to 0}\frac{\tan x(1-\cos x)}{x^3}=\frac{1}{4},$$

$$\lim_{x\to 0}\frac{\sin^2 x-x^2\cos^2 x}{\sin^4 x}=\lim_{x\to 0}\frac{\sin x+x\cos x}{\sin x}\cdot\frac{\sin x-x\cos x}{\sin^3 x}=2\lim_{x\to 0}\frac{\sin x-x\cos x}{x^3}$$

$$=2\lim_{x\to 0}\frac{\cos x-(\cos x-x\sin x)}{3x^2}=2\lim_{x\to 0}\frac{x\sin x}{3x^2}=\frac{2}{3}。$$

（3）注意洛必达法则中的条件3，并非所有的$\frac{0}{0}$、$\frac{\infty}{\infty}$型一定可

以用洛必达法则求解。

例如，$\lim\limits_{x\to+\infty}\dfrac{e^x-e^{-x}}{e^x+e^{-x}}=\lim\limits_{x\to+\infty}\dfrac{e^x+e^{-x}}{e^x-e^{-x}}=\lim\limits_{x\to+\infty}\dfrac{e^x-e^{-x}}{e^x+e^{-x}}$，出现循环，应该用其他方式计算，如 $\lim\limits_{x\to+\infty}\dfrac{e^x-e^{-x}}{e^x+e^{-x}}=\lim\limits_{x\to+\infty}\dfrac{1+e^{-2x}}{1-e^{-2x}}=1$（转化无穷大的因素）。

再如$\lim\limits_{x\to\infty}\dfrac{x+\sin x}{x-\sin x}$，分子分母分别求导后，得$\dfrac{1+\cos x}{1-\cos x}$，$\lim\limits_{x\to\infty}\dfrac{1+\cos x}{1-\cos x}$不存在也不是无穷大，但并不能由此得出原极限不存在，实际上此极限不满足洛必达法则中的条件(3)，从而 $\lim\limits_{x\to\infty}\dfrac{x+\sin x}{x-\sin x}\neq\lim\limits_{x\to\infty}\dfrac{1+\cos x}{1-\cos x}$。正确的解法是$\lim\limits_{x\to\infty}\dfrac{x+\sin x}{x-\sin x}=\lim\limits_{x\to\infty}\dfrac{1+\dfrac{\sin x}{x}}{1-\dfrac{\sin x}{x}}=1$。

习题 3.3

1. 用洛必达法则求下列极限：

(1) $\lim\limits_{x\to0}\dfrac{\tan x-x}{x^3}$；　(2) $\lim\limits_{x\to0}\dfrac{e^{x^2}-1}{\cos x-1}$；

(3) $\lim\limits_{x\to\frac{\pi}{2}}\dfrac{\ln\sin x}{(\pi-2x)^2}$；　(4) $\lim\limits_{x\to\frac{\pi}{2}}\dfrac{\tan x-6}{\sec x+5}$；

(5) $\lim\limits_{x\to0}\dfrac{e^x+\sin x-1}{\ln(1+x)}$；　(6) $\lim\limits_{x\to+\infty}\dfrac{x}{e^{3x}}$；

(7) $\lim\limits_{x\to0^+}\dfrac{\ln\tan x}{\ln x}$；　(8) $\lim\limits_{x\to0}\dfrac{\ln(1+x^2)}{\sec x-\cos x}$；

(9) $\lim\limits_{x\to\pi}\dfrac{1+\cos x}{\cos x\tan^2x}$；　(10) $\lim\limits_{x\to0}\dfrac{e^x-(1+2x)^{\frac{1}{2}}}{\ln(1+x^2)}$；

(11) $\lim\limits_{x\to0^+}\dfrac{\sqrt{x}}{1-e^{\sqrt{x}}}$；　(12) $\lim\limits_{x\to+\infty}\dfrac{e^x}{x^3}$；

(13) $\lim\limits_{x\to+\infty}\dfrac{\ln x}{x^\alpha}(\alpha>0)$；　(14) $\lim\limits_{x\to\pi}\dfrac{1+\cos x}{\tan^2x}$；

(15) $\lim\limits_{x\to0}\dfrac{a^x-b^x}{x}$；　(16) $\lim\limits_{x\to1}\dfrac{\ln x}{(1-x)^2}$；

(17) $\lim\limits_{x\to\frac{\pi}{2}}\dfrac{\tan x}{\cot 2x}$；　(18) $\lim\limits_{x\to+\infty}\dfrac{\ln x}{e^x}$；

(19) $\lim\limits_{x\to+\infty}\dfrac{x^n}{(\ln x)^n}$；　(20) $\lim\limits_{x\to0}\dfrac{\tan ax}{\sin bx}$；

(21) $\lim\limits_{x\to0}\dfrac{(1+x)^{\frac{1}{x}}-e}{x}$；　(22) $\lim\limits_{x\to0}\dfrac{1-\cos x^2}{x^3\sin x}$；

(23) $\lim\limits_{x\to0}\dfrac{\ln(1+x)-x}{\cos x-1}$。

2. 求下列函数的极限：

(1) $\lim\limits_{x\to0}x^2e^{\frac{1}{x^2}}$；　(2) $\lim\limits_{x\to0}\left(\dfrac{1}{x}-\dfrac{1}{e^x-1}\right)$；

(3) $\lim\limits_{x\to0^+}x^x$；　(4) $\lim\limits_{x\to0^+}\left(1+\dfrac{1}{x}\right)^x$；

(5) $\lim\limits_{x\to1}x^{\frac{1}{1-x}}$；　(6) $\lim\limits_{x\to0^+}\sin x\ln x$；

(7) $\lim\limits_{x\to+\infty}x^{\frac{1}{x}}$；

(8) $\lim\limits_{x\to+\infty}(\pi-2\arctan x)\ln x$；

(9) $\lim\limits_{x\to0}\left(\cot x-\dfrac{1}{x}\right)$；　(10) $\lim\limits_{x\to1^-}\ln x\ln(1-x)$；

(11) $\lim\limits_{x\to0^+}x^\mu\ln x(\mu>0)$。

3.4　泰勒公式及其应用

在实际问题中，为了便于研究和计算，我们通常希望能用一个较为简单的函数来近似一个比较复杂的函数。而从运算的角度来说，最简单的函数是多项式。但是，怎样用一个多项式来近似一个复杂函数呢？如果函数 $y=f(x)$ 在点 x_0 可微，则 $\Delta y=A\Delta x+o(\Delta x)$，即

$$f(x_0+\Delta x)-f(x_0)=f'(x_0)\Delta x+o(\Delta x)。$$

若令 $x=x_0+\Delta x$，则 $f(x)-f(x_0)=f'(x_0)(x-x_0)+o(x-x_0)$，有 $f(x)-f(x_0)\approx f'(x_0)(x-x_0)$ 或 $f(x)\approx f(x_0)+f'(x_0)(x-x_0)$，其误差为 $(x-x_0)$ 的高阶无穷小 $o(x-x_0)$，即用一次多项式 $p_1(x)=f(x_0)+f'(x_0)(x-x_0)$ 可近似表示函数，且此多项式在 x_0 处与函数 $f(x)$ 有相同的函数值及一阶导数值。其缺点是不能够根据实际需要提高精确度，同时无法估计误差的范围。因此考虑是否可以用高阶多项式来近似地表示函数，同时解决误差估计的问题。

3.4.1　泰勒公式

根据前面的讨论，$f(x)-p_1(x)=f(x)-f(x_0)-f'(x_0)(x-x_0)$，如果 $f(x)-p_1(x)$ 与 $(x-x_0)^2$ 同阶，则

$$\begin{aligned}\lim_{x\to x_0}\frac{o(x-x_0)}{(x-x_0)^2}&=\lim_{x\to x_0}\frac{f(x)-p_1(x)}{(x-x_0)^2}\\&=\lim_{x\to x_0}\frac{f(x)-f(x_0)-f'(x_0)(x-x_0)}{(x-x_0)^2}\\&=\frac{f''(x_0)}{2}\text{（其中 }f(x)\text{ 在 }x_0\text{ 二阶可导）。}\end{aligned}$$

由 $\lim\limits_{x\to x_0}\dfrac{o(x-x_0)}{(x-x_0)^2}=\dfrac{f''(x_0)}{2}$，可得 $\dfrac{o(x-x_0)}{(x-x_0)^2}=\dfrac{f''(x_0)}{2}+\alpha$（其中 $\lim\limits_{x\to x_0}\alpha=0$），则

$$o(x-x_0)=\frac{f''(x_0)}{2}(x-x_0)^2+\alpha(x-x_0)^2,$$

且 $\lim\limits_{x\to x_0}\dfrac{\alpha(x-x_0)^2}{(x-x_0)^2}=\lim\limits_{x\to x_0}\alpha=0$，即 $\alpha(x-x_0)^2=o[(x-x_0)^2]$，从而

$$f(x)=p_1(x)+o(x-x_0)=f(x_0)+f'(x_0)(x-x_0)+\frac{f''(x_0)}{2!}(x-x_0)^2+o[(x-x_0)^2],$$

$f(x)=p_2(x)+o[(x-x_0)^2]$，$p_2(x)$ 与函数 $f(x)$ 在 x_0 有相同的函数值、一阶导数值以及二阶导数值。若 $f(x)\approx p_2(x)$，则误差为

$o[(x-x_0)^2]$，以此类推，一般地，设

$$p_n(x)=f(x_0)+f'(x_0)(x-x_0)+\frac{f''(x_0)}{2}(x-x_0)^2+\cdots+\frac{f^{(n)}(x_0)}{n!}(x-x_0)^n,$$

则 $p_n(x)$ 与函数 $f(x)$ 在 x_0 有相同的函数值、一阶导数值、二阶导数值以及直至相同的 n 阶导数值；若用 $f(x)\approx p_n(x)$，其误差为 $o[(x-x_0)^n]$，即

$$f(x)=f(x_0)+f'(x_0)(x-x_0)+\frac{f''(x_0)}{2}(x-x_0)^2+\cdots+\frac{f^{(n)}(x_0)}{n!}(x-x_0)^n+o[(x-x_0)^n]。$$

定义 3.4.1（泰勒多项式 $p_n(x)$ 及麦克劳林多项式） 称

$$p_n(x)=f(x_0)+f'(x_0)(x-x_0)+\frac{f''(x_0)}{2}(x-x_0)^2+\cdots+\frac{f^{(n)}(x_0)}{n!}(x-x_0)^n$$

为函数 $f(x)$ 在点 x_0 的 n 阶泰勒（Taylor）多项式。特别地，当 $x_0=0$ 时，称相应的 $p_n(x)$ 为函数 $f(x)$ 的 n 阶麦克劳林（Maclaurin）多项式。

例 3.4.1 求函数 $f(x)=2x^3-5x^2+x+7$ 在点 $x_0=2$ 的泰勒多项式。

解 由 $f(x)=2x^3-5x^2+x+7$，可得

$$f'(x)=6x^2-10x+1,\ f''(x)=12x-10,\ f'''(x)=12,$$

从而

$$f(2)=5,\ f'(2)=5,\ f''(2)=14,\ f'''(2)=12,$$

于是

$$f(x)=5+5(x-2)+7(x-2)^2+2(x-2)^3。$$

例 3.4.1 的 Maple 源程序

```
> #example1
> 2*x^3-5*x^2+x+7=taylor(2*x^3-5*x^2+x+7,x=2);
            2x^3-5x^2+x+7=5+5(x-2)+7(x-2)^2+2(x-2)^3
```

根据上面的讨论，只要函数 $f(x)$ 在点 x_0 有 n 阶导数，就有 $f(x)=p_n(x)+o[(x-x_0)^n]$，其中近似计算为 $f(x)\approx p_n(x)$，但误差 $o[(x-x_0)^n]$ 仍然无法估计。

定理 3.4.1（泰勒中值定理） 若函数 $f(x)$ 在点 x_0 的某邻域 $U(x_0)$ 内有直到 $n+1$ 阶的导数，则对邻域内的任意一点 x，都 $\exists\xi$ 使得 $f(x)=p_n(x)+R_n(x)$，其中

$$R_n(x)=\frac{f^{(n+1)}(\xi)}{(n+1)!}(x-x_0)^{n+1}(\xi\text{ 介于 }x_0\text{ 与 }x\text{ 之间})。$$

证明　构造函数

$$g(x)=f(x)-p_n(x)=f(x)-\{f(x_0)+f'(x_0)(x-x_0)+\cdots+\frac{f^{(n)}(x_0)}{n!}(x-x_0)^n\},$$

则函数 $g(x)$，$G(x)=(x-x_0)^{n+1}$ 在以 x，x_0 为端点的区间上具有 $n+1$ 阶导数，而且在 x_0 直到 n 阶的导数均为零。对 $g(x)$，$G(x)$ 连续使用 $n+1$ 次柯西中值定理，存在 ξ 介于 x_0 与 x 之间，使得 $\frac{g(x)}{(x-x_0)^{n+1}}=\frac{g(x)}{G(x)}=\frac{g^{(n+1)}(\xi)}{G^{(n+1)}(\xi)}=\frac{f^{(n+1)}(\xi)}{(n+1)!}$，即

$$g(x)=\frac{f^{(n+1)}(\xi)}{(n+1)!}(x-x_0)^{n+1}，\text{或}f(x)-p_n(x)=\frac{f^{(n+1)}(\xi)}{(n+1)!}(x-x_0)^{n+1}。$$

注　(1) 称 $R_n(x)$ 为 n 阶泰勒公式的拉格朗日型余项，拉格朗日型余项还可写为 $R_n(x)=\frac{f^{(n+1)}(x_0+\theta(x-x_0))}{(n+1)!}(x-x_0)^{n+1}$，$\theta\in(0,1)$。

(2) 近似计算 $f(x)\approx p_n(x)$，则可以用拉格朗日型余项估计误差

$$|R_n(x)|=\frac{|f^{(n+1)}(\xi)|}{(n+1)!}|x-x_0|^{n+1},$$

若 $|f^{(n+1)}(x)|\leqslant M$，则误差不超过 $|R_n(x)|=\frac{M}{(n+1)!}|x-x_0|^{n+1}$。

(3) 用泰勒多项式做近似计算时，不再要求 $|x-x_0|$ 足够小，其精确度可以通过增大 n 来弥补。

例 3.4.2　写出函数 $f(x)=e^x$ 的 n 阶麦克劳林公式。

解　(1) 计算各阶导数：$f^{(k)}(x)=e^x$，$k=0, 1, 2, \cdots$；

(2) 计算直到 n 阶的导数值：$x_0=0$，则

$f^{(k)}(0)=e^0=1$，$k=0, 1, 2, \cdots, n$；$f^{(n+1)}(\xi)=e^\xi$，ξ 介于 0，x 之间；

(3) 将计算的结果代入公式

$$f(x)=f(0)+f'(0)x+\cdots+\frac{f^{(n)}(0)}{n!}x^n+\frac{f^{(n+1)}(\xi)}{(n+1)!}x^{n+1},$$

得

$$e^x=1+x+\frac{1}{2!}x^2+\cdots+\frac{1}{n!}x^n+\frac{e^\xi}{(n+1)!}x^{n+1}，\xi\text{ 介于 0 与 }x\text{ 之间}。$$

此时，若近似计算 $e^x\approx1+x+\frac{1}{2!}x^2+\cdots+\frac{1}{n!}x^n$，则误差估计为

$$|R_n(x)|=\frac{e^{\xi}}{(n+1)!}|x|^{n+1}\leqslant\frac{e^{|\xi|}}{(n+1)!}|x|^{n+1}<\frac{e^{|x|}}{(n+1)!}|x|^{n+1}。$$

如果需要近似计算 e 的值，且要求误差不超过10^{-3}，则 $e\approx1+1+\frac{1}{2!}+\cdots+\frac{1}{n!}$，误差 $|R_n(1)|<\frac{e}{(n+1)!}<\frac{3}{(n+1)!}\leqslant10^{-3}$，经计算，当 $n=5$ 时，$\frac{3}{6!}\approx0.004>10^{-3}$；当 $n=6$ 时，$\frac{3}{7!}<10^{-3}$；故 $e\approx1+1+\frac{1}{2!}+\cdots+\frac{1}{6!}$，则 $|R_n(1)|<10^{-3}$。

例 3.4.2 的 Maple 源程序

```
> #example2
> exp(x)=taylor(exp(x),x=0);
>
```

$$e^x=1+x+\frac{1}{2}x^2+\frac{1}{6}x^3+\frac{1}{24}x^4+\frac{1}{120}x^5+O(x^6)$$

```
> exp(x)=taylor(exp(x),x=0,8);
```

$$e^x=1+x+\frac{1}{2}x^2+\frac{1}{6}x^3+\frac{1}{24}x^4+\frac{1}{120}x^5+\frac{1}{720}x^6+\frac{1}{5040}x^7+O(x^8)$$

```
> exp(x)=taylor(exp(x),x=0,10);
```

$$e^x=1+x+\frac{1}{2}x^2+\frac{1}{6}x^3+\frac{1}{24}x^4+\frac{1}{120}x^5+\frac{1}{720}x^6+\frac{1}{5040}x^7+\frac{1}{40320}x^8+\frac{1}{362880}x^9+O(x^{10})$$

例 3.4.3 给出函数 $f(x)=\sin x$ 的 $2m$ 阶麦克劳林公式。

解 (1) $f(x)=\sin x$，$f'(x)=\cos x$，$f''(x)=-\sin x$，$f'''(x)=-\cos x$，$f^{(4)}(x)=\sin x$，$\cdots$，$f^{(n)}(x)=\sin\left(x+n\frac{\pi}{2}\right)$；

(2) $f(0)=0$，$f'(0)=1$，$f''(0)=0$，$f'''(0)=-1$，$f^{(4)}(0)=1$，$\cdots$；

(3) 令 $n=2m$，则 $f(x)=\sin x$ 的 $2m$ 阶麦克劳林公式为

$$f(x)=f(0)+f'(0)x+\frac{f''(0)}{2!}x^2+\cdots+\frac{f^{(2m-1)}(0)}{(2m-1)!}x^{2m-1}+\frac{f^{(2m)}(0)}{(2m)!}x^{2m}+R_{2m}(x),$$

其中 $R_{2m}(x)=\frac{f^{(2m+1)}(\xi)}{(2m+1)!}x^{2m+1}=\frac{1}{(2m+1)!}\sin\left[\xi+(2m+1)\frac{\pi}{2}\right]x^{2m+1}$，则

$$\sin x=x-\frac{1}{3!}x^3+\cdots+(-1)^n\frac{1}{(2m-1)!}x^{2m-1}+\frac{\sin\left(\xi+\frac{2m+1}{2}\pi\right)}{(2m+1)!}x^{2m+1},$$ ξ 介于 0 与 x 之间。

例 3.4.3 的 Maple 源程序

```
> #example3
> sinx=taylor(sin(x),x=0);
```

$$sinx=x-\frac{1}{6}x^3+\frac{1}{120}x^5+O(x^7)$$

```
> sinx=taylor(sin(x),x=0,9);
```

$$sinx=x-\frac{1}{6}x^3+\frac{1}{120}x^5-\frac{1}{5040}x^7+O(x^9)$$

```
> sinx=taylor(sin(x),x=0,11);
```

$$sinx=x-\frac{1}{6}x^3+\frac{1}{120}x^5-\frac{1}{5040}x^7+\frac{1}{362880}x^9+O(x^{11})$$

注　(1) 几个常用函数的麦克劳林公式：ξ 介于 0 与 x 之间。

$$e^x=1+x+\frac{1}{2!}x^2+\cdots+\frac{1}{n!}x^n+\frac{e^\xi}{(n+1)!}x^{n+1}(n\text{ 阶}),$$

$$\sin x=x-\frac{1}{3!}x^3+\cdots+(-1)^n\frac{1}{(2n-1)!}x^{2n-1}+\frac{\sin\left(\xi+\frac{2n+1}{2}\pi\right)}{(2n+1)!}x^{2n+1}(2n\text{ 阶}),$$

$$\cos x=1-\frac{1}{2!}x^2+\cdots+(-1)^n\frac{1}{(2n)!}x^{2n}+\frac{\cos\left(\xi+\frac{2n+2}{2}\pi\right)}{(2n+2)!}x^{2n+2}(2n+1\text{ 阶}),$$

$$\frac{1}{1+x}=1-x+x^2-x^3+\cdots+(-1)^nx^n+\frac{(-1)^{n+1}}{(1+\xi)^{n+2}}x^{n+1}(n\text{ 阶})。$$

(2) 麦克劳林公式中，ξ 介于 0 与 x 之间，故有 $\xi=\theta x$，$0<\theta<1$。

定理 3.4.2（皮亚诺型泰勒公式）　若函数 $f(x)$ 在点 x_0 的某邻域 $U(x_0)$ 内有直到 $n-1$ 阶的导数，且 $f^{(n)}(x_0)$ 存在，则对邻域 $U(x_0)$ 内的任意一点 x，都使得 $f(x)=p_n(x)+R_n(x)$，其中 $R_n(x)=o[(x-x_0)^n]$。

证明　设 $R_n(x)=f(x)-P_n(x)$，$G(x)=(x-x_0)^n$。应用洛必达法则 n-1 次，并注意到 $f^{(n)}(x_0)$ 存在，就有

$$\lim_{x\to x_0}\frac{R_n(x)}{G(x)}=\lim_{x\to x_0}\frac{R_n^{(n-1)}(x)}{G^{(n-1)}(x)}=\lim_{x\to x_0}\frac{f^{(n-1)}(x)-f^{(n-1)}(x_0)-f^{(n)}(x_0)(x-x_0)}{n(n-1)\cdots 2(x-x_0)}$$

$$=\frac{1}{n!}\lim_{x\to x_0}\left(\frac{f^{(n-1)}(x)-f^{(n-1)}(x_0)}{x-x_0}-f^{(n)}(x_0)\right)=0。$$

注　称 $R_n(x)=o[(x-x_0)^n]$ 为 n 阶泰勒公式的皮亚诺(Peano)型余项，常用在求极限等问题中。

3.4.2 函数的泰勒公式(麦克劳林公式)展开

将函数展开为泰勒公式时，如果对于余项的形式没有要求，只需要写出皮亚诺型余项。写拉格朗日型余项时应当注意 $f^{(n+1)}(\xi)$。

1. 直接展开

例 3.4.4　写出函数 $f(x)=\sqrt[3]{x}$ 在 $x_0=1$ 的二阶泰勒公式。

解　(1) $f(x)=\sqrt[3]{x}$，$f'(x)=\dfrac{1}{3\sqrt[3]{x^2}}$，$f''(x)=-\dfrac{2}{9\sqrt[3]{x^5}}$，$f'''(x)=\dfrac{10}{27\sqrt[3]{x^8}}$；

(2) $x_0=1$，$f(1)=1$，$f'(1)=\dfrac{1}{3}$，$f''(x)=-\dfrac{2}{9}$，$f'''(\xi)=\dfrac{10}{27\sqrt[3]{\xi^8}}$；

(3) $f(x)=f(1)+f'(1)(x-1)+\dfrac{f''(1)}{2!}(x-1)^2+\dfrac{f'''(\xi)}{3!}(x-1)^3$，

$\sqrt[3]{x}=1+\dfrac{1}{3}(x-1)-\dfrac{1}{9}(x-1)^2+\dfrac{5}{81\sqrt[3]{\xi^8}}(x-1)^3$，$\xi$ 介于 1 与 x 之间。

例 3.4.4 的 Maple 源程序

```
> #example4
> x^(1/3)=taylor(x^(1/3),x=1,3);
```

$$x^{(1/3)}=1+\frac{1}{3}(x-1)-\frac{1}{9}(x-1)^2+O((x-1)^3)$$

例 3.4.5　写出函数 $f(x)=\arcsin x$ 的二阶麦克劳林公式。

解　(1) $f(x)=\arcsin x$，$f'(x)=\dfrac{1}{\sqrt{1-x^2}}$，$f''(x)=\dfrac{x}{\sqrt{(1-x^2)^3}}$，$f'''(x)=\dfrac{1+2x^2}{\sqrt{(1-x^2)^5}}$；

(2) $f(0)=0$，$f'(0)=1$，$f''(0)=0$，$f'''(\xi)=\dfrac{1+2\xi^2}{\sqrt{(1-\xi^2)^5}}$；

(3) 二阶麦克劳林公式：$f(x)=f(0)+f'(0)x+\dfrac{f''(0)}{2!}x^2+\dfrac{f'''(\xi)}{3!}x^3$，即

$$\arcsin x = x + \frac{1}{3!}\frac{1+2\xi^2}{\sqrt{(1-\xi^2)^5}}x^3 = x + \frac{1+2\xi^2}{6\sqrt{(1-\xi^2)^5}}x^3,\ \xi \text{ 介于 } 0,\ x \text{ 之间。}$$

例 3.4.5 的 Maple 源程序

```
> #example5
> arcsinx=taylor(arcsin(x),x=0,3);
```

$$arcsinx = x + O(x^3)$$

例 3.4.6　确定常数 a,b,c，使得 $\ln x = a + b(x-1) + c(x-1)^2 + o[(x-1)^2]$。

解　设 $f(x) = \ln x$，$x_0 = 1$，视上式为 $\ln x$ 关于 $x_0 = 1$ 的二阶泰勒公式，则 $a+b(x-1)+c(x-1)^2$ 应该为 $f(x) = \ln x$ 在 $x_0 = 1$ 的二阶泰勒多项式，即应有

$$a = f(1),\ b = f'(1),\ c = \frac{1}{2!}f''(1),$$

由 $f(x) = \ln x$ 得 $f(1) = 0$，$f'(x) = \frac{1}{x}$，$f'(1) = 1$，$f''(x) = -\frac{1}{x^2}$，$f''(1) = -1$，

所以，$a = 0$，$b = 1$，$c = -\frac{1}{2}$，即 $\ln x = f(1) + f'(1)(x-1) + \frac{f''(1)}{2!}(x-1)^2$。

例 3.4.6 的 Maple 源程序

```
> #example6
> lnx=taylor(ln(x),x=1,3);
```

$$lnx = x - 1 - \frac{1}{2}(x-1)^2 + O((x-1)^3)$$

2. 间接展开

利用已知的展开式，施行代数运算或变量代换，求新的展开式。

例 3.4.7　把函数 $f(x) = \sin x^3$ 展开成含 x^{21} 项的带有皮亚诺型余项的麦克劳林公式。

解　由于 $\sin x = x - \frac{x^3}{3!} + \frac{x^5}{5!} - \frac{x^7}{7!} + o(x^7)$，从而

$$\sin x^3 = x^3 - \frac{x^9}{3!} + \frac{x^{15}}{5!} - \frac{x^{21}}{7!} + o(x^{21})。$$

例 3.4.7 的 Maple 源程序

```
> #example7
> sin(x^3)=taylor(sin(x^3),x=0,22);
```

$$\sin(x^3)=x^3-\frac{1}{6}x^9+\frac{1}{120}x^{15}-\frac{1}{5040}x^{21}+O(x^{27})$$

例 3.4.8 把函数 $f(x)=\sin^2 x$ 展开成含 x^6 项的带有皮亚诺型余项的麦克劳林公式。

解 由于 $\cos x=1-\frac{x^2}{2!}+\frac{x^4}{4!}-\frac{x^6}{6!}+o(x^6)$，从而

$$\cos 2x=1-2x^2+\frac{4x^4}{3!}-\frac{2^6x^6}{6!}+o(x^6),$$

$$\sin^2 x=\frac{1}{2}(1-\cos 2x)=x^2-\frac{2x^4}{3!}+\frac{2^5x^6}{6!}+o(x^6)。$$

例 3.4.8 的 Maple 源程序

```
> #example8
> [sin(x)]^2=taylor((sin(x))^2,x=0,7);
```

$$[\sin(x)]^2=x^2-\frac{1}{3}x^4+\frac{2}{45}x^6+O(x^8)$$

例 3.4.9 先把函数 $f(x)=\frac{1}{1+x}$ 展开成带有皮亚诺型余项的麦克劳林公式。同时利用得到的展开式，把函数 $g(x)=\frac{1}{3+5x}$ 在点 $x_0=2$ 展开成带有皮亚诺型余项的泰勒公式。

解 $f^{(n)}(x)=\frac{(-1)^n n!}{(1+x)^{n+1}}$，$f^{(n)}(0)=(-1)^n n!$，则

$$f(x)=1-x+x^2-x^3+\cdots+(-1)^n x^n+o(x^n),$$

$$g(x)=\frac{1}{3+5x}=\frac{1}{13+5(x-2)}=\frac{1}{13}\frac{1}{1+\frac{5(x-2)}{13}}$$

$$=\frac{1}{13}\left(1-\frac{5}{13}(x-2)+\left(\frac{5}{13}\right)^2(x-2)^2-\cdots+(-1)^n\left(\frac{5}{13}\right)^n(x-2)^n\right)+o((x-2)^n)。$$

例 3.4.9 的 Maple 源程序

```
> #example9
> 1/(1+x)=taylor(1/(1+x),x=0);
```

$$\frac{1}{x+1}=1-x+x^2-x^3+x^4-x^5+O(x^6)$$

```
> 1/(3+5*x)=taylor(1/(3+5*x),x=2);
```

$$\frac{1}{3+5x}=\frac{1}{13}-\frac{5}{169}(x-2)+\frac{25}{2197}(x-2)^2-\frac{125}{28561}(x-2)^3+\frac{625}{371293}(x-2)^4-\frac{3125}{4826809}(x-2)^5+O((x-2)^6)$$

例 3.4.10　把函数 $\mathrm{sh}x$ 展开成带有皮亚诺型余项的麦克劳林公式，并与 $\sin x$ 的相应展开式进行比较。

解　由于 $e^x=1+\frac{x}{1!}+\frac{x^2}{2!}+\cdots+\frac{x^n}{n!}+o(x^n)$，则

$$e^{-x}=1-\frac{x}{1!}+\frac{x^2}{2!}-\cdots+(-1)^n\frac{x^n}{n!}+o(x^n),$$

所以
$$\mathrm{sh}x=\frac{e^x-e^{-x}}{2}=x+\frac{x^3}{3!}+\frac{x^5}{5!}+\cdots+\frac{x^{2m-1}}{(2m-1)!}+o(x^{2m-1})。$$

而
$$\sin x=x-\frac{x^3}{3!}+\frac{x^5}{5!}-\cdots+\frac{(-1)^{m-1}x^{2m-1}}{(2m-1)!}+o(x^{2m-1})。$$

例 3.4.10 的 Maple 源程序

```
> #example10
> sinh(x)=taylor(sinh(x),x=0,11);
```

$$\sinh(x)=x+\frac{1}{6}x^3+\frac{1}{120}x^5+\frac{1}{5040}x^7+\frac{1}{362880}x^9+O(x^{11})$$

```
> sin(x)=taylor(sin(x),x=0,11);
```

$$\sin(x)=x-\frac{1}{6}x^3+\frac{1}{120}x^5-\frac{1}{5040}x^7+\frac{1}{362880}x^9+O(x^{11})$$

例 3.4.11　求 e 精确到 0.000001 的近似值。

解　$e=1+1+\frac{1}{2!}+\frac{1}{3!}+\cdots+\frac{1}{n!}+\frac{e^{\xi}}{(n+1)!}$，$0<\xi<1$。

注意到 $0<\xi<1\Rightarrow 0<e^{\xi}<e<3$，有 $|R_n(1)|\leqslant\frac{3}{(n+1)!}$，为使 $\frac{3}{(n+1)!}<0.000001$，只要取 $n\geqslant 9$。现取 $n=9$，即得数 e 精确到 0.000001 的近似值为

$$e\approx 1+1+\frac{1}{2!}+\frac{1}{3!}+\cdots+\frac{1}{9!}\approx 2.718281。$$

例 3.4.11 的 Maple 源程序

```
> #example11
> exp(x)=taylor(exp(x),x=0,10);
```

$$\mathrm{e}^{x}=1+x+\frac{1}{2}x^{2}+\frac{1}{6}x^{3}+\frac{1}{24}x^{4}+\frac{1}{120}x^{5}+\frac{1}{720}x^{6}+\frac{1}{5040}x^{7}+\frac{1}{40320}x^{8}+\frac{1}{362880}x^{9}+\mathrm{O}(x^{10})$$

```
>
g:=x->1+x+(x^2)/2+(x^3)/6+(x^4)/24+(x^5)/120+(x^6)/
720+(x^7)/5040+(x^8)/40320+(x^9)/362880;
```

$$g:=x\to 1+x+\frac{1}{2}x^{2}+\frac{1}{6}x^{3}+\frac{1}{24}x^{4}+\frac{1}{120}x^{5}+\frac{1}{720}x^{6}+\frac{1}{5040}x^{7}+\frac{1}{40320}x^{8}+\frac{1}{362880}x^{9}$$

```
> evalf[6](g(1));
                    2.71828
```

例 3.4.12 讨论以泰勒多项式来近似正弦函数 $\sin x$ 的误差情况。

解 正弦函数 $\sin x$ 的拉格朗日型余项有估计式

$$|R_{2m}(x)|\leqslant\frac{|x|^{2m+1}}{(2m+1)!}。$$

由 $\sin x$ 的麦克劳林公式，当 $m=1$ 时，即以一次式近似表示正弦函数 $\sin x\approx x$。其误差为

$$|\sin x-x|\leqslant|R_2(x)|\leqslant\frac{|x|^3}{3!}=\frac{|x|^3}{6}。$$

若要求误差不超过10^{-3}，即要求 $\frac{|x|^3}{6}<10^{-3}$，只需 $|x|<0.1817$。这就是说大约在原点左右 10°范围内以 x 来近似 $\sin x$，其误差不超过10^{-3}。

当 $m=2$ 时，即在 $\sin x$ 的麦克劳林公式中以三次多项式近似表示正弦函数 $\sin x\approx x-\frac{x^3}{6}$，如果同样要求误差不超过$10^{-3}$，应有 $\frac{|x|^5}{5!}<10^{-3}$，因而有 $|x|<0.6544$。即在原点左右 37°30′范围内以 $x-\frac{x^3}{6}$来近似 $\sin x$，其误差不超过10^{-3}。

进一步讨论还可说明，用高次泰勒多项式近似表示函数不仅能提高精确度而且能在更大范围内表示所讨论的函数。

例 3.4.13 求极限$\lim\limits_{x\to0}\frac{a^x+a^{-x}-2}{x^2}(a>0)$。

解 $a^x=\mathrm{e}^{x\ln a}=1+x\ln a+\frac{x^2}{2}\ln^2a+o(x^2)$，$a^{-x}=1-x\ln a+\frac{x^2}{2}\ln^2a+o(x^2)$，$a^x+a^{-x}-2=x^2\ln^2a+o(x^2)$，故

$$\lim_{x\to0}\frac{a^x+a^{-x}-2}{x^2}=\lim_{x\to0}\frac{x^2\ln^2a+o(x^2)}{x^2}=\ln^2a。$$

例 3.4.13 的 Maple 源程序

```
> #example13
> a^x=taylor(a^x,x=0,3);
```

$$a^x=1+\ln(a)x+\frac{1}{2}\ln(a)^2x^2+O(x^3)$$

```
> a^(-x)=taylor(a^(-x),x=0,3);
```

$$a^{(-x)}=1-\ln(a)x+\frac{1}{2}\ln(a)^2x^2+O(x^3)$$

```
> Limit((a^x+a^(-x)-2)/x^2,x=0)=Limit((x^2*(lna)^2+O(x^3))/x^2,x=0);
```

$$\lim_{x\to0}\frac{a^x+a^{(-x)}-2}{x^2}=\lim_{x\to0}\frac{x^2lna^2+O(x^3)}{x^2}$$

```
> Limit((x^2*(lna)^2+O(x^3))/x^2,x=0)=limit((x^2*(lna)^2+O(x^3))/x^2,x=0);
```

$$\lim_{x\to0}\frac{x^2lna^2+O(x^3)}{x^2}=lna^2$$

例 3.4.14　求极限$\lim\limits_{x\to0}\dfrac{e^{x^2}-1-\sin x^2}{x^4}$。

解　$e^{x^2}=1+x^2+\dfrac{1}{2!}x^4+o(x^4)$，$\sin x^2=x^2-\dfrac{1}{3!}x^6+o(x^6)$，故

$$\lim_{x\to0}\frac{e^{x^2}-1-\sin x^2}{x^4}=\lim_{x\to0}\frac{\left(x^2+\frac{1}{2}x^4+o(x^4)\right)-\left(x^2-\frac{1}{3!}x^6+o(x^6)\right)}{x^4}$$

$$=\lim_{x\to0}\frac{\frac{1}{2}x^4+o(x^4)}{x^4}=\frac{1}{2}。$$

例 3.4.14 的 Maple 源程序

```
> #example14
> exp(x^2)=taylor(exp(x^2),x=0,5);
```

$$e^{(x^2)}=1+x^2+\frac{1}{2}x^4+O(x^6)$$

```
> sin(x^2)=taylor(sin(x^2),x=0,7);
```

$$\sin(x^2)=x^2-\frac{1}{6}x^6+O(x^{10})$$

```
> Limit((exp(x^2)-1-sin(x^2))/x^4,x=0)=Limit((x^4/2+O(x^6))/x^4,x=0);
```

$$\lim_{x\to0}\frac{e^{(x^2)}-1-\sin(x^2)}{x^4}=\lim_{x\to0}\frac{\frac{x^4}{2}+O(x^6)}{x^4}$$

```
> Limit((x^4/2+O(x^6))/x^4,x=0)=limit((x^4/2+O(x^6))/x^4,x=0);
```

$$\lim_{x\to 0}\frac{\frac{x^4}{2}+O(x^6)}{x^4}=\frac{1}{2}$$

例 3.4.15 证明：当 $x\neq 0$ 时，有不等式 $e^x>1+x$。

证明 由于 $e^x=1+x+\frac{e^{\xi}}{2!}x^2$，其中 ξ 介于 0 与 x 之间，所以当 $x\neq 0$ 时，有不等式 $e^x=1+x+\frac{e^{\xi}}{2!}x^2>1+x$。

习题 3.4

1. 求下列函数的麦克劳林公式：

(1) $f(x)=\frac{1}{1-x}$；(2) $f(x)=\ln(1-x)$；

(3) $f(x)=\frac{1}{\sqrt{1-2x}}$。

2. 求下列函数在指定点处带皮亚诺型余项的泰勒公式：

(1) $f(x)=\frac{1}{x}$，$x_0=-1$；(2) $f(x)=\ln x$，$x_0=1$；

(3) $f(x)=e^{2x}$，$x_0=1$；(4) $f(x)=\sin x$，$x_0=\frac{\pi}{4}$。

3. 求下列函数的麦克劳林展式：

(1) $\tan x$ 展到含 x^5 的项；

(2) $\arctan x$ 展到含 x^5 的项；

(3) $\ln\cos x$ 展到含 x^4 的项；

(4) $e^{\sin x}$ 展到含 x^2 的项；

(5) $\sin(\sin x)$ 展到含 x^3 的项。

4. 把函数 $f(x)=\tan x$ 展开成含 x^5 项的带有皮亚诺型余项的麦克劳林公式。

3.5 函数的性态与作图

3.5.1 函数的极值

函数的极值不仅是函数性态的重要特征，而且在实际问题中也有着广泛的应用。在 3.1 节中，我们已经介绍了极值、极值点、极大值和极小值等概念和可微极值点的必要条件(费马引理)。接下来我们进一步利用导数来讨论函数极值的充分性。

思考题 (1) 函数的极值点与驻点的关系如何?

(2) 函数的极值点与临界点的关系如何?

注 函数在临界点两侧的导数符号不一定改变，函数的极值点一定是临界点，但临界点不一定是驻点。对于可导函数 $f(x)$，极值点一定是驻点，但驻点不一定是极值点。例如：$y=x^3$，有 $y'=3x^2$，$x=0$ 是 $y=x^3$ 的驻点，但它不是极值点。

结合函数的单调性和曲线图形，不难看出：极值点是曲线单调增加与单调减少的交界点，因此求函数的极值与求函数的单调区间有着必然的联系。对每个临界点，可以用以下充分条件进一步鉴别是否为极值点。

定理3.5.1(充分条件Ⅰ——“单调法则”)　设函数$f(x)$在点x_0连续，在邻域$(x_0-\delta,x_0)$和$(x_0,x_0+\delta)$内可导。则

(1) 在$(x_0-\delta,x_0)$内$f'(x)<0$，在$(x_0,x_0+\delta)$内$f'(x)>0$，则x_0为$f(x)$的一个极小值点；

(2) 在$(x_0-\delta,x_0)$内$f'(x)>0$，在$(x_0,x_0+\delta)$内$f'(x)<0$，则x_0为$f(x)$的一个极大值点；

(3) 若$f'(x)$在上述两个区间内同号，则x_0不是极值点。

利用**单调法则**求极值的步骤：

(1) 确定函数$f(x)$的定义域，求出导函数$f'(x)$；

(2) 找出函数$f(x)$的所有临界点；

(3) 用所求的点将定义域分为若干小区间，利用单调法则，列表分析；

(4) 写出函数$f(x)$的极值。

例3.5.1　求函数$y=2x^3-12x^2+18x-9$的极值。

解　函数的定义域为$(-\infty,+\infty)$，$y'=6x^2-24x+18=6(x-1)(x-3)$；

令$y'=0$，得驻点：$x_1=1$，$x_2=3$(没有y'不存在的点)；列表讨论如下：

x	$(-\infty,1)$	1	$(1,3)$	3	$(3,+\infty)$
y'	+	0	−	0	+
y	↗	−1	↘	−9	↗

根据单调法则，极大值点$x=1$，极大值$y(1)=-1$；极小值点$x=3$，极小值$y(3)=-9$。

例3.5.1的Maple源程序

```
> #example1
> y:=2*x^3-12*x^2+18*x-9;
```

$$y:=2x^3-12x^2+18x-9$$

```
> dy/dx=diff(y,x);
```

$$\frac{dy}{dx}=6x^2-24x+18$$

```
> g:=6*x^2-24*x+18;
                    g:=6x^2-24x+18
> solve(g=0,x);
                         3,1
> assume(x<1);is(g>0);
                        true
> assume(x>1,x<3);is(g>0);
                        false
> assume(x>3);is(g>0);
                        true
> y:=x->2*x^3-12*x^2+18*x-9;
               y:=x→2x^3-12x^2+18x-9
> y(1),y(3);
                        -1,-9
```

例 3.5.2 设$f(x)=(x+1)^2(x-1)^{\frac{2}{3}}$，求极值。

解 函数的定义域为$(-\infty,+\infty)$，$f'(x)=2(x+1)(x-1)^{\frac{2}{3}}+\frac{2}{3}(x+1)^2(x-1)^{-\frac{1}{3}}=\frac{4(x+1)(2x-1)}{3\sqrt[3]{x-1}}$；

令$f'(x)=0$，得驻点$x=-1$，$\frac{1}{2}$；而$f'(x)$不存在的点：$x=1$；列表讨论如下：

x	$(-\infty,-1)$	-1	$\left(-1,\frac{1}{2}\right)$	$\frac{1}{2}$	$\left(\frac{1}{2},1\right)$	1	$(1,+\infty)$
y'	$-$		$+$	0	$-$	0	$+$
y	↘	0	↗		↘	0	↗

所以，极小值：$f(-1)=0$，$f(1)=0$；极大值：$f\left(\frac{1}{2}\right)=\frac{9}{8}\sqrt[3]{2}$。

例 3.5.2 的 Maple 源程序

```
> #example2
> f:=(x+1)^2*(x-1)^(2/3);
                 f:=(x+1)^2(x-1)^(2/3)
> g:=diff(f,x);
                                          2 (x+1)^2
         g:=2 (x+1) (x-1)^(2/3) + -----------------
                                      3 (x-1)^(1/3)
> solve(g=0,x);
                        -1, 1/2
```

```
> assume(x<-1);is(g>0);
                              false
> assume(x>-1,x<1/2);is(g>0);
                              true
> assume(x>1/2,x<1);is(g>0);
                              false
> assume(x>1);is(g>0);
                              true
> f:=x->(x+1)^2 * (x-1)^(2/3);
                    f:=x→(x+1)^2 (x-1)^(2/3)
>
> f(-1),f(1/2),f(1);
                    0, 9(-1)^(2/3) 2^(1/3) / 8, 0
```

在某些情况下，判断$f'(x)$的符号比较困难，则在二阶可导的条件下，可以考虑利用驻点的二阶导数$f''(x)$对驻点进行判别。

定理 3.5.2（充分条件Ⅱ——“二阶导符号法则”）　设点 x_0 为函数$f(x)$的驻点，$f'(x_0)=0$ 且$f''(x_0)$存在。则

（1）当$f''(x_0)<0$ 时，x_0 为$f(x)$的一个极大值点；

（2）当$f''(x_0)>0$ 时，x_0 为$f(x)$的一个极小值点。

证明　由驻点与二阶导数的定义得$f''(x_0)=\lim\limits_{x\to x_0}\dfrac{f'(x)-f'(x_0)}{x-x_0}=\lim\limits_{x\to x_0}\dfrac{f'(x)}{x-x_0}$。

（1）当$f''(x_0)<0$ 时，根据函数极限的保号性定理，存在 x_0 的去心邻域 $\mathring{U}(x_0)$，任一 $x\in\mathring{U}(x_0)$，有$\dfrac{f'(x)}{x-x_0}<0$，则 $f'(x)$ 与 $x-x_0$ 异号，即当 $x>x_0$ 时，$f'(x)<0$；当 $x<x_0$ 时，$f'(x)>0$；所以，x_0 是极大值点；

（2）当$f''(x_0)>0$ 时，存在 x_0 的去心邻域 $\mathring{U}(x_0)$，任一 $x\in\mathring{U}(x_0)$，$\dfrac{f'(x)}{x-x_0}>0$，即当 $x>x_0$ 时，$f'(x)>0$；当 $x<x_0$ 时，$f'(x)<0$；所以，x_0 是极小值点。

注　（1）只有二阶导数$f''(x)$存在且不为零的驻点才可以用二阶导符号法则。

（2）使用二阶导符号法则时，一般要求二阶导数的计算较为容易。

（3）对于二阶导数$f''(x)$不存在的点，不可导的点，只能用单

调法则进行判别。

例 3.5.3 求函数 $f(x)=e^x\sin x$ 的极值。

解 定义域：$(-\infty,+\infty)$，$f'(x)=e^x(\cos x+\sin x)$；

令 $f'(x)=0$，所有驻点：$x_k=k\pi-\dfrac{\pi}{4}$，$k=0,\pm1,\pm2,\cdots$；又 $f''(x)=2e^x\cos x$，则

$$f''(x_k)=2e^{x_k}\cos x_k=2e^{k\pi-\frac{\pi}{4}}\cos\left(k\pi-\frac{\pi}{4}\right),$$

因为 $f''(x_k)>0(k=0,\ \pm2,\ \pm4,\ \cdots)$，$f''(x_k)<0(k=\pm1,\ \pm3,\ \cdots)$，所以

极大值为 $f\left((2n+1)\pi-\dfrac{\pi}{4}\right)=e^{(2n+1)\pi-\frac{\pi}{4}}\cos\left((2n+1)\pi-\dfrac{\pi}{4}\right)=\dfrac{\sqrt{2}}{2}e^{(2n+1)\pi-\frac{\pi}{4}}$；

极小值为 $f\left(2n\pi-\dfrac{\pi}{4}\right)=e^{2n\pi-\frac{\pi}{4}}\cos\left(2n\pi-\dfrac{\pi}{4}\right)=-\dfrac{\sqrt{2}}{2}e^{2n\pi-\frac{\pi}{4}}$。

例 3.5.3 的 Maple 源程序

```
> #example3
> f:=exp(x)*sin(x);
                    f:=e^x sin(x)
> g:=diff(f,x);
                g:=e^x sin(x)+e^x cos(x)
> solve(g=0,x);
                        -π/4
> h:=diff(g,x);
                    h:=2e^x cos(x)
> h:=x->2*exp(x)*cos(x);
                  h:=x→2e^x cos(x)
> is(h(-Pi/4)<0);
                        false
> is(h(3/4*Pi)<0);
                        true
> is(h(7/4*Pi)<0);
                        false
> #...
> f:=x->exp(x)*sin(x);
                  f:=x→e^x sin(x)
> f(-Pi/4),f(3/4*Pi),f(5/4*Pi);
```

$$-\frac{1}{2}e^{\left(-\frac{\pi}{4}\right)}\sqrt{2},\ \frac{1}{2}e^{\left(\frac{3\pi}{4}\right)}\sqrt{2},\ -\frac{1}{2}e^{\left(\frac{5\pi}{4}\right)}\sqrt{2}$$

例 3.5.4　设函数$f(x)=(2x-3)^{\frac{4}{3}}$，求该函数的极值。

解　$f'(x)=\frac{8}{3}(2x-3)^{\frac{1}{3}}$，令$f'(x)=0$，得驻点为$x=\frac{3}{2}$；$f''(x)=\frac{8}{9}(2x-3)^{-\frac{2}{3}}$在$x=\frac{3}{2}$不存在，因此必须用单调法则判别，列表讨论如下：

x	$\left(-\infty,\frac{3}{2}\right)$	$\frac{3}{2}$	$\left(\frac{3}{2},+\infty\right)$
y'	$-$	0	$+$
y	↘	0	↗

所以$x=\frac{3}{2}$是极小值点，极小值为$f\left(\frac{3}{2}\right)=0$。

例 3.5.4 的 Maple 源程序

```
> #example4
> f:=(2*x-3)^(4/3);
                    f:=(2x-3)^(4/3)
> g:=diff(f,x);
                    g:=8 (2x-3)^(1/3) / 3
> solve(g=0,x);
                    3/2
> assume(x<3/2);is(g>0);
                    false
> assume(x>3/2);is(g>0);
                    true
> f:=x->(2*x-3)^(4/3);
                    f:=x→(2x-3)^(4/3)
> f(3/2);
                    0
```

3.5.2　函数的最值

在实际生活和科技领域中经常会碰到，在一定的条件下求“产量最大”“用料最省”“成本最低”“效率最高”“时间最短”等问题，在数学上归结为求某个函数的最大值或最小值问题，简称最值问题。前面讨论了局部最大与最小即极值问题，那么它与最值问题之间有怎样的联系呢？

设函数$f(x)$在闭区间$[a,b]$上连续，由闭区间上连续函数的性质知道，函数$f(x)$在$[a,b]$上必存在最大值和最小值。如果函数$f(x)$在$[a,b]$上的最值是在开区间(a,b)内的某一点x_0取得，则点x_0一定是函数$f(x)$的极值点。有时函数$f(x)$在闭区间$[a,b]$上的最值可能在区间的端点$x=a$或$x=b$处取得（参看图3.5.1）。因此，函数$f(x)$在$[a,b]$上连续时，最值只可能出现在极值点或端点处。

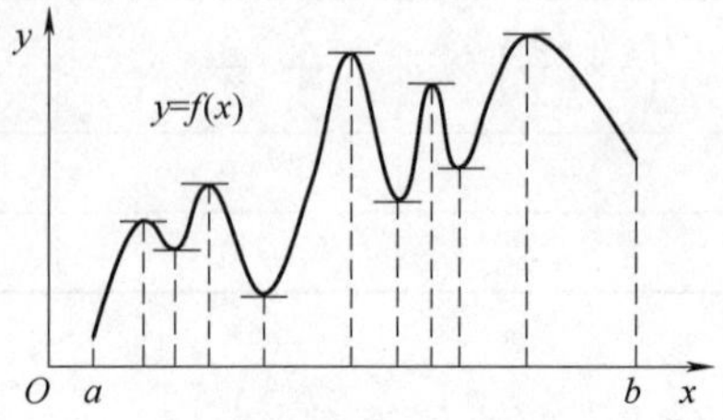

图 3.5.1

一般地，求函数$f(x)$在$[a,b]$上的最值的步骤：

(1) 找出函数$f(x)$在开区间(a,b)内的所有临界点（驻点和不可导点）x_1，x_2，…，x_n；

(2) 比较$f(x_1)$，$f(x_2)$，…，$f(x_n)$，$f(a)$及$f(b)$的大小，最大者就是函数$f(x)$在$[a,b]$上的最大值，最小者就是函数$f(x)$在$[a,b]$上的最小值。

$$\max_{x\in[a,b]} f(x)=\max\{f(a),\ f(b),\ f(x_1),\ f(x_2),\ \cdots,\ f(x_n)\};$$

$$\min_{x\in[a,b]} f(x)=\min\{f(a),\ f(b),\ f(x_1),\ f(x_2),\ \cdots,\ f(x_n)\}。$$

例 3.5.5 求函数$f(x)=2x^3-9x^2+12x+10$在$[0,3]$上的最大值与最小值。

解 $f'(x)=6x^2-18x+12=6(x-2)(x-1)$，令$f'(x)=0$，得驻点$x_1=2$，$x_2=1$。

计算函数值：$f(1)=15$，$f(2)=14$，$f(0)=10$，$f(3)=19$，比较得，函数$f(x)$在$x=3$处取最大值，最大值为$f_{\max}(3)=19$，在$x=0$处取最小值，最小值为$f_{\min}(0)=10$。

例 3.5.5 的 Maple 源程序

```
> #example5
> f:=2*x^3-9*x^2+12*x+10;
```

$$f:=2x^3-9x^2+12x+10$$

```
> g:=diff(f,x);
```

$$g:=6x^2-18x+12$$

```
> solve(g);
```

```
                        2,1
> f:=x->2*x^3-9*x^2+12*x+10;
                  f:=x→2x^3-9x^2+12x+10
> f(1),f(2),f(0),f(3);
                     15,14,10,19
```

注　(1) 单调函数的最值在区间的端点 $x=a$ 或 $x=b$ 处取得。

(2) 如果连续函数在区间内有唯一的极值，则该极值一定是最值。

(3) 如果函数 $f(x)$ 在区间 $[a,b]$ 上可导且仅有一个驻点，则当 x_0 为极大值点时，x_0 也为最大值点；当 x_0 为极小值点时，x_0 也为最小值点。

(4) 若函数 $f(x)$ 在 $\mathbf{R}$ 内可导且仅有一个极大(或小)值点，则该点也为最大(或小)值点。

(5) 对具有实际意义的函数，常用实际判断原则确定最大(或小)值点。若函数只有唯一的极值，而最值又存在，则可以直接判定该极值点就是所求的最值点。

例 3.5.6　证明 $x\neq 0$ 时，$e^x>1+x$。

证明　令 $f(x)=e^x-1-x$，$f'(x)=e^x-1$。容易知道，$x=0$ 是 $f(x)=e^x-1-x$ 的唯一驻点，并且为最(极)小值点。故不等式得证。

3.5.3　凹凸性

因为 $f'(x)$ 表示的是函数 $f(x)$ 的变化率，所以 $f''(x)$ 表示的就是 $f'(x)$ 的变化率，如果 $f''(x)$ 为正，那么 $f'(x)$(变化率)是增加的；如果 $f''(x)$ 为负，那么 $f'(x)$(变化率)是减少的。

物体的运动方程为 $s=s(t)$。若 $s'(x)>0$，说明物体运动的速度为正，移动的位移越来越长，若 $s''(x)>0$，加速度为正，说明物体运动的速度越来越快。

定义 3.5.1(凹凸性)　设函数 $f(x)$ 在区间 $[a,b]$ 上连续。若对 $\forall x_1,\ x_2\in[a,b]$，

(1) 恒有 $f\left(\frac{x_1+x_2}{2}\right)>\frac{f(x_1)+f(x_2)}{2}$，则称曲线 $y=f(x)$ 在区间 $[a,b]$ 上是**(向上)凸的**；

(2) 恒有 $f\left(\frac{x_1+x_2}{2}\right)<\frac{f(x_1)+f(x_2)}{2}$，则称曲线 $y=f(x)$ 在区间 $[a,b]$ 上是**(向上)凹的**。

凸性的几何意义 函数 $y=f(x)$ 在平面直角坐标系中是一条曲线，现在讨论曲线是如何弯曲的。观察图 3.5.2 可知，在凸曲线上，过任意两点的割线总在该曲线的下方；在凹曲线上，过任意两点的割线总在该曲线的上方；

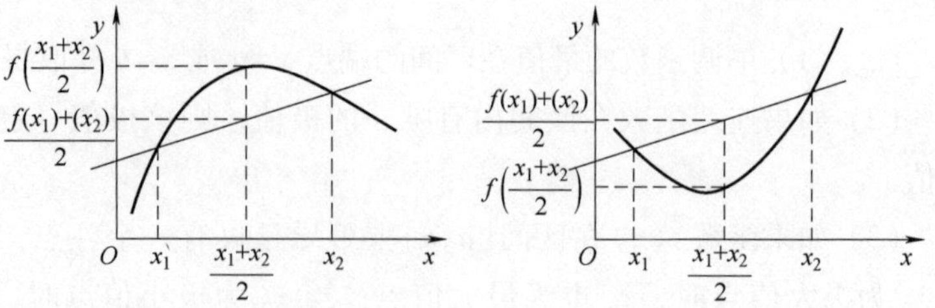

图 3.5.2

倘若曲线有切线时，由图 3.5.2 不难观察到：当曲线向下弯曲(凹)时，它的切线总在曲线的下方；当曲线向上弯曲(凸)时，它的切线总在曲线的上方。同时，还可以看出：在凹曲线上，对应点的切线的斜率是增加的，而在凸曲线上，对应点的切线的斜率是减少的。同时不难看出：若 $-f(x)$ 为区间 I 上的凸曲线，则 $f(x)$ 为区间 I 上的凹曲线。

定理 3.5.3 函数 $f(x)$ 为区间 I 上凸曲线的充要条件是：设 $x_1<x_2<x_3$ 是 I 上任意三点，总有

$$\frac{f(x_2)-f(x_1)}{x_2-x_1}>\frac{f(x_3)-f(x_2)}{x_3-x_2}。$$

定理 3.5.4 设函数 $f(x)$ 在区间 (a,b) 内存在二阶导数，则在 (a,b) 内，

(1) $f''(x)<0$，则 $f(x)$ 在 (a,b) 内是凸的；

(2) $f''(x)>0$，则 $f(x)$ 在 (a,b) 内是凹的。

定义 3.5.2(凹凸区间) $f''(x)$ 的正、负值区间分别对应函数 $f(x)$ 的**凹区间**和**凸区间**。

例 3.5.7 讨论在 $(0,\pi)$ 上曲线 $y=\cos x$ 以及曲线 $y=x^{\frac{2}{3}}$ 的凹凸性。

解 $y=\cos x$，$y'=-\sin x$，$y''=-\cos x\begin{cases}<0, & \left(0,\dfrac{\pi}{2}\right),\\ >0, & \left(\dfrac{\pi}{2},\pi\right),\end{cases}$ 表明在区间

$\left(0,\frac{\pi}{2}\right)$上对应的曲线 $y=\cos x$ 是凸曲线，在区间$\left(\frac{\pi}{2},\pi\right)$上对应的曲线 $y=\cos x$ 是凹曲线；

$y=x^{\frac{2}{3}}$，$y'=\frac{2}{3\sqrt[3]{x}}$，$y''=-\frac{2}{9\sqrt[3]{x^4}}<0$，表明曲线 $y=x^{\frac{2}{3}}$是凸曲线。

例 3.5.7 的 Maple 源程序

```
> #example7
> y:=cos(x);
                    y:=cos(x)
> y1:=diff(y,x);
                    y1:=-sin(x)
> y2:=diff(y1,x);
                    y2:=-cos(x)
> assume(x>0,x<Pi/2);is(y2>0);
                    false
> assume(x>Pi/2,x<Pi);is(y2>0);
                    true
> f:=x^(2/3);
                    f:=x~^2/3
> f1:=diff(f,x);
                          2
                    f1:=---------
                        3x~^(1/3)
> f2:=diff(f1,x);
                           2
                    f2:=-----------
                         9x~^(4/3)
```

定义 3.5.3（拐点）　对于连续曲线 $y=f(x)$ 上的点$(x_0,f(x_0))$，如果此点两侧曲线的凹凸性发生了改变，则称此点为曲线的拐点。

注　拐点是指曲线上的点，故应写为$(x_0,f(x_0))$，而不能称拐点为 x_0。可以看到，拐点产生于$f''(x)=0$ 及$f''(x)$不存在的点。

定理 3.5.5　若$f(x)$在 x_0 处二阶可导且$(x_0,f(x_0))$为曲线 $y=f(x)$的拐点，则$f''(x_0)=0$。

定理 3.5.6　设$f(x)$在 x_0 处有定义，且在 $\mathring{U}(x_0)$内二阶可导。若在 $\mathring{U}_+(x_0)$和 $\mathring{U}_-(x_0)$上 $f''(x)$的符号相反，则$(x_0,f(x_0))$为曲线 $y=f(x)$的拐点。

求曲线的凹凸区间与拐点的步骤：

（1）确定$f(x)$的定义域，并求$f'(x)$，$f''(x)$；

（2）解出使$f''(x)=0$的点和$f''(x)$不存在的点；

（3）用这些点将定义域分成若干小区间，列表判定$f''(x)$的符号；

（4）得出结论。

例 3.5.8 求函数$f(x)=x^4-2x^3+3x-1$的凹凸区间及拐点。

解 （1）函数的定义域为$(-\infty,+\infty)$，

$$f'(x)=4x^3-6x^2+3,\ f''(x)=12x^2-12x=12x(x-1);$$

（2）令$f''(x)=0$，得$x_1=0$，$x_2=1$；

（3）列表讨论如下：

x	$(-\infty,0)$	0	$(0,1)$	1	$(1,+\infty)$
$f''(x)$	+	0	−	0	+
$f(x)$	$\cup$	拐点	$\cap$	拐点	$\cup$

（4）由表可知，曲线$f(x)$在$(-\infty,0)$与$(1,+\infty)$上是凹的，在$(0,1)$上是凸的，曲线$f(x)$的拐点为$(0,-1)$和$(1,1)$。

例 3.5.8 的 Maple 源程序

```
> #example8
> f:=x^4-2*x^3+3*x-1;
                    f:=x^4-2x^3+3x-1
> f1:=diff(f,x);
                    f1:=4x^3-6x^2+3
> f2:=diff(f1,x);
                    f2:=12x^2-12x
> solve(f2=0);
                    0,1
> assume(x<0);is(f2>0);
                    true
> assume(x>0,x<1);is(f2>0);
                    false
> assume(x>1);is(f2>0);
                    true
> f:=x->x^4-2*x^3+3*x-1;
                    f:=x->x^4-2x^3+3x-1
> f(0),f(1);
                    -1,1
```

例 3.5.9　求函数$f(x)=(x+1)\sqrt[3]{x}$的凹凸区间与拐点。

解　(1) 函数的定义域为$(-\infty,+\infty)$，

$$f'(x)=\sqrt[3]{x}+\frac{x+1}{3\sqrt[3]{x^2}},\ f''(x)=\frac{2}{3}x^{-\frac{2}{3}}-\frac{2}{9}(x+1)x^{-\frac{5}{3}}=\frac{2(2x-1)}{9\sqrt[3]{x^5}};$$

(2) 令$f''(x)=0$得$x=\frac{1}{2}$，而$x=0$时$f''(x)$不存在；

(3) 列表讨论如下：

x	$(-\infty,0)$	0	$\left(0,\frac{1}{2}\right)$	$\frac{1}{2}$	$\left(\frac{1}{2},+\infty\right)$
$f''(x)$	+	不存在	−	0	+
$f(x)$	∪	拐点	∩	拐点	∪

(4) 所以$f(x)$在$\left(0,\frac{1}{2}\right)$上是凸的，在$(-\infty,0)$和$\left(\frac{1}{2},+\infty\right)$上是凹的，$(0,0)$和$\left(\frac{1}{2},\frac{3}{4}\sqrt[3]{4}\right)$是拐点。

例 3.5.9 的 Maple 源程序

```
> #example9
> f:=(x+1)*x^(1/3);
```

$$f:=(x+1)x^{(1/3)}$$

```
> f1:=diff(f,x);
```

$$f1:=x^{(1/3)}+\frac{x+1}{3x^{(2/3)}}$$

```
> f2:=diff(f1,x);
```

$$f2:=\frac{2}{3x^{(2/3)}}-\frac{2(x+1)}{9x^{(5/3)}}$$

```
> solve(f2=0);
```

$$\frac{1}{2}$$

```
> assume(x<0);is(f2>0);
```

true

```
> assume(x>0,x<1/2);is(f2>0);
```

false

```
> assume(x>1/2);is(f2>0);
```

true

```
> f:=x->(x+1)*x^(1/3);
```

$$f:=x\rightarrow(x+1)x^{(1/3)}$$

```
> f(0),f(1/2);
```

$$0,\frac{32^{(2/3)}}{4}$$

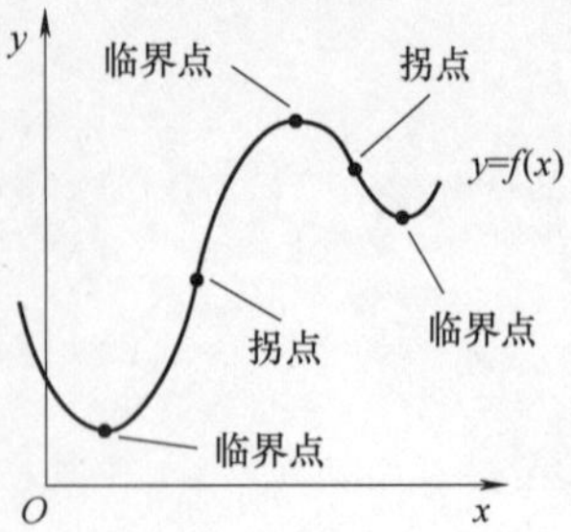

图 3.5.3

临界点和拐点是研究曲线几何性态的关键点，它们可以分别通过函数的一、二阶导数判定。图 3.5.3 标出了曲线 $y=f(x)$ 在某区间上的所有临界点和拐点。

3.5.4 渐近线

水平渐近线：如果 $\lim\limits_{x\to\infty}f(x)=A$，则直线 $y=A$ 是曲线 $y=f(x)$ 的一条水平渐近线；必要时，也可以分别考虑 $x\to+\infty$ 或 $x\to-\infty$ 时函数的单侧渐近线。

垂直渐近线：如果 $\lim\limits_{x\to x_0}f(x)=\infty$，则直线 $x=x_0$ 是曲线 $y=f(x)$ 的一条垂直渐近线；必要时，也可以分别考虑 $x\to x_0^+$ 或 $x\to x_0^-$ 时，函数 $f(x)\to\pm\infty$ 的单侧渐近线。

除了水平渐近线和垂直渐近线外，一般地曲线可能有形如 $y=ax+b$ 的渐近线，称为斜渐近线。显然如果 $a=0$ 时，就是水平渐近线。那么怎么知道曲线有斜渐近线，又如何来计算曲线的斜渐近线？所谓斜渐近线就是在 $|x|$ 充分大时，曲线与直线充分接近，即曲线上的点 M 与直线 $y=ax+b$ 的距离 $\rho(M,K)$ 满足 $\lim\limits_{x\to\infty}\rho(M,K)=0$，如图 3.5.4 所示。

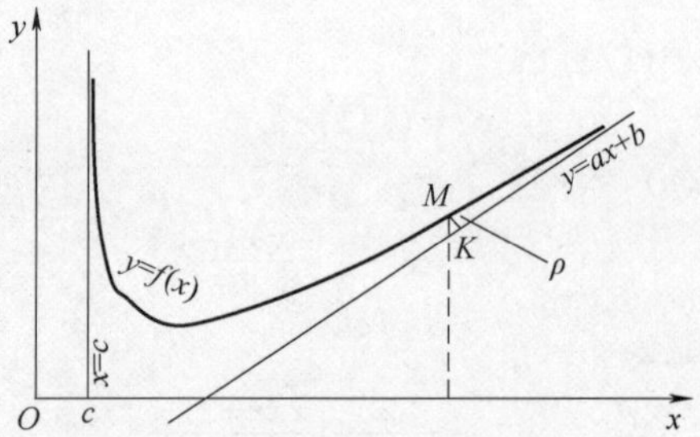

图 3.5.4

取 $\rho(M,K)=f(x)-ax-b$，显然，若 $y=ax+b$ 是渐近线当且仅当 $\rho(M,K)\to0\ (x\to\infty)$，即 $\lim\limits_{x\to\infty}[f(x)-ax-b]=0$，所以 $\lim\limits_{x\to\infty}\left[\dfrac{f(x)}{x}-a-\dfrac{b}{x}\right]=0$，有

$$a=\lim_{x\to\infty}\frac{f(x)}{x},\quad b=\lim_{x\to\infty}[f(x)-ax]。$$

例 3.5.10 讨论 $y=x+\operatorname{arccot}x$ 的渐近线。

解 由于这个函数在整个实数范围内连续，所以没有垂直渐近线，又因为当 $x\to\infty$ 时，$\dfrac{y}{x}=1+\dfrac{\operatorname{arccot}x}{x}\to1$，以及 $y-x=\operatorname{arccot}x=\begin{cases}0, & x\to+\infty,\\ \pi, & x\to-\infty,\end{cases}$

所以，当 $x\to+\infty$ 时，有渐近线 $y=x$，当 $x\to-\infty$ 时，有渐近线 $y=x+\pi$。

例 3.5.10 的 Maple 源程序

```
> #example10
> y:=x+arccot(x);#无垂直渐近线
```

$$y:=x+\operatorname{arccot}(x)$$

```
> Limit(y,x=infinity)=limit(y,x=infinity);
```

$$\lim_{x\to\infty} x+\operatorname{arccot}(x)=\infty$$

```
> #无水平渐近线
> Limit(y/x,x=infinity)=limit(y/x,x=infinity);
```

$$\lim_{x\to\infty}\frac{x+\operatorname{arccot}(x)}{x}=1$$

```
> Limit(y-x,x=+infinity)=limit(y-x,x=+infinity);
```

$$\lim_{x\to\infty}\operatorname{arccot}(x)=0$$

```
> Limit(y-x,x=-infinity)=limit(y-x,x=-infinity);
```

$$\lim_{x\to(-\infty)}\operatorname{arccot}(x)=\pi$$

```
> #斜渐近线 y=x,y=x+Pi
```

3.5.5 函数图形的描绘

我们在前面介绍了如何求函数的渐近线，如何判定函数的单调性、凹凸性，以及如何求极值、拐点。掌握了函数的这些重要几何性态，我们就能用手工大概描绘出函数曲线的简图。步骤如下：

（1）确定 $f(x)$ 的定义域、奇偶性、周期性；

（2）求 $f'(x)$，找出 $f(x)$ 的临界点；求 $f''(x)$，找出 $f''(x)=0$ 的点或 $f''(x)$ 不存在的点；

（3）用所有这些点把定义域分成若干小区间，列表确定单调区间与极值点、凹凸区间与拐点；

（4）讨论 $f(x)$ 有无水平或铅直渐近线；

（5）求出一些特殊的点（如曲线与坐标轴的交点），根据以上各步描绘 $y=f(x)$ 的图。

例 3.5.11　做出函数 $y=x^3-x^2-x+1$ 的图形。

解　（1）函数的定义域为 $(-\infty,+\infty)$，非奇非偶函数，非周期函数；

（2）$y'=3x^2-2x-1=3\left(x+\dfrac{1}{3}\right)(x-1)$，令 $y'=0$，得驻点 $x_1=-\dfrac{1}{3}$，$x_2=1$；$y''=6x-2$，令 $y''=0$，得 $x_3=\dfrac{1}{3}$；

(3) 列表讨论如下：

x	$\left(-\infty,-\frac{1}{3}\right)$	$-\frac{1}{3}$	$\left(-\frac{1}{3},\frac{1}{3}\right)$	$\frac{1}{3}$	$\left(\frac{1}{3},1\right)$	1	$(1,+\infty)$
y'	+	0	−	−	−	0	+
y''	−	−	−	0	+	+	+
y	增凸	极大	减凸	拐点	减凹	极小	增凹

$y_{极大}=y\big|_{x=-\frac{1}{3}}=\frac{32}{27}$，$y_{极小}=y\big|_{x=1}=0$，点$\left(\frac{1}{3},\frac{16}{27}\right)$为拐点；

(4) 描出一些特殊点，如：$f(-1)=0$，$f(1)=0$，$f\left(\frac{3}{2}\right)=\frac{5}{8}$；

(5) 描出图 3.5.5。

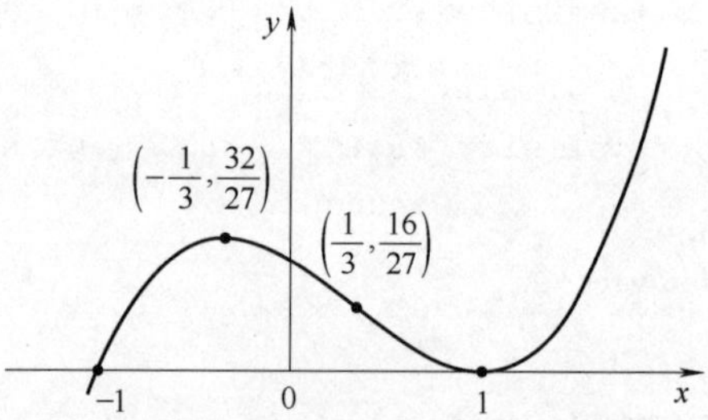

图 3.5.5

例 3.5.11 的 Maple 源程序

```
> #example11
> plot(x^3-x^2-x+1,x=-3/2..2);
```

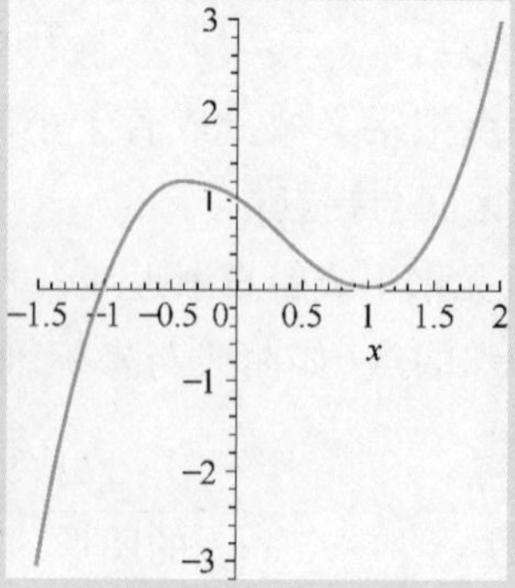

例 3.5.12 作函数$f(x)=e^{-x^2}$的图形。

解 (1) 函数$f(x)$的定义域是$(-\infty,+\infty)$，为偶函数，它的曲线关于y轴对称，由对称性，只需讨论函数在$[0,+\infty)$的图形；

(2) $f'(x)=-2xe^{-x^2}$，令$f'(x)=0$，得$x_1=0$；$f''(x)=$

$2e^{-x^2}(2x^2-1)$，令 $f''(x)=0$，得 $x_2=\dfrac{-\sqrt{2}}{2}$，$x_3=\dfrac{\sqrt{2}}{2}$；

（3）列表讨论如下：

x	0	$\left(0,\dfrac{\sqrt{2}}{2}\right)$	$\dfrac{\sqrt{2}}{2}$	$\left(\dfrac{\sqrt{2}}{2},+\infty\right)$
y'	0	–	–	–
y''	–	–	0	+
y	极大	减凸	拐点	减凹

从表知：当 $x=0$ 时，有极大值 $y=1$；曲线的拐点为 $\left(\pm\dfrac{\sqrt{2}}{2},\dfrac{\sqrt{e}}{e}\right)$；

（4）因为 $\lim\limits_{x\to\infty}e^{-x^2}=0$，所以 $y=0$ 是曲线的水平渐近线；

（5）描出图 3.5.6。

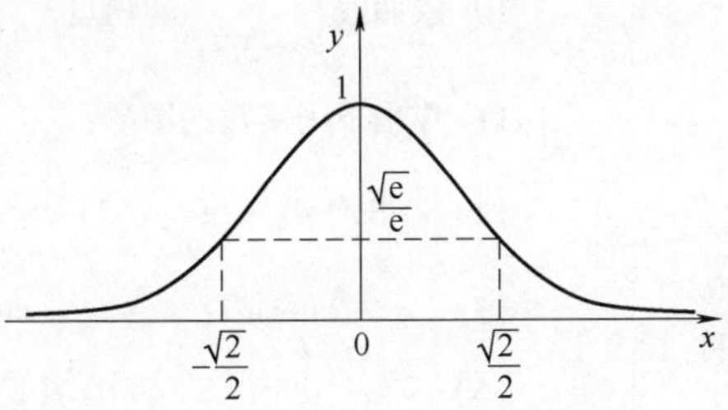

图　3.5.6

例 3.5.12 的 Maple 源程序

```
> #example12
> plot(exp(-x^2),x=-3..3);
```

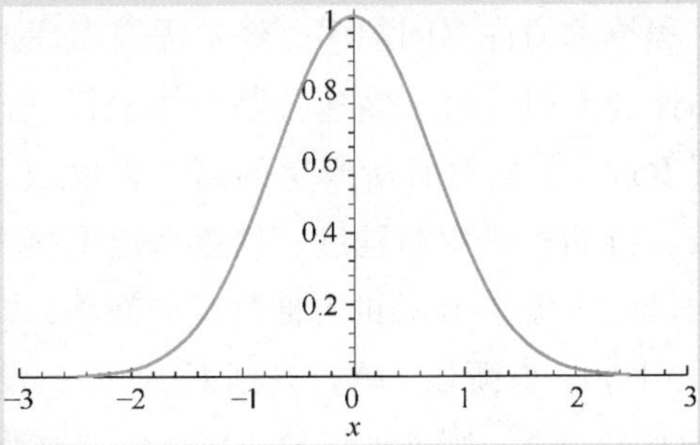

习题 3.5

1. 求下列函数的极值：

（1）$y=x^2+2x-1$；　（2）$y=x-e^x$；

（3）$y=(x^2-1)^3+2$；　（4）$y=x^4-2x^3$；

（5）$y=x^3(x-5)^2$；　（6）$y=(x-1)x^{\frac{2}{3}}$；

(7) $y=x-\ln(1+x)$；(8) $y=\dfrac{3x^2+4x+4}{x^2+x+1}$；

(9) $y=2x^3-x^4$；(10) $y=\dfrac{2x}{1+x^2}$；

(11) $f(x)=(2x-5)\sqrt[3]{x^2}$；(12) $f(x)=x^2+\dfrac{432}{x}$。

2. 求下列函数在所给闭区间上的最大值、最小值：

(1) $y=x^4-2x^3$，$[1,2]$；

(2) $y=x^3-3x^2-9x+5$，$[-4,4]$；

(3) $y=x+\sqrt{1-x}$，$[-5,1]$；

(4) $f(x)=(x-2)^2(x+1)^{\frac{2}{3}}$，$[-2,3]$。

3. 确定下列函数的凹凸区间及拐点：

(1) $y=x^4-2x^3$；(2) $y=xe^{-x}$；

(3) $y=x^4(12\ln x-7)$；(4) $y=\dfrac{x}{1+x^2}$；

(5) $y=2x^3-3x^2-36x+25$；(6) $f(x)=xe^{-x^2}$。

4. 证明：若函数 $y=f(x)$ 在点 x_0 的某邻域内三阶导数存在，且 $f''(x_0)=0$，$f'''(x_0)\neq 0$，则 $(x_0, f(x_0))$ 是拐点，且若 $f'''(x_0)>0$ 曲线左凸右凹；$f'''(x_0)<0$ 曲线左凹右凸。

5. 问 a,b 为何值时，$(1,3)$ 为曲线 $y=ax^3+bx^2$ 的拐点？

6. 证明曲线 $y=\dfrac{x-1}{x^2+1}$ 有三个拐点位于同一直线上。

7. 试确定曲线 $y=ax^3+bx^2+cx+d$ 中 a，b，c，d 的值，使 $x=-2$ 为函数的驻点，$(1,-10)$ 为曲线的拐点。

8. 用函数图形的凹凸性，证明不等式：

(1) $\dfrac{1}{2}(x^n+y^n)>\left(\dfrac{x+y}{2}\right)^n$ $(x>0,y>0,x\neq y,n>1)$；

(2) 对任意实数 a,b，有 $e^{(a+b)/2}\leqslant\dfrac{1}{2}(e^a+e^b)$；

(3) $x\ln x+y\ln y>(x+y)\ln\dfrac{x+y}{2}$ $(x>0,y>0,x\neq y)$。

9. 求曲线 $y=e^x\cos x$ 的拐点。

10. 求曲线 $\begin{cases}x=t^2,\\ y=3t+t^3\end{cases}$ 的拐点。

11. 作出下列函数的图形：

(1) $y=3x^4-4x^2+1$；(2) $y=\dfrac{x}{1+x^2}$；

(3) $y=x-2\arctan x$；(4) $y=e^{-(x-1)^2}$；

(5) $y=xe^{-x}$；(6) $f(x)=\sqrt[3]{x^3-x^2-x+1}$；

(7) $f(x)=\dfrac{1-2x}{x^2}+1$；(8) $y=\dfrac{\cos 2x}{\cos x}$。

3.6 曲率

在现代工程技术的许多问题中，经常需要考虑曲线的弯曲程度，如设计高速公路时，由于高速公路上车辆行驶速度较高，若弯道的弯曲程度过大，转弯时所产生的离心力也随之变大，容易出现翻车事故。再如桥梁弯曲程度、铁路弯道衔接等。数学上这类问题归结为研究曲线 $y=f(x)$ 的弯曲程度的问题，即曲率问题。

考察两段相等的小弧段 MN，其弧长为 Δs，设有一动点从点 M 沿着弧段移到点 N，则该动点的切线也相应地沿着弧段转动，在弧段的两端点的切线构成了一个正角 $\Delta\alpha$，此角称为转角。从图 3.6.1a 可以看出，曲线弯曲程度大的，转角也大；从图 3.6.1b 可以看出，虽然曲线转角相等，但弯曲程度不等。因此，弯曲程度的大小不能全由转角决定，它也与弧长有关，在转角相等的情况下，弧长较短的曲线，弯曲程度较大，即弯曲程度与转角成正比，与弧长成反比。

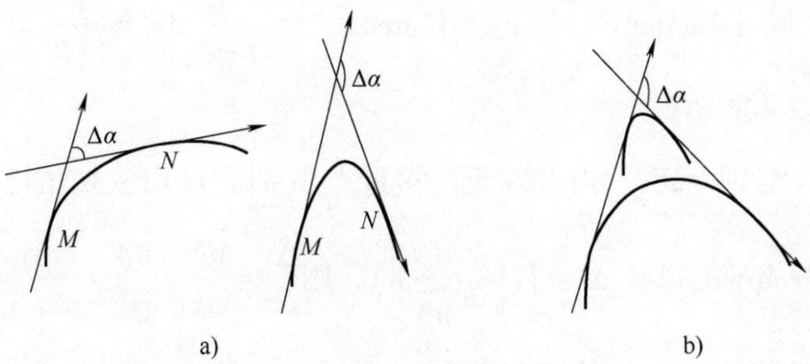

图　3.6.1

通常用 $\Delta\alpha$ 与 Δs 的比值来表示弧段 MN 的弯曲程度，称为 MN 的平均曲率，记为 $\overline{K}=\dfrac{\Delta\alpha}{\Delta s}$。当 Δs 越小，比值 $\dfrac{\Delta\alpha}{\Delta s}$ 越接近点 M 的弯曲程度(图 3.6.2)。于是，我们用极限给出曲率的定义。

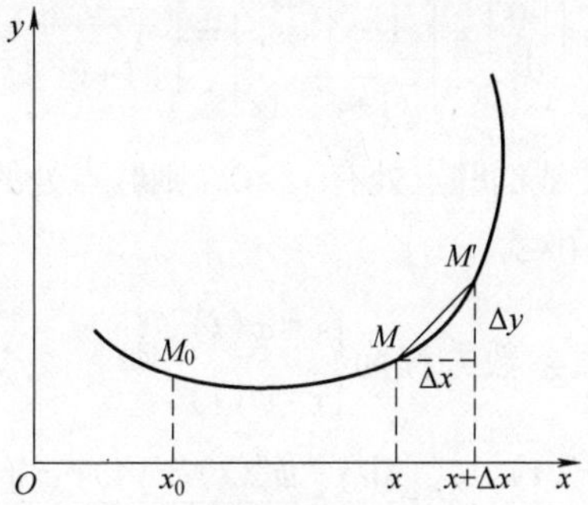

图　3.6.2

定义 3.6.1(曲率)　设点 M 和 N 是曲线 $y=f(x)$ 上的两点，如果当点 N 沿着曲线移近点 M 时，弧段 $\overset{\frown}{MN}$ 的平均曲率的极限存在，即 $K=\lim\limits_{\Delta s\to 0}\dfrac{\Delta\alpha}{\Delta s}$。称 K 的绝对值为该曲线 $y=f(x)$ 在点 M 处的曲率。

例 3.6.1　求半径为 R 的圆周上任意一点的曲率。

解　取任意圆弧 MN(见图 3.6.3)，$\Delta\alpha=\alpha=\angle MON$，$\Delta s=R\alpha$，有 $\overline{K}=\dfrac{\Delta\alpha}{\Delta s}=\dfrac{\alpha}{R\alpha}=\dfrac{1}{R}$，故 $K=\lim\limits_{\Delta s\to 0}\dfrac{\Delta\alpha}{\Delta s}=\lim\limits_{\Delta s\to 0}\dfrac{1}{R}=\dfrac{1}{R}$，所以圆周上任一点的曲率都等于半径的倒数。

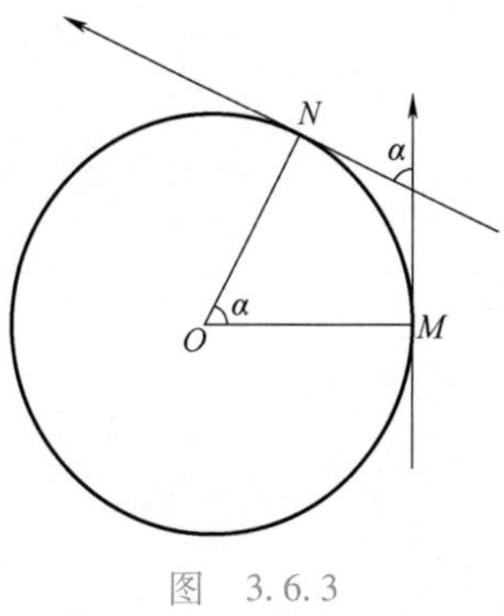

图　3.6.3

设函数 $y=f(x)$ 具有二阶导数，曲率 $K=\lim\limits_{\Delta s\to 0}\left|\dfrac{\Delta\alpha}{\Delta s}\right|=\left|\dfrac{\mathrm{d}\alpha}{\mathrm{d}s}\right|$，则

(1) 求 $\mathrm{d}\alpha$

由导数的几何意义知，曲线 $y=f(x)$ 在点 M 的切线斜率为 $y'=$

$\tan\alpha$，则 $\alpha=\arctan y'$，故 $\mathrm{d}\alpha=\mathrm{d}(\arctan y')=\dfrac{1}{1+y'^2}\mathrm{d}y'=\dfrac{y''}{1+y'^2}\mathrm{d}x$。

（2）求 $\mathrm{d}s$

考察弧段 $\overset{\frown}{MN}$，当点 N 无限接近点 M 时，可用弦 $\overline{MN}$ 的长近似地代替 MN 的弧长 Δs，且 $\lim\limits_{N\to M}\dfrac{MN}{\overline{MN}}=1$，则 $\dfrac{\Delta s}{\Delta x}=\dfrac{MN}{\Delta x}=\dfrac{MN}{\overline{MN}}\cdot\dfrac{\overline{MN}}{\Delta x}=\dfrac{MN}{\overline{MN}}\cdot\dfrac{\sqrt{\Delta x^2+\Delta y^2}}{\Delta x}=\dfrac{MN}{\overline{MN}}\cdot\sqrt{1+\left(\dfrac{\Delta y}{\Delta x}\right)^2}$。当 $N\to M$ 时，即 $\Delta x\to 0$ 时，取极限得 $\dfrac{\mathrm{d}s}{\mathrm{d}x}=\sqrt{1+\left(\dfrac{\mathrm{d}y}{\mathrm{d}x}\right)^2}$，即 $\mathrm{d}s=\sqrt{1+y'^2}\,\mathrm{d}x$，称 $\mathrm{d}s$ 为弧微分。

于是，曲率的计算公式为

$$K=\left|\frac{\mathrm{d}\alpha}{\mathrm{d}s}\right|=\left|\frac{\dfrac{y''}{1+y'^2}\mathrm{d}x}{\sqrt{1+y'^2}\,\mathrm{d}x}\right|=\left|\frac{y''}{(1+y'^2)^{\frac{3}{2}}}\right|。$$

注 （1）在曲线的驻点处有 $y'=0$，则驻点处的曲率为 $K=|y''|$。

（2）曲率 $K=0\Leftrightarrow y''=0$；

（3）如果曲线参数方程为 $\begin{cases}x=\varphi(t),\\ y=\psi(t),\end{cases}$ 则

$$y'=\frac{\mathrm{d}y}{\mathrm{d}x}=\frac{\psi'(t)}{\varphi'(t)},\quad y''=\frac{\mathrm{d}^2y}{\mathrm{d}x^2}=\frac{\psi''(t)\varphi'(t)-\varphi''(t)\psi'(t)}{\varphi'^3(t)},$$

$$K=\frac{|\psi''(t)\varphi'(t)-\varphi''(t)\psi'(t)|}{[\varphi'^2(t)+\psi'^2(t)]^{\frac{3}{2}}}。$$

（4）如果曲线极坐标方程为 $r=r(\theta)$，也可以写为 $\begin{cases}x=r(\theta)\cos\theta,\\ y=r(\theta)\sin\theta,\end{cases}$ 视 θ 为参数，有 $K=\dfrac{|r^2(\theta)+2r'^2(\theta)-r(\theta)r''(\theta)|}{(r'^2(\theta)+r^2(\theta))^{\frac{3}{2}}}$。

例 3.6.2 求抛物线 $y=x^3$ 在点 $M(1,1)$ 的曲率。

解 $y'|_{x=1}=3x^2|_{x=1}=3$，$y''|_{x=1}=6x|_{x=1}=6$，故

$$K=\left|\frac{y''}{(1+y'^2)^{\frac{3}{2}}}\right|_{(1,1)}=\left|\frac{6}{10^{\frac{3}{2}}}\right|=\frac{3\sqrt{10}}{50}。$$

例 3.6.2 的 Maple 源程序

```
> #example2
> f:=x->x^3;
                    f:=x→x^3
> f1:=D(f)(1);
```

```
                    f1 :=3
> f2:=D(D(f))(1);
                    f2 :=6
> K:=abs(f2)/(1+(f1)^2)^(3/2);
                    K:=3 √10 / 50
```

例 3.6.3　研究曲线 $y=kx+b$，$x^2+y^2=R^2$ 上任意一点处的曲率。

解　曲线 $y=kx+b$：$y'=k$，$y''=0$，由公式可得 $K=0$，表明直线的弯曲程度等于零。

例 3.6.3 的 Maple 源程序

```
> #example3
> y:=x->k*x+b;
                    y :=x→kx+b
> y1:=D(y)(x);
                    y1 :=k
> y2:=D(D(y))(x);
                    y2 :=0
> K:=abs(y2)/(1+(y1)^2)^(3/2);
                    K:=0
```

曲线 $x^2+y^2=R^2$：$2x+2yy'=0$，$y'=-\dfrac{x}{y}$；$y''=-\dfrac{y-xy'}{y^2}=-\dfrac{R^2}{y^3}$，利用公式有 $K=\dfrac{|y''|}{(1+y'^2)^{\frac{3}{2}}}=\dfrac{\left|-\dfrac{R^2}{y^3}\right|}{\left(1+\left(-\dfrac{x}{y}\right)^2\right)^{\frac{3}{2}}}=\dfrac{R^2}{(x^2+y^2)^{\frac{3}{2}}}=\dfrac{1}{R}$。这表明：圆上任意一点处的曲率都相等，即圆上任意一点处的弯曲程度相同，且曲率等于圆的半径的倒数。

例 3.6.4　求摆线$\begin{cases}x=a(\theta-\sin\theta),\\y=a(1-\cos\theta)\end{cases}(0\leqslant\theta\leqslant2\pi)$的曲率，并讨论在摆线上哪一点曲率最小？最小的曲率是多少？（$a>0$）

解　$y'=\dfrac{a\sin\theta}{a(1-\cos\theta)}=\cot\dfrac{\theta}{2}$，$y''=-\dfrac{1}{2}\csc^2\dfrac{\theta}{2}\cdot\dfrac{1}{a(1-\cos\theta)}=-\dfrac{1}{4a}\csc^4\dfrac{\theta}{2}$，$(1+y'^2)^{\frac{3}{2}}=\left(1+\cot^2\dfrac{\theta}{2}\right)^{\frac{3}{2}}=\csc^3\dfrac{\theta}{2}$，故

$$K=\frac{|y''|}{(1+y'^2)^{\frac{3}{2}}}=\frac{1}{\csc^3\dfrac{\theta}{2}}\cdot\left|-\frac{1}{4a}\csc^4\frac{\theta}{2}\right|=\frac{1}{4a}\csc\frac{\theta}{2}=\frac{1}{4a}\cdot\frac{1}{\sin\dfrac{\theta}{2}}。$$

为了求曲率 K 的最小值，即求 $y=\sin\dfrac{\theta}{2}$ 的最大值$(0\leqslant\theta\leqslant 2\pi)$；易知 $\dfrac{\theta}{2}=\dfrac{\pi}{2}$ 时，即 $\theta=\pi$ 为 $y=\sin\dfrac{\theta}{2}$ 的最大值点，从而 $\theta=\pi$ 时曲率 K 的最小；即曲线上点$(a\pi,2a)$的曲率最小，最小曲率 $\min K=K(\pi)=\dfrac{1}{4a}\csc\dfrac{\pi}{2}=\dfrac{1}{4a}$。

例 3.6.4 的 Maple 源程序

```
> #example4
> x:=a*(t-sin(t));
```

$$x:=a\,(t-\sin(t))$$

```
> y:=a*(1-cos(t));
```

$$y:=a\,(1-\cos(t))$$

```
> y1:=diff(y,t)/diff(x,t);
```

$$y1:=\frac{\sin(t)}{1-\cos(t)}$$

```
> y2:=diff(y1,t)/diff(x,t);
```

$$y2:=\frac{\dfrac{\cos(t)}{1-\cos(t)}-\dfrac{\sin(t)^2}{(1-\cos(t))^2}}{a\,(1-\cos(t))}$$

```
> K:=abs(y2)/(1+(y1)^2)^(3/2);
```

$$K:=\frac{\left|\dfrac{\dfrac{\cos(t)}{1-\cos(t)}-\dfrac{\sin(t)^2}{(1-\cos(t))^2}}{a\,(1-\cos(t))}\right|}{\left(\dfrac{\sin(t)^2}{(1-\cos(t))^2}+1\right)^{(3/2)}}$$

```
> K1:=diff(K,t);
```

$$K1:=\mathrm{abs}\left(1,\frac{\dfrac{\cos(t)}{1-\cos(t)}-\dfrac{\sin(t)^2}{(1-\cos(t))^2}}{a\,(1-\cos(t))}\right)\left(\frac{-\dfrac{\sin(t)}{1-\cos(t)}-\dfrac{3\cos(t)\sin(t)}{(1-\cos(t))^2}+\dfrac{2\sin(t)^3}{(1-\cos(t))^3}}{a\,(1-\cos(t))}-\frac{\left(\dfrac{\cos(t)}{1-\cos(t)}-\dfrac{\sin(t)^2}{(1-\cos(t))^2}\right)\sin(t)}{a\,(1-\cos(t))^2}\right)\Bigg/\left(\frac{\sin(t)^2}{(1-\cos(t))^2}+1\right)^{(3/2)}-\frac{3}{2}\,\frac{\left|\dfrac{\dfrac{\cos(t)}{1-\cos(t)}-\dfrac{\sin(t)^2}{(1-\cos(t))^2}}{a\,(1-\cos(t))}\right|\left(\dfrac{2\cos(t)\sin(t)}{(1-\cos(t))^2}-\dfrac{2\sin(t)^3}{(1-\cos(t))^3}\right)}{\left(\dfrac{\sin(t)^2}{(1-\cos(t))^2}+1\right)^{(5/2)}}$$

```
> solve(K1=0,t);
```

$$\pi$$

定义 3.6.2(曲率半径)　曲线 $y=f(x)$ 上一点 M 的曲率 K 的倒数记为 $R=\frac{1}{K}=\left|\frac{(1+y')^{\frac{3}{2}}}{y''}\right|$，称为曲线在点 M 的**曲率半径**。

由此定义，曲率半径 R 越大，曲率则越小，相应的曲线就越平缓。

定义 3.6.3(曲率圆)　作曲线在一点处的法线，并由此点向曲线凹的一侧取长度为 R，对应的点则称为曲率中心 D；以曲率中心 D 为圆心，曲率半径 R 为半径作圆，即为**曲率圆**。

曲率圆的特点：在该点与曲线相切(y'相等)、有相同曲率(弯曲程度相同)且凹向一致(y''相同)。因此，在研究一些问题时，用曲率圆近似代替曲线较用切线近似代替曲线其近似程度进一步提高。

习题 3.6

1. 求下列曲线在指定点处的曲率：

(1) 曲线 $xy=4$，点 $(2,2)$ 处；

(2) 曲线 $\begin{cases}x=a(\cos t+t\sin t),\\ y=a(\sin t-t\cos t),\end{cases}$ $t=\frac{\pi}{2}$ 处；

(3) 曲线 $x^2+xy+y^2=3$，点 $(1,1)$ 处；

(4) 抛物线 $y=4x-x^2$ 的顶点处；

(5) 双曲线 $\frac{x^2}{a^2}-\frac{y^2}{b^2}=1$，点 (x_0,y_0) 处；

(6) 曲线 $\begin{cases}x=a\cos t,\\ y=b\sin t\end{cases}$ $(a,b>0)$，$t=\frac{\pi}{2}$ 处。

2. 在抛物线 $y^2=8x$ 上哪一点曲率等于 0.128?

3. 曲线 $y=e^x$ 在何处有最大曲率?

4. 选择 a、b、c 使曲线 $y=ax^2+bx+c$ 在 $x=0$ 处与曲线 $y=\cos x$ 有相同的切线和曲率。

总 习 题 3

1. 填空题：

(1) 曲线 $y=xe^{2x}$ 在区间________内是凸的。

(2) 设函数 $f(x)$ 在区间 $[a,b]$(其中 $a<b$)上连续，且单调减少，则 $f(x)$ 在 $[a,b]$ 上的最大值是________。

2. 选择题：

(1) 设 $f(x)$ 在点 $x=x_0$ 的某一邻域内具有三阶连续导数，且 $f'(x_0)=f''(x_0)=0$，$f'''(x_0)>0$，则 $f(x)$ 在点 $x=x_0$ 处(　　)。

A. 有极大值　　B. 有极小值

C. 有拐点　　D. 无极值，也无拐点

(2) 函数 $y=6x+\frac{3}{x}-x^3$ 在 $x=1$ 处(　　)。

A. 有极小值　　B. 有极大值

C. 有拐点　　D. 既无极值又无拐点

(3) 设 $f(x)$ 在 $(-\infty,+\infty)$ 上具有二阶导数，则当 $f'(x_0)=0$ 且 $f(x)$ 满足条件(　　)时，可得 $f(x_0)$ 必为 $f(x)$ 在 $(-\infty,+\infty)$ 上的最大值。

A. $x=x_0$ 是 $f(x)$ 的极值点

B. $x=x_0$ 是 $f(x)$ 的唯一驻点

C. $f''(x)$ 在 $(-\infty,+\infty)$ 上恒为负

D. $f''(x_0)\neq0$

(4) 设$f(x)$和$g(x)$在$[a,b]$上可导，且恒为正(其中$a<b$)，若$f'(x)g(x)+f(x)g'(x)<0$，则当$x\in[a,b]$时，不等式(　　)。

A. $\dfrac{f(x)}{g(x)}>\dfrac{f(a)}{g(a)}$成立

B. $\dfrac{f(x)}{g(x)}>\dfrac{f(b)}{g(b)}$成立

C. $f(x)g(x)>f(b)g(b)$成立

D. $f(x)g(x)>f(a)g(a)$成立

3. 设$f(x)$在闭区间$[a,b]$上连续，在(a,b)内$f''(x_0)<0$，证明对一切$x\in(a,b)$，都有

$$\frac{f(x)-f(a)}{x-a}>\frac{f(b)-f(a)}{b-a}。$$

4. 证明不等式$\dfrac{2}{\pi}x<\sin x<x\quad\left(0<x<\dfrac{\pi}{2}\right)$。

5. 证明方程$x^2=x\sin x+\cos x$恰好只有两个不同的实数根。

6. 设$f(x)=\begin{cases}\dfrac{g(x)}{x}, & x\neq0,\\ 0, & x=0,\end{cases}$且$g(0)=g'(0)=0$，$g''(0)=3$。求$f'(0)$。

7. 设$f(0)=0$，f'在原点的某邻域内连续，且$f'(0)=0$，证明：$\lim\limits_{x\to0^+}x^{f(x)}=1$。

8. 当a为何值时，$f(x)=a\sin x+\dfrac{1}{3}\sin3x$在$x=\dfrac{\pi}{3}$处取得极值？它是极大值还是极小值？并求此极值。

9. 在直线$3x-y=0$上求一点，使它与点$A(1,1)$和点$B(2,3)$的距离二次方和为最小。

10. 对数曲线$y=\ln x$上哪一点处的曲率半径最小？求出该点处的曲率半径。

11. 设函数$f(x)$在点0的某一邻域连续且二次可导，且$f(0)=0$，定义$g(0)=f'(0)$，且当$x\neq0$时，$g(x)=\dfrac{f(x)}{x}$，求证$g(x)$在这邻域内是连续可导的。

第4章 不定积分

第2章中讨论了如何求某个已知函数的导函数，但是在许多实际问题中，往往需要讨论它的反问题，即寻找一个可导函数，使得它的导函数是某个已知函数。由于导数又称微商，导数与微分等相关内容统称为微分学，因此也有人称上述过程为反微分，也就是所谓的积分。

4.1 不定积分的概念及性质

4.1.1 不定积分的概念

定义 4.1.1(原函数) 如果在区间 I 上 $F'(x)=f(x)$，则称 $F(x)$ 为 $f(x)$ 在区间 I 上的一个**原函数**。

例如，由于 $(x^2+1)'=2x$，所以 x^2+1 是 $2x$ 的一个原函数；$(\ln 2x)'=\dfrac{1}{x}$，所以 $\ln 2x$ 是 $\dfrac{1}{x}$ 的一个原函数。

注 (1) 闭区间上的连续函数一定存在原函数。

(2) 若 $F(x)$ 是 $f(x)$ 的一个原函数，则 $F(x)+C$ 显然也都是 $f(x)$ 的原函数(其中 C 为任意常数)，也就是说如果 $f(x)$ 有一个原函数，那么意味着 $f(x)$ 有无限多个原函数。

(3) $f(x)$ 的任意两个原函数之间只相差一个常数。

由以上几点说明，引入不定积分的定义。

定义 4.1.2(不定积分) $f(x)$ 在区间 I 上的全体原函数称为 $f(x)$ 在 I 上的**不定积分**，记作

$$\int f(x)\,dx。$$

其中 $\int$ 为**积分号**；$f(x)$ 为**被积函数**；$f(x)\,dx$ 为**被积表达式**；x 为**积分变量**。

也就是说，如果 $F(x)$ 是 $f(x)$ 在区间 I 上的一个原函数，那么 $f(x)$ 在 I 上的不定积分可表示为 $\int f(x)\,dx=F(x)+C$，其中 C 为**积分常数**。

例如，函数 $f(x)=1$ 的不定积分为 $\int 1dx=x+C$；函数 $f(x)=x^2$ 的不定积分为 $\int x^2dx=\frac{1}{3}x^3+C$。

注 (1) 不定积分与原函数是总体与个体的关系，若 $F(x)$ 是 $f(x)$ 的一个原函数，则 $f(x)$ 的不定积分是一个函数族 $\{F(x)+C\}$，其中 C 是任意常数。

(2) 被积函数 $f(x)$ 的原函数的图形称为 $f(x)$ 的积分曲线，而 $f(x)$ 的不定积分则表示它的某一条积分曲线沿 y 轴方向平移而成的积分曲线族，如图 4.1.1 所示。

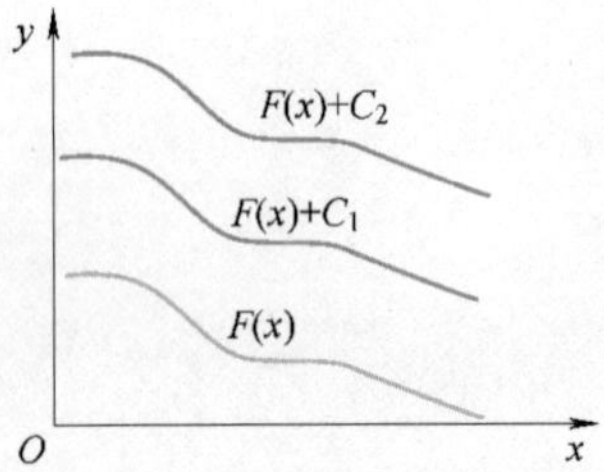

图 4.1.1

一个函数的原函数尽管有无限多个，但它们图形的几何形状是相同的，函数 $f(x)$ 的任意一条积分曲线都可由另一条积分曲线沿 y 轴方向平移而得，若在每一条积分曲线上横坐标相同的点处作切线，则这些切线互相平行。

例 4.1.1 求 $\int\frac{1}{x}dx$。

解 当 $x>0$ 时，有 $(\ln x)'=\frac{1}{x}$，所以在 $(0,+\infty)$ 内 $\frac{1}{x}$ 的一个原函数是 $\ln x$；当 $x<0$ 时，有 $[\ln(-x)]'=\frac{1}{x}$，所以在 $(-\infty,0)$ 内 $\frac{1}{x}$ 的一个原函数是 $\ln(-x)$，因此在 $(-\infty,0)\cup(0,+\infty)$ 上，$\frac{1}{x}$ 的一个原函数是 $\ln|x|$，故 $\int\frac{1}{x}dx=\ln|x|+C$。

例 4.1.1 的 Maple 源程序

```
> #example1
> Int(1/x,x);
```

$$\int\frac{1}{x}dx$$

```
> int(1/x,x);
```

$$\ln(x)$$

例 4.1.2 已知某曲线上任意一点 (x,y) 处的切线斜率为该点横坐标的相反数，且该曲线过点 $(0,1)$，求此曲线方程。

解 设所求曲线的方程为 $y=f(x)$，由题意可知 $f'(x)=-x$，所以

$$f(x)=\int(-x)\mathrm{d}x=-\frac{1}{2}x^2+C,$$

又 $f(0)=1$，得 $C=1$，因此曲线方程为 $y=-\frac{1}{2}x^2+1$。

例 4.1.2 的 Maple 源程序

```
> #example2
> Int(-x,x);
```

$$\int -x\,dx$$

```
> value(%);
```

$$-\frac{x^2}{2}$$

```
> u:=(x,y)->y+x^2/2;
```

$$u:=(x,y)\to y+\frac{1}{2}x^2$$

```
> C:=u(0,1);
```

$$C:=1$$

在许多实际问题中，如果要计算某个具体的原函数，通常先求出全体原函数，然后根据初始条件 $F(x_0)=y_0$ 来确定所求的原函数，即此原函数的图形就是积分曲线族中通过点 (x_0,y_0) 的那条积分曲线。

4.1.2 基本积分公式

求导数只需要按照求导法则进行即可，然而求积分却不像求导数那么简单，在运算过程中包含很多技巧。下面列出一些基本函数的积分公式，许多积分问题需要最终转化为这些基本函数的不定积分然后求解，所以这些公式需要熟记在心。

(1) $\int k\mathrm{d}x=kx+C$ (k 是常数)； (2) $\int x^{\mu}\mathrm{d}x=\frac{x^{\mu+1}}{\mu+1}+C(\mu\neq-1)$；

(3) $\int\frac{\mathrm{d}x}{x}=\ln|x|+C(x\neq0)$； (4) $\int a^x\mathrm{d}x=\frac{a^x}{\ln a}+C(a>0,a\neq1)$；

(5) $\int \mathrm{e}^x\mathrm{d}x=\mathrm{e}^x+C$； (6) $\int\cos x\mathrm{d}x=\sin x+C$；

(7) $\int\sin x\mathrm{d}x=-\cos x+C$； (8) $\int\frac{\mathrm{d}x}{\cos^2x}=\int\sec^2x\mathrm{d}x=\tan x+C$；

(9) $\int\frac{\mathrm{d}x}{\sin^2x}=\int\csc^2x\mathrm{d}x=-\cot x+C$； (10) $\int\sec x\tan x\mathrm{d}x=\sec x+C$；

(11) $\int \csc x\cot x\,\mathrm{d}x=-\csc x+C$; (12) $\int\frac{\mathrm{d}x}{\sqrt{1-x^2}}=\begin{cases}\arcsin x+C,\\-\arccos x+C;\end{cases}$

(13) $\int\frac{\mathrm{d}x}{1+x^2}=\begin{cases}\arctan x+C,\\-\operatorname{arccot} x+C;\end{cases}$ (14) $\int \operatorname{sh}x\,\mathrm{d}x=\operatorname{ch}x+C$;

(15) $\int \operatorname{ch}x\,\mathrm{d}x=\operatorname{sh}x+C$。

4.1.3 不定积分的性质

性质 4.1.1 设函数 $f(x)$ 及 $g(x)$ 的原函数存在，则

(1) $\left(\int f(x)\,\mathrm{d}x\right)'=f(x)$，$\mathrm{d}\int f(x)\,\mathrm{d}x=f(x)\,\mathrm{d}x$;

(2) $\int f'(x)\,\mathrm{d}x=f(x)+C$，$\int \mathrm{d}f(x)=f(x)+C$;

(3) $\int \alpha f(x)\,\mathrm{d}x=\alpha\int f(x)\,\mathrm{d}x$（$\alpha$ 为常数，$\alpha\neq 0$）;

(4) $\int[f(x)\pm g(x)]\,\mathrm{d}x=\int f(x)\,\mathrm{d}x\pm\int g(x)\,\mathrm{d}x$。

证明 (1) 设 $F(x)$ 是 $f(x)$ 的一个原函数，即 $F'(x)=f(x)$，则 $\left(\int f(x)\,\mathrm{d}x\right)'=(F(x)+C)'=F'(x)=f(x)$;

(2) 设 $f(x)$ 是 $f'(x)$ 的一个原函数，则 $\int f'(x)\,\mathrm{d}x=f(x)+C$;

(3) 由于 $\left(\alpha\int f(x)\,\mathrm{d}x\right)'=\alpha'\int f(x)\,\mathrm{d}x+\alpha\left(\int f(x)\,\mathrm{d}x\right)'=\alpha\left(\int f(x)\,\mathrm{d}x\right)'=\alpha f(x)$，再结合 (1) 中结论可知 $\int\alpha f(x)\,\mathrm{d}x=\alpha\int f(x)\,\mathrm{d}x$;

(4) $\left[\int f(x)\,\mathrm{d}x\pm\int g(x)\,\mathrm{d}x\right]'=\left(\int f(x)\,\mathrm{d}x\right)'\pm\left(\int g(x)\,\mathrm{d}x\right)'=f(x)\pm g(x)$，即 $\int[f(x)\pm g(x)]\,\mathrm{d}x=\int f(x)\,\mathrm{d}x\pm\int g(x)\,\mathrm{d}x$。

由性质 4.1.1 中的 (3)(4) 可知不定积分满足线性运算，即

推论 4.1.1 若函数 $f(x)$ 与 $g(x)$ 在区间 I 上都存在原函数，则对 $\forall\alpha,\beta\in\mathbf{R}$（$\alpha,\beta$ 不全为零），有

$$\int(\alpha f(x)+\beta g(x))\,\mathrm{d}x=\alpha\int f(x)\,\mathrm{d}x+\beta\int g(x)\,\mathrm{d}x。$$

推论 4.1.2 若 $f_i(x)\,(i=1,2,\cdots,n)$ 在区间 I 上都存在原函数，则它们的线性组合 $f(x)=\sum\limits_{i=1}^{n}k_if_i(x)$ 在区间 I 上也存在原函数，且

$$\int f(x)\mathrm{d}x=\int\sum_{i=1}^{n}k_i f_i(x)\mathrm{d}x=\sum_{i=1}^{n}k_i\int f_i(x)\mathrm{d}x,$$

其中 $k_i(i=1,2,\cdots,n)$ 为不全为零的任意常数。

利用不定积分的基本积分公式以及性质 4.1.1 中的(3)(4)这两个运算法则，可以计算一些简单的不定积分。

例 4.1.3　求不定积分 $\int\left(1-\frac{1}{x^2}\right)\sqrt{x\sqrt{x}}\,\mathrm{d}x$。

解

$$\int\left(1-\frac{1}{x^2}\right)\sqrt{x\sqrt{x}}\,\mathrm{d}x=\int\left(x^{\frac{3}{4}}-x^{-\frac{5}{4}}\right)\mathrm{d}x=\int x^{\frac{3}{4}}\mathrm{d}x-\int x^{-\frac{5}{4}}\mathrm{d}x$$

$$=\frac{4}{7}x^{\frac{7}{4}}+C_1+4x^{-\frac{1}{4}}+C_2$$

$$=\frac{4}{7}x^{\frac{7}{4}}+4x^{-\frac{1}{4}}+C,$$

其中 $C=C_1+C_2$，即在积分过程中，积分常数可以合并。因此，在求代数和的不定积分时只需在积分最后写一个积分常数 C 即可。

例 4.1.3 的 Maple 源程序

```
> #example3
> Int((1-1/x^2) * sqrt(x * sqrt(x)),x)=int((1-1/x^2) *
sqrt(x * sqrt(x)),x);
```

$$\int\left(1-\frac{1}{x^2}\right)\sqrt{x^{(3/2)}}\,dx=\frac{4\,(x^2+7)\sqrt{x^{(3/2)}}}{7x}$$

例 4.1.4　求不定积分 $\int\left(\frac{1-x}{x}\right)^2\mathrm{d}x$。

解

$$\int\left(\frac{1-x}{x}\right)^2\mathrm{d}x=\int\frac{1-2x+x^2}{x^2}\mathrm{d}x$$

$$=\int\left(\frac{1}{x^2}-\frac{2}{x}+1\right)\mathrm{d}x$$

$$=-\frac{1}{x}-2\ln|x|+x+C。$$

例 4.1.4 的 Maple 源程序

```
> #example4
> Int(((1-x)/x)^2,x)=int(((1-x)/x)^2,x);
```

$$\int\frac{(1-x)^2}{x^2}dx=x-\frac{1}{x}-2\ln(x)$$

例 4.1.5 求$\int\left(\frac{3}{1+x^2}-\frac{2}{\sqrt{1-x^2}}\right)\mathrm{d}x$。

解 $\int\left(\frac{3}{1+x^2}-\frac{2}{\sqrt{1-x^2}}\right)\mathrm{d}x=3\arctan x-2\arcsin x+C$。

例 4.1.5 的 Maple 源程序

```
> #example5
> Int(3/(1+x^2)-2/sqrt(1-x^2),x);
```

$$\int\frac{3}{x^2+1}-\frac{2}{\sqrt{-x^2+1}}dx$$

```
> value(%);
```

$$3\arctan(x)-2\arcsin(x)$$

例 4.1.6 求$\int\frac{\cos 2x}{\cos x-\sin x}\mathrm{d}x$。

解 $\int\frac{\cos 2x}{\cos x-\sin x}\mathrm{d}x=\int\frac{\cos^2x-\sin^2x}{\cos x-\sin x}\mathrm{d}x=\int(\cos x+\sin x)\mathrm{d}x$

$=\sin x-\cos x+C$。

例 4.1.6 的 Maple 源程序

```
> #example6
> Int(cos(2*x)/(cos(x)-sin(x)),x);
```

$$\int\frac{\cos(2x)}{\cos(x)-\sin(x)}dx$$

```
> value(%);
```

$$\sin(x)-\cos(x)$$

例 4.1.7 求$\int\tan^2x\mathrm{d}x$。

解 $\int\tan^2x\mathrm{d}x=\int(\sec^2x-1)\mathrm{d}x=\tan x-x+C$。

例 4.1.7 的 Maple 源程序

```
> #example7
> Int(tan(x)^2,x);
```

$$\int\tan(x)^2dx$$

```
> int(tan(x)^2,x);
```

$$\tan(x)-x$$

例 4.1.8　求$\int \frac{\mathrm{d}x}{\sin^2 x \cos^2 x}$。

解　$\int \frac{\mathrm{d}x}{\sin^2 x \cos^2 x} = \int \frac{\sin^2 x + \cos^2 x}{\sin^2 x \cos^2 x}\mathrm{d}x = \int \frac{1}{\cos^2 x}\mathrm{d}x + \int \frac{1}{\sin^2 x}\mathrm{d}x$

$= \tan x - \cot x + C$。

例 4.1.8 的 Maple 源程序

```
> #example8
> Int(1/((sin(x))^2 * (cos(x))^2),x);
```

$$\int \frac{1}{\sin(x)^2\cos(x)^2}dx$$

```
> int(1/((sin(x))^2 * (cos(x))^2),x);
```

$$\frac{1}{\sin(x)\cos(x)} - \frac{2\cos(x)}{\sin(x)}$$

```
> simplify(%);
```

$$-\frac{2\cos(x)^2-1}{\sin(x)\cos(x)}$$

例 4.1.9　求$\int\left(\sqrt{\frac{1-x}{1+x}}+\sqrt{\frac{1+x}{1-x}}\right)\mathrm{d}x$。

解　注意到$\sqrt{\frac{1-x}{1+x}}+\sqrt{\frac{1+x}{1-x}} = \frac{1-x}{\sqrt{1-x^2}} + \frac{1+x}{\sqrt{1-x^2}} = \frac{2}{\sqrt{1-x^2}}$，则

$$\int\left(\sqrt{\frac{1-x}{1+x}}+\sqrt{\frac{1+x}{1-x}}\right)\mathrm{d}x = \int \frac{2}{\sqrt{1-x^2}}\mathrm{d}x = 2\arcsin x + C。$$

例 4.1.9 的 Maple 源程序

```
> #example9
> Int(sqrt((1-x)/(1+x))+sqrt((1+x)/(1-x)),x);
```

$$\int \sqrt{\frac{1-x}{x+1}}+\sqrt{\frac{x+1}{1-x}}dx$$

```
> value(%);
```

$$\frac{\sqrt{-\frac{-1+x}{x+1}}\,(x+1)\,(\sqrt{-x^2+1}+\arcsin(x))}{\sqrt{-(-1+x)\,(x+1)}}+$$

$$\frac{\sqrt{-\frac{x+1}{-1+x}}\,(-1+x)\,(\sqrt{-x^2+1}-\arcsin(x))}{\sqrt{-(-1+x)\,(x+1)}}$$

```
> Int(2/sqrt(1-x^2),x);
```

$$\int \frac{2}{\sqrt{-x^2+1}}dx$$

```
> value(%);
```

$$2\arcsin(x)$$

例 4.1.10 求$\int\frac{\sqrt{x}-2\sqrt[3]{x^2}+1}{\sqrt[4]{x}}dx$。

解 $\int\frac{\sqrt{x}-2\sqrt[3]{x^2}+1}{\sqrt[4]{x}}dx=\int(x^{\frac{1}{4}}-2x^{\frac{5}{12}}+x^{-\frac{1}{4}})dx$

$$=\frac{4}{5}x^{\frac{5}{4}}-\frac{24}{17}x^{\frac{17}{12}}+\frac{4}{3}x^{\frac{3}{4}}+C。$$

例 4.1.10 的 Maple 源程序

```
> #example10
> Int((sqrt(x)-2*x^(2/3)+1)/x^(1/4),x);
```

$$\int\frac{\sqrt{x}-2x^{(2/3)}+1}{x^{(1/4)}}dx$$

```
> value(%);
```

$$\frac{4x^{(5/4)}}{5}-\frac{24x^{\left(\frac{17}{12}\right)}}{17}+\frac{4x^{(3/4)}}{3}$$

绝大多数积分并不能直接利用基本积分公式求出，此时可以首先考虑利用代数或三角函数对被积函数进行恒等变形，然后再根据不定积分的线性运算性质逐项求积分。当利用基本积分公式时，必须严格按照公式的形式，如已知$\int\sin x dx=-\cos x+C$，但$\int\sin 2x dx\neq-\cos 2x+C$。

例 4.1.11 证明 $\arcsin(2x-1)$，$\arccos(1-2x)$ 和 $2\arctan\sqrt{\frac{x}{1-x}}$ 都是$\frac{1}{\sqrt{x-x^2}}$的原函数。

解 由于

$$[\arcsin(2x-1)]'=\frac{2}{\sqrt{1-(2x-1)^2}}=\frac{1}{\sqrt{x-x^2}},$$

$$[\arccos(1-2x)]'=-\frac{-2}{\sqrt{1-(1-2x)^2}}=\frac{1}{\sqrt{x-x^2}},$$

$$\left[2\arctan\sqrt{\frac{x}{1-x}}\right]'=\frac{2}{1+\left(\sqrt{\frac{x}{1-x}}\right)^2}\cdot\frac{1}{2\sqrt{\frac{x}{1-x}}}\cdot\frac{1}{(1-x)^2}=\frac{1}{\sqrt{x-x^2}},$$

所以 $\arcsin(2x-1)$，$\arccos(1-2x)$ 和 $2\arctan\sqrt{\frac{x}{1-x}}$ 都是函数$\frac{1}{\sqrt{x-x^2}}$的原函数，也就是说它们之间只相差一个常数。

例 4.1.11 的 Maple 源程序

```
> #example9
> Diff(arcsin(2*x-1),x)=diff(arcsin(2*x-1),x);
```

$$\frac{d}{dx}\arcsin(2x-1)=\frac{1}{\sqrt{-x^2+x}}$$

```
> Diff(arccos(1-2*x),x)=diff(arccos(1-2*x),x);
```

$$\frac{\partial}{\partial x}(\pi-\arccos(2x-1))=\frac{1}{\sqrt{-x^2+x}}$$

```
> Diff(2*arctan(sqrt(x/(1-x))),x)=diff(2*arctan(sqrt(x/(1-x))),x);
```

$$\frac{d}{dx}\left(2\arctan\left(\sqrt{\frac{x}{1-x}}\right)\right)=\frac{\frac{1}{1-x}+\frac{x}{(1-x)^2}}{\sqrt{\frac{x}{1-x}}\left(1+\frac{x}{1-x}\right)}$$

```
> simplify(%);
```

$$\frac{d}{dx}\left(2\arctan\left(\sqrt{-\frac{x}{-1+x}}\right)\right)=-\frac{1}{\sqrt{-\frac{x}{-1+x}}(-1+x)}$$

可以通过求导来检验积分结果是否正确，如果积分结果的导数等于被积函数则结果正确，否则错误。

例 4.1.12 已知$\int xf(x)\,dx=\arccos x+C$，求$f(x)$。

解 根据不定积分的基本性质$\left(\int f(x)\,dx\right)'=f(x)$，则

$$xf(x)=(\arccos x+C)'=-\frac{1}{\sqrt{1-x^2}},$$

因此所求函数为$f(x)=-\dfrac{1}{x\sqrt{1-x^2}}$。

习题 4.1

1. 计算下列不定积分：

(1) $\int(x^2+4x-3)\,dx$；　(2) $\int\frac{1}{1+\cos 2x}dx$；

(3) $\int(2^x+3^x)^2dx$；　(4) $\int\sqrt{x\sqrt{x}}\,dx$；

(5) $\int\frac{(1-x)^3}{x^2}dx$；　(6) $\int\frac{x^2}{1+x^2}dx$；

(7) $\int(1+\sin x+\cos x)\,dx$；　(8) $\int\frac{1}{(x-1)(x+3)}dx$；

(9) $\int(3-x^2)^3dx$；　(10) $\int(1+\sqrt{x})^2dx$；

(11) $\int\frac{e^{3x}+1}{e^x+1}dx$；　(12) $\int\frac{1}{\sin^4x}dx$；

(13) $\int\left(3e^x-\frac{1}{x}+\sec^2x+2\right)dx$；

(14) $\int\sqrt{1-\sin 2x}\,dx$。

2. 在下列等式中，正确的是(　　)。

A. $\frac{d}{dx}\int f(x)dx=f(x)dx$ B. $\int df(x)=f(x)$

C. $\int f'(x)dx=f(x)$ D. $d\int f(x)dx=f(x)dx$

3. 若$\int f(x)dx=xe^{-x}+C$，则$f(x)=($ $)$。

A. xe^{-x} B. $e^{-x}-xe^{-x}$

C. $-xe^{-x}$ D. $-e^{-x}+xe^{-x}$

4. 已知函数 $p(x)=a_0x^n+a_1x^{n-1}+\cdots+a_{n-1}x+a_n$，求$\int p(x)dx$。

5. 一曲线通过点$(e,2)$，且在任一点处的切线斜率等于该点横坐标的倒数，求该曲线的方程。

4.2 换元积分法

显然，直接用基本积分公式及不定积分性质计算出结果的不定积分非常有限。例如，像$\int \sin 3x dx$，$\int e^{2x}dx$ 等这些不定积分中看起来很简单的不定积分，就无法利用基本积分公式和性质求出结果，这便需要我们进一步寻找新的方法来求解不定积分。下面来学习一种计算不定积分的方法——换元积分法。

4.2.1 第一类换元积分法——凑微分法

称$f(x)dx$ 为微分形式，如果能找到 $F(x)$ 使得 $f(x)dx=dF(x)$，那么 $F(x)$就是$f(x)$的一个原函数，于是$\int f(x)dx=F(x)+C$。更一般地，如果知道$f(x)dx=dF(x)$，根据复合函数求导法则，有$f(\varphi(x))\varphi'(x)dx=dF(\varphi(x))$，从而有如下定理：

定理 4.2.1 若$\int f(x)dx=F(x)+C$，且$\varphi(x)$可导，则

$$\int f(\varphi(x))\varphi'(x)dx=F(\varphi(x))+C。$$

证明 用复合函数求导法则进行验证

$$\frac{d}{dx}F(\varphi(x))=F'(t)\big|_{t=\varphi(x)}\varphi'(x)=f(t)\big|_{t=\varphi(x)}\varphi'(x)=f(\varphi(x))\varphi'(x),$$

所以$f(\varphi(x))\varphi'(x)$的原函数为 $F(\varphi(x))$，此定理成立。

注 (1) 定理 4.2.1 中的公式称为**凑微分公式**；

(2) 应用步骤：若被积函数 $g(x)$能分解为

$$g(x)=f(\varphi(x))\varphi'(x),$$

则

$$\int g(x)dx=\int f(\varphi(x))\varphi'(x)dx$$

$$=\int f(\varphi(x))d\varphi(x)$$

$$\xlongequal{u=\varphi(x)}\int f(u)\mathrm{d}u$$

$$=F(u)+C$$

$$=F(\varphi(x))+C。$$

该积分法的关键在于分离被积函数，将一个微分形式写成某个函数的微分，这需要较好的观察能力，并需要熟悉常见的微分形式。这种方法叫作**第一类换元积分法**，也称**凑微分法**。

例 4.2.1　求$\int 2\cos 2x\mathrm{d}x$。

解　$\int 2\cos 2x\mathrm{d}x=\int\cos 2x\mathrm{d}(2x)\overset{u=2x}{=}\int\cos u\mathrm{d}u=\sin u+C=\sin 2x+C$。

例 4.2.1 的 Maple 源程序

```
> #example1
> > with(student);
[D, Diff, Doubleint, Int, Limit, Lineint, Product, Sum, Tri-
    pleint, changevar, completesquare, distance, equate, in-
    tegrand, intercept, intparts, leftbox, leftsum, makep-
    roc, middlebox, middlesum, midpoint, powsubs, rightbox,
    rightsum, showtangent,  simpson, slope, summand, trape-
    zoid]
> expr:=Int(2*cos(2*x),x);
                    expr:= ∫2cos(2x)dx
> #将常数 2 放在 d 后面凑微分,然后做变量代换,令 2*x=t
> I1:=changevar(2*x=t,expr);
> value(%);
                         sin(t)
> #再把以上的结果代换成 x 的函数,即做代换 t=2*x
> subs(t=2*x,%);
                         sin(2x)
> #用不定积分的命令验证
> Int(2*cos(2*x),x);
                      ∫2cos(2x)dx
> int(2*cos(2*x),x);
                         sin(2x)
```

要熟练地掌握这一方法还需大量练习，凑微分的技巧主要有三种：凑常数、凑系数、凑函数。下列形式的被积函数通常可以使用凑微分法来求解其不定积分。下面主要介绍五种常见的凑微分类型：

类型一　$f(ax^n+b)x^{n-1}\mathrm{d}x=\frac{1}{an}f(ax^n+b)\mathrm{d}(ax^n+b)=\frac{1}{an}f(u)\mathrm{d}u$。

例 4.2.2 求$\int e^{-2x+1}dx$。

解 由于被积函数为 e^{-2x+1}，那么如果微分符号 d 后面为$-2x+1$，便可直接使用换元积分法将其转化为$\int e^u du$ 套用基本积分公式直接得出，因此下一步需要凑微分，将 dx 转化为$d(-2x+1)$。凑常数比较灵活，由于常数的微分为 0，因此在微分符号 d 后面任意添加一个常数不会影响最终结果，即 $dx=d(x+1)$，又由于 $d(-2x+1)=-2d(x+1)=-2dx$，因此 $dx=-\frac{1}{2}d(-2x+1)$，这一步便是凑系数

$$\int e^{-2x+1}dx=-\frac{1}{2}\int e^{-2x+1}d(-2x+1)$$

$$\xlongequal{u=-2x+1}-\frac{1}{2}\int e^u du=-\frac{1}{2}e^u+C=-\frac{1}{2}e^{-2x+1}+C。$$

例 4.2.2 的 Maple 源程序

```
> #example2
> Int(exp(-2 * x+1),x);
```

$$\int e^{(-2x+1)}dx$$

```
> value(%);
```

$$-\frac{1}{2}e^{(-2x+1)}$$

例 4.2.3 求$\int \frac{x}{5+3x^2}dx$。

解 求解该问题首先使用微分技巧"凑函数"：$xdx=\frac{1}{2}d(x^2)$，然后根据分母特点凑常数 5 及 x^2 前面的系数 3，即$\frac{1}{2}d(x^2)=\frac{1}{2}\cdot\frac{1}{3}d(5+3x^2)$，则

$$\int\frac{x}{5+3x^2}dx=\frac{1}{6}\int\frac{1}{5+3x^2}d(5+3x^2)$$

$$\xlongequal{u=5+3x^2}\frac{1}{6}\int\frac{1}{u}du=\frac{1}{6}\ln|u|+C$$

$$=\frac{1}{6}\ln(5+3x^2)+C。$$

凑微分运算熟练后，可不必写出中间变量 u。

例 4.2.3 的 Maple 源程序

```
> #example3
> Int(x/(5+3*x^2),x);
```

$$\int \frac{x}{3x^2+5}dx$$

```
> value(%);
```

$$\frac{1}{6}\ln(3x^2+5)$$

例 4.2.4　求$\int \sqrt[3]{1-3x}\,\mathrm{d}x$。

解　$\int \sqrt[3]{1-3x}\,\mathrm{d}x = -\frac{1}{3}\int (1-3x)^{\frac{1}{3}}\mathrm{d}(1-3x) = -\frac{1}{3}\cdot\frac{3}{4}(1-3x)^{\frac{4}{3}}+C$

$$= -\frac{1}{4}(1-3x)^{\frac{4}{3}}+C。$$

例 4.2.4 的 Maple 源程序

```
> #example4
> Int((1-3*x)^(1/3),x);
```

$$\int (1-3x)^{(1/3)}dx$$

```
> value(%);
```

$$-\frac{(1-3x)^{(4/3)}}{4}$$

例 4.2.5　求$\int \frac{x}{1+x^2}\mathrm{d}x$。

解　因为$\mathrm{d}(x^2+1)=2x\mathrm{d}x$，则$x\mathrm{d}x=\frac{1}{2}\mathrm{d}(x^2+1)$，所以

$$\int \frac{x}{1+x^2}\mathrm{d}x = \frac{1}{2}\int \frac{\mathrm{d}(1+x^2)}{1+x^2} = \frac{1}{2}\ln(1+x^2)+C。$$

例 4.2.5 的 Maple 源程序

```
> #example5
> Int(x/(1+x^2),x);
```

$$\int \frac{x}{x^2+1}dx$$

```
> int(x/(1+x^2),x);
```

$$\frac{1}{2}\ln(x^2+1)$$

例 4.2.6 求$\int\frac{1}{x^2-a^2}\mathrm{d}x$。

解
$$\int\frac{1}{x^2-a^2}\mathrm{d}x=\frac{1}{2a}\int\left(\frac{1}{x-a}-\frac{1}{x+a}\right)\mathrm{d}x$$
$$=\frac{1}{2a}\left(\int\frac{1}{x-a}\mathrm{d}x-\int\frac{1}{x+a}\mathrm{d}x\right)$$
$$=\frac{1}{2a}(\ln|x-a|-\ln|x+a|)+C$$
$$=\frac{1}{2a}\ln\left|\frac{x-a}{x+a}\right|+C。$$

注 可推广到$\int\frac{\mathrm{d}x}{(x-a)(x+b)}=\frac{1}{a+b}\ln\left|\frac{x-a}{x+b}\right|+C$。

例 4.2.6 的 Maple 源程序

```
> #example6
> Int(1/(x^2-a^2),x);
```
$$\int\frac{1}{-a^2+x^2}dx$$
```
> int(1/(x^2-a^2),x);
```
$$\frac{1}{2}\frac{\ln(x-a)}{a}-\frac{1}{2}\frac{\ln(x+a)}{a}$$
```
> simplify(%);
```
$$\frac{1}{2}\frac{\ln(x-a)-\ln(x+a)}{a}$$

例 4.2.7 求$\int\frac{\mathrm{d}x}{x^2+x-2}$。

解 由于$\frac{1}{x^2+x-2}=\frac{1}{(x-1)(x+2)}=\frac{1}{3}\left(\frac{1}{x-1}-\frac{1}{x+2}\right)$，则
$$\int\frac{\mathrm{d}x}{x^2+x-2}=\frac{1}{3}\int\left(\frac{1}{x-1}-\frac{1}{x+2}\right)\mathrm{d}x=\frac{1}{3}\ln\left|\frac{x-1}{x+2}\right|+C。$$

例 4.2.7 的 Maple 源程序

```
> #example7
> Int(1/(x^2+x-2),x);
```
$$\int\frac{1}{x^2+x-2}dx$$
```
> value(%);
```
$$\frac{1}{3}\ln(-1+x)-\frac{1}{3}\ln(x+2)$$

例 4.2.8　求$\int\frac{dx}{a^2+x^2}(a>0)$。

解　$$\int\frac{1}{a^2+x^2}dx=\frac{1}{a^2}\int\frac{1}{1+\left(\frac{x}{a}\right)^2}dx=\frac{1}{a}\int\frac{1}{1+\left(\frac{x}{a}\right)^2}d\left(\frac{x}{a}\right)$$
$$=\frac{1}{a}\arctan\left(\frac{x}{a}\right)+C。$$

例 4.2.8 的 Maple 源程序

```
> #example8
> Int(1/(a^2+x^2),x);
```
$$\int\frac{1}{a^2+x^2}dx$$
```
> int(1/(a^2+x^2),x);
```
$$\frac{\arctan\left(\frac{x}{a}\right)}{a}$$

例 4.2.9　求$\int\frac{x}{2+x^4}dx$。

解　$$\int\frac{x}{2+x^4}dx=\frac{1}{2}\int\frac{1}{2+x^4}d(x^2)=\frac{1}{2}\cdot\frac{1}{2}\int\frac{1}{1+\left(\frac{x^2}{\sqrt{2}}\right)^2}d(x^2)$$
$$=\frac{1}{4}\cdot\sqrt{2}\int\frac{1}{1+\left(\frac{x^2}{\sqrt{2}}\right)^2}d\left(\frac{x^2}{\sqrt{2}}\right)=\frac{\sqrt{2}}{4}\arctan\left(\frac{x^2}{\sqrt{2}}\right)+C。$$

例 4.2.9 的 Maple 源程序

```
> #example9
> Int(x/(2+x^4),x);
```
$$\int\frac{x}{x^4+2}dx$$
```
> value(%);
```
$$\frac{1}{4}\sqrt{2}\arctan\left(\frac{x^2\sqrt{2}}{2}\right)$$

例 4.2.10　求$\int\frac{dx}{\sqrt{a^2-x^2}}(a>0)$。

解　$$\int\frac{dx}{\sqrt{a^2-x^2}}=\int\frac{1}{\sqrt{1-\left(\frac{x}{a}\right)^2}}d\left(\frac{x}{a}\right)=\arcsin\left(\frac{x}{a}\right)+C。$$

例 4.2.10 的 Maple 源程序

```
> #example10
> Int(1/sqrt(a^2-x^2),x);
```

$$\int \frac{1}{\sqrt{a^2-x^2}}dx$$

```
> int(1/sqrt(a^2-x^2),x);
```

$$\arctan\left(\frac{x}{\sqrt{a^2-x^2}}\right)$$

> 验证 $\arctan\left(\frac{x}{\sqrt{a^2-x^2}}\right)$ 和 $\arcsin\left(\frac{x}{a}\right)$ 都是 $\frac{1}{\sqrt{a^2-x^2}}$ 的原函数

```
> diff(arctan(x/sqrt(a^2-x^2)),x);
```

$$\frac{\frac{1}{\sqrt{a^2-x^2}}+\frac{x^2}{(a^2-x^2)^{(3/2)}}}{1+\frac{x^2}{a^2-x^2}}$$

```
> simplify(%);
```

$$\frac{1}{\sqrt{a^2-x^2}}$$

```
> diff(arcsin(x/a),x);
```

$$\frac{1}{a\sqrt{1-\frac{x^2}{a^2}}}$$

例 4.2.11 求 $\int \frac{dx}{\sqrt{3-4x^2}}$。

解 $\int \frac{dx}{\sqrt{3-4x^2}}=\frac{\sqrt{3}}{2}\cdot\frac{1}{\sqrt{3}}\int \frac{1}{\sqrt{1-\left(\frac{2x}{\sqrt{3}}\right)^2}}d\left(\frac{2x}{\sqrt{3}}\right)=\frac{1}{2}\arcsin\left(\frac{2x}{\sqrt{3}}\right)+C$。

例 4.2.11 的 Maple 源程序

```
> #example11
> Int(1/sqrt(3-4*x^2),x);
```

$$\int \frac{1}{\sqrt{-4x^2+3}}dx$$

```
> value(%);
```

$$\frac{1}{2}\arcsin\left(\frac{2\sqrt{3}x}{3}\right)$$

特别地，有：

(1) $\int \frac{1}{x^2}f\left(\frac{1}{x}\right)dx=-\int f\left(\frac{1}{x}\right)d\left(\frac{1}{x}\right)=-F\left(\frac{1}{x}\right)+C$；

(2) $\int \frac{f(\sqrt{x})}{\sqrt{x}}dx=2\int f(\sqrt{x})d\sqrt{x}=2F(\sqrt{x})+C$。

例 4.2.12 $\int \frac{1}{x^2}\cos\frac{1}{x}dx$。

解 $\int \frac{1}{x^2}\cos\frac{1}{x}dx=-\int \cos\frac{1}{x}d\left(\frac{1}{x}\right)=-\sin\left(\frac{1}{x}\right)+C$。

例 4.2.12 的 Maple 源程序

```
> #example12
> Int((1/x^2)*cos(1/x),x);
```

$$\int \frac{\cos\left(\frac{1}{x}\right)}{x^2}dx$$

```
> value(%);
```

$$-\sin\left(\frac{1}{x}\right)$$

例 4.2.13 求不定积分$\int \frac{\sin\sqrt{x}}{\sqrt{x}}dx$。

解 $\int \frac{\sin\sqrt{x}}{\sqrt{x}}dx=2\int \sin\sqrt{x}\,d\sqrt{x}=-2\cos\sqrt{x}+C$。

例 4.2.13 的 Maple 源程序

```
> #example13
> Int(sin(sqrt(x))/sqrt(x),x);
```

$$\int \frac{\sin(\sqrt{x})}{\sqrt{x}}dx$$

```
> int(sin(sqrt(x))/sqrt(x),x);
```

$$-2\cos(\sqrt{x})$$

类型二 $f(\sin x)\cos x dx=f(\sin x)d(\sin x)=f(u)du$;

$f(\cos x)\sin x dx=-f(\cos x)d(\cos x)=-f(u)du$;

$f(\tan x)\sec^2 x dx=f(\tan x)d(\tan x)=f(u)du$;

$f(\cot x)\csc^2 x dx=-f(\cot x)d(\cot x)=-f(u)du$。

例 4.2.14 求$\int \tan x dx$。

解 $\int \tan x dx=\int \frac{\sin x}{\cos x}dx=-\int \frac{d\cos x}{\cos x}=-\ln|\cos x|+C$。

类似地，可得 $\int \cot x dx=\ln|\sin x|+C$。

例 4.2.14 的 Maple 源程序

```
> #example14
> Int(tan(x),x);
```

$$\int \tan(x)dx$$

```
> int(tan(x),x);
```

$$-\ln(\cos(x))$$

```
> Int(cot(x),x);
```

$$\int \cot(x)dx$$

```
> int(cot(x),x);
```

$$\ln(\sin(x))$$

例 4.2.15 求$\int \frac{\sin x+\cos x}{\sqrt[3]{\sin x-\cos x}}\mathrm{d}x$。

解 $$\int \frac{\sin x+\cos x}{\sqrt[3]{\sin x-\cos x}}\mathrm{d}x = \int \frac{1}{\sqrt[3]{\sin x-\cos x}}\mathrm{d}(\sin x-\cos x)$$

$$=\frac{3}{2}(\sin x-\cos x)^{\frac{2}{3}}+C。$$

例 4.2.15 的 Maple 源程序

```
> #example15
> Int((sin(x)+cos(x))/(sin(x)-cos(x))^(1/3),x);
```

$$\int \frac{\sin(x)+\cos(x)}{(\sin(x)-\cos(x))^{(1/3)}}dx$$

```
> value(%);
```

$$\frac{3}{2}(\sin(x)-\cos(x))^{(2/3)}$$

例 4.2.16 求$\int \sec x\mathrm{d}x$。

解 $$\int \sec x\mathrm{d}x = \int \frac{1}{\cos x}\mathrm{d}x = \int \frac{\cos x}{\cos^2 x}\mathrm{d}x = -\int \frac{\mathrm{d}(\sin x)}{\sin^2 x-1} = -\frac{1}{2}\ln\left|\frac{\sin x-1}{\sin x+1}\right|+C$$

$$=\ln\left|\frac{1+\sin x}{\cos x}\right|+C=\ln|\sec x+\tan x|+C。$$

同理，$\int \csc x\mathrm{d}x=\ln|\csc x-\cot x|+C$。

例 4.2.16 的 Maple 源程序

```
> #example16
> Int(sec(x),x);
```

$$\int \sec(x)dx$$

```
> int(sec(x),x);
```

$$\ln(\sec(x)+\tan(x))$$

```
> Int(csc(x),x);
```

$$\int \csc(x)dx$$

```
> value(%);
```

$$-\ln(\csc(x)+\cot(x))$$

例 4.2.17 求$\int \tan^{10}x \cdot \sec^2 x\mathrm{d}x$。

解 $\int \tan^{10}x \cdot \sec^2 x\mathrm{d}x = \int \tan^{10}x\mathrm{d}(\tan x) = \dfrac{1}{11}\tan^{11}x + C$。

例 4.2.17 的 Maple 源程序

```
> #example17
> Int((tan(x))^10*(sec(x))^2,x);
```

$$\int \tan(x)^{10}\sec(x)^2 dx$$

```
> value(%);
```

$$\frac{1}{11}\frac{\sin(x)^{11}}{\cos(x)^{11}}$$

例 4.2.18 求$\int \dfrac{\cos^3 x}{\sqrt{\sin x}}\mathrm{d}x$。

解 $$\int \frac{\cos^3 x}{\sqrt{\sin x}}\mathrm{d}x = \int \frac{\cos^2 x}{\sqrt{\sin x}}\mathrm{d}(\sin x) = \int \frac{1-\sin^2 x}{\sqrt{\sin x}}\mathrm{d}(\sin x)$$

$$= \int [(\sin x)^{-\frac{1}{2}} - (\sin x)^{\frac{3}{2}}]\mathrm{d}(\sin x)$$

$$= 2\sqrt{\sin x} - \frac{2}{5}(\sin x)^{\frac{5}{2}} + C。$$

例 4.2.18 的 Maple 源程序

```
> #example18
> Int((cos(x))^3/sqrt(sin(x)),x);
```

$$\int \frac{\cos(x)^3}{\sqrt{\sin(x)}}dx$$

```
> value(%);
```

$$-\frac{2}{5}(\sin(x)^2-5)\sqrt{\sin(x)}$$

例 4.2.19 求$\int\frac{1+\cos x}{x+\sin x}\mathrm{d}x$。

解 $\int\frac{1+\cos x}{x+\sin x}\mathrm{d}x=\int\frac{1}{x+\sin x}\mathrm{d}(x+\sin x)=\ln|x+\sin x|+C$。

例 4.2.19 的 Maple 源程序

```
> #example19
> Int((1+cos(x))/(x+sin(x)),x);
```

$$\int\frac{1+\cos(x)}{x+\sin(x)}dx$$

```
> value(%);
```

$$\ln(x+\sin(x))$$

类型三 $\int f(a^x)a^x\mathrm{d}x=\frac{1}{\ln a}F(a^x)+C$，特别地，$\int f(\mathrm{e}^x)\mathrm{e}^x\mathrm{d}x=F(\mathrm{e}^x)+C$。

例 4.2.20 求$\int\frac{2^x\cdot3^x}{9^x-4^x}\mathrm{d}x$。

解 $$\int\frac{2^x\cdot3^x}{9^x-4^x}\mathrm{d}x=\int\frac{\left(\frac{3}{2}\right)^x}{\left[\left(\frac{3}{2}\right)^x\right]^2-1}\mathrm{d}x=\frac{1}{\ln\frac{3}{2}}\int\frac{1}{\left[\left(\frac{3}{2}\right)^x\right]^2-1}\mathrm{d}\left(\frac{3}{2}\right)^x$$

$$=\frac{1}{2\ln\frac{3}{2}}\ln\left|\frac{\left(\frac{3}{2}\right)^x-1}{\left(\frac{3}{2}\right)^x+1}\right|+C=\frac{1}{2\ln\frac{3}{2}}\ln\left|\frac{3^x-2^x}{3^x+2^x}\right|+C。$$

例 4.2.20 的 Maple 源程序

```
> #example20
> Int((2^x*3^x)/(9^x-4^x),x);
```

$$\int\frac{2^x3^x}{9^x-4^x}dx$$

```
> value(%);
```

$$-\frac{1}{2}\frac{\ln(\mathrm{e}^{(x\ln(2))}-\mathrm{e}^{(x\ln(3))})}{\ln(2)-\ln(3)}+\frac{1}{2}\frac{\ln(\mathrm{e}^{(x\ln(2))}+\mathrm{e}^{(x\ln(3))})}{\ln(2)-\ln(3)}$$

```
> simplify(%);
```

$$\frac{1}{2}\frac{-\ln(2^x-3^x)+\ln(2^x+3^x)}{\ln(2)-\ln(3)}$$

例 4.2.21 求$\int\frac{\mathrm{e}^x}{2+\mathrm{e}^x}\mathrm{d}x$。

解 $\int\frac{\mathrm{e}^x}{2+\mathrm{e}^x}\mathrm{d}x=\int\frac{1}{2+\mathrm{e}^x}\mathrm{d}(\mathrm{e}^x)=\ln(2+\mathrm{e}^x)+C$。

例 4.2.21 的 Maple 源程序

```
> #example21
> Int(exp(x)/(2+exp(x)),x);
```

$$\int \frac{e^x}{2+e^x} dx$$

```
> value(%);
```

$$\ln(2+e^x)$$

例 4.2.22 求 $\int \frac{dx}{e^x+e^{-x}}$。

解 $\int \frac{dx}{e^x+e^{-x}} = \int \frac{e^x}{(e^x)^2+1} dx = \int \frac{1}{(e^x)^2+1} d(e^x) = \arctan(e^x)+C$。

例 4.2.22 的 Maple 源程序

```
> #example22
> Int(1/(exp(x)+exp(-x)),x);
```

$$\int \frac{1}{e^x+e^{(-x)}} dx$$

```
> value(%);
```

$$\arctan(e^x)$$

例 4.2.23 求 $\int \frac{1}{e^{-x}\sqrt{4-3e^{2x}}} dx$。

解
$$\begin{aligned}\int \frac{1}{e^{-x}\sqrt{4-3e^{2x}}} dx &= \int \frac{e^x}{2\sqrt{1-\left(\frac{\sqrt{3}\,e^x}{2}\right)^2}} dx \\ &= \frac{1}{\sqrt{3}} \int \frac{1}{\sqrt{1-\left(\frac{\sqrt{3}\,e^x}{2}\right)^2}} d\left(\frac{\sqrt{3}\,e^x}{2}\right) \\ &= \frac{1}{\sqrt{3}} \arcsin\left(\frac{\sqrt{3}\,e^x}{2}\right)+C。\end{aligned}$$

例 4.2.23 的 Maple 源程序

```
> #example23
> Int(1/(exp(-x)*sqrt(4-3*exp(2*x))),x);
```

$$\int \frac{1}{e^{(-x)}\sqrt{4-3e^{(2x)}}} dx$$

```
> value(%);
```

$$\frac{1}{3}\sqrt{3}\arcsin\left(\frac{1}{2}\sqrt{3}\,e^x\right)$$

类型四 $\frac{f(\ln x)}{x}dx=f(\ln x)d(\ln x)=f(u)du$。

例 4.2.24 求$\int\frac{\ln^2 x}{x}dx$。

解 $\int\frac{\ln^2 x}{x}dx=\int\ln^2 x d(\ln x)=\frac{1}{3}\ln^3 x+C$。

例 4.2.24 的 Maple 源程序

```
> #example24
> Int((ln(x))^2/x,x);
```

$$\int\frac{\ln(x)^2}{x}dx$$

```
> value(%);
```

$$\frac{1}{3}\ln(x)^3$$

例 4.2.25 求$\int\frac{dx}{x(3+2\ln x)}$。

解 $\int\frac{dx}{x(3+2\ln x)}=\frac{1}{2}\int\frac{d(3+2\ln x)}{3+2\ln x}=\frac{1}{2}\ln|3+2\ln x|+C$。

例 4.2.25 的 Maple 源程序

```
> #example25
> Int(1/(x*(3+2*ln(x))),x);
```

$$\int\frac{1}{x(3+2\ln(x))}dx$$

```
> value(%);
```

$$\frac{1}{2}\ln(3+2\ln(x))$$

例 4.2.26 求$\int\frac{\ln x}{x\sqrt{1+\ln^2 x}}dx$。

解 $\int\frac{\ln x}{x\sqrt{1+\ln^2 x}}dx=\int\frac{\ln x}{\sqrt{1+\ln^2 x}}d(\ln x)=\frac{1}{2}\int\frac{1}{\sqrt{1+\ln^2 x}}d(\ln^2 x)$

$=\sqrt{1+\ln^2 x}+C$。

例 4.2.26 的 Maple 源程序

```
> #example26
> Int(ln(x)/(x*sqrt(1+(ln(x))^2)),x);
```

$$\int \frac{\ln(x)}{x\sqrt{1+\ln(x)^2}}dx$$

```
> value(%);
```

$$\sqrt{1+\ln(x)^2}$$

类型五 $\frac{f(\arcsin x)}{\sqrt{1-x^2}}\mathrm{d}x=f(\arcsin x)\mathrm{d}(\arcsin x)=f(u)\mathrm{d}u$;

$\frac{f(\arccos x)}{\sqrt{1-x^2}}\mathrm{d}x=-f(\arccos x)\mathrm{d}(\arccos x)=-f(u)\mathrm{d}u$;

$\frac{f(\arctan x)}{1+x^2}\mathrm{d}x=f(\arctan x)\mathrm{d}(\arctan x)=f(u)\mathrm{d}u$;

$\frac{f(\operatorname{arccot} x)}{1+x^2}\mathrm{d}x=-f(\operatorname{arccot} x)\mathrm{d}(\operatorname{arccot} x)=-f(u)\mathrm{d}u$。

例 4.2.27 求$\int\frac{10^{\arccos x}}{\sqrt{1-x^2}}\mathrm{d}x$。

解 $\int\frac{10^{\arccos x}}{\sqrt{1-x^2}}\mathrm{d}x=-\int 10^{\arccos x}\mathrm{d}(\arccos x)=-\frac{1}{\ln 10}10^{\arccos x}+C$。

例 4.2.27 的 Maple 源程序

```
> #example27
> Int(10^(arccos(x))/sqrt(1-x^2),x);
```

$$\int\frac{10^{\arccos(x)}}{\sqrt{-x^2+1}}dx$$

```
> value(%);
```

$$-\frac{10^{\arccos(x)}}{\ln(10)}$$

例 4.2.28 求$\int\frac{\arctan\sqrt{x}}{\sqrt{x}(1+x)}\mathrm{d}x$。

解 $\int\frac{\arctan\sqrt{x}}{\sqrt{x}(1+x)}\mathrm{d}x=2\int\frac{\arctan\sqrt{x}}{1+(\sqrt{x})^2}\mathrm{d}(\sqrt{x})$

$=2\int\arctan\sqrt{x}\,d(\arctan\sqrt{x})=(\arctan\sqrt{x})^2+C$。

例 4.2.28 的 Maple 源程序

```
> #example28
> Int(arctan(sqrt(x))/(sqrt(x) * (1+x)),x);
```

$$\int\frac{\arctan(\sqrt{x})}{\sqrt{x}(1+x)}dx$$

```
> value(%);
```

$$\arctan(\sqrt{x})^2$$

从上面的例子不难看出凑微分法没有一般的规律可循，往往需要一定的技巧，这需要一定的观察能力，要熟练地掌握凑微分法还需要做大量的练习。下面介绍另一种形式的换元积分法，即所谓的第二类换元积分法。

4.2.2 第二类换元积分法

先来看一个例子。

例 4.2.29 求$\int\frac{1}{1+\sqrt{x}}\mathrm{d}x$。

解 令$\sqrt{x}=u$，则 $x=u^2$，$\mathrm{d}x=2u\mathrm{d}u$

$$\int\frac{1}{1+\sqrt{x}}\mathrm{d}x=\int\frac{2u}{1+u}\mathrm{d}u=2\int\left(1-\frac{1}{1+u}\right)\mathrm{d}u$$

$$=2(u-\ln|1+u|)+C=2[\sqrt{x}-\ln(1+\sqrt{x})]+C。$$

例 4.2.29 的 Maple 源程序

```
> #example29
> Int(1/(1+sqrt(x)),x);
```

$$\int\frac{1}{1+\sqrt{x}}dx$$

```
> value(%);
```

$$-\ln(x-1)+2\sqrt{x}+\ln(-1+\sqrt{x})-\ln(1+\sqrt{x})$$

以上求积分的方法称为第二类换元积分法。

凑微分法是把被积函数写成$f(\varphi(x))\varphi'(x)$的形式，由

$$\int f(\varphi(x))\varphi'(x)\mathrm{d}x=\int f(\varphi(x))\mathrm{d}\varphi(x)=\int f(u)\mathrm{d}u,$$

通过求$\int f(u)\mathrm{d}u$ 来求出不定积分。而第二类换元积分法则正好相反，要计算积分$\int f(x)\mathrm{d}x$，令 $x=\varphi(t)$，于是积分$\int f(x)\mathrm{d}x$ 变成

$$\int f(x)\mathrm{d}x=\int f(\varphi(t))\mathrm{d}\varphi(t)=\int f(\varphi(t))\varphi'(t)\mathrm{d}t,$$

通过求出等式右边的不定积分来达到目的。该方法的应用需要满足一定的条件，如下面的定理所述：

定理 4.2.2　设 $x=\varphi(t)$ 是单调的可微函数，并且 $\varphi'(t)\neq 0$，又 $f(\varphi(t))\varphi'(t)$ 具有原函数，则有换元公式

$$\int f(x)\,\mathrm{d}x=\int f(\varphi(t))\varphi'(t)\,\mathrm{d}t\,\Big|_{t=\varphi^{-1}(x)}。$$

证明　设 $f(\varphi(t))\varphi'(t)$ 的原函数为 $\Phi(t)$，记 $\Phi(\varphi^{-1}(x))=F(x)$，利用复合函数及反函数的求导法则，得到

$$F'(x)=\frac{\mathrm{d}\Phi}{\mathrm{d}t}\cdot\frac{\mathrm{d}t}{\mathrm{d}x}=f(\varphi(t))\varphi'(t)\cdot\frac{1}{\varphi'(t)}=f(\varphi(t))=f(x),$$

即 $F(x)$ 是 $f(x)$ 的原函数，所以有

$$\int f(x)\,\mathrm{d}x=F(x)+C=\Phi(\varphi^{-1}(x))+C=\int f(\varphi(t))\varphi'(t)\,\mathrm{d}t\,\Big|_{t=\varphi^{-1}(x)}。$$

常用的第二类换元积分法有根式代换、三角代换、倒数代换、双曲代换、万能代换及欧拉代换等，下面我们着重介绍根式代换、三角代换及倒数代换。

1. 根式代换

若被积函数中只有一种根式 $\sqrt[n]{ax+b}$ 或 $\sqrt[n]{\dfrac{ax+b}{cx+e}}$，可试做代换 $t=\sqrt[n]{ax+b}$ 或 $t=\sqrt[n]{\dfrac{ax+b}{cx+e}}$。

例 4.2.30　求不定积分 $\displaystyle\int\frac{1}{x}\sqrt{\frac{1+x}{x}}\,\mathrm{d}x$。

解　令 $t=\sqrt{\dfrac{1+x}{x}}$，则 $x=\dfrac{1}{t^2-1}$，$\mathrm{d}x=-\dfrac{2t}{(t^2-1)^2}\mathrm{d}t$，因而有

$$\begin{aligned}\int\frac{1}{x}\sqrt{\frac{1+x}{x}}\,\mathrm{d}x&=\int(t^2-1)t\left[-\frac{2t}{(t^2-1)^2}\right]\mathrm{d}t\\&=-2\int\frac{t^2}{t^2-1}\mathrm{d}t=-2\int\left(1+\frac{1}{t^2-1}\right)\mathrm{d}t\\&=-2t-\ln\left|\frac{t-1}{t+1}\right|+C\\&=-2\sqrt{\frac{1+x}{x}}-\ln\left[x\left(\sqrt{\frac{1+x}{x}}-1\right)^2\right]+C。\end{aligned}$$

例 4.2.30 的 Maple 源程序

```
> #example30
> with(student):
> expr:=Int((1/x)*sqrt((1+x)/x),x);
```

$$expr := \int \frac{\sqrt{\frac{1+x}{x}}}{x} dx$$

```
> 做变量代换,设 sqrt((1+x)/x)=t;
> I1:=changevar(sqrt((1+x)/x)=t,expr);
```

$$I1 := \int -2-\frac{2}{t^2-1} dt$$

```
> value(%);
```

$$-2t+2\operatorname{arctanh}(t)$$

```
> #再把以上结果代换成 x 的函数,即做代换 t=sqrt((1+x)/x);
> subs(t=sqrt((1+x)/x),%);
```

$$-2\sqrt{\frac{1+x}{x}}+2\operatorname{arctanh}\left(\sqrt{\frac{1+x}{x}}\right)$$

```
> #直接用不定积分命令计算:
> value(Int((1/x)*sqrt((1+x)/x),x));
```

$$-\frac{\sqrt{\frac{1+x}{x}}\left(2(x^2+x)^{(3/2)}-2\sqrt{x^2+x}\,x^2-\ln\left(\frac{1}{2}+x+\sqrt{x^2+x}\right)x^2\right)}{x\sqrt{x(1+x)}}$$

```
> simplify(%);
```

$$-\frac{(x\ln(2)-x\ln(1+2x+2\sqrt{x(1+x)})+2\sqrt{x(1+x)})\sqrt{\frac{1+x}{x}}}{\sqrt{x(1+x)}}$$

例 4.2.31 求不定积分$\int \frac{x}{\sqrt{1+2x}}dx$。

解 令$\sqrt{1+2x}=t$，则 $x=\frac{t^2-1}{2}$，$dx=tdt$，因而有

$$\int \frac{x}{\sqrt{1+2x}}dx=\int \frac{\frac{t^2-1}{2}}{t}\cdot tdt=\frac{1}{2}\int (t^2-1)\,dt=\frac{1}{6}t^3-\frac{1}{2}t+C$$

$$=\frac{1}{6}(\sqrt{1+2x})^3-\frac{1}{2}\sqrt{1+2x}+C=\frac{1}{3}(x-1)\sqrt{1+2x}+C。$$

例 4.2.31 的 Maple 源程序

```
> #example31
> Int(x/sqrt(1+2*x),x);
```

$$\int \frac{x}{\sqrt{1+2x}}dx$$

```
> value(%);
```

$$\frac{\sqrt{1+2x}\,(x-1)}{3}$$

例 4.2.32 求不定积分$\int\frac{1}{\sqrt{1+e^x}}dx$。

解 令$\sqrt{1+e^x}=t(t>1)$，则$x=\ln(t^2-1)$，$dx=\frac{2t}{t^2-1}dt$，因而有

$$\int\frac{1}{\sqrt{1+e^x}}dx=\int\frac{1}{t}\cdot\frac{2t}{t^2-1}dt=2\cdot\frac{1}{2}\int\left(\frac{1}{t-1}-\frac{1}{t+1}\right)dt$$

$$=\ln\left|\frac{t-1}{t+1}\right|+C=\ln\left(\frac{\sqrt{1+e^x}-1}{\sqrt{1+e^x}+1}\right)+C。$$

例 4.2.32 的 Maple 源程序

```
> #example32
> Int(1/sqrt(1+exp(x)),x);
```

$$\int\frac{1}{\sqrt{1+e^x}}dx$$

```
> value(%);
```

$$-2\ \mathrm{arctanh}\ (\sqrt{1+e^x})$$

2. 三角代换

(1) 正弦代换。针对形如$\sqrt{a^2-x^2}\ (a>0)$的根式，令$x=a\sin t$，其中$a>0$，$t\in\left(-\frac{\pi}{2},\frac{\pi}{2}\right)$，则$\sqrt{a^2-x^2}=a\cos t$，$dx=a\cos t dt$，$t=\arcsin\frac{x}{a}$，可去掉根号。

例 4.2.33 $\int\sqrt{a^2-x^2}dx(a>0)$。

解 令$x=a\sin t$，则$dx=a\cos t dt$，$t=\arcsin\left(\frac{x}{a}\right)$，其中$t\in\left(-\frac{\pi}{2},\frac{\pi}{2}\right)$，则

$$\int\sqrt{a^2-x^2}dx=\int a\cos t\cdot a\cos t dt=a^2\int\cos^2 t dt=\frac{a^2}{2}\int(1+\cos 2t)dt$$

$$=\frac{a^2}{2}\left(t+\frac{1}{2}\sin 2t\right)+C=\frac{a^2}{2}(t+\sin t\cdot\cos t)+C$$

$$=\frac{a^2}{2}\left(\arcsin\left(\frac{x}{a}\right)+\frac{x}{a}\sqrt{1-\left(\frac{x}{a}\right)^2}\right)+C$$

$$=\frac{a^2}{2}\arcsin\left(\frac{x}{a}\right)+\frac{x}{2}\sqrt{a^2-x^2}+C。$$

例 4.2.33 的 Maple 源程序

```
> #example33
> Int(sqrt(a^2-x^2),x);
```

$$\int \sqrt{a^2-x^2}\,dx$$

```
> value(%);
```

$$\frac{x\sqrt{a^2-x^2}}{2}+\frac{1}{2}a^2\arctan\left(\frac{x}{\sqrt{a^2-x^2}}\right)$$

例 4.2.34 求$\int\frac{1}{(1-x^2)^{\frac{3}{2}}}\mathrm{d}x$。

解 令$x=\sin t$，则$\mathrm{d}x=\cos t\mathrm{d}t$，$t=\arcsin x$，其中$t\in\left(-\frac{\pi}{2},\frac{\pi}{2}\right)$，则

$$\int\frac{1}{(1-x^2)^{\frac{3}{2}}}\mathrm{d}x=\int\frac{1}{\cos^3 t}\cdot\cos t\mathrm{d}t=\int\sec^2 t\mathrm{d}t=\tan t+C=\frac{x}{\sqrt{1-x^2}}+C。$$

例 4.2.34 的 Maple 源程序

```
> #example34
> Int(1/(1-x^2)^(3/2),x);
```

$$\int\frac{1}{(-x^2+1)^{(3/2)}}dx$$

```
> value(%);
```

$$-\frac{(x-1)(x+1)x}{(-x^2+1)^{(3/2)}}$$

```
> simplify(%);
```

$$\frac{x}{\sqrt{-x^2+1}}$$

（2）正切代换。针对形如$\sqrt{a^2+x^2}$（$a>0$）的根式，利用三角公式$\sec^2 t-\tan^2 t=1$，即$1+\tan^2 t=\sec^2 t$，令$x=a\tan t$，其中$-\frac{\pi}{2}<t<\frac{\pi}{2}$，则$\mathrm{d}x=a\sec^2 t\mathrm{d}t$，此时有$\sqrt{a^2+x^2}=a\sec t$，$t=\arctan\frac{x}{a}$，可去掉根号。

例 4.2.35 求$\int\frac{\mathrm{d}x}{\sqrt{1+2x^2}}$。

解 令$\sqrt{2}x=\tan t$，即$x=\frac{1}{\sqrt{2}}\tan t\left(-\frac{\pi}{2}<t<\frac{\pi}{2}\right)$，则有$t=\arctan(\sqrt{2}x)$，$\mathrm{d}x=\frac{1}{\sqrt{2}}\sec^2 t\mathrm{d}t$，则

$$\int\frac{\mathrm{d}x}{\sqrt{1+2x^2}}=\frac{1}{\sqrt{2}}\int\frac{1}{\sec t}\cdot\sec^2 t\mathrm{d}t=\frac{1}{\sqrt{2}}\int\sec t\mathrm{d}t=\frac{1}{\sqrt{2}}\ln|\sec t+\tan t|+C$$

$$=\frac{1}{\sqrt{2}}\ln\left|\sqrt{1+\tan^2 t}+\tan t\right|+C$$

$$=\frac{1}{\sqrt{2}}\ln\left|\sqrt{1+2x^2}+\sqrt{2}x\right|+C。$$

例 4.2.35 的 Maple 源程序

```
> #example35
> Int(1/sqrt(1+2*x^2),x);
```

$$\int\frac{1}{\sqrt{2x^2+1}}dx$$

```
> value(%);
```

$$\frac{1}{2}\sqrt{2}\ \mathrm{arcsinh}\ (\sqrt{2}x)$$

(3) 正割代换。针对形如$\sqrt{x^2-a^2}$($a>0$)的根式，可利用三角代换公式 $\sec^2 t-1=\tan^2 t$ 来化去根式。

例 4.2.36　求$\displaystyle\int\frac{\mathrm{d}x}{\sqrt{x^2-a^2}}$($a>0$)。

解　被积函数的定义域是 $x>a$ 或 $x<-a$ 两个区间，因此当 $x>a$ 时，设 $x=a\sec t\left(0<t<\frac{\pi}{2}\right)$，则 $\sqrt{x^2-a^2}=\sqrt{a^2\tan^2 t}=a\tan t$，$\mathrm{d}x=a\sec t\tan t\mathrm{d}t$，则

$$\int\frac{\mathrm{d}x}{\sqrt{x^2-a^2}}\overset{x=a\sec t}{=}\int\frac{a\sec t\tan t\mathrm{d}t}{a\tan t}=\int\sec t\mathrm{d}t=\ln|\sec t+\tan t|+C_1$$

$$=\ln\left|\frac{x}{a}+\frac{\sqrt{x^2-a^2}}{a}\right|+C_1=\ln\left|x+\sqrt{x^2-a^2}\right|+C,\ C=C_1-\ln a,$$

当 $x<-a$ 时，令 $x=-u$，则 $u>a$，根据上面结果可得

$$\int\frac{\mathrm{d}x}{\sqrt{x^2-a^2}}=-\int\frac{\mathrm{d}u}{\sqrt{u^2-a^2}}=-\ln\left|u+\sqrt{u^2-a^2}\right|+C_2=-\ln\left|-x+\sqrt{x^2-a^2}\right|+C_2$$

$$=\ln\left|\frac{-x-\sqrt{x^2-a^2}}{a^2}\right|+C_2=\ln\left|x+\sqrt{x^2-a^2}\right|+C,\ C=C_2-2\ln a,$$

综上所得

$$\int\frac{\mathrm{d}x}{\sqrt{x^2-a^2}}=\ln\left|x+\sqrt{x^2-a^2}\right|+C。$$

例 4.2.36 的 Maple 源程序

```
> #example36
> value(Int(1/sqrt(x^2-a^2),x));
                    ln(x + sqrt(-a^2+x^2))
```

除了 4.1 节所列的基本积分公式外，还有几个积分以后会经常遇到，它们通常也被当作公式使用，因此我们再列出几个积分公式(其中常数 $a>0$)：

(16) $\int \tan x \mathrm{d}x=-\ln|\cos x|+C$；

(17) $\int \cot x \mathrm{d}x=\ln|\sin x|+C$；

(18) $\int \sec x \mathrm{d}x=\ln|\sec x+\tan x|+C$；

(19) $\int \csc x \mathrm{d}x=\ln|\csc x-\cot x|+C$；

(20) $\int \frac{1}{a^2+x^2}\mathrm{d}x=\frac{1}{a}\arctan\left(\frac{x}{a}\right)+C$；

(21) $\int \frac{1}{x^2-a^2}\mathrm{d}x=\frac{1}{2a}\ln\left|\frac{x-a}{x+a}\right|+C$；

(22) $\int \frac{1}{\sqrt{a^2-x^2}}\mathrm{d}x=\arcsin\left(\frac{x}{a}\right)+C$；

(23) $\int \frac{1}{\sqrt{x^2+a^2}}\mathrm{d}x=\ln(x+\sqrt{x^2+a^2})+C$；

(24) $\int \frac{1}{\sqrt{x^2-a^2}}\mathrm{d}x=\ln|x+\sqrt{x^2-a^2}|+C$。

(4) 倒数代换。当分母次数高于分子次数，且分子分母均为"因式"时，可试用倒数代换 $u=\frac{1}{x}$，则 $x=\frac{1}{u}$，$\mathrm{d}x=-\frac{1}{u^2}\mathrm{d}u$。

例 4.2.37 求 $\int \frac{\mathrm{d}x}{x(x^6+4)}$。

解 令 $u=\frac{1}{x}$，则 $x=\frac{1}{u}$，$\mathrm{d}x=-\frac{1}{u^2}\mathrm{d}u$，从而

$$\int \frac{\mathrm{d}x}{x(x^6+4)}=\int u\cdot\frac{1}{\frac{1}{u^6}+4}\cdot\left(-\frac{1}{u^2}\right)\mathrm{d}u=-\int\frac{u^5}{1+4u^6}\mathrm{d}u$$

$$=-\frac{1}{24}\int\frac{1}{1+4u^6}\mathrm{d}(1+4u^6)$$

$$=-\frac{1}{24}\ln(1+4u^6)+C$$

$$=-\frac{1}{24}\ln\left(\frac{x^6+4}{x^6}\right)+C。$$

例 4.2.37 的 Maple 源程序

```
> #example37
> Int(1/(x*(x^6+4)),x);
```

$$\int\frac{1}{x(x^6+4)}dx$$

```
> value(%);
```

$$\frac{1}{4}\ln(x)-\frac{1}{24}\ln(x^6+4)$$

例 4.2.38　求$\int\frac{\mathrm{d}x}{x^4\sqrt{1+x^2}}$。

解法 1　$$\int\frac{\mathrm{d}x}{x^4\sqrt{1+x^2}}=\int\frac{1}{x}\cdot\frac{-1}{\sqrt{1-\frac{1}{x^2}}}\mathrm{d}\left(\frac{1}{x}\right)=\int\frac{-u}{\sqrt{1-u^2}}\mathrm{d}u=-\sqrt{1-u^2}+C$$

$$=\frac{\sqrt{x^2-1}}{x}+C。$$

解法 2　$$\int\frac{\mathrm{d}x}{x^2\sqrt{x^2-1}}\overset{x=\sec t}{=}\int\frac{\sec t\cdot\tan t}{\sec^2 t\cdot\tan t}\mathrm{d}t$$

$$=\int\cos t\mathrm{d}t=\sin t+C=\frac{1}{x}\sqrt{x^2-1}+C。$$

例 4.2.38 的 Maple 源程序

```
> #example38
> value(Int(1/(x^2*sqrt(x^2-1)),x));
```

$$\frac{(x-1)(1+x)}{x\sqrt{x^2-1}}$$

```
> simplify(%);
```

$$\frac{\sqrt{x^2-1}}{x}$$

习题 4.2

计算下列积分：

(1) $\int\frac{1}{x+a}\mathrm{d}x$；　(2) $\int\frac{\mathrm{d}x}{\sqrt{2-5x}}$；　(3) $\int xe^{-x^2}\mathrm{d}x$；　(4) $\int\frac{1}{x\ln x\ln(\ln x)}\mathrm{d}x$；

(5) $\int \frac{1}{x\ln^2 x}dx$；(6) $\int \frac{1}{\sqrt{x}(1+x)}dx$；

(7) $\int \frac{1}{2+3x^2}dx$；(8) $\int \frac{1}{\sin^2 x+2\cos^2 x}dx$；

(9) $\int \frac{1}{(\arcsin x)^2\sqrt{1-x^2}}dx$；(10) $\int \sin^5 x\cos x dx$；

(11) $\int \frac{dx}{\sqrt{x+1}+\sqrt{x-1}}$；(12) $\int \frac{x^2+1}{x^4+1}dx$；

(13) $\int \frac{1}{1-x^2}\ln\frac{1+x}{1-x}dx$；(14) $\int \frac{dx}{\sin x}$；

(15) $\int x^2\sqrt[3]{1-x}\,dx$；(16) $\int \sqrt{2+2x-x^2}\,dx$；

(17) $\int \frac{x^2}{\sqrt{2-x}}dx$；(18) $\int \frac{1}{e^{\frac{x}{2}}+e^x}dx$；

(19) $\int \frac{x^2}{\sqrt{a^2+x^2}}dx$；(20) $\int \frac{dx}{x\sqrt{x^2+1}}$；

(21) $\int \frac{\sqrt{x^2-9}}{x}dx$；(22) $\int \frac{1}{x(x^7+2)}dx$；

(23) $\int \frac{\arctan e^x}{e^x}dx$；(24) $\int \frac{dx}{(1+x+x^2)^{\frac{3}{2}}}$。

4.3 分部积分法

在上一节中从复合函数求导法则出发，得到了不定积分的换元积分法。本节介绍分部积分法。分部积分法的出发点是两个函数乘积的求导公式：

$$[f(x)g(x)]'=f'(x)g(x)+f(x)g'(x),$$

两边积分，有

$$f(x)g(x)=\int f'(x)g(x)dx+\int f(x)g'(x)dx,$$

移项，可得公式

$$\int f(x)g'(x)dx=f(x)g(x)-\int f'(x)g(x)dx,$$

也可写成如下形式：

$$\int f(x)dg(x)=f(x)g(x)-\int g(x)df(x),$$

以上两式称为不定积分的分部积分公式。

例 4.3.1 求$\int x\cos x dx$。

如何选择$f(x)$和$g(x)$呢?

解法 1 选 $\cos x$ 为$f(x)$，结果会怎样呢?

$$\int x\cos x dx=\frac{1}{2}\int \cos x d(x^2)$$

$$=\frac{1}{2}x^2\cos x+\int \frac{1}{2}x^2\sin x dx,$$

比较一下不难发现，被积函数中 x 的幂次反而升高了，积分的难度增大，说明这样选择$f(x)$是不合适的。

解法 2 选 x 为$f(x)$，可得

$$\int x\cos x dx=\int x d(\sin x)$$

$$=x\sin x-\int \sin x\mathrm{d}x$$

$$=x\sin x+\cos x+C。$$

此种选择是成功的。

所以在应用分部积分法时，恰当选取 $f(x)$ 和 $g(x)$ 是一个关键，选取 $f(x)$ 和 $g(x)$ 一般要考虑下面两点：

(1) $g(x)$ 要容易求得；

(2) $\int g(x)\mathrm{d}f(x)$ 比 $\int f(x)\mathrm{d}g(x)$ 容易求得。

例 4.3.1 的 Maple 源程序

```
> #example1
> Int(x * cos(x),x);
```

$$\int x\cos(x)dx$$

```
> value(%);
>
```

$$\cos(x)+x\sin(x)$$

当被积函数是两种不同类型函数的乘积时，如果凑微分法不能很好地解决，便需要考虑分部积分法。下面主要介绍几种常见的类型：

类型一 **当被积函数为幂函数与对数函数(或反三角函数)的乘积时可采用分部积分法，即不定积分为 $\int x^n\ln x\mathrm{d}x$，$\int x^n\arctan x\mathrm{d}x$，$\int x^n\arcsin x\mathrm{d}x$ 型(n 为正整数)，可设幂函数为 $g(x)$，其余类型函数为 $f(x)$。**

例 4.3.2 求 $\int x\ln x\mathrm{d}x$。

解 $$\int x\ln x\mathrm{d}x=\frac{1}{2}\int \ln x\mathrm{d}(x^2)=\frac{1}{2}x^2\ln x-\frac{1}{2}\int x^2\mathrm{d}(\ln x)$$

$$=\frac{1}{2}x^2\ln x-\frac{1}{2}\int x^2\cdot\frac{1}{x}\mathrm{d}x$$

$$=\frac{1}{2}x^2\ln x-\frac{1}{4}x^2+C。$$

例 4.3.2 的 Maple 源程序

```
> #example2
> Int(x * ln(x),x);
```

$$\int x\ln(x)dx$$

```
> value(%);
```

$$\frac{1}{2}x^2\ln(x)-\frac{x^2}{4}$$

例 4.3.3 求$\int x^2\ln x\mathrm{d}x$。

解 $\int x^2\ln x\mathrm{d}x=\frac{1}{3}\int\ln x\mathrm{d}(x^3)=\frac{1}{3}\left(x^3\ln x-\int x^3\,\frac{1}{x}\mathrm{d}x\right)=\frac{x^3}{3}\ln x-\frac{x^3}{9}+C$。

例 4.3.3 的 Maple 源程序

```
> #example3
> value(Int(x^2 * ln(x),x));
```

$$\frac{1}{3}x^3\ln(x)-\frac{x^3}{9}$$

例 4.3.4 求$\int\frac{\ln x}{x^2}\mathrm{d}x$。

解 $\int\frac{\ln x}{x^2}\mathrm{d}x=-\int\ln x\mathrm{d}\left(\frac{1}{x}\right)=-\frac{\ln x}{x}+\int\frac{1}{x^2}\mathrm{d}x=-\frac{\ln x}{x}-\frac{1}{x}+C$。

例 4.3.4 的 Maple 源程序

```
> #example4
> value(Int(ln(x)/x^2,x));
```

$$-\frac{\ln(x)}{x}-\frac{1}{x}$$

例 4.3.5 求$\int x^2\arctan x\mathrm{d}x$。

解
$$\begin{aligned}\int x^2\arctan x\mathrm{d}x&=\frac{1}{3}\int\arctan x\mathrm{d}(x^3)\\&=\frac{1}{3}x^3\arctan x-\frac{1}{3}\int x^3\mathrm{d}(\arctan x)\\&=\frac{1}{3}x^3\arctan x-\frac{1}{3}\int\frac{x^3}{1+x^2}\mathrm{d}x\\&=\frac{1}{3}x^3\arctan x-\frac{1}{6}\int\frac{x^2}{1+x^2}\mathrm{d}(x^2)\\&=\frac{1}{3}x^3\arctan x-\frac{1}{6}\int\left(1-\frac{1}{1+x^2}\right)\mathrm{d}(x^2)\end{aligned}$$

$$=\frac{1}{3}x^3\arctan x-\frac{1}{6}x^2+\frac{1}{6}\ln|1+x^2|+C。$$

例 4.3.5 的 Maple 源程序

```
> #example5
> Int(x^2*arctan(x),x);
```

$$\int x^2\arctan(x)dx$$

```
> value(%);
```

$$\frac{1}{3}x^3\arctan(x)-\frac{x^2}{6}+\frac{1}{6}\ln(x^2+1)$$

例 4.3.6 求$\int\frac{\arcsin x}{x^2}dx$。

解
$$\int\frac{\arcsin x}{x^2}dx=-\int\arcsin x\,d\left(\frac{1}{x}\right)=-\frac{\arcsin x}{x}+\int\frac{1}{x}d(\arcsin x)$$
$$=-\frac{\arcsin x}{x}+\int\frac{1}{x\sqrt{1-x^2}}dx$$
$$=-\frac{\arcsin x}{x}+\int\frac{1}{x^2\sqrt{\left(\frac{1}{x}\right)^2-1}}dx$$
$$=-\frac{\arcsin x}{x}-\int\frac{1}{\sqrt{\left(\frac{1}{x}\right)^2-1}}d\left(\frac{1}{x}\right)$$
$$=-\frac{\arcsin x}{x}-\ln\left|\frac{1}{x}+\sqrt{\left(\frac{1}{x}\right)^2-1}\right|+C$$
$$=-\frac{\arcsin x}{x}-\ln\left|\frac{1+\sqrt{1-x^2}}{x}\right|+C。$$

例 4.3.6 的 Maple 源程序

```
> #example6
> Int(arcsin(x)/x^2,x);
```

$$\int\frac{\arcsin(x)}{x^2}dx$$

```
> value(%);
```

$$-\frac{\arcsin(x)}{x}-\operatorname{arctanh}\left(\frac{1}{\sqrt{-x^2+1}}\right)$$

类型二 **当被积函数为幂函数与指数函数或正(余)弦函数的乘积时采用分部积分法，即不定积分为**$\int x^n e^x dx$，$\int x^n \sin x dx$，

$\int x^n\cos x\mathrm{d}x$型($n$ 为正整数)，设幂函数为 $f(x)$，其余类型的函数为 $g(x)$。

例 4.3.7 求$\int x^2\mathrm{e}^x\mathrm{d}x$。

解 $\int x^2\mathrm{e}^x\mathrm{d}x=\int x^2\mathrm{d}(\mathrm{e}^x)=x^2\mathrm{e}^x-\int\mathrm{e}^x\cdot 2x\mathrm{d}x$，再一次用分部积分法得

$$\begin{aligned}\int x^2\mathrm{e}^x\mathrm{d}x &=x^2\mathrm{e}^x-\int\mathrm{e}^x\cdot 2x\mathrm{d}x=x^2\mathrm{e}^x-2\int x\mathrm{d}(\mathrm{e}^x)=x^2\mathrm{e}^x-2(x\mathrm{e}^x-\int\mathrm{e}^x\mathrm{d}x)\\&=x^2\mathrm{e}^x-2x\mathrm{e}^x+2\mathrm{e}^x+C=\mathrm{e}^x(x^2-2x+2)+C。\end{aligned}$$

例 4.3.7 的 Maple 源程序

```
> #example7
> value(Int(x^2*exp(x),x));
```

$$(x^2-2x+2)\mathrm{e}^x$$

例 4.3.8 求$\int x\mathrm{e}^{-x}\mathrm{d}x$。

解 $\int x\mathrm{e}^{-x}\mathrm{d}x=-\int x\mathrm{d}(\mathrm{e}^{-x})=-x\mathrm{e}^{-x}+\int\mathrm{e}^{-x}\mathrm{d}x=-(x+1)\mathrm{e}^{-x}+C$。

例 4.3.8 的 Maple 源程序

```
> #example8
> Int(x*exp(-x),x);
```

$$\int x\,\mathrm{e}^{(-x)}dx$$

```
> value(%);
```

$$-(x+1)\,\mathrm{e}^{(-x)}$$

例 4.3.9 求$\int x^2\sin x\mathrm{d}x$。

解
$$\begin{aligned}\int x^2\sin x\mathrm{d}x &=-\int x^2\mathrm{d}(\cos x)=-x^2\cos x+\int\cos x\mathrm{d}(x^2)\\&=-x^2\cos x+2\int x\cos x\mathrm{d}x\\&=-x^2\cos x+2\int x\mathrm{d}(\sin x)\\&=-x^2\cos x+2x\sin x-2\int\sin x\mathrm{d}x\\&=-x^2\cos x+2x\sin x+2\cos x+C。\end{aligned}$$

例4.3.9的Maple源程序

```
> #example9
> Int(x^2 * sin(x),x);
```

$$\int x^2 \sin(x) dx$$

```
> value(%);
```

$$-x^2\cos(x)+2\cos(x)+2\sin(x)x$$

类型三 **当被积函数为指数函数与正(余)弦函数的乘积时，即不定积分为 $\int e^{ax}\sin(bx)dx$，$\int e^{ax}\cos(bx)dx$ 型，需要先建立积分方程，然后求解。**

例4.3.10 求 $\int e^x\sin x dx$。

解 设 $I=\int e^x \sin x dx$，则

$$I=\int e^x\sin x dx=\int \sin x d(e^x)=e^x\sin x-\int e^x d(\sin x)=e^x\sin x-\int e^x\cos x dx$$

$$=e^x\sin x-\int\cos x d(e^x)=e^x\sin x-e^x\cos x+\int e^x d(\cos x)$$

$$=e^x\sin x-e^x\cos x-\int e^x\sin x dx=e^x\sin x-e^x\cos x-I$$

$$\Rightarrow I=\frac{1}{2}e^x(\sin x-\cos x)+C。$$

注 有时应用分部积分法会得到一个关于所求积分的方程(产生循环的结果)，这个方程的解再加上积分常数即为所求积分。

例4.3.10的Maple源程序

```
> #example10
> Int(exp(x) * sin(x),x);
```

$$\int e^x \sin(x) dx$$

```
> value(%);
```

$$-\frac{1}{2}e^x\cos(x)+\frac{1}{2}e^x\sin(x)$$

```
> factor(%);
```

$$-\frac{1}{2}e^x(\cos(x)-\sin(x))$$

例4.3.11 求 $\int e^{2x}\cos x dx$。

解 $\int e^{2x}\cos x dx=\int e^{2x}d(\sin x)=e^{2x}\sin x-\int\sin x d(e^{2x})$

$$=e^{2x}\sin x-2\int e^{2x}\sin x\mathrm{d}x=e^{2x}\sin x-2\int e^{2x}\sin x\mathrm{d}x$$

$$=e^{2x}\sin x+2\int e^{2x}\mathrm{d}(\cos x)$$

$$=e^{2x}\sin x+2e^{2x}\cos x-4\int e^{2x}\cos x\mathrm{d}x$$

$$\Rightarrow\int e^{2x}\cos x\mathrm{d}x=\frac{1}{5}(\sin x+2\cos x)e^{2x}+C。$$

例 4.3.11 的 Maple 源程序

```
> #example11
> Int(exp(2 * x) * cos(x),x);
```

$$\int e^{(2x)}\cos(x)dx$$

```
> value(%);
```

$$\frac{2}{5}e^{(2x)}\cos(x)+\frac{1}{5}e^{(2x)}\sin(x)$$

需要指出的是，$\int e^{-x^2}\mathrm{d}x$、$\int\frac{1}{\ln x}\mathrm{d}x$、$\int\frac{\sin x}{x}\mathrm{d}x$、$\int\frac{\cos x}{x}\mathrm{d}x$、$\int\sin x^2\mathrm{d}x$、$\int x^{\alpha}e^{-x}\mathrm{d}x$（$\alpha$ 不是整数）等不定积分的原函数都不是初等函数，一般无法求出不定积分。此外，在不定积分过程中往往需要兼用多种方法，下面再来看一些例子。

例 4.3.12 求$\int e^{\sqrt{x}}\mathrm{d}x$。

解 令$\sqrt{x}=t$，则 $x=t^2$，$\mathrm{d}x=2t\mathrm{d}t$，于是有

$$\int e^{\sqrt{x}}\mathrm{d}x=\int e^t 2t\mathrm{d}t=2e^t(t-1)+C$$

$$=2e^{\sqrt{x}}(\sqrt{x}-1)+C。$$

例 4.3.12 的 Maple 源程序

```
> #example12
> Int(exp(sqrt(x)),x);
```

$$\int e^{(\sqrt{x})}dx$$

```
> value(%);
```

$$2e^{(\sqrt{x})}\sqrt{x}-2e^{(\sqrt{x})}$$

```
> factor(%);
```

$$2e^{(\sqrt{x})}(\sqrt{x}-1)$$

例 4.3.13 求$\int\frac{x}{1+\cos x}\mathrm{d}x$。

解法1

$$\int\frac{x}{1+\cos x}\mathrm{d}x=\frac{1}{2}\int x\sec^2\frac{x}{2}\mathrm{d}x=\int x\mathrm{d}\left(\tan\frac{x}{2}\right)=x\tan\frac{x}{2}-\int\tan\frac{x}{2}\mathrm{d}x$$

$$=x\tan\frac{x}{2}+2\ln\cos\frac{x}{2}+C。$$

解法2

$$\int\frac{x}{1+\cos x}\mathrm{d}x=\int\frac{x(1-\cos x)}{\sin^2 x}\mathrm{d}x=-\int x\mathrm{d}(\cot x)+\int x\mathrm{d}(\csc x)$$

$$=-\left(x\cot x-\int\cot x\mathrm{d}x\right)+\left(x\csc x-\int\csc x\mathrm{d}x\right)$$

$$=-x\cot x+\ln|\sin x|+x\csc x-\ln|\csc x-\cot x|+C$$

$$=x(\csc x-\cot x)+\ln\left|\frac{\sin x}{\csc x-\cot x}\right|+C。$$

例4.3.13的Maple源程序

```
> #example13
> Int(x/(1+cos(x)),x);
```

$$\int\frac{x}{1+\cos(x)}dx$$

```
> value(%);
```

$$x\tan\left(\frac{x}{2}\right)+2\ln\left(\cos\left(\frac{x}{2}\right)\right)$$

例4.3.14 求$\int\sin x\cdot\ln(\tan x)\mathrm{d}x$。

解 $\int\sin x\cdot\ln(\tan x)\mathrm{d}x=-\int\ln(\tan x)\mathrm{d}(\cos x)$

$$=-\cos x\cdot\ln(\tan x)+\int\frac{\cos x}{\tan x}\cdot\frac{1}{\cos^2 x}\mathrm{d}x$$

$$=-\cos x\cdot\ln(\tan x)+\int\frac{1}{\sin x}\mathrm{d}x$$

$$=-\cos x\cdot\ln(\tan x)+\int\frac{\sin^2\frac{x}{2}+\cos^2\frac{x}{2}}{\sin\frac{x}{2}\cdot\cos\frac{x}{2}}\mathrm{d}\left(\frac{x}{2}\right)$$

$$=-\cos x\cdot\ln(\tan x)+\int\left(\tan\frac{x}{2}+\cot\frac{x}{2}\right)\mathrm{d}\left(\frac{x}{2}\right)$$

$$=-\cos x\cdot\ln(\tan x)+\ln\left|\tan\frac{x}{2}\right|+C。$$

例4.3.15 求$\int\frac{x\mathrm{e}^{\arctan x}}{(1+x^2)^{\frac{3}{2}}}\mathrm{d}x$。

解 $$\int\frac{xe^{\arctan x}}{(1+x^2)^{\frac{3}{2}}}dx=\int\frac{xe^{\arctan x}}{\sqrt{1+x^2}}d(\arctan x)=\int\frac{x}{\sqrt{1+x^2}}d(e^{\arctan x})$$

$$=\frac{x}{\sqrt{1+x^2}}e^{\arctan x}-\int e^{\arctan x}\frac{1}{(1+x^2)^{\frac{3}{2}}}dx$$

$$=\frac{x}{\sqrt{1+x^2}}e^{\arctan x}-\int\frac{1}{\sqrt{1+x^2}}d(e^{\arctan x})$$

$$=\frac{x}{\sqrt{1+x^2}}e^{\arctan x}-\frac{1}{\sqrt{1+x^2}}e^{\arctan x}-\int\frac{xe^{\arctan x}}{(1+x^2)^{\frac{3}{2}}}dx$$

$$\Rightarrow\int\frac{xe^{\arctan x}}{(1+x^2)^{\frac{3}{2}}}dx=\frac{x-1}{2\sqrt{1+x^2}}e^{\arctan x}+C。$$

例 4.3.15 的 Maple 源程序

```
> #example15
> Int(x*exp(arctan(x))/(1+x^2)^(3/2),x);
```

$$\int\frac{x\,e^{\arctan(x)}}{(x^2+1)^{(3/2)}}dx$$

```
> value(%);
```

$$\frac{1}{2}\frac{(x-1)\,e^{\arctan(x)}}{\sqrt{x^2+1}}$$

例 4.3.16 求$\int\sin(\ln x)dx$。

解 $$\int\sin(\ln x)dx=x\sin(\ln x)-\int x\cos(\ln x)\cdot\frac{1}{x}dx$$

$$=x\sin(\ln x)-\int\cos(\ln x)dx$$

$$=x\sin(\ln x)-x\cos(\ln x)-\int\sin(\ln x)dx$$

$$\Rightarrow\int\sin x\cdot\ln(\cos x)dx$$

$$=\frac{x}{2}[\sin(\ln x)-\cos(\ln x)]+C。$$

例 4.3.16 的 Maple 源程序

```
> #example16
> Int(sin(ln(x)),x);
```

$$\int\sin(\ln(x))dx$$

```
> value(%);
```

$$-\frac{1}{2}\cos(\ln(x))x+\frac{1}{2}\sin(\ln(x))x$$

```
> factor(%);
```

$$-\frac{1}{2}x(\cos(\ln(x))-\sin(\ln(x)))$$

例 4.3.17 求 $I=\int\frac{dx}{(1+x^2)^2}$。

解法 1 $I=\int\frac{dx}{(1+x^2)^2}=\int\frac{(1+x^2)-x^2}{(1+x^2)^2}dx=\int\frac{dx}{1+x^2}-\int\frac{x^2}{(1+x^2)^2}dx$

$=\int\frac{dx}{1+x^2}-\frac{1}{2}\int\frac{xd(1+x^2)}{(1+x^2)^2}$

$=\int\frac{dx}{1+x^2}+\frac{1}{2}\int xd\left(\frac{1}{1+x^2}\right)$

$=\int\frac{dx}{1+x^2}+\frac{1}{2}\frac{x}{1+x^2}-\frac{1}{2}\int\frac{dx}{1+x^2}$

$=\frac{1}{2}\frac{x}{1+x^2}+\frac{1}{2}\int\frac{dx}{1+x^2}$

$=\frac{1}{2}\frac{x}{1+x^2}+\frac{1}{2}\arctan x+C$;

解法 2 $I=\int\frac{dx}{(1+x^2)^2}=-\int\frac{1}{2x}d\left(\frac{1}{1+x^2}\right)=\frac{-1}{2x(1+x^2)}-\frac{1}{2}\int\frac{dx}{x^2(1+x^2)}$

$=\frac{-1}{2x(1+x^2)}-\frac{1}{2}\int\left(\frac{1}{x^2}-\frac{1}{1+x^2}\right)dx$

$=\frac{1}{2}\frac{x}{1+x^2}+\frac{1}{2}\arctan x+C$。

例 4.3.17 的 Maple 源程序

```
> #example17
> Int(1/(1+x^2)^2,x);
```

$$\int\frac{1}{(x^2+1)^2}dx$$

```
> value(%);
```

$$\frac{x}{2(x^2+1)}+\frac{1}{2}\arctan(x)$$

例 4.3.18 求 $\int\frac{x}{\sqrt{1+x}}dx$。

解法 1 $\int\frac{x}{\sqrt{1+x}}dx=\int\frac{x+1-1}{\sqrt{1+x}}dx$

$$=\int\left(\sqrt{1+x}-\frac{1}{\sqrt{1+x}}\right)\mathrm{d}x$$

$$=\frac{2}{3}(1+x)^{\frac{3}{2}}-2\sqrt{1+x}+C;$$

解法 2 令 $t=\sqrt{1+x}$，$x=t^2-1$，$\mathrm{d}x=2t\mathrm{d}t$

$$\int\frac{x}{\sqrt{1+x}}\mathrm{d}x=\int\frac{t^2-1}{t}\cdot 2t\mathrm{d}t$$

$$=2\int(t^2-1)\mathrm{d}t=\frac{2}{3}t^3-2t+C$$

$$=\frac{2}{3}(1+x)^{\frac{3}{2}}-2\sqrt{1+x}+C;$$

解法 3 令 $x=\tan^2 t$，$\mathrm{d}x=2\tan t\cdot\sec t\mathrm{d}t$

$$\int\frac{x}{\sqrt{1+x}}\mathrm{d}x=\int\frac{\tan^2 t}{\sec t}\cdot 2\tan t\cdot\sec^2 t\mathrm{d}t$$

$$=2\int\tan^2 t\cdot\tan t\cdot\sec t\mathrm{d}t$$

$$=2\int\tan^2 t\mathrm{d}(\sec t)$$

$$=2\int(\sec^2 t-1)\mathrm{d}(\sec t)$$

$$=\frac{2}{3}\sec^3 t-2\sec t+C$$

$$=\frac{2}{3}(1+x)^{\frac{3}{2}}-2\sqrt{1+x}+C;$$

解法 4 $\displaystyle\int\frac{x}{\sqrt{1+x}}\mathrm{d}x=2\int x\mathrm{d}\sqrt{1+x}$

$$=2x\sqrt{1+x}-2\int\sqrt{1+x}\,\mathrm{d}x$$

$$=2\left[x\sqrt{1+x}-\frac{2}{3}(1+x)^{\frac{3}{2}}\right]+C$$

$$=2x\sqrt{1+x}-\frac{4}{3}(1+x)^{\frac{3}{2}}+C。$$

例 4.3.18 的 Maple 源程序

```
> #example20
> Int(x/sqrt(1+x),x);
```

$$\int\frac{x}{\sqrt{x+1}}dx$$

```
> value(%);
```

$$\frac{2\sqrt{x+1}\,(x-2)}{3}$$

习题 4.3

1. 计算下列不定积分：

(1) $\int x^3 e^{-x^2}dx$；　(2) $\int x^n \ln x dx (n\neq -1)$；

(3) $\int \arcsin x dx$；　(4) $\int x^2 \sin 2x dx$；

(5) $\int \frac{\mathrm{arccot}e^x}{e^x}dx$；　(6) $\int \frac{x}{\cos^2 x}dx$；

(7) $\int \frac{\ln(\sin x)}{\sin^2 x}dx$；　(8) $\int \left(\frac{\ln x}{x}\right)^2 dx$；

(9) $\int \ln(x+\sqrt{1+x^2})dx$；（10) $\int \frac{xe^x}{(x+1)^2}dx$；

(11) $\int e^{2x}\sin^2 x dx$；　(12) $\int \arctan\sqrt{x}\,dx$。

2. 证明：若 $P(x)$ 为 n 次多项式，则

$$\int P(x)e^{ax}dx = e^{ax}\left[\frac{P(x)}{a}-\frac{P'(x)}{a^2}+\cdots+(-1)^n\frac{P^{(n)}(x)}{a^{n+1}}\right]+C。$$

4.4 有理函数和可化为有理函数的不定积分

4.4.1 有理函数 $R(x)$ 的不定积分

如果 $P(x)$ 和 $Q(x)$ 均为多项式，则称 $\frac{P(x)}{Q(x)}$ 为有理函数，即

$$R(x)=\frac{P(x)}{Q(x)}=\frac{a_0x^n+a_1x^{n-1}+\cdots+a_{n-1}x+a_n}{b_0x^m+b_1x^{m-1}+\cdots+b_{m-1}x+b_m}(a_0b_0\neq 0),$$

如果 $n<m$，则称上式为**真分式**；若 $n\geq m$，则称上式为**假分式**。

正如有理数可以写成整数部分加上小数部分一样，利用多项式的除法，假分式也可以写成一个多项式加上一个真分式。因此，研究有理函数的积分主要是研究**真分式**的积分。

定理 4.4.1 设 $R(x)=\frac{P(x)}{Q(x)}$ 是真分式，即 $n<m$，则在实数范围内，可以将分母 $Q(x)$ 分解成为若干 n_i 重单因式 $(x-a_i)^{n_i}$ 与 m_j 重二次因式 $(x^2+\alpha_j x+\beta_j)^{m_j}$（其中 $\alpha_j^2-4\beta_j<0$）的乘积，即

$$Q(x)=b_0(x-a_1)^{n_1}\cdots(x-a_k)^{n_k}(x^2+\alpha_1x+\beta_1)^{m_1}\cdots(x^2+\alpha_sx+\beta_s)^{m_s},$$

则分式 $R(x)=\frac{P(x)}{Q(x)}$ 可以分解成如下**部分分式**之和：

$$\frac{P(x)}{Q(x)}=\sum_{i=1}^{n_1}\frac{A_{1i}}{(x-a_1)^i}+\cdots+\sum_{i=1}^{n_k}\frac{A_{ki}}{(x-a_k)^i}+\sum_{i=1}^{m_1}\frac{M_{1i}x+N_{1i}}{(x^2+\alpha_1x+\beta_1)^i}+\cdots+\sum_{i=1}^{m_s}\frac{M_{si}x+N_{si}}{(x^2+\alpha_sx+\beta_s)^i}$$

这里 A_{ij} 及 M_{ij}，N_{ij} 等都是常数。

定理 4.4.1 中的步骤也叫作把真分式化成部分分式之和，对于上式应注意到下列两点：

(1) 如果 $Q(x)$ 分解后含有 k 重的单因式 $(x-a)^k$，则 $R(x)=\frac{P(x)}{Q(x)}$ 分解成为部分分式后，必然含有 k 项之和：$\frac{A_1}{x-a}+\frac{A_2}{(x-a)^2}+\cdots+\frac{A_{k-1}}{(x-a)^{k-1}}+\frac{A_k}{(x-a)^k}$；特别当 $k=1$ 时，分解后有 $\frac{A}{x-a}$；

(2) 如果 $Q(x)$ 分解后含有 s 重的二次因式 $(x^2+\alpha x+\beta)^s$（其中 $\alpha^2-4\beta<0$），则 $R(x)=\frac{P(x)}{Q(x)}$ 分解成为部分分式后，必然含有 s 项之和：

$$\frac{A_1x+B_1}{x^2+\alpha x+\beta}+\frac{A_2x+B_2}{(x^2+\alpha x+\beta)^2}+\cdots+\frac{A_{s-1}x+B_{s-1}}{(x^2+\alpha x+\beta)^{s-1}}+\frac{A_sx+B_s}{(x^2+\alpha x+\beta)^s},$$

如果 $s=1$，则分解后有 $\frac{Ax+B}{x^2+\alpha x+\beta}$。

例 4.4.1 求有理函数 $\frac{2x+3}{(x-2)(x+5)}$ 的部分分式。

解 设 $\frac{2x+3}{(x-2)(x+5)}=\frac{A}{x-2}+\frac{B}{x+5}$，则

$$2x+3=A(x+5)+B(x-2),$$

解得 $A=1$，$B=1$，于是

$$\frac{2x+3}{(x-2)(x+5)}=\frac{1}{x-2}+\frac{1}{x+5}。$$

例 4.4.1 的 Maple 源程序

```
> #example1
> f:=x->(2*x+3)/((x-2)*(x+5));
```

$$f:=x\to\frac{2x+3}{(x-2)(x+5)}$$

```
> convert(f(x),parfrac,x);
```

$$\frac{1}{x+5}+\frac{1}{x-2}$$

例 4.4.2 求有理函数 $\frac{2x^2+2x+13}{(x-2)(x^2+1)^2}$ 的部分分式。

解 设 $\frac{2x^2+2x+13}{(x-2)(x^2+1)^2}=\frac{A}{x-2}+\frac{Bx+C}{x^2+1}+\frac{Dx+E}{(x^2+1)^2}$，

等号两端同乘$(x-2)(x^2+1)^2$，再比较两边 x 的各次幂系数，得

$$\begin{cases}A+B=0,\\-2B+C=0,\\2A+B-2C+D=2,\\-2B+C-2D+E=2,\\A-2C-2E=13,\end{cases}\quad 解得\begin{cases}A=1,\\B=-1,\\C=-2,\\D=-3,\\E=-4,\end{cases}$$

于是

$$\frac{2x^2+2x+13}{(x-2)(x^2+1)^2}=\frac{1}{x-2}-\frac{x+2}{x^2+1}-\frac{3x+4}{(x^2+1)^2}。$$

例 4.4.2 的 Maple 源程序

```
> #example2
> f:=x->(2*x^2+2*x+13)/((x-2)*(x^2+1)^2);
```

$$f:=x\to\frac{2x^2+2x+13}{(x-2)(x^2+1)^2}$$

```
> convert(f(x),parfrac,x);
```

$$\frac{1}{x-2}+\frac{-x-2}{x^2+1}+\frac{-3x-4}{(x^2+1)^2}$$

容易算出$\int\frac{A}{(x-a)^n}\mathrm{d}x=\begin{cases}A\ln|x-a|+C, & n=1,\\ \frac{A}{(1-n)(x-a)^{n-1}}+C, & n>1。\end{cases}$因此由以上分析可知，只要能计算形如$\int\frac{Mx+N}{(x^2+\alpha x+\beta)^m}\mathrm{d}x$ 的不定积分，就能计算出真分式的不定积分。

为计算不定积分，有$\int\frac{Mx+N}{(x^2+\alpha x+\beta)^m}\mathrm{d}x=\int\frac{Mx+N}{\left[\left(x+\frac{\alpha}{2}\right)^2+\beta-\frac{\alpha^2}{4}\right]^m}\mathrm{d}x$，

设 $t=x+\frac{\alpha}{2}$，有 $\mathrm{d}t=\mathrm{d}x$，为简化书写，令 $a=\sqrt{\beta-\frac{\alpha^2}{4}}$，有

$$\begin{aligned}\int\frac{Mx+N}{(x^2+\alpha x+\beta)^m}\mathrm{d}x&=\int\frac{Mt+N-\frac{M\alpha}{2}}{(t^2+a^2)^m}\mathrm{d}t\\&=M\int\frac{t}{(t^2+a^2)^m}\mathrm{d}t+\left(N-\frac{M\alpha}{2}\right)\int\frac{\mathrm{d}t}{(t^2+a^2)^m}。\end{aligned}$$

当 $m=1$ 时，上式中的两个不定积分分别是

$$\int\frac{t}{t^2+a^2}\mathrm{d}t=\frac{1}{2}\int\frac{\mathrm{d}(t^2+a^2)}{t^2+a^2}=\frac{1}{2}\ln(t^2+a^2)+C,\quad\int\frac{\mathrm{d}t}{t^2+a^2}=\frac{1}{a}\arctan\frac{t}{a}+C,$$

把 $t=x+\frac{\alpha}{2}$，$a=\sqrt{\beta-\frac{\alpha^2}{4}}$代入上两式，则有

$$\int\frac{Mx+N}{(x^2+\alpha x+\beta)^m}\mathrm{d}x=\frac{M}{2}\ln(x^2+\alpha x+\beta)+\frac{N-\frac{M\alpha}{2}}{\sqrt{\beta-\frac{\alpha^2}{4}}}\arctan\frac{x+\frac{\alpha}{2}}{\sqrt{\beta-\frac{\alpha^2}{4}}}+C,$$

即求出所求不定积分。

若 $m>1$，$t=x+\frac{\alpha}{2}$，令 $a^2=\beta-\frac{\alpha^2}{4}$，则

$$\begin{aligned}\int\frac{Mx+N}{(x^2+\alpha x+\beta)^m}\mathrm{d}x&=\int\frac{Mt+N-\frac{M\alpha}{2}}{(t^2+a^2)^m}\mathrm{d}t\\&=M\int\frac{t}{(t^2+a^2)^m}\mathrm{d}t+\left(N-\frac{M\alpha}{2}\right)\int\frac{\mathrm{d}t}{(t^2+a^2)^m},\end{aligned}$$

上式的两个不定积分分别是

$$\int\frac{t}{(a^2+t^2)^m}\mathrm{d}t=\frac{1}{2}\int\frac{\mathrm{d}(t^2+a^2)}{(a^2+t^2)^m}=\frac{1}{2(1-m)(a^2+t^2)^{m-1}}+C,$$

$$J_m=\int\frac{\mathrm{d}t}{(t^2+a^2)^m}=\frac{t}{2(m-1)a^2(t^2+a^2)^{m-1}}+\frac{2m-3}{2a^2(m-1)}J_{m-1},$$

这是关于 J_m 的递推公式，重复应用这个递推公式最后得到结论为

$$J_1=\int\frac{\mathrm{d}t}{t^2+a^2}=\frac{1}{a}\arctan\frac{t}{a}+C。$$

再将 $t=x+\frac{\alpha}{2}$，$a^2=\beta-\frac{\alpha^2}{4}$ 代入上式，即求得不定积分。

例 4.4.3　计算不定积分 $\int\frac{\mathrm{d}x}{(x+1)(x^2+1)}$。

解　设 $\frac{1}{(x+1)(x^2+1)}=\frac{A}{x+1}+\frac{Bx+C}{x^2+1}$，则

$$1=A(x^2+1)+(Bx+C)(x+1),$$

令 $x=0$ 得 $A+C=1$；

令 $x=-1$ 得 $2A=1$；

令 $x=-1$ 得 $2A+2B+2C=1$，解之得

$$A=\frac{1}{2},\ B=-\frac{1}{2},\ C=\frac{1}{2},$$

所以

$$\begin{aligned}\int\frac{\mathrm{d}x}{(x+1)(x^2+1)}&=\frac{1}{2}\int\left(\frac{1}{x+1}+\frac{-x+1}{x^2+1}\right)\mathrm{d}x\\&=\frac{1}{2}\ln|x+1|-\frac{1}{4}\ln(x^2+1)+\frac{1}{2}\arctan x+C\\&=\frac{1}{4}\ln\frac{(x+1)^2}{x^2+1}+\frac{1}{2}\arctan x+C。\end{aligned}$$

例 4.4.3 的 Maple 源程序

```
> #example3
> f:=x->1/((x+1)*(x^2+1));
```

$$f:=x\to\frac{1}{(x+1)(x^2+1)}$$

```
> convert(f(x),parfrac,x);
```

$$\frac{1}{2(x+1)}+\frac{-x+1}{2(x^2+1)}$$

```
> int(%,x);
```

$$\frac{1}{2}\ln(2x+2)-\frac{1}{4}\ln(x^2+1)+\frac{1}{2}\arctan(x)$$

```
> #直接使用积分命令验证:
> Int(1/((x+1)*(x^2+1)),x);
```

$$\int\frac{1}{(x+1)(x^2+1)}dx$$

```
> value(%);
```

$$\frac{1}{2}\ln(x+1)-\frac{1}{4}\ln(x^2+1)+\frac{1}{2}\arctan(x)$$

例 4.4.4 求不定积分$\int\frac{x}{x^3-1}\mathrm{d}x$。

解 设$\frac{x}{x^3-1}=\frac{A}{x-1}+\frac{Bx+C}{x^2+x+1}$，从而有

$$x=A(x^2+x+1)+(Bx+C)(x-1),$$

令 $x=1$ 得 $3A=1$；

令 $x=0$ 得 $A-C=0$；

令 $x=-1$ 得 $A+2B-2C=-1$，解之得

$$A=\frac{1}{3},\ B=-\frac{1}{3},\ C=\frac{1}{3},$$

所以

$$\begin{aligned}\int\frac{x}{x^3-1}\mathrm{d}x&=\frac{1}{3}\int\left(\frac{1}{x-1}-\frac{x-1}{x^2+x+1}\right)\mathrm{d}x\\&=\frac{1}{3}\int\frac{1}{x-1}\mathrm{d}x-\frac{1}{6}\int\frac{\mathrm{d}(x^2+x+1)}{x^2+x+1}+\frac{1}{2}\int\frac{\mathrm{d}\left(x+\frac{1}{2}\right)}{\left(x+\frac{1}{2}\right)^2+\frac{3}{4}}\\&=\frac{1}{6}\ln\frac{(x-1)^2}{x^2+x+1}+\frac{1}{\sqrt{3}}\arctan\frac{2x+1}{\sqrt{3}}+C。\end{aligned}$$

例 4.4.4 的 Maple 源程序

```
> #example4
> f:=x->x/(x^3-1);
```

$$f:=x\to\frac{x}{x^3-1}$$

```
> convert(f(x),parfrac,x);
```

$$\frac{-x+1}{3(x^2+x+1)}+\frac{1}{3(x-1)}$$

```
> int(%,x);
```

$$-\frac{1}{6}\ln(x^2+x+1)+\frac{1}{3}\sqrt{3}\arctan\left(\frac{(2x+1)\sqrt{3}}{3}\right)+\frac{1}{3}\ln(3x-3)$$

```
> #直接使用积分命令验证:
> Int(x/(x^3-1),x);
```

$$\int\frac{x}{x^3-1}dx$$

```
> value(%);
```

$$\frac{1}{3}\ln(x-1)-\frac{1}{6}\ln(x^2+x+1)+\frac{1}{3}\sqrt{3}\arctan\left(\frac{(2x+1)\sqrt{3}}{3}\right)$$

例 4.4.5 计算不定积分$\int\frac{1}{(1+x)(1+x^2)(1+x^3)}\mathrm{d}x$。

解 设$\frac{1}{(1+x)(1+x^2)(1+x^3)}=\frac{A}{x+1}+\frac{B}{(x+1)^2}+\frac{Cx+D}{x^2+1}+\frac{Ex+F}{x^2-x+1}$,

从而有

$$\begin{aligned}1=&A(x+1)(x^2+1)(x^2-x+1)+\\&B(x^2+1)(x^2-x+1)+\\&(Cx+D)(1+x)^2(x^2-x+1)+\\&(Ex+F)(1+x)^2(x^2+1),\end{aligned}$$

比较上式两端 x 的同次幂系数有

$$\begin{cases}A+C+E=0,\\B+C+D+2E+F=0,\\A+D+2E+2F-B=0,\\A+2B+C+2E+2F=0,\\-B+C+D+E+2F=0,\\A+B+D+F=1,\end{cases}$$

解之得 $A=\frac{1}{3}$, $B=\frac{1}{6}$, $C=0$, $D=\frac{1}{2}$, $E=-\frac{1}{3}$, $F=0$,

所以

$$\begin{aligned}&\int\frac{1}{(1+x)(1+x^2)(1+x^3)}\mathrm{d}x\\&=\int\left[\frac{1}{3(x+1)}+\frac{1}{6(x+1)^2}+\frac{1}{2(x^2+1)}-\frac{x}{3(x^2-x+1)}\right]\mathrm{d}x\\&=\frac{1}{3}\ln|1+x|-\frac{1}{6(x+1)}+\frac{1}{2}\arctan x-\end{aligned}$$

$$\frac{1}{6}\ln(x^2-x+1)-\frac{1}{3\sqrt{3}}\arctan\frac{2x-1}{\sqrt{3}}+C。$$

例 4.4.5 的 Maple 源程序

```
> #example5
> f:=x->1/((1+x)*(1+x^2)*(1+x^3));
```

$$f:=x\to\frac{1}{(x+1)(x^2+1)(1+x^3)}$$

```
> convert(f(x),parfrac,x);
```

$$\frac{1}{3(x+1)}-\frac{x}{3(x^2-x+1)}+\frac{1}{6(x+1)^2}+\frac{1}{2(x^2+1)}$$

```
> int(%,x);
```

$$\frac{1}{3}\ln(x+1)-\frac{1}{6}\ln(x^2-x+1)-\frac{1}{9}\sqrt{3}\arctan\left(\frac{(2x-1)\sqrt{3}}{3}\right)-\frac{1}{6(x+1)}+\frac{1}{2}\arctan(x)$$

```
> #直接使用积分命令验证:
> Int(1/((1+x)*(1+x^2)*(1+x^3)),x);
```

$$\int\frac{1}{(x+1)(x^2+1)(x^3+1)}dx$$

```
> value(%);
```

$$\frac{1}{3}\ln(x+1)-\frac{1}{6}\ln(x^2-x+1)-\frac{1}{9}\sqrt{3}\arctan\left(\frac{(2x-1)\sqrt{3}}{3}\right)-\frac{1}{6(x+1)}+\frac{1}{2}\arctan(x)$$

4.4.2 三角函数有理式的积分

1. 万能代换

由 $u(x)$，$v(x)$ 及常数经过有限次四则运算所得到的函数称为关于 $u(x)$，$v(x)$ 的有理式，并记为 $R(u(x),v(x))$。

对于三角有理式的不定积分 $\int R(\sin x,\cos x)\,dx$，可以通过变量代换 $t=\tan\frac{x}{2}$（其中 $-\pi<t<\pi$，也叫作万能代换）将积分化为有理函数的积分。根据三角公式，有

$$\sin x=2\sin\frac{x}{2}\cos\frac{x}{2}=\frac{2\tan\frac{x}{2}}{\sec^2\frac{x}{2}}=\frac{2t}{1+t^2},$$

$$\cos x=\frac{1-t^2}{1+t^2}，\quad \tan x=\frac{2t}{1-t^2},$$

$$\mathrm{d}x=\frac{2\mathrm{d}t}{1+t^2},\ x=2\arctan t,$$

故 $$\int R(\sin x,\cos x)\,\mathrm{d}x=\int R\left(\frac{2t}{1+t^2},\ \frac{1-t^2}{1+t^2}\right)\frac{2}{1+t^2}\mathrm{d}t。$$

例 4.4.6 计算不定积分$\int\frac{1}{\sin x+\cos x}\mathrm{d}x$。

解 令 $\sin x=\frac{2u}{1+u^2}$，$\cos x=\frac{1-u^2}{1+u^2}$，$\mathrm{d}x=2\,\frac{1}{1+u^2}\mathrm{d}u$，

$$\begin{aligned}\int\frac{1}{\sin x+\cos x}\mathrm{d}x&=\int\frac{1}{\frac{2u}{1+u^2}+\frac{1-u^2}{1+u^2}}\cdot\frac{2}{1+u^2}\mathrm{d}u\\&=-2\int\frac{1}{u^2-2u-1}\mathrm{d}u=-2\int\frac{1}{(u-1-\sqrt{2})(u-1+\sqrt{2})}\mathrm{d}u\\&=-\frac{2}{2\sqrt{2}}\int\left(\frac{1}{u-1-\sqrt{2}}-\frac{1}{u-1+\sqrt{2}}\right)\mathrm{d}u\\&=-\frac{1}{\sqrt{2}}\ln\left|\frac{u-1-\sqrt{2}}{u-1+\sqrt{2}}\right|+C=-\frac{\sqrt{2}}{2}\ln\left|\frac{\tan\frac{x}{2}-1-\sqrt{2}}{\tan\frac{x}{2}-1+\sqrt{2}}\right|+C。\end{aligned}$$

例 4.4.6 的 Maple 源程序

```
> #example6
> Int(1/(sin(x)+cos(x)),x);
```

$$\int\frac{1}{\sin(x)+\cos(x)}dx$$

```
> value(%);
```

$$\sqrt{2}\ \mathrm{arctanh}\left(\frac{1}{4}\left(2\tan\left(\frac{x}{2}\right)-2\right)\sqrt{2}\right)$$

```
> #求导验证结果:
> diff(sqrt(2) * arctanh((1/4) * (2 * tan(x/2)-2) * sqrt
(2)),x);
```

$$\frac{1}{2}\frac{1+\tan\left(\frac{x}{2}\right)^2}{1-\frac{1}{8}\left(2\tan\left(\frac{x}{2}\right)-2\right)^2}$$

```
> simplify(%);
```

$$\frac{1}{\sin(x)+\cos(x)}$$

```
> diff(-(sqrt(2)/2) * ln((tan(x/2)-1-sqrt(2))/(tan(x/2)-
1+sqrt(2))),x);
```

$$-\frac{1}{2}\frac{\sqrt{2}\left(\frac{\left(\frac{1}{2}+\frac{1}{2}\tan\left(\frac{x}{2}\right)^2\right)}{\tan\left(\frac{x}{2}\right)-1+\sqrt{2}}-\frac{\left(\tan\left(\frac{x}{2}\right)-1-\sqrt{2}\right)\left(\frac{1}{2}+\frac{1}{2}\tan\left(\frac{x}{2}\right)^2\right)}{\left(\tan\left(\frac{x}{2}\right)-1+\sqrt{2}\right)^2}\right)\left(\tan\left(\frac{x}{2}\right)-1+\sqrt{2}\right)}{\tan\left(\frac{x}{2}\right)-1-\sqrt{2}}$$

```
> simplify(%);
```

$$\frac{1}{\sin(x)+\cos(x)}$$

例 4.4.7　计算不定积分$\int\frac{1}{(2+\cos x)\sin x}dx$。

解
$$\int\frac{1}{(2+\cos x)\sin x}dx=\int\frac{1}{\left(2+\frac{1-u^2}{1+u^2}\right)\frac{2u}{1+u^2}}\cdot\frac{2du}{1+u^2}$$
$$=\int\frac{1+u^2}{(3+u^2)u}du$$
$$=\int\left(\frac{Au+B}{3+u^2}+\frac{C}{u}\right)du$$
$$=\int\left(\frac{2}{3}\cdot\frac{u}{3+u^2}+\frac{1}{3}\cdot\frac{1}{u}\right)du$$
$$=\frac{1}{3}\ln(3+u^2)+\frac{1}{3}\ln u+C$$
$$=\frac{1}{3}\ln\left(3+\tan^2\frac{x}{2}\right)+\frac{1}{3}\ln\left|\tan\frac{x}{2}\right|+C。$$

例 4.4.7 的 Maple 源程序

```
> #example7
> Int(1/((2+cos(x))*sin(x)),x);
```

$$\int\frac{1}{(2+\cos(x))\sin(x)}dx$$

```
> value(%);
```

$$-\frac{1}{2}\ln(1+\cos(x))+\frac{1}{3}\ln(2+\cos(x))+\frac{1}{6}\ln(\cos(x)-1)$$

例 4.4.8　计算不定积分$\int\frac{\cos x}{\sin^3 x}dx$。

解　被积函数属于三角函数有理式，故可以利用万能代换得

$$\int\frac{\cos x}{\sin^3 x}dx=\int\frac{\frac{1-u^2}{1+u^2}}{\left(\frac{2u}{1+u^2}\right)^3}\cdot\frac{2}{1+u^2}du$$

$$=\frac{1}{4}\int\frac{(1+u^2)^3(1-u^2)}{u^3}\mathrm{d}u$$

$$=\frac{1}{4}\int\frac{(u^4+2u^2+1)(1-u^4)}{u^3}\mathrm{d}u$$

$$=\frac{1}{4}\int\frac{-u^8-2u^6+2u^2+1}{u^3}\mathrm{d}u$$

$$=\frac{1}{4}\int\left(-u^5-2u^3+2\frac{1}{u}+\frac{1}{u^3}\right)\mathrm{d}u$$

$$=\frac{1}{4}\left(-\frac{1}{6}u^6-\frac{1}{2}u^4+2\ln u-\frac{1}{2u^2}\right)+C$$

$$=-\frac{1}{24}\tan^6\frac{x}{2}-\frac{1}{8}\tan^4\frac{x}{2}+2\ln\tan\frac{x}{2}-\frac{1}{2}\cot^2\frac{x}{2}+C。$$

例 4.4.8 的 Maple 源程序

```
> #example8
> Int(cos(x)/(sin(x))^3,x);
```

$$\int\frac{\cos(x)}{\sin(x)^3}dx$$

```
> value(%);
```

$$-\frac{1}{2}\frac{1}{\sin(x)^2}$$

注 (1) 万能代换的优点：转化为有理函数积分后，一定可以求出其原函数，但并不一定是最好的变换。

(2) 当三角函数的幂次较高时，采用万能代换计算量非常大；一般应首先考虑是否可以用其他的积分方法。

前面 3 个例题也可用凑微分法求解：

$$\int\frac{1}{\sin x+\cos x}\mathrm{d}x=\int\frac{\sin x-\cos x}{\sin^2x-\cos^2x}\mathrm{d}x=\int\frac{\sin x}{1-2\cos^2x}\mathrm{d}x-\int\frac{\cos x}{2\sin^2x-1}\mathrm{d}x$$

$$=\frac{\sqrt{2}}{2}\int\frac{\mathrm{d}(\sqrt{2}\cos x)}{2\cos^2x-1}-\frac{\sqrt{2}}{2}\int\frac{\mathrm{d}(\sqrt{2}\sin x)}{2\sin^2x-1}$$

$$=\frac{\sqrt{2}}{4}\ln\left|\frac{\sqrt{2}\cos x-1}{\sqrt{2}\cos x+1}\right|-\frac{\sqrt{2}}{4}\ln\left|\frac{\sqrt{2}\sin x-1}{\sqrt{2}\sin x+1}\right|+C。$$

$$\int\frac{1}{(2+\cos x)\sin x}\mathrm{d}x=\int\frac{\mathrm{d}(\cos x)}{(2+\cos x)(\cos^2x-1)}$$

$$=\frac{1}{2}\int\left(\frac{1}{\cos x-1}-\frac{1}{\cos x+1}\right)\frac{\mathrm{d}(\cos x)}{(2+\cos x)}$$

$$=\frac{1}{2}\int\frac{\mathrm{d}(\cos x)}{(\cos x-1)(\cos x+2)}-\frac{1}{2}\int\frac{\mathrm{d}(\cos x)}{(\cos x+1)(\cos x+2)}$$

$$=\frac{1}{6}\int\left(\frac{1}{\cos x-1}-\frac{1}{\cos x+2}\right)\mathrm{d}(\cos x)-$$

$$\frac{1}{2}\int\left(\frac{1}{\cos x+1}-\frac{1}{\cos x+2}\right)\mathrm{d}(\cos x)$$

$$=\frac{1}{6}\ln|\cos x-1|-\frac{1}{2}\ln|\cos x+1|+\frac{1}{3}\ln|\cos x+2|+C。$$

$$\int\frac{\cos x}{\sin^3 x}\mathrm{d}x=\int\frac{1}{\sin^3 x}d(\sin x)=-\frac{1}{2\sin^2 x}+C;$$

或

$$\int\frac{\cos x}{\sin^3 x}\mathrm{d}x=\int\cot x\cdot\csc^2 x\mathrm{d}x=-\int\cot x\mathrm{d}(\cot x)=-\frac{1}{2}\cot^2 x+C。$$

2. 其他变换

如果 $R(\sin x,\cos x)$ 型三角函数关于 $\sin x$，$\cos x$ 具有某种性质，则可以应用一些特殊的换元方法。

（1）如果 $R(\sin x,\cos x)$ 是 $\cos x$ 的奇函数，即 $R(\sin x,-\cos x)=-R(\sin x,\cos x)$。设 $t=\sin x$，$\mathrm{d}t=\cos x\mathrm{d}x$ 即可。

例 4.4.9 求 $\int\cos^5 x\mathrm{d}x$。

解 $$\int\cos^5 x\mathrm{d}x=\int\cos^4 x\mathrm{d}(\sin x)=\int(1-2\sin^2 x+\sin^4 x)\mathrm{d}(\sin x)$$

$$=\sin x-\frac{2}{3}\sin^3 x+\frac{1}{5}\sin^5 x+C。$$

例 4.4.9 的 Maple 源程序

```
> #example9
> Int((cos(x))^5,x);
```

$$\int\cos(x)^5 dx$$

```
> value(%);
```

$$\frac{1}{5}\cos(x)^4\sin(x)+\frac{4}{15}\cos(x)^2\sin(x)+\frac{8}{15}\sin(x)$$

（2）如果 $R(\sin x,\cos x)$ 是关于 $\sin x$ 的奇函数，即 $R(-\sin x,\cos x)=-R(\sin x,\cos x)$。设 $t=\cos x$，$\mathrm{d}t=-\sin x\mathrm{d}x$ 即可。

例 4.4.10 求 $\int\frac{1}{\sin x\cos^4 x}\mathrm{d}x$。

解 $$\int\frac{1}{\sin x\cos^4 x}\mathrm{d}x=\int\frac{\sin^2 x+\cos^2 x}{\sin x\cos^4 x}\mathrm{d}x$$

$$=\int\frac{\sin x}{\cos^4 x}\mathrm{d}x+\int\frac{1}{\sin x\cos^2 x}\mathrm{d}x$$

$$=-\int\frac{1}{\cos^4 x}\mathrm{d}(\cos x)+\int\frac{\sin x}{\cos^2 x}\mathrm{d}x+\int\frac{1}{\sin x}\mathrm{d}x$$

$$=\frac{1}{3\cos^3 x}+\frac{1}{\cos x}+\ln\left|\tan\frac{x}{2}\right|+C。$$

例 4.4.10 的 Maple 源程序

```
> #example10
> Int(1/(sin(x)*(cos(x))^4),x);
```

$$\int\frac{1}{\cos(x)^4\sin(x)}dx$$

```
> value(%);
```

$$\frac{1}{3}\frac{1}{\cos(x)^3}+\frac{1}{\cos(x)}+\ln(\csc(x)-\cot(x))$$

(3) 如果 $R(\sin x,\cos x)=R(-\sin x,-\cos x)$，设 $t=\tan x$。

例 4.4.11 求 $\int\frac{\sin^2 x+1}{\cos^4 x}\mathrm{d}x$。

解　设 $t=\tan x$，则 $\mathrm{d}t=\frac{1}{\cos^2 x}\mathrm{d}x$，于是

$$\int\frac{\sin^2 x+1}{\cos^4 x}\mathrm{d}x=\int\frac{\sin^2 x+1}{\cos^2 x}\frac{1}{\cos^2 x}\mathrm{d}x=\int(\tan^2 x+\sec^2 x)\mathrm{d}(\tan x)$$

$$=\int(2\tan^2 x+1)\mathrm{d}(\tan x)$$

$$=\frac{2}{3}\tan^3 x+\tan x+C。$$

例 4.4.11 的 Maple 源程序

```
> #example11
> Int(((sin(x))^2+1)/(cos(x))^4,x);
```

$$\int\frac{\sin(x)^2+1}{\cos(x)^4}dx$$

```
> value(%);
```

$$\frac{1}{3}\frac{\sin(x)^3}{\cos(x)^3}+\frac{1}{3}\frac{\sin(x)}{\cos(x)^3}+\frac{2}{3}\frac{\sin(x)}{\cos(x)}$$

(4) 被积函数是 $\sin^n x\cos^m x$

1) m，n 至少有一个是奇数，不妨设 $m=2k+1$（k 是自然数，$n\in\mathbf{R}$），则设 $t=\sin x$ 即可。例如：

$$\int\sin^n x\cos^m x\mathrm{d}x=\int\sin^n x\cos^{2k}x\cdot\cos x\mathrm{d}x$$

$$=\int\sin^n x(1-\sin^2 x)^k\mathrm{d}(\sin x)=\int t^n(1-t^2)^k\mathrm{d}t。$$

例 4.4.12　求$\int \sin^4 x\cos^5 x\mathrm{d}x$。

解　$$\int \sin^4 x\cos^5 x\mathrm{d}x=\int \sin^4 x(1-\sin^2 x)^2\mathrm{d}(\sin x)$$
$$=\frac{1}{5}\sin^5 x-\frac{2}{7}\sin^7 x+\frac{1}{9}\sin^9 x+C。$$

例 4.4.12 的 Maple 源程序

```
> #example12
> Int((sin(x))^4*(cos(x))^5,x);
```

$$\int \sin(x)^4\cos(x)^5 dx$$

```
> value(%);
```

$$-\frac{1}{9}\sin(x)^3\cos(x)^6-\frac{1}{21}\sin(x)\cos(x)^6+\frac{1}{105}\cos(x)^4\sin(x)$$
$$+\frac{4}{315}\cos(x)^2\sin(x)+\frac{8}{315}\sin(x)$$

2）若 m，n 都是偶数，应用半角公式将三角函数降次。

例 4.4.13　求$\int \sin^2 x\cos^4 x\mathrm{d}x$。

解　$$\int \sin^2 x\cos^4 x\mathrm{d}x=\int \sin^2 x\cos^2 x\cos^2 x\mathrm{d}x$$
$$=\int\frac{\sin^2 2x}{4}\frac{1+\cos 2x}{2}\mathrm{d}x$$
$$=\frac{1}{8}\int \sin^2 2x\mathrm{d}x+\frac{1}{8}\int \sin^2 2x\cos 2x\mathrm{d}x$$
$$=\frac{1}{16}\int(1-\cos 4x)\mathrm{d}x+\frac{1}{16}\int \sin^2 2x\mathrm{d}(\sin 2x)$$
$$=\frac{1}{16}x-\frac{1}{64}\sin 4x+\frac{1}{48}\sin^3 2x+C。$$

例 4.4.13 的 Maple 源程序

```
> #example13
> Int((sin(x))^2*(cos(x))^4,x);
```

$$\int \sin(x)^2\cos(x)^4 dx$$

```
> value(%);
```

$$-\frac{1}{6}\sin(x)\cos(x)^5+\frac{1}{24}\cos(x)^3\sin(x)+\frac{1}{16}\cos(x)\sin(x)+\frac{x}{16}$$

（5）被积函数是 $\sin mx\sin nx$，$\sin mx\cos nx$ 或 $\cos mx\cos nx$，则用积化和差公式

$$\sin\alpha\sin\beta=\frac{1}{2}[\cos(\alpha-\beta)-\cos(\alpha+\beta)];$$

$$\sin\alpha\cos\beta=\frac{1}{2}[\sin(\alpha-\beta)+\sin(\alpha+\beta)];$$

$$\cos\alpha\cos\beta=\frac{1}{2}[\cos(\alpha-\beta)+\cos(\alpha+\beta)]。$$

例 4.4.14 求$\int\sin5x\cos x\mathrm{d}x$。

解 $\int\sin5x\cos x\mathrm{d}x=\frac{1}{2}\int(\sin4x+\sin6x)\mathrm{d}x=-\frac{1}{8}\cos4x-\frac{1}{12}\cos6x+C$。

例 4.4.14 的 Maple 源程序

```
> #example14
> Int(sin(5*x)*cos(x),x);
```

$$\int\sin(5x)\cos(x)dx$$

```
> value(%);
```

$$-\frac{1}{12}\cos(6x)-\frac{1}{8}\cos(4x)$$

4.4.3 某些无理函数的积分

1. $\int R\left(x,\sqrt[n]{\frac{ax+b}{cx+d}}\right)\mathrm{d}x\ (ad-bc\neq0)$ 型不定积分

其中，a,b,c,d 都是常数，自然数 $n\geqslant2$。

设 $t=\varphi(x)=\sqrt[n]{\frac{ax+b}{cx+d}}$，则 $\mathrm{d}x=\frac{\mathrm{d}(t^n-b)}{a-ct^n}=[\varphi^{-1}(t)]'\mathrm{d}t$，于是 $\int R\left(x,\sqrt[n]{\frac{ax+b}{cx+d}}\right)\mathrm{d}x=\int R(\varphi^{-1}(t),t)[\varphi^{-1}(t)]'\mathrm{d}t$。因为 $\varphi^{-1}(t)$ 是有理函数，$[\varphi^{-1}(t)]'$ 也是有理函数，所以上式右端的被积函数是关于 t 的有理函数。

例 4.4.15 求$\int\frac{\mathrm{d}x}{(1-x)^2\sqrt{1-x^2}}$。

解 设$\sqrt{\frac{1-x}{1+x}}=t$，则 $x=\frac{2}{1+t^2}-1=\frac{1-t^2}{1+t^2}$，$\mathrm{d}x=-\frac{4t}{(1+t^2)^2}\mathrm{d}t$，$1-x=\frac{2t^2}{1+t^2}$，$\sqrt{1-x^2}=\frac{2t}{1+t^2}$，所以

$$\int\frac{\mathrm{d}x}{(1-x)^2\sqrt{1-x^2}}=-\frac{1}{2}\int\frac{1+t^2}{t^4}\mathrm{d}t$$

$$=-\frac{1}{2}\int\left(\frac{1}{t^4}+\frac{1}{t^2}\right)\mathrm{d}t$$

$$=\frac{1}{6t^3}+\frac{1}{2t}+C$$

$$=\frac{2-x}{3(1-x)^2}\sqrt{1-x^2}+C。$$

例 4.4.15 的 Maple 源程序

```
> #example15
> Int(1/((1-x)^2 * sqrt(1-x^2)),x);
```

$$\int\frac{1}{(-x+1)^2\sqrt{-x^2+1}}dx$$

```
> value(%);
```

$$\frac{(x+1)(x-2)}{3\sqrt{-x^2+1}\,(x-1)}$$

2. $\int R(x,\sqrt{ax^2+bx+c})\mathrm{d}x$ 型不定积分

其中 $b^2-4ac\neq 0$

一般地，当 $a>0$ 时，令 $\sqrt{ax^2+bx+c}=\sqrt{a}\,x+t$ 即可将积分有理化；当 $c>0$ 时，令 $\sqrt{ax^2+bx+c}=xt\pm\sqrt{c}$ 即可将积分有理化。以上两种变换均称为欧拉变换。

(1) 若 $b^2-4ac>0$，有两个不同的实根。

设实根是 α，β，则 $ax^2+bx+c=a(x-\alpha)(x-\beta)$，有

$$\sqrt{ax^2+bx+c}=\sqrt{a(x-\alpha)(x-\beta)}=t(x-\alpha),$$

整理得 $a(x-\beta)=t^2(x-\alpha)$ 或 $x=\frac{a\beta-\alpha t^2}{a-t^2}$，有 $\mathrm{d}x=\frac{2a(\beta-\alpha)t}{(a-t^2)^2}\mathrm{d}t$，$\sqrt{ax^2+bx+c}=\frac{a(\beta-\alpha)t}{a-t^2}$，则 $\int R(x,\sqrt{ax^2+bx+c})\,\mathrm{d}x=\int R\left(\frac{a\beta-\alpha t^2}{a-t^2},\frac{a(\beta-\alpha)t}{a-t^2}\right)\cdot\frac{2a(\beta-\alpha)t}{(a-t^2)^2}\mathrm{d}t$，被积函数是关于 t 的有理函数。

例 4.4.16 求 $\int\frac{\mathrm{d}x}{(1+x)\sqrt{2+x-x^2}}$。

解 $2+x-x^2=(1+x)(2-x)=0$ 有两实根 -1 和 2。设 $\sqrt{2+x-x^2}=(1+x)t$，则

$$x=\frac{2-t^2}{1+t^2},\ \mathrm{d}x=\frac{-6t}{(1+t^2)^2}\mathrm{d}t,\ \frac{3t}{1+t^2}=\sqrt{2+x-x^2},\ 故$$

$$\int\frac{\mathrm{d}x}{(1+x)\sqrt{2+x-x^2}}=-\frac{2}{3}\int\mathrm{d}t=-\frac{2}{3}t+C=-\frac{2}{3}\sqrt{\frac{2-x}{1+x}}+C。$$

例 4.4.16 的 Maple 源程序

```
> #example16
> Int(1/((1+x)*sqrt(2+x-x^2)),x);
```

$$\int\frac{1}{(x+1)\sqrt{-x^2+x+2}}dx$$

```
> value(%);
```

$$\frac{2(x-2)}{3\sqrt{-x^2+x+2}}$$

（2）若 $b^2-4ac<0$，$ax^2+bx+c=0$ 没有实根，此时 a 与 c 必同号，同时 c 的符号不能为负。否则，当 $x=0$ 时，函数 $\sqrt{ax^2+bx+c}$ 没有意义。

设 $\sqrt{ax^2+bx+c}=tx\pm\sqrt{c}$，两边平方得 $x=\dfrac{b\mp2\sqrt{c}t}{t^2-a}=\varphi(t)$，有 $\mathrm{d}x=\varphi'(t)\mathrm{d}t$，$\sqrt{ax^2+bx+c}=t\varphi(t)\pm\sqrt{c}$，$\int R(x,\sqrt{ax^2+bx+c})\mathrm{d}x=\int R(\varphi(t),t\varphi(t)\pm\sqrt{c})\varphi'(t)\mathrm{d}t$。因为 $\varphi(t)$，$\varphi'(t)$ 是有理函数，所以上式等号右端的被积函数是关于 t 的有理函数。

例 4.4.17　求 $\displaystyle\int\frac{\mathrm{d}x}{x+\sqrt{x^2-x+1}}$。

解　设 $\sqrt{x^2-x+1}=tx-1$，则 $x=\dfrac{2t-1}{t^2-1}$，$\mathrm{d}x=\dfrac{-2(t^2-t+1)}{(t^2-1)^2}\mathrm{d}t$，

$$\begin{aligned}\int\frac{\mathrm{d}x}{x+\sqrt{x^2-x+1}}&=\int\frac{-2t^2+2t-2}{t(t-1)(t+1)^2}\mathrm{d}t\\&=\int\left(\frac{2}{t}-\frac{1}{2(t-1)}-\frac{3}{2(t+1)}-\frac{3}{(t+1)^2}\right)\mathrm{d}t\\&=2\ln|t|-\frac{1}{2}\ln|t-1|-\frac{3}{2}\ln|t+1|+\frac{3}{t+1}+C\\&=2\ln\left|\frac{1+\sqrt{x^2-x+1}}{x}\right|-\frac{1}{2}\ln\left|\frac{1+\sqrt{x^2-x+1}}{x}-1\right|-\\&\quad\frac{3}{2}\ln\left|\frac{1+\sqrt{x^2-x+1}}{x}+1\right|+\frac{3x}{1+\sqrt{x^2-x+1}+x}+C。\end{aligned}$$

例 4.4.17 的 Maple 源程序

```
> #example17
> Int(1/(x+sqrt(x^2-x+1)),x);
```

$$\int \frac{1}{x+\sqrt{x^2-x+1}}dx$$

```
> value(%);
```

$$x+\ln(x-1)-\sqrt{(x-1)^2+x}-\frac{1}{2}\operatorname{arcsinh}\left(\frac{2\sqrt{3}\left(x-\frac{1}{2}\right)}{3}\right)+\operatorname{arctanh}\left(\frac{1+x}{2\sqrt{(x-1)^2+x}}\right)$$

习题 4.4

1. 计算下列积分：

(1) $\int \frac{x}{x^3-3x+2}\mathrm{d}x$；　(2) $\int \frac{x^3+1}{x^3-5x^2+6x}\mathrm{d}x$；

(3) $\int \frac{x^4}{x^4+5x^2+4}\mathrm{d}x$；　(4) $\int \frac{\mathrm{d}x}{\sin^4 x\cos^2 x}$；

(5) $\int \frac{\mathrm{d}x}{2\sin x-\cos x+5}$；　(6) $\int \frac{1}{x^4-1}\mathrm{d}x$；

(7) $\int \frac{\mathrm{d}x}{(2x^2+1)\sqrt{x^2+1}}$；　(8) $\int \frac{\mathrm{d}x}{(1+\sqrt[4]{x})^3\sqrt{x}}$；

(9) $\int \frac{\mathrm{d}x}{\sqrt[3]{(x+1)^2(x-1)^4}}$；

(10) $\int \frac{(x^2+1)}{(x^2-1)\sqrt{x^4+1}}\mathrm{d}x$。

2. 证明：

$$\int \frac{a_1\sin x+b_1\cos x}{a\sin x+b\cos x}\mathrm{d}x=Ax+B\ln|a\sin x+b\cos x|+C,$$

其中 A，B，C 为常数。

总习题 4

1. 若 $F'(x)=f(x)$，则 $\int \mathrm{d}F(x)=$ ________。

2. 若 $F'(x)=f(x)$，则 $\int f(ax+b)\,\mathrm{d}x=$ ________ $(a\neq 0)$。

3. 已知 e^x 是 $f(x)$ 的一个原函数，则 $\int x^2 f(\ln x)\,\mathrm{d}x=$ ________。

4. 在积分曲线族 $\int \frac{\mathrm{d}x}{x\sqrt{x}}$ 中，过点 $(1,1)$ 的积分曲线是 $y=$ ________。

5. 设 $f(x)=\mathrm{e}^{-x}$，则 $\int \frac{f(\ln x)}{x}\mathrm{d}x=$（　　）。

A. $\frac{1}{x}+C$　　B. $\ln x+C$

C. $-\frac{1}{x}+C$　　D. $-\ln x+C$

6. 设函数 $f(x)$ 在区间 I 内连续，$F_1(x)$，$F_2(x)$ 是函数 $f(x)$ 的两个原函数，则下式中正确的是（　　）。

A. $F_1(x)=F_2(x)$　　B. $F_1(x)-F_2(x)=C$

C. $F_1(x)=CF_2(x)$　　D. $\frac{F_1(x)}{F_2(x)}=C(F_2(x)\neq 0)$

7. 若 $f(x)$ 在 (a,b) 内连续，则在 (a,b) 内 $f(x)$（　　）。

A. 必有导函数　　B. 必有原函数

C. 必有界　　D. 必有极限

8. 一曲线通过点 $(0,2)$，且在任一点处的切线斜率等于该点横坐标的平方，求该曲线的方程。

9. 计算下列积分：

(1) $\int e^{\sqrt{2x-1}}dx$； (2) $\int x\sqrt[3]{x}\,dx$；

(3) $\int(12t^2-3\sin t)dt$； (4) $\int(1-x)(1-2x)dx$；

(5) $\int\sqrt[3]{1-3x}\,dx$； (6) $\int\frac{dx}{2-3x^2}$；

(7) $\int\frac{x\,dx}{4+x^2}$； (8) $\int\frac{1}{x^2}\sin\frac{1}{x}dx$；

(9) $\int\frac{1}{\sqrt{1+e^{2x}}}dx$； (10) $\int\frac{dx}{\sin^2 x\sqrt[4]{\cot x}}$；

(11) $\int\cos^5 x\sqrt{\sin x}\,dx$； (12) $\int\frac{x^2+1}{x^4+1}dx$；

(13) $\int\frac{1+x}{1-x}dx$； (14) $\int\sqrt{x}\ln^2 x\,dx$；

(15) $\int\frac{(1+e^x)^2}{1+e^{2x}}dx$； (16) $\int\frac{dx}{(x^2+a^2)^{\frac{3}{2}}}$；

(17) $\int\sqrt{\frac{a+x}{a-x}}dx$； (18) $\int\frac{dx}{x^2-x+2}$；

(19) $\int x^2\arccos x\,dx$； (20) $\int\frac{1}{(x+1)(x^2+1)}dx$；

(21) $\int\ln(x+\sqrt{1+x^2})dx$；

(22) $\int(\arcsin x)^2dx$； (23) $\int\frac{x^2}{(1+x^2)^2}dx$；

(24) $\int\frac{x\,dx}{\sqrt{5+x-x^2}}$； (25) $\int\left(\frac{x}{x^2-3x+2}\right)^2dx$；

(26) $\int\frac{x^4-1}{x(x^4-5)(x^5-5x+1)}dx$。

10. 求解：

(1) $\int xf''(x)dx$； (2) $\int f'(2x)dx$。

11. 若 $f'(\sin^2 x)=\cos^2 x$，求解 $f(x)$。

12. 求解 $\int x|x|dx$。

13. 若 $f'(\ln x)=\begin{cases}1, & 0<x\leqslant 1,\\ x, & x>1,\end{cases}$ $f(0)=0$，求解 $f(x)$。

第 5 章 定积分

本章讨论积分学中的另一个基本问题——定积分。与微分不同，积分是研究函数整体性态的。它是从大量的实际问题中抽象出来的，在自然科学与工程技术中有着广泛的应用。在这一章中，将讲述定积分的概念和性质，通过微积分基本定理，阐明微分与积分的联系，进而将定积分的计算转化为求被积函数的原函数，最后简要探讨两类广义积分。本章中也给出了例题的 Maple 程序代码。

5.1 定积分的概念与性质

本节通过几何与力学问题引出定积分的定义及几何意义，然后介绍定积分的几个常用性质。

5.1.1 定积分问题举例

例 5.1.1（曲边梯形的面积） 如何计算曲边形的面积是一个经典而有实际意义的问题。由平面上任一闭曲线所围成的曲边形都可用一些互相垂直的直线将它划分成若干的曲边梯形，那么什么是曲边梯形？设函数 $f(x)$ 在闭区间 $[a,b]$ 上连续，且 $f(x)\geqslant 0$，则由曲线 $y=f(x)$、直线 $x=a$、$x=b$ 以及 x 轴所围成的平面图形（见图 5.1.1），称为**曲边梯形**。

如果在区间 $[a,b]$ 上，$f(x)=h(h>0)$，那么曲边梯形便是一个高为 h 的长方形，它的面积 A 的大小仅与底边的长度有关，随着底边长度的变化而均匀的变化。因此，只要用乘法就能求出面积 A，即

$$A=(b-a)\cdot h,$$

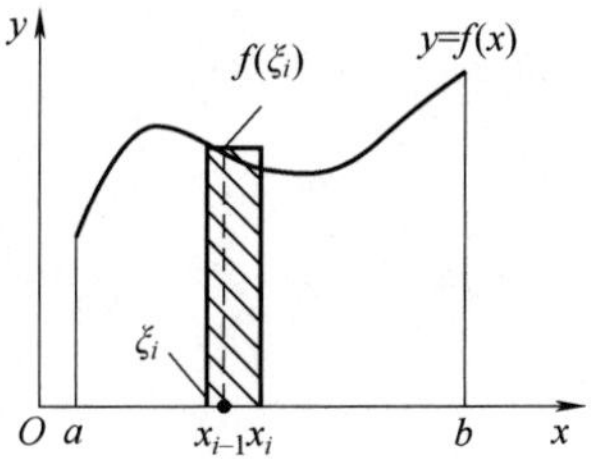

图 5.1.1

试想，如果 $f(x)\neq$ 常数，那么曲边梯形的高（$f(x)$）随 x 的变化而变化，故其面积随底边长度的变化是非均匀的，不能直接用长方形的面积公式直接计算。下面讨论如何求曲边梯形的面积。

分割 在区间 $[a,b]$ 内任意插入 $n-1$ 个分点，依次为

$$a=x_0<x_1<x_2<\cdots<x_{n-1}<x_n=b,$$

它们将区间$[a,b]$分割成 n 个小区间$[x_{i-1},x_i](i=1,2,\cdots,n)$，用 Δx_i 表示区间$[x_{i-1},x_i]$的长度，记 $\lambda=\max\{\Delta x_1,\Delta x_2,\cdots,\Delta x_n\}$，再用过各分点作平行 y 轴的直线（即直线 $x=x_i,i=1,2,\cdots,n-1$），把曲边梯形分割成 n 个小曲边梯形。

近似 在每个小区间$[x_{i-1},x_i](i=1,2,\cdots,n)$上任取一点 $\xi_i(i=1,2,\cdots,n)$，作以 $f(\xi_i)$ 为高，Δx_i 为底的小矩形，其面积为 $f(\xi_i)\Delta x_i$，当分点不断增多，又分割得较细密时，由于 $f(x)$ 连续，它在每个小区间$[x_{i-1},x_i]$上的变化不大，从而可用这些小矩形的面积近似代替相应的小曲边梯形的面积，则有 $\Delta A_i\approx f(\xi_i)\Delta x_i(i=1,2,\cdots,n)$。

求和 该曲边梯形面积的近似值为 $A=\sum\limits_{i=1}^{n}\Delta A_i\approx\sum\limits_{i=1}^{n}f(\xi_i)\Delta x_i$。

取极限 当 n 越大并且每个子区间的长度越小时，上面的表达式就越精确，上述和式取极限将其作为曲边梯形的面积，即

$$A=\lim_{\lambda\to 0}\sum_{i=1}^{n}f(\xi_i)\Delta x_i。$$

例 5.1.2（变速直线运动的路程） 设物体做变速直线运动，其速度 $v=v(t)$ 是时间间隔$[T_1,T_2]$上的连续函数，且 $v(t)\geqslant 0$，计算物体在这段时间内所经过的路程 s。

我们知道，做匀速直线运动的路程公式为：路程＝速度×时间。但现在速度是变化的，不能直接用这个公式计算路程，这是解决问题的困难之所在，但可以用例 5.1.1 求解曲边梯形面积类似的方法来解决这个问题。

分割 在时间间隔$[T_1,T_2]$内任意插入 $n-1$ 个分点，即

$$T:\ T_1=t_0<t_1<\cdots<t_{n-1}<t_n=T_2,$$

把区间$[T_1,T_2]$分成 n 个小区间：$[t_0,t_1]$，$[t_1,t_2]$，…，$[t_{n-1},t_n]$，它们的长度为 $\Delta t_i=t_i-t_{i-1}(i=1,2,\cdots,n)$，相应的路程被分为 n 个小路程 Δs_i。

近似 在每个小时间段$[t_{i-1},t_i](i=1,2,\cdots,n)$上，物体的运动可近似地视为匀速运动，在$[t_{i-1},t_i]$上任取一时刻 τ_i，用 τ_i 时刻的速度 $v(\tau_i)$ 近似代替这个小时间段上的速度，则路程 Δs_i 的近似值 $\Delta s_i\approx v(\tau_i)\Delta t_i(i=1,2,\cdots,n)$。

求和 整个路程 s 的近似值 $s\approx\sum\limits_{i=1}^{n}v(\tau_i)\Delta t_i$。

取极限 分点个数 n 越大，即时间间隔越小，当分点个数 n 无限增加，且小区间长度的最大值 $\lambda(T)=\max\limits_{1\leqslant i\leqslant n}\{\Delta t_i\}$ 趋近于 0 时，

上述和式的极限即为物体在时间间隔 $[T_1, T_2]$ 上所经过的路程

$s = \lim_{\lambda(T)\to 0} \sum_{i=1}^{n} v(\tau_i)\Delta t_i$。

综合以上两个例子，可以看到无论是求解曲边梯形的面积还是求解运动物体的路程，最后都得到同一种表达式，即：**一种特殊形式的和的极限，简称“和式极限”**。在现实生活中还有许多类似的数学问题，解决这类问题的思想方法可以概括为**“分割、近似、求和、取极限”**。这就是定积分概念的背景，下面抽象出定积分的定义。

5.1.2 定积分的定义

定义 5.1.1 设函数 $f(x)$ 在区间 $[a,b]$ 上有界，在区间 (a,b) 内任意插入 $n-1$ 个分点 $x_1, x_2, \cdots, x_{n-1}$，使得 $a=x_0<x_1<x_2\cdots<x_{i-1}<x_i<\cdots<x_{n-1}<x_n=b$，即把 $[a,b]$ 分成 n 个小区间 $[x_{i-1}, x_i]$ $(i=1,2,\cdots,n)$，记它们的长度为 $\Delta x_i = x_i - x_{i-1}$ $(i=1,2,\cdots,n)$，在每一个小区间上任意取一点 ξ_i $(x_{i-1}\leqslant \xi_i \leqslant x_i)$，并作乘积 $f(\xi_i)\Delta x_i$ $(i=1,2,\cdots,n)$，然后对 n 个小区间的乘积作和数

$$S = \sum_{i=1}^{n} f(\xi_i)\Delta x_i,$$

不论将区间 $[a,b]$ 怎样划分，ξ_i 怎样选取，令 $\lambda = \max\{\Delta x_1, \Delta x_2, \cdots, \Delta x_n\}$，当 $\lambda\to 0$ 时，若 S 的极限存在，则函数 $f(x)$ 在区间 $[a,b]$ 上可积，并称此极限值为函数 $f(x)$ 在区间 $[a,b]$ 上的定积分，记作 $\int_a^b f(x)\,\mathrm{d}x$，即

$$\int_a^b f(x)\,\mathrm{d}x = \lim_{\lambda\to 0}\sum_{i=1}^{n} f(\xi_i)\Delta x_i,$$

其中，x 称为积分变量；$f(x)$ 称为被积函数；$[a,b]$ 称为积分区间；a 称为积分下限；b 称为积分上限；$f(x)\,\mathrm{d}x$ 称为被积表达式。

注意 (1) 定积分 $\int_a^b f(x)\,\mathrm{d}x$ 存在时，其和式的极限只与被积函数 $f(x)$ 和积分区间 $[a,b]$ 有关，而与积分变量无关，即

$$\int_a^b f(x)\,\mathrm{d}x = \int_a^b f(t)\,\mathrm{d}t = \int_a^b f(u)\,\mathrm{d}u。$$

(2) 任意性：区间 $[a,b]$ 的划分是任意的，ξ_i 的选取也是任意的。

(3) $\int_a^b f(x)\,\mathrm{d}x = -\int_b^a f(x)\,\mathrm{d}x$，$\int_a^a f(x)\,\mathrm{d}x = 0$。

(4) 当 $f(x)\geqslant 0$ 时，定积分 $\int_a^b f(x)\,\mathrm{d}x$ 表示由直线 $x=a$、$x=b(a<b)$、x 轴及连续曲线 $y=f(x)$ 所围成的曲边梯形的面积。

当 $f(x)<0$ 时，定积分 $\int_a^b f(x)\,\mathrm{d}x$ 表示曲边梯形的面积的负值。

当 $f(x)$ 在区间 $[a,b]$ 上有正有负时，定积分 $\int_a^b f(x)\,\mathrm{d}x$ 表示 $[a,b]$ 上各个曲边梯形面积的代数和(见图 5.1.2)。

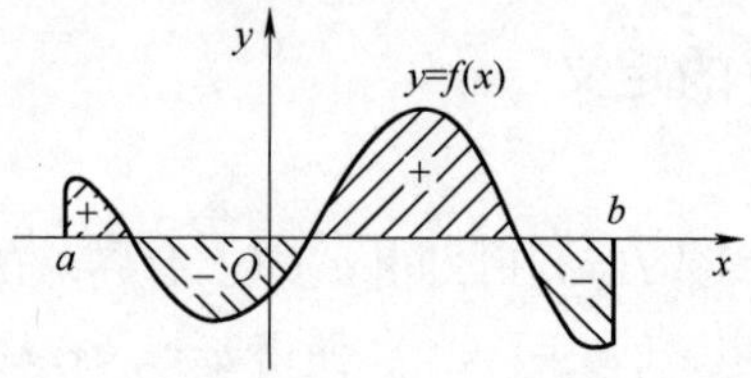

图 5.1.2

定理 5.1.1 若函数 $f(x)$ 在区间 $[a,b]$ 上连续，则函数 $f(x)$ 在区间 $[a,b]$ 上可积。

定理 5.1.2 若函数 $f(x)$ 在区间 $[a,b]$ 上有界，且只有有限个间断点，则函数 $f(x)$ 在 $[a,b]$ 上可积。

例 5.1.3 利用定义计算定积分 $\int_0^1 x^2\,\mathrm{d}x$。

解 因为 $f(x)=x^2$ 在 $[0,1]$ 上连续，故 $\int_0^1 x^2\,\mathrm{d}x$ 存在。把区间 $[0,1]$ 分成 n 等份，那么每个小区间长度为 $\Delta x_i=\frac{1}{n}(i=1,2,\cdots,n)$ (见图 5.1.3)，取 $\xi_i=\frac{i}{n}\in\left[\frac{i-1}{n},\frac{i}{n}\right](i=1,2,\cdots,n)$，则

$$\begin{aligned}\sum_{i=1}^{n} f(\xi_i)\Delta x_i=\sum_{i=1}^{n}\xi_i^2\Delta x_i &=\sum_{i=1}^{n}\left(\frac{i}{n}\right)^2\cdot\frac{1}{n}\\ &=\frac{1}{n^3}\sum_{i=1}^{n} i^2=\frac{1}{n^3}\cdot\frac{1}{6}n(n+1)(2n+1)\\ &=\frac{1}{6}\left(1+\frac{1}{n}\right)\left(2+\frac{1}{n}\right)。\end{aligned}$$

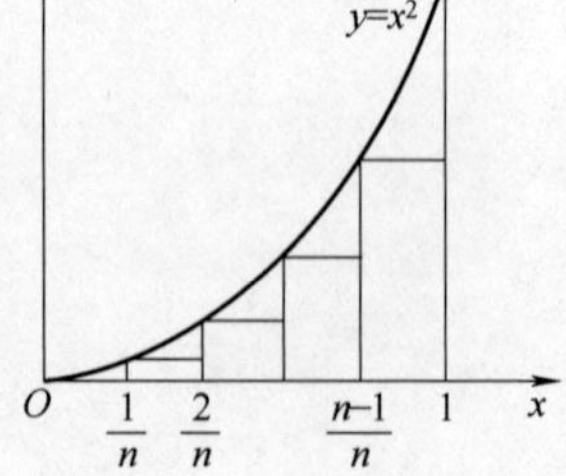

图 5.1.3

所以，

$$\int_0^1 x^2\,\mathrm{d}x=\lim_{\lambda\to 0}\sum_{i=1}^{n} f(\xi_i)\Delta x_i=\lim_{n\to\infty}\frac{1}{6}\left(1+\frac{1}{n}\right)\left(2+\frac{1}{n}\right)=\frac{1}{3}。$$

例 5.1.4　利用定积分的几何意义求$\int_{-R}^{R}\sqrt{R^2-x^2}\,\mathrm{d}x$。

解　从几何上看，该定积分是以 R 为半径圆的面积的一半(见图 5.1.4)，即

$$\int_{-R}^{R}\sqrt{R^2-x^2}\,\mathrm{d}x=\frac{1}{2}\pi R^2。$$

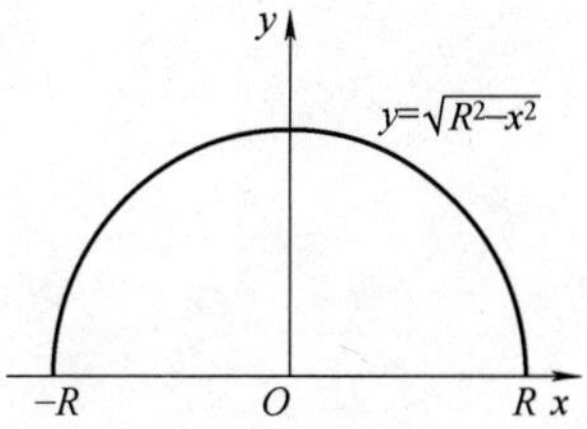

图　5.1.4

5.1.3 定积分的性质

性质 5.1.1　若 $f(x)$ 在区间 $[a,b]$ 上可积，k 为常数，则 $kf(x)$ 在区间 $[a,b]$ 上可积，且

$$\int_a^b kf(x)\,\mathrm{d}x=k\int_a^b f(x)\,\mathrm{d}x。$$

性质 5.1.2　若 $f(x)$，$g(x)$ 在区间 $[a,b]$ 上可积，则 $f(x)\pm g(x)$ 在区间 $[a,b]$ 上可积，且

$$\int_a^b[f(x)\pm g(x)]\,\mathrm{d}x=\int_a^b f(x)\,\mathrm{d}x\pm\int_a^b g(x)\,\mathrm{d}x。$$

由性质 5.1.1 和性质 5.1.2，可以得到有限个可积函数的**线性性质**。即

$$\int_a^b[k_1f_1(x)\pm k_2f_2(x)\pm\cdots\pm k_nf_n(x)]\,\mathrm{d}x$$

$$=k_1\int_a^b f_1(x)\,\mathrm{d}x\pm k_2\int_a^b f_2(x)\,\mathrm{d}x\pm\cdots\pm k_n\int_a^b f_n(x)\,\mathrm{d}x。$$

性质 5.1.3(积分区间可加性)　设 C 为 $[a,b]$ 内任意一点(见图 5.1.5)，则

$$\int_a^b f(x)\,\mathrm{d}x=\int_a^c f(x)\,\mathrm{d}x+\int_c^b f(x)\,\mathrm{d}x。$$

上式中 a，b，c 的大小不论如何选取，等式恒成立。

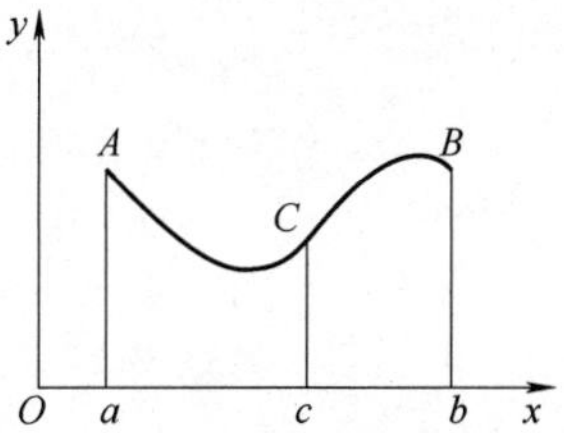

图　5.1.5

性质 5.1.4　若在区间 $[a,b]$ 上 $f(x)\equiv1$，则$\int_a^b 1\,\mathrm{d}x=\int_a^b\mathrm{d}x=b-a$。

性质 5.1.5　若在区间 $[a,b]$ 上函数 $f(x)\geqslant0$，则$\int_a^b f(x)\,\mathrm{d}x\geqslant0$。

性质 5.1.6　若函数 $f(x)\leqslant g(x)$，则$\int_a^b f(x)\,\mathrm{d}x\leqslant\int_a^b g(x)\,\mathrm{d}x$。

性质 5.1.7(估值定理) 设 M 与 m 分别为 $f(x)$ 在 $[a,b]$ 上的最大值与最小值，则

$$m(b-a)\leqslant\int_a^b f(x)\,\mathrm{d}x\leqslant M(b-a)。$$

证明 因为

$$m\leqslant f(x)\leqslant M,$$

所以

$$\int_a^b m\,\mathrm{d}x\leqslant\int_a^b f(x)\,\mathrm{d}x\leqslant\int_a^b M\,\mathrm{d}x,$$

从而

$$m(b-a)\leqslant\int_a^b f(x)\,\mathrm{d}x\leqslant M(b-a)。$$

这个不等式称为定积分的**估值不等式**。

性质 5.1.8(积分中值定理) 若函数 $f(x)$ 在闭区间 $[a,b]$ 上连续，则至少存在一点 $\xi\in[a,b]$，使得

$$\int_a^b f(x)\,\mathrm{d}x=f(\xi)(b-a)。$$

证明 由性质 5.1.7 得

$$m(b-a)\leqslant\int_a^b f(x)\,\mathrm{d}x\leqslant M(b-a),$$

所以

$$m\leqslant\frac{1}{b-a}\int_a^b f(x)\,\mathrm{d}x\leqslant M。$$

再由连续函数的介值定理，则在 $[a,b]$ 上至少存在一点 ξ，使得 $f(\xi)=\frac{1}{b-a}\int_a^b f(x)\,\mathrm{d}x$，所以

$$\int_a^b f(x)\,\mathrm{d}x=f(\xi)(b-a)。$$

几何意义：在区间 $[a,b]$ 上至少存在一点 ξ，使得以区间 $[a,b]$ 为底边、曲线 $y=f(x)$ 为曲边的曲边梯形的面积等于同一底边而高为 $f(\xi)$ 的矩形的面积(见图 5.1.6)。而 $\frac{1}{b-a}\int_a^b f(x)\,\mathrm{d}x$ 可理解为函数 $f(x)$ 在闭区间 $[a,b]$ 上所有函数值的平均值。

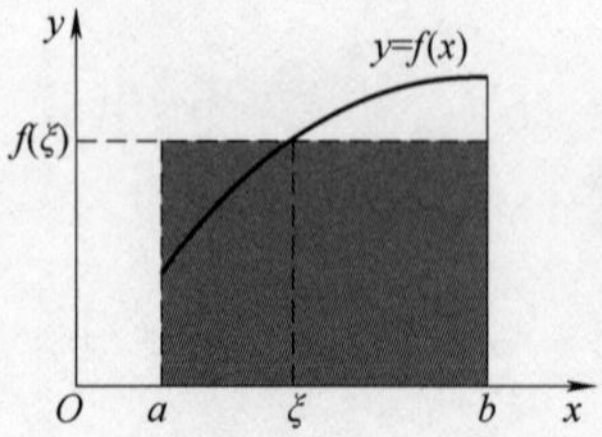

图 5.1.6

例 5.1.5 试求 $f(x)=\sin x$ 在 $[0,\pi]$ 上的平均值。

解 所求平均值为

$$f(\xi)=\frac{1}{\pi}\int_0^{\pi}\sin x\mathrm{d}x=-\frac{1}{\pi}\cos x\Big|_0^{\pi}=\frac{2}{\pi}。$$

习题 5.1

1. 利用定积分的定义计算下列积分：

(1) $\int_0^1 x^3\mathrm{d}x$；(2) $\int_0^1 \mathrm{e}^x\mathrm{d}x$；(3) $\int_a^b c\mathrm{d}x$。

2. 利用定积分的性质比较下列各组积分值的大小：

(1) $\int_0^1 x^2\mathrm{d}x$ 与 $\int_0^1 x^3\mathrm{d}x$；(2) $\int_1^2 x^2\mathrm{d}x$ 与 $\int_1^2 x^3\mathrm{d}x$；

(3) $\int_1^2 \ln x\mathrm{d}x$ 与 $\int_1^2 (\ln x)^2\mathrm{d}x$；

(4) $\int_0^1 x\mathrm{d}x$ 与 $\int_0^1 \ln(1+x)\mathrm{d}x$。

3. 设 $a<b$，问 a、b 取什么值时，积分 $\int_a^b (x-x^2)\mathrm{d}x$ 取得最大值？

4. 设 $\int_{-1}^1 3f(x)\mathrm{d}x=18$，$\int_{-1}^3 f(x)\mathrm{d}x=4$，$\int_{-1}^3 g(x)\mathrm{d}x=3$，求下列积分：

(1) $\int_{-1}^1 f(x)\mathrm{d}x$；(2) $\int_1^3 f(x)\mathrm{d}x$；

(3) $\int_3^{-1} g(x)\mathrm{d}x$；(4) $\int_{-1}^3 \frac{1}{5}[4f(x)+3g(x)]\mathrm{d}x$。

5. 证明定积分的性质：

(1) $\int_a^b kf(x)\mathrm{d}x=k\int_a^b f(x)\mathrm{d}x$（$k$ 是常数）；

(2) $\int_a^b 1\mathrm{d}x=\int_a^b \mathrm{d}x=b-a$。

6. 设 $f(x)$ 在 $[0,1]$ 上连续，证明 $\int_0^1 f^2(x)\mathrm{d}x\geqslant\left(\int_0^1 f(x)\mathrm{d}x\right)^2$。

7. 设 $f(x)$ 和 $g(x)$ 在 $[a,b]$ 上连续，证明：

(1) 若在 $[a,b]$ 上，$f(x)\geqslant 0$，且 $\int_a^b f(x)\mathrm{d}x=0$，则在 $[a,b]$ 上 $f(x)\equiv 0$；

(2) 若在 $[a,b]$ 上，$f(x)\leqslant g(x)$，且 $\int_a^b f(x)\mathrm{d}x=\int_a^b g(x)\mathrm{d}x$，则在 $[a,b]$ 上 $f(x)\equiv g(x)$。

5.2 微积分基本公式

由例 5.1.3 可以看出，被积函数即使是简单的幂函数 $f(x)=x^2$，按定积分定义来计算定积分的值，已经不是很容易的事。如果被积函数是其他复杂函数，我们就必须寻求切实可行、有效又易掌握的计算定积分的新方法。

5.2.1 积分上限的函数及其导数

设函数 $f(x)$ 在区间 $[a,b]$ 上连续，则定积分 $\int_a^x f(x)\mathrm{d}x$ 存在，其中 $x\in[a,b]$。根据定积分的定义，可知定积分的值只与被积函数 $f(x)$ 和积分区间 $[a,b]$ 有关。因此定积分 $\int_a^x f(x)\mathrm{d}x$ 又可以记为 $\int_a^x f(t)\mathrm{d}t$。对于 $[a,b]$ 内的任意一点 x，积分 $\int_a^x f(t)\mathrm{d}t$ 的值将随 x 而定，即 $\int_a^x f(t)\mathrm{d}t$ 是上限 x 的函数，将其记作 $\Phi(x)$（见

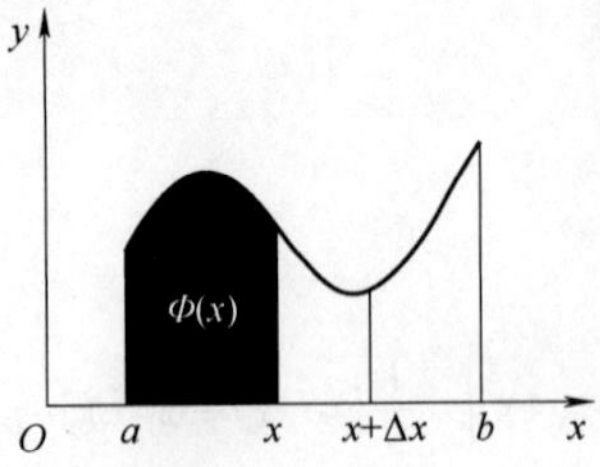

图 5.2.1

图 5.2.1)，即

$$\Phi(x)=\int_a^x f(t)\,\mathrm{d}t,\ x\in[a,b]。$$

我们把这个函数称为**积分上限的函数**。

关于积分上限的函数，有下面重要定理：

定理 5.2.1 若函数 $f(x)$ 在 $[a,b]$ 上连续，则 $\Phi(x)=\int_a^x f(t)\,\mathrm{d}t$ 在 $[a,b]$ 上可导，且

$$\Phi'(x)=\frac{\mathrm{d}}{\mathrm{d}x}\left[\int_a^x f(t)\,\mathrm{d}t\right]=f(x),\ x\in[a,b]。$$

证明 按导数的定义来进行证明。给自变量 x 以增量 Δx，使 $x+\Delta x$ 也在区间 $[a,b]$ 内，相应地，函数 $\Phi(x)$ 有增量

$$\begin{aligned}\Delta\Phi&=\Phi(x+\Delta x)-\Phi(x)\\&=\int_a^{x+\Delta x}f(t)\,\mathrm{d}t-\int_a^x f(t)\,\mathrm{d}t\\&=\int_x^{x+\Delta x}f(t)\,\mathrm{d}t。\end{aligned}$$

由积分中值定理可得 $\Delta\Phi=f(\xi)\cdot\Delta x$，其中 ξ 介于 x 与 $x+\Delta x$ 之间。所以

$$\frac{\Delta\Phi}{\Delta x}=f(\xi)。$$

令 $\Delta x\to0$，则 $\xi\to x$，由于 $f(x)$ 在区间 $[a,b]$ 上连续，因此

$$\Phi'(x)=\lim_{\Delta x\to0}\frac{\Delta\Phi}{\Delta x}=\lim_{\xi\to x}f(\xi)=f(x)。$$

这个定理表明了积分与导数之间的内在联系，即：**积分上限的函数是其被积函数的原函数**。

注意 若 $\varphi(x)$ 可导，则 $\varphi(x)$ 与变上限函数 $\Phi(x)$ 构成复合函数 $\int_a^{\varphi(x)}f(t)\,\mathrm{d}t$，由复合函数求导法则知

$$\frac{\mathrm{d}}{\mathrm{d}x}\left[\int_a^{\varphi(x)}f(t)\,\mathrm{d}t\right]=f(\varphi(x))\varphi'(x)。$$

同理，若 $\varphi(x)$、$\psi(x)$ 均可导，则

$$\frac{\mathrm{d}}{\mathrm{d}x}\left[\int_{\varphi(x)}^a f(t)\,\mathrm{d}t\right]=-f(\varphi(x))\varphi'(x),$$

$$\frac{\mathrm{d}}{\mathrm{d}x}\left[\int_{\psi(x)}^{\varphi(x)}f(t)\,\mathrm{d}t\right]=f(\varphi(x))\varphi'(x)-f(\psi(x))\psi'(x)。$$

定理 5.2.2（原函数存在定理） 如果函数 $f(x)$ 在区间 $[a,b]$ 上连续，则 $f(x)$ 的原函数一定存在，且积分上限函数 $\Phi(x)=\int_a^x f(t)\,\mathrm{d}t$ 就是被积函数 $f(x)$ 的一个原函数。

该定理的重要意义是：一是肯定了连续函数的原函数是存在的，二是初步揭示了积分学中的定积分与原函数之间的联系。因此，可以通过原函数来计算定积分。

例 5.2.1 求 $\dfrac{\mathrm{d}}{\mathrm{d}x}\left(\int_0^x \mathrm{e}^t\,\mathrm{d}t\right)$。

解 $\dfrac{\mathrm{d}}{\mathrm{d}x}\left(\int_0^x \mathrm{e}^t\,\mathrm{d}t\right)=\mathrm{e}^x$。

例 5.2.1 的 Maple 源程序

```
> #example1
> diff(int(exp(t),t=0..x),x);
                              e^(x)
```

例 5.2.2 求 $\dfrac{\mathrm{d}}{\mathrm{d}x}\left(\int_x^{-1} \sin t^2\,\mathrm{d}t\right)$。

解 $\dfrac{\mathrm{d}}{\mathrm{d}x}\left(\int_x^{-1} \sin t^2\,\mathrm{d}t\right)=\dfrac{\mathrm{d}}{\mathrm{d}x}\left(-\int_{-1}^x \sin t^2\,\mathrm{d}t\right)=-\sin x^2$。

例 5.2.2 的 Maple 源程序

```
> #example2
> diff(int(sin(t^2),t=x..-1),x);
                          -sin(x^2)
```

例 5.2.3 求 $\dfrac{\mathrm{d}}{\mathrm{d}x}\int_0^{\sqrt{x}} \cos t\,\mathrm{d}t$。

解 设 $\sqrt{x}=u$，则函数 $\int_0^{\sqrt{x}} \cos t\,\mathrm{d}t$ 是由 $f(u)=\int_0^u \cos t\,\mathrm{d}t$，$u=\sqrt{x}$ 复合而成的，由复合函数求导法则，得

$$\frac{\mathrm{d}}{\mathrm{d}x}\int_0^{\sqrt{x}} \cos t\,\mathrm{d}t=\frac{\mathrm{d}f(u)}{\mathrm{d}u}\cdot\frac{\mathrm{d}u}{\mathrm{d}x}=\frac{\mathrm{d}}{\mathrm{d}u}\int_0^u \cos t\,\mathrm{d}t\cdot\frac{\mathrm{d}}{\mathrm{d}x}(\sqrt{x})=\frac{1}{2\sqrt{x}}\cos\sqrt{x}。$$

例 5.2.3 的 Maple 源程序

```
> #example3
```

```
> diff(int(cos(t),t=0..sqrt(x)),x);
```

$$\frac{1}{2}\frac{\cos(\sqrt{x})}{\sqrt{x}}$$

例 5.2.4 求极限$\lim\limits_{x\to 0}\dfrac{\int_0^x \sin^2 t\mathrm{d}t}{x^3}$。

解 当 $x\to 0$ 时，$\int_0^x \sin^2 t\mathrm{d}t\to 0$，$x^3\to 0$，该极限是“$\dfrac{0}{0}$”型的未定式，由洛必达法则，有

$$\lim_{x\to 0}\frac{\int_0^x \sin^2 t\mathrm{d}t}{x^3}=\lim_{x\to 0}\frac{\sin^2 x}{3x^2}=\frac{1}{3}。$$

例 5.2.4 的 Maple 源程序

```
> #example4
> f:=x->(sin(x))^2;
```

$$f:=x\to\sin(x)^2$$

```
> F:=Int(f(t),t=0..x);
```

$$F:=\int_0^x \sin(t)^2 dt$$

```
> G:=F/x^3;
```

$$G:=\frac{1}{x^3}\int_0^x \sin(t)^2 dt$$

```
> limit(G,x=0);
```

$$\frac{1}{3}$$

5.2.2 牛顿-莱布尼茨公式

定理 5.2.3（牛顿-莱布尼茨公式） 设函数 $f(x)$ 在区间 $[a,b]$ 上连续，$F(x)$ 是 $f(x)$ 在 $[a,b]$ 上的一个原函数，则

$$\int_a^b f(x)\mathrm{d}x=F(b)-F(a)。$$

证明 由定理 5.2.2 可知 $\Phi(x)=\int_a^x f(t)\mathrm{d}t$ 是 $f(x)$ 的一个原函数，又知 $F(x)$ 是 $f(x)$ 在 $[a,b]$ 上的一个原函数，所以

$$\Phi(x)=F(x)+C,$$

即

$$\int_a^x f(t)\mathrm{d}t=F(x)+C。$$

令 $x=a$，则

$$\int_a^a f(t)\mathrm{d}t=F(a)+C,$$

所以 $C=-F(a)$，从而有

$$\int_a^x f(t)\mathrm{d}t=F(x)-F(a)。$$

令 $x=b$，则

$$\int_a^b f(t)\mathrm{d}t=F(b)-F(a)。$$

通常把 $F(b)-F(a)$ 用记号 $F(x)\big|_a^b$（或 $[F(x)]_a^b$）表示，所以又可写成

$$\int_a^b f(x)\mathrm{d}x=F(x)\Big|_a^b=F(b)-F(a)。$$

这个公式就是著名的**牛顿（Newton）-莱布尼茨（Leibniz）公式**，也称为**微积分基本公式**。它揭示了定积分与不定积分的内在联系。公式表明：要求函数 $f(x)$ 在区间 $[a,b]$ 上的定积分，只需求出被积函数 $f(x)$ 在区间 $[a,b]$ 上的一个原函数 $F(x)$，然后原函数在积分上限处的函数值 $F(b)$ 减去原函数在积分下限处的值 $F(a)$，即得定积分的值。这样，求定积分的问题就转化为求原函数的问题，这给定积分的计算提供了一个简便有效的方法。

例 5.2.5 计算 $\int_0^1 x^3\mathrm{d}x$。

解 由于 $\frac{1}{4}x^4$ 是 x^3 的一个原函数，所以

$$\int_0^1 x^3\mathrm{d}x=\left[\frac{1}{4}x^4\right]_0^1=\frac{1}{4}\cdot 1^4-\frac{1}{4}\cdot 0^4=\frac{1}{4}。$$

例 5.2.5 的 Maple 源程序

```
> #example5
> Int(x^3,x=0..1)=int(x^3,x=0..1);
```

$$\int_0^1 x^3 dx=\frac{1}{4}$$

例 5.2.6 计算 $\int_{-1}^{\sqrt{3}}\frac{\mathrm{d}x}{1+x^2}$。

解 $\int_{-1}^{\sqrt{3}}\frac{\mathrm{d}x}{1+x^2}=\arctan x\Big|_{-1}^{\sqrt{3}}=\arctan\sqrt{3}-\arctan(-1)=\frac{\pi}{3}-\left(-\frac{\pi}{4}\right)=$

$\frac{7}{12}\pi$。

例 5.2.6 的 Maple 源程序

```
> #example6
> Int(1/(1+x^2),x=-1..sqrt(3))=int(1/(1+x^2),x=
-1..sqrt(3));
```

$$\int_{-1}^{\sqrt{3}} \frac{1}{x^2+1} dx = \frac{7\pi}{12}$$

例 5.2.7 计算$\int_{-2}^{-1} \frac{1}{x} \mathrm{d}x$。

解 $\int_{-2}^{-1} \frac{1}{x} \mathrm{d}x = \ln|x| \Big|_{-2}^{-1} = \ln 1 - \ln 2 = -\ln 2$。

例 5.2.7 的 Maple 源程序

```
> #example7
> Int(1/x,x=-2..-1)=int(1/x,x=-2..-1);
```

$$\int_{-2}^{-1} \frac{1}{x} dx = -\ln(2)$$

例 5.2.8 设$f(x)=\begin{cases} e^x, & 0 \leqslant x < 1, \\ 3x^2, & 1 \leqslant x \leqslant 2。\end{cases}$求$\int_0^2 f(x)\mathrm{d}x$。

解 $\int_0^2 f(x)\mathrm{d}x = \int_0^1 e^x \mathrm{d}x + \int_1^2 3x^2 \mathrm{d}x = e^x \Big|_0^1 + x^3 \Big|_1^2 = 6+e$。

例 5.2.8 的 Maple 源程序

```
> #example8
> Int(f(x),x=0..2)=Int(exp(x),x=0..1)+Int(3*x^2,x=
1..2);
```

$$\int_0^2 \sin(x)^2 dx = \int_0^1 \mathbf{e}^x dx + \int_1^2 3x^2 dx$$

```
> int(exp(x),x=0..1)+int(3*x^2,x=1..2);
```

$$6+\mathbf{e}$$

例 5.2.9 求$\int_{-1}^{3} |x-2| \mathrm{d}x$。

解

$$\int_{-1}^{3} |x-2| \mathrm{d}x = \int_{-1}^{2} (2-x)\mathrm{d}x + \int_{2}^{3} (x-2)\mathrm{d}x$$

$$=\left(2x-\frac{1}{2}x^2\right)\Big|_{-1}^{2}+\left(\frac{1}{2}x^2-2x\right)\Big|_{2}^{3}$$

$$=\frac{9}{2}+\frac{1}{2}=5。$$

例 5.2.9 的 Maple 源程序

```
> #example9
>Int(abs(x-2),x=-1..3)=Int(2-x,x=-1..2)+Int(x-2,x=
2..3);
```

$$\int_{-1}^{3}|x-2|\,dx=\int_{-1}^{2}2-x\,dx+\int_{2}^{3}x-2dx$$

```
> int(2-x,x=-1..2)+int(x-2,x=2..3);
```

5

注　使用公式时，要求被积函数在积分区间上连续，否则，会发生错误。例如：$\int_{-2}^{2}\frac{1}{x}\mathrm{d}x$，按公式计算则有$\int_{-2}^{2}\frac{1}{x}\mathrm{d}x=\ln|x|\Big|_{-2}^{2}=\ln2-\ln2=0$，该做法是错误的。

例 5.2.10　若$f(x)$在$[a,b]$上连续，且$F(x)=\int_{a}^{x}f(t)(x-t)\mathrm{d}t$，$x\in[a,b]$，试证明

$$F''(x)=f(x)。$$

证明　因为$F(x)=x\int_{a}^{x}f(t)\mathrm{d}t-\int_{a}^{x}tf(t)\mathrm{d}t$，所以

$$F'(x)=\int_{a}^{x}f(t)\mathrm{d}t+xf(x)-xf(x)=\int_{a}^{x}f(t)\mathrm{d}t,$$

所以

$$F''(x)=f(x)。$$

例 5.2.11　已知$\int_{0}^{y}\mathrm{e}^{t^2}\mathrm{d}t+\int_{0}^{2x}\cos t\mathrm{d}t=0$，求$\frac{\mathrm{d}y}{\mathrm{d}x}$。

解　注意到 y 是 x 的函数，两边对 x 求导，得 $\mathrm{e}^{y^2}\cdot\frac{\mathrm{d}y}{\mathrm{d}x}+\cos2x\cdot2=0$，求得

$$\frac{\mathrm{d}y}{\mathrm{d}x}=-2\mathrm{e}^{-y^2}\cos2x。$$

思考　如何计算$\left(\int_{-1}^{2}x^2\mathrm{e}^{x^2}\mathrm{d}x\right)'$，$\left(\int_{-1}^{x}x^2\mathrm{e}^{x^2}\mathrm{d}x\right)'$和$\left(\int_{-1}^{2x}x^2\mathrm{e}^{x^2}\mathrm{d}x\right)''$？

习题 5.2

1. 试求函数 $y=\int_0^x \sin t\mathrm{d}t$，当 $x=0$ 及 $x=\frac{\pi}{6}$ 时的导数。

2. 求由方程 $\begin{cases} x=\int_0^t \sin u\mathrm{d}u, \\ y=\int_0^t \cos u\mathrm{d}u \end{cases}$ 所确定的函数 $y=y(x)$ 对 x 的导数 $\frac{\mathrm{d}y}{\mathrm{d}x}$。

3. 当 x 为何值时，函数 $F(x)=\int_0^x t\mathrm{e}^{-t^2}\mathrm{d}t$ 有极值？

4. 求下列函数的导数：

(1) $F(x)=\int_0^{x^2}\sqrt{1+t^3}\,\mathrm{d}t$；(2) $F(x)=\int_{\sin x}^{\cos x}\sin t^2\mathrm{d}t$；

(3) $F(x)=\int_0^{\tan x}\sqrt{\sin t}\,\mathrm{d}t$；(4) $F(x)=\int_0^{\sqrt{x}}\mathrm{e}^{\cos t}\mathrm{d}t$。

5. 求下列极限：

(1) $\lim\limits_{x\to 0}\frac{\int_0^x \cos t^2\mathrm{d}t}{2x}$；　　(2) $\lim\limits_{x\to 0}\frac{\int_0^x \sin t\mathrm{d}t}{x^2}$；

(3) $\lim\limits_{x\to 0}\frac{\int_0^x t\cos t\mathrm{d}t}{\sin^2 x}$；　　(4) $\lim\limits_{x\to 0}\frac{\left(\int_0^x \mathrm{e}^{t^2}\mathrm{d}t\right)^2}{\int_0^x t\mathrm{e}^{2t^2}\mathrm{d}t}$。

6. 求由 $\int_0^x \cos t\mathrm{d}t+2\int_0^y \mathrm{e}^t\mathrm{d}t=0$ 所确定的隐函数 $y=y(x)$ 对 x 的导数 $\frac{\mathrm{d}y}{\mathrm{d}x}$。

7. 利用牛顿-莱布尼茨公式计算下列定积分：

(1) $\int_1^2\left(x+\frac{1}{x}\right)^2\mathrm{d}x$；　　(2) $\int_{\frac{1}{2}}^{\frac{3}{4}}\frac{\mathrm{d}x}{\sqrt{x(1-x)}}$；

(3) $\int_{-3}^4 |x|\mathrm{d}x$；　　(4) $\int_{-1}^2 x\mathrm{d}x$；

(5) $\int_a^b (x-a)^n\mathrm{d}x$；　　(6) $\int_0^{\frac{\pi}{2}}\sin 2x\mathrm{d}x$；

(7) $\int_{-\mathrm{e}}^{-1}\frac{1}{x}\mathrm{d}x$；　　(8) $\int_{-\frac{\pi}{2}}^{\frac{\pi}{2}}\sqrt{1-\cos 2x}\,\mathrm{d}x$；

(9) $\int_0^{\frac{\pi}{3}}\cos x\mathrm{d}x$；　　(10) $\int_a^b \mathrm{e}^x\mathrm{d}x$；

(11) $\int_0^{\pi}\sin x\mathrm{d}x$；　　(12) $\int_0^{\pi}\cos^2 x\mathrm{d}x$；

(13) $\int_0^a \sqrt{a-x}\,\mathrm{d}x$；　　(14) $\int_0^{\pi}\sqrt{1-\sin^2 x}\,\mathrm{d}x$；

(15) $\int_{-4}^{-3}\frac{\mathrm{d}x}{x\sqrt{x^2-4}}$；　　(16) $\int_1^2\frac{\ln x}{x}\mathrm{d}x$；

(17) $\int_{\mathrm{e}}^{\mathrm{e}^2}\ln x\mathrm{d}x$；　　(18) $\int_a^b\frac{\mathrm{d}x}{x^2}(0<a<b)$；

(19) $\int_0^2 x\sqrt{4-x^2}\,\mathrm{d}x$；

(20) $\int_a^b x^n\mathrm{d}x$(n 为整数)。

8. 设函数 $f(x)$ 在 $[a,b]$ 上连续且单调减少，试证：$F(x)=\frac{1}{x-a}\int_a^x f(t)\mathrm{d}t$ 在 (a,b) 内也单调减少。

9. 若函数 $f''(x)$ 在区间 $[a,b]$ 上连续，且 $xf'(x)=f(x)$，求 $\int_a^b xf''(x)\mathrm{d}x$。

10. 证明：函数 $f(x)$ 在 $[0,\pi]$ 上连续，且满足 $\int_0^{\pi}f(x)\cos x\mathrm{d}x=\int_0^{\pi}f(x)\sin x\mathrm{d}x=0$，则 $f(x)$ 在 $[0,\pi]$ 内至少有两个零点。

5.3 定积分的计算

根据牛顿-莱布尼茨公式可知，定积分的计算最终转化为求原函数的增量。在上一章用换元积分法和分部积分法来求出一些函数的原函数。因此，在一定条件下，也可以用换元积分法和分部积分法来计算定积分。

5.3.1 定积分的换元积分法

定理 5.3.1 设函数$f(x)$在区间$[a,b]$上连续，令$x=\varphi(t)$，且满足：

(1) $\varphi(t)$在区间$[\alpha,\beta]$上有连续的导数$\varphi'(t)$；

(2) 当t从α变化到β时，$\varphi(t)$从$\varphi(\alpha)$变化到$\varphi(\beta)$，且$\varphi(\alpha)=a$，$\varphi(\beta)=b$，则

$$\int_a^b f(x)\,\mathrm{d}x=\int_\alpha^\beta f(\varphi(t))\varphi'(t)\,\mathrm{d}t。$$

证明 设$F(x)$是$f(x)$的一个原函数，则

$$\int_a^b f(x)\,\mathrm{d}x=F(b)-F(a)。$$

又$F(\varphi(t))$是$f(\varphi(t))\varphi'(t)$的原函数，所以

$$\int_\alpha^\beta f(\varphi(t))\varphi'(t)\,\mathrm{d}x=F(\varphi(t))\Big|_\alpha^\beta=F(\varphi(\beta))-F(\varphi(\alpha))=F(b)-F(a),$$

因此

$$\int_a^b f(x)\,\mathrm{d}x=\int_\alpha^\beta f(\varphi(t))\varphi'(t)\,\mathrm{d}t。$$

上式称为定积分的换元公式。从定理可知，在用换元积分法计算定积分时，求出原函数后只需相应改变积分上、下限即可。这是定积分换元法与不定积分换元法的区别。两者之间的区别是不定积分所求的是被积函数的原函数，理应采用与原来相同的变量；而定积分的计算结果是一个确定的数，与计算过程中采用的变量符号无关。在使用定积分的换元法时应当注意：**换元必换限，且上、下限要对应，换元后，有可能上限小于下限。**

例 5.3.1 求$\int_0^1 \frac{x}{1+x^4}\mathrm{d}x$。

解 $\int_0^1 \frac{x}{1+x^4}\mathrm{d}x=\frac{1}{2}\int_0^1 \frac{1}{1+x^4}\mathrm{d}(x^2)=\frac{1}{2}\arctan(x^2)\Big|_0^1=\frac{\pi}{8}$。

例 5.3.1 的 Maple 源程序

```
> #example1
> Int(x/(1+x^4),x=0..1) = int(x/(1+x^4),x=0..1);
```

$$\int_0^1 \frac{x}{x^4+1}dx=\frac{\pi}{8}$$

例 5.3.2 求$\int_1^4 \frac{1}{1+\sqrt{x}}\mathrm{d}x$。

解 令$\sqrt{x}=t$，则 $x=t^2$，$\mathrm{d}x=2t\mathrm{d}t$。当 $x=1$ 时，$t=1$；当 $x=4$ 时，$t=2$。所以，

$$\int_1^4 \frac{1}{1+\sqrt{x}}\mathrm{d}x=2\int_1^2 \frac{t}{1+t}\mathrm{d}t=2\int_1^2\left(1-\frac{1}{1+t}\right)\mathrm{d}t=2(t-\ln((1+t)))\Big|_1^2=2\left(1+\ln\frac{2}{3}\right)。$$

例 5.3.2 的 Maple 源程序

```
> #example2
> Int(1/(1+sqrt(x)),x=1..4)=2 * int(t/(1+t),t=1..2);
```

$$\int_1^4 \frac{1}{1+\sqrt{x}}dx=2+2\ln\left(\frac{2}{3}\right)$$

例 5.3.3 计算$\int_0^a \sqrt{a^2-x^2}\,\mathrm{d}x(a>0)$。

解 令 $x=a\sin t$，则 $\mathrm{d}x=a\cos t\mathrm{d}t$；当 $x=0$ 时，$t=0$；当 $x=a$ 时，$t=\frac{\pi}{2}$。所以

$$\begin{aligned}\int_0^a \sqrt{a^2-x^2}\,\mathrm{d}x &=\int_0^{\frac{\pi}{2}} a\cos t\cdot a\cos t\mathrm{d}t\\ &=a^2\int_0^{\frac{\pi}{2}}\cos^2 t\mathrm{d}t=\frac{a^2}{2}\int_0^{\frac{\pi}{2}}(1+\cos 2t)\mathrm{d}t\\ &=\frac{a^2}{2}\left[t+\frac{1}{2}\sin 2t\right]_0^{\frac{\pi}{2}}=\frac{\pi a^2}{4}。\end{aligned}$$

注 此题还可由定积分的几何意义来求解。

例 5.3.3 的 Maple 源程序

```
> #example3
> assume(a>0);
>Int(sqrt(a^2-x^2),x=0..a)=int(sqrt(a^2-x^2),x=0..a);
```

$$\int_0^{a\sim}\sqrt{a\sim^2-x^2}dx=\frac{a\sim^2\pi}{4}$$

例 5.3.4 证明：

(1) 如果$f(x)$在区间$[-a,a]$上连续且为奇函数，则$\int_{-a}^a f(x)\mathrm{d}x=0$；

（2）如果$f(x)$在区间$[-a,a]$上连续且为偶函数，则$\int_{-a}^{a}f(x)\mathrm{d}x=2\int_{0}^{a}f(x)\mathrm{d}x$。

证明　由定积分的性质，可得$\int_{-a}^{a}f(x)\mathrm{d}x=\int_{-a}^{0}f(x)\mathrm{d}x+\int_{0}^{a}f(x)\mathrm{d}x$，对于积分$\int_{-a}^{0}f(x)\mathrm{d}x$，令$x=-t$，则$\mathrm{d}x=-\mathrm{d}t$。所以

$$\int_{-a}^{0}f(x)\mathrm{d}x=-\int_{a}^{0}f(-t)\mathrm{d}t=\int_{0}^{a}f(-t)\mathrm{d}t=\int_{0}^{a}f(-x)\mathrm{d}x,$$

于是

$$\int_{-a}^{a}f(x)\mathrm{d}x=\int_{0}^{a}f(-x)\mathrm{d}x+\int_{0}^{a}f(x)\mathrm{d}x=\int_{0}^{a}[f(x)+f(-x)]\mathrm{d}x。$$

（1）若$f(x)$为奇函数，则$f(x)+f(-x)=0$，从而$\int_{-a}^{a}f(x)\mathrm{d}x=0$；

（2）若$f(x)$为偶函数，则$f(x)+f(-x)=2f(x)$，从而$\int_{-a}^{a}f(x)\mathrm{d}x=2\int_{0}^{a}f(x)\mathrm{d}x$。

本例中的两个结果，今后经常用到。

例 5.3.5　设函数$f(x)$在$[0,1]$上连续，证明：

（1）$\int_{0}^{\frac{\pi}{2}}f(\sin x)\mathrm{d}x=\int_{0}^{\frac{\pi}{2}}f(\cos x)\mathrm{d}x$；

（2）$\int_{0}^{\pi}xf(\sin x)\mathrm{d}x=\frac{\pi}{2}\int_{0}^{\pi}f(\sin x)\mathrm{d}x$。

证明　（1）设$x=\frac{\pi}{2}-t$，则$\mathrm{d}x=-\mathrm{d}t$，当$x=0$时，$t=\frac{\pi}{2}$；当$x=\frac{\pi}{2}$时，$t=0$。所以

$$\begin{aligned}\int_{0}^{\frac{\pi}{2}}f(\sin x)\mathrm{d}x&=\int_{\frac{\pi}{2}}^{0}f\left(\sin\left(\frac{\pi}{2}-t\right)\right)(-\mathrm{d}t)=\int_{\frac{\pi}{2}}^{0}f(\cos t)(-\mathrm{d}t)\\&=\int_{0}^{\frac{\pi}{2}}f(\cos t)\mathrm{d}t=\int_{0}^{\frac{\pi}{2}}f(\cos x)\mathrm{d}x。\end{aligned}$$

（2）令$x=\pi-u$，则$\mathrm{d}x=-\mathrm{d}u$，当$x=0$时，$u=\pi$；当$x=\pi$时，$u=0$。所以，

$$\begin{aligned}\int_{0}^{\pi}xf(\sin x)\mathrm{d}x&=\int_{\pi}^{0}(\pi-u)f(\sin(\pi-u))(-\mathrm{d}u)\\&=\pi\int_{0}^{\pi}f(\sin u)\mathrm{d}u-\int_{0}^{\pi}uf(\sin u)\mathrm{d}u\end{aligned}$$

$$=\pi\int_0^{\pi} f(\sin x)\mathrm{d}x-\int_0^{\pi} xf(\sin x)\mathrm{d}x,$$

移项后，可得$\int_0^{\pi} xf(\sin x)\mathrm{d}x=\frac{\pi}{2}\int_0^{\pi} f(\sin x)\mathrm{d}x$。

此例可以作为一个重要结论来使用，如

$$\int_0^{\pi}\frac{x\sin x}{1+\cos^2 x}\mathrm{d}x=\int_0^{\pi} x\frac{\sin x}{2-\sin^2 x}\mathrm{d}x=\frac{\pi}{2}\int_0^{\pi}\frac{\sin x}{2-\sin^2 x}\mathrm{d}x=-\frac{\pi}{2}\int_0^{\pi}\frac{1}{1+\cos^2 x}\mathrm{d}(\cos x)$$

$$=-\frac{\pi}{2}\arctan(\cos x)\Big|_0^{\pi}=-\frac{\pi}{2}\left(-\frac{\pi}{4}-\frac{\pi}{4}\right)=\frac{\pi^2}{4}。$$

例 5.3.6 若$f(x)$为连续的奇函数，证明$\int_0^x f(t)\mathrm{d}t$是偶函数。

证明 由条件得$f(-x)=-f(x)$，记$\varphi(x)=\int_0^x f(t)\mathrm{d}t$，令$t=-u$，则有

$$\varphi(-x)=\int_0^{-x} f(t)\mathrm{d}t=\int_0^x f(-u)(-\mathrm{d}u)=\int_0^x f(u)\mathrm{d}u=\int_0^x f(t)\mathrm{d}t=\varphi(x),$$

即$\varphi(x)=\int_0^x f(t)\mathrm{d}t$是偶函数。

5.3.2 定积分的分部积分法

设$u(x)$、$v(x)$在区间$[a,b]$ $(a<b)$上连续且有连续的导函数$u'(x)$、$v'(x)$，则

$$\int_a^b u(x)v'(x)\mathrm{d}x=[u(x)v(x)]\Big|_a^b-\int_a^b u'(x)v(x)\mathrm{d}x。$$

证明 由求导法则$(uv)'=uv'+u'v$，得$uv'=(uv)'-u'v$，等式两端从a到b积分，得

$$\int_a^b u(x)v'(x)\mathrm{d}x=[u(x)v(x)]\Big|_a^b-\int_a^b u'(x)v(x)\mathrm{d}x,$$

或

$$\int_a^b u\mathrm{d}v=uv\Big|_a^b-\int_a^b v\mathrm{d}u。$$

这就是定积分的分部积分公式。

例 5.3.7 计算$\int_0^{\pi} x\sin x\mathrm{d}x$。

解 $$\int_0^{\pi} x\sin x\mathrm{d}x=-\int_0^{\pi} x\mathrm{d}(\cos x)=-[x\cos x]\Big|_0^{\pi}+\int_0^{\pi}\cos x\mathrm{d}x$$

$$=\pi+\sin x\Big|_0^{\pi}=\pi。$$

例 5.3.7 的 Maple 源程序

```
> #example7
> Int(x*sin(x),x=0..pi)=int(x*sin(x),x=0..pi);
```

$$\int_0^{\pi} x\sin x dx = \pi$$

例 5.3.8　计算$\int_0^2 xe^x dx$。

解　$\int_0^2 xe^x dx = \int_0^2 x d(e^x) = [xe^x]\Big|_0^2 - \int_0^2 e^x dx = 2e^2 - [e^x]\Big|_0^2 = e^2 + 1$。

例 5.3.8 的 Maple 源程序

```
> #example8
> Int(x*exp(x),x=0..2)=int(x*exp(x),x=0..2);
```

$$\int_0^2 xe^x dx = e^{(2)} + 1$$

例 5.3.9　计算积分$\int_0^1 x\arctan x dx$。

解
$$\int_0^1 x\arctan x dx = \frac{1}{2}\int_0^1 \arctan x d(x^2+1)$$
$$= \frac{1}{2}\left[(x^2+1)\arctan x\Big|_0^1 - \int_0^1 \frac{x^2+1}{1+x^2}dx\right]$$
$$= \frac{1}{2}\left[\left(\frac{\pi}{2}-0\right)-1\right] = \frac{1}{2}\left(\frac{\pi}{2}-1\right) = \frac{\pi}{4}-\frac{1}{2}。$$

例 5.3.9 的 Maple 源程序

```
> #example9
> Int(x*arctan(x),x=0..1)=int(x*arctan(x),x=0..1);
```

$$\int_0^1 x\arctan(x) dx = \frac{\pi}{4} - \frac{1}{2}$$

例 5.3.10　计算积分$\int_0^{\pi} e^x \sin x dx$。

解

$$\int_0^{\pi} e^x \sin x dx = \int_0^{\pi} \sin x de^x = e^x \sin x\Big|_0^{\pi} - \int_0^{\pi} e^x \cos x dx = -\int_0^{\pi} e^x \cos x dx$$
$$= -\left(e^x \cos x\Big|_0^{\pi} + \int_0^{\pi} e^x \sin x dx\right)$$
$$= -(-e^{\pi}-1) - \int_0^{\pi} e^x \sin x dx,$$

移项后可得 $$\int_0^{\pi} e^x \sin x dx = \frac{e^{\pi}+1}{2}。$$

例 5.3.10 的 Maple 源程序

```
> #example10
> Int(exp(x) * sin(x),x=0..pi)=int(exp(x) * sin(x),x=
0..pi);
```

$$\int_0^{\pi} e^x \sin(x)dx = \frac{1}{2} - \frac{1}{2}e^{\pi}\cos(\pi) + \frac{1}{2}e^{\pi}\sin(\pi)$$

例 5.3.11 计算积分$\int_0^4 e^{\sqrt{x}} dx$。

解 令$\sqrt{x}=t$，则$x=t^2$，$dx=2tdt$，且当$x=0$时，$t=0$，当$x=4$时，$t=2$，所以

$$\int_0^4 e^{\sqrt{x}} dx = 2\int_0^2 te^t dt = 2\left(te^t \Big|_0^2 - \int_0^2 e^t dt\right)$$
$$= 2(2e^2 - e^t \mid_0^2) = 2(2e^2 - e^2 + 1) = 2(e^2+1)。$$

例 5.3.11 的 Maple 源程序

```
> #example11
> Int(exp(sqrt(x)),x=0..1)=int(exp(sqrt(x)),x=0..1);
```

$$\int_0^4 e^{(\sqrt{x})} dx = 2e^{(2)} + 2$$

例 5.3.12 计算积分$\int_1^e \sqrt[3]{x} \ln x dx$。

解 令$u=\sqrt[3]{x}$，则$x=u^3$，$dx=3u^2du$，且当$x=1$时，$u=1$，当$x=e$时，$u=\sqrt[3]{e}$，所以

$$\int_1^e \sqrt[3]{x}\ln x dx = \int_1^{\sqrt[3]{e}} u\ln u^3 3u^2 du = \frac{9}{4}\int_1^{\sqrt[3]{e}} \ln u du^4$$
$$= \frac{9}{4}\left[u^4 \ln u \Big|_1^{\sqrt[3]{e}} - \int_1^{\sqrt[3]{e}} u^4 \cdot \frac{1}{u} du\right]$$
$$= \frac{9}{4}\left[e^{\frac{4}{3}} \ln\sqrt[3]{e} - \frac{1}{4}(e^{\frac{4}{3}} - 1)\right]$$
$$= \frac{9}{16} + \frac{3}{16}e^{4/3}。$$

例 5.3.12 的 Maple 源程序

```
> #example12
> Int(x^(1/3) * ln(x),x=1..e)=int(x^(1/3) * ln(x),x=1..e);
```

$$\int_1^e \sqrt[3]{x}\ \ln x dx = \frac{9}{16} + \frac{3}{16} e^{\left(\frac{4}{3}\right)}$$

习题 5.3

1. 用换元积分法计算下列定积分：

(1) $\int_0^4 \frac{\sqrt{x}}{1+\sqrt{x}} dx$； (2) $\int_{-1}^1 \frac{x dx}{\sqrt{5-4x}}$；

(3) $\int_1^e \frac{1+\ln x}{x} dx$； (4) $\int_0^1 t e^{-\frac{t^2}{2}} dt$；

(5) $\int_0^1 x\sqrt{1-x^2}\, dx$； (6) $\int_1^{e^2} \frac{dx}{x\sqrt{1+\ln x}}$；

(7) $\int_0^{\frac{\pi}{2}} \sin x \cos^3 x dx$； (8) $\int_{\frac{\pi}{3}}^{\frac{\pi}{2}} \cos^2 u du$；

(9) $\int_0^1 \sqrt{4-x^2}\, dx$； (10) $\int_0^1 \frac{1}{e^x+e^{-x}} dx$；

(11) $\int_{-\frac{\pi}{2}}^{\frac{\pi}{2}} \sqrt{\cos x - \cos^3 x}\, dx$； (12) $\int_0^{\pi} \sqrt{1+\cos 2x}\, dx$。

2. 用分部积分法计算下列定积分：

(1) $\int_0^1 x e^{-x} dx$； (2) $\int_1^e \ln x dx$；

(3) $\int_1^e x \ln x dx$； (4) $\int_0^1 x \arctan x dx$；

(5) $\int_1^4 \frac{\ln x}{\sqrt{x}} dx$； (6) $\int_0^{\frac{2\pi}{\omega}} t \sin \omega t dt$（$\omega$ 为常数）；

(7) $\int_0^{\frac{\pi^2}{4}} \cos\sqrt{x}\, dx$； (8) $\int_1^4 e^{\sqrt{x}} dx$；

(9) $\int_0^{\frac{\pi}{2}} e^x \sin x dx$； (10) $\int_{\frac{1}{e}}^{e} |\ln x| dx$。

3. 证明：$\int_0^1 x^m (1-x)^n dx = \int_0^1 x^n (1-x)^m dx$。

5.4 广义积分

前面所讨论的定积分，其积分区间是有限的，且被积函数在积分区间上是有界的。但是在实际问题中，往往会碰到无限区间或无界函数的积分。这两种积分称为**广义积分**。

5.4.1 无穷区间上的广义积分

定义 5.4.1 设函数 $f(x)$ 在无穷区间 $[a,+\infty)$ 上连续，如果 $\lim\limits_{b\to+\infty}\int_a^b f(x)dx\,(a<b)$ 存在，则称此极限值为函数 $f(x)$ 在区间 $[a,+\infty)$ 上的**广义积分**，记作 $\int_a^{+\infty} f(x)dx$，即

$$\int_a^{+\infty} f(x)dx = \lim_{b\to+\infty}\int_a^b f(x)dx。$$

若$\lim\limits_{b\to+\infty}\int_a^b f(x)\,\mathrm{d}x$ 存在，称广义积分$\int_a^{+\infty} f(x)\,\mathrm{d}x$ **存在或收敛**。若$\lim\limits_{b\to+\infty}\int_a^b f(x)\,\mathrm{d}x$ 不存在，称广义积分$\int_a^{+\infty} f(x)\,\mathrm{d}x$ **不存在或发散**。

类似地，可以定义函数$f(x)$在无穷区间$(-\infty,b]$上的广义积分为

$$\int_{-\infty}^b f(x)\,\mathrm{d}x=\lim_{a\to-\infty}\int_a^b f(x)\,\mathrm{d}x。$$

函数$f(x)$在无穷区间$(-\infty,+\infty)$上的广义积分为

$$\int_{-\infty}^{+\infty} f(x)\,\mathrm{d}x=\int_{-\infty}^{c} f(x)\,\mathrm{d}x+\int_{c}^{+\infty} f(x)\,\mathrm{d}x。$$

对于广义积分$\int_{-\infty}^{+\infty} f(x)\,\mathrm{d}x$，当上式中右端的两个积分都存在时，广义积分$\int_{-\infty}^{+\infty} f(x)\,\mathrm{d}x$ **存在或收敛**；否则，广义积分$\int_{-\infty}^{+\infty} f(x)\,\mathrm{d}x$ **不存在或发散**。

根据上述定义，若$F(x)$是$f(x)$的一个原函数，且当$x\to+\infty$及$x\to-\infty$时，$F(x)$的极限存在，记为$F(+\infty)=\lim\limits_{x\to+\infty}F(x)$，$F(-\infty)=\lim\limits_{x\to-\infty}F(x)$，则

$$\int_a^{+\infty} f(x)\,\mathrm{d}x=F(x)\Big|_a^{+\infty}=F(+\infty)-F(a),$$

$$\int_{-\infty}^{b} f(x)\,\mathrm{d}x=F(x)\Big|_{-\infty}^{b}=F(b)-F(-\infty),$$

$$\int_{-\infty}^{+\infty} f(x)\,\mathrm{d}x=F(x)\Big|_{-\infty}^{+\infty}=F(+\infty)-F(-\infty)。$$

例 5.4.1　计算广义积分$\int_{-\infty}^0\frac{1}{1+x^2}\mathrm{d}x$，$\int_{-\infty}^{+\infty}\frac{1}{1+x^2}\mathrm{d}x$。

解　$$\int_{-\infty}^0\frac{1}{1+x^2}\mathrm{d}x=\lim_{a\to-\infty}\int_a^0\frac{1}{1+x^2}\mathrm{d}x=\lim_{a\to-\infty}\left(\arctan x\Big|_a^0\right)$$

$$=-\lim_{a\to-\infty}\arctan a=\frac{\pi}{2}。$$

$$\int_{-\infty}^{+\infty}\frac{1}{1+x^2}\mathrm{d}x=\int_{-\infty}^0\frac{1}{1+x^2}\mathrm{d}x+\int_0^{+\infty}\frac{1}{1+x^2}\mathrm{d}x=\frac{\pi}{2}+\frac{\pi}{2}=\pi。$$

例 5.4.1 的 Maple 源程序

```
> #example1
> Int(1/(1+x^2),x=-infinity..0)=int(1/(1+x^2),x=-infin-
ity..0);
```

$$\int_{-\infty}^{0}\frac{1}{1+x^2}dx=\frac{\pi}{2}$$

```
> Int(1/(1+x^2),x=-infinity..+infinity)=int(1/(1+x^2),
x=-infinity..+infinity);
```

$$\int_{-\infty}^{\infty}\frac{1}{x^2+1}dx=\pi$$

例 5.4.2 计算$\int_0^{+\infty} x\mathrm{e}^{-x^2}\mathrm{d}x$。

解 $$\int_0^{+\infty} x\mathrm{e}^{-x^2}\mathrm{d}x=\lim_{a\to+\infty}\int_0^a x\mathrm{e}^{-x^2}\mathrm{d}x=\lim_{a\to+\infty}\left(-\frac{1}{2}\mathrm{e}^{-x^2}\Big|_0^a\right)$$

$$=-\frac{1}{2}\lim_{a\to+\infty}(\mathrm{e}^{-a^2}-\mathrm{e}^0)=\frac{1}{2}。$$

例 5.4.2 的 Maple 源程序

```
> #example2
> Int(x*exp(-x^2),x=0..+infinity)=int(x*exp(-x^2),x=
0..+infinity);
```

$$\int_0^{\infty}x\,\mathrm{e}^{(-x^2)}dx=\frac{1}{2}$$

例 5.4.3 讨论广义积分$\int_1^{+\infty}\frac{1}{x^p}\mathrm{d}x(p>0)$的敛散性。

解 (1) 当$p\neq1$时，有

$$\int_1^{+\infty}\frac{1}{x^p}\mathrm{d}x=\lim_{b\to+\infty}\int_1^b\frac{1}{x^p}\mathrm{d}x=\lim_{b\to+\infty}\frac{1}{1-p}x^{1-p}\Big|_1^b=\lim_{b\to+\infty}\frac{1}{1-p}(b^{1-p}-1),$$

当$p>1$时，上式右端极限存在，其值为$\frac{1}{p-1}$，故$\int_1^{+\infty}\frac{1}{x^p}\mathrm{d}x$收敛；

当$p<1$时，上式右端极限不存在，故$\int_1^{+\infty}\frac{1}{x^p}\mathrm{d}x$发散。

(2) 当$p=1$时，有

$$\int_1^{+\infty}\frac{1}{x^p}\mathrm{d}x=\lim_{b\to+\infty}\int_1^b\frac{1}{x}\mathrm{d}x=\lim_{b\to+\infty}\ln b=+\infty,$$

广义积分$\int_1^{+\infty}\frac{1}{x^p}\mathrm{d}x$发散。

综上所述，当$p>1$时，积分$\int_1^{+\infty}\frac{1}{x^p}\mathrm{d}x$收敛；当$p\leqslant1$时，积分$\int_1^{+\infty}\frac{1}{x^p}\mathrm{d}x$发散。

5.4.2 无界函数的广义积分

定义 5.4.2 设函数$f(x)$在区间$(a,b]$上连续，而在点a的右邻域内无界。取$\varepsilon>0$，如果$\lim\limits_{\varepsilon\to0^+}\int_{a+\varepsilon}^{b}f(x)\,\mathrm{d}x$存在，则称此极限值为函数$f(x)$在区间$(a,b]$上的广义积分，也称作**瑕积分**，记作$\int_a^b f(x)\,\mathrm{d}x$，即

$$\int_a^b f(x)\,\mathrm{d}x=\lim_{\varepsilon\to0^+}\int_{a+\varepsilon}^{b}f(x)\,\mathrm{d}x。$$

若$\lim\limits_{\varepsilon\to0^+}\int_{a+\varepsilon}^{b}f(x)\,\mathrm{d}x$存在，称广义积分$\int_a^b f(x)\,\mathrm{d}x$ **存在**或**收敛**。若$\lim\limits_{\varepsilon\to0^+}\int_{a+\varepsilon}^{b}f(x)\,\mathrm{d}x$不存在，称广义积分$\int_a^b f(x)\,\mathrm{d}x$ **不存在**或**发散**。（如果函数$f(x)$在点a的任一邻域内都无界，那么点a称为函数$f(x)$的**瑕点**。）

类似地，可以定义函数$f(x)$在区间$[a,b)$（b为瑕点）上的广义积分为

$$\int_a^b f(x)\,\mathrm{d}x=\lim_{\varepsilon\to0^+}\int_{a}^{b-\varepsilon}f(x)\,\mathrm{d}x。$$

函数$f(x)$在区间$[a,c)\cup(c,b]$上的广义积分为$\int_a^b f(x)\,\mathrm{d}x=\int_a^c f(x)\,\mathrm{d}x+\int_c^b f(x)\,\mathrm{d}x$，其中$c$为**瑕点**。当式中右端的两个积分都存在时，广义积分$\int_a^b f(x)\,\mathrm{d}x$ **存在**或**收敛**；否则，广义积分$\int_a^b f(x)\,\mathrm{d}x$ **不存在**或**发散**。

例 5.4.4 计算广义积分$\int_0^1\frac{1}{\sqrt{1-x^2}}\mathrm{d}x$。

解 $x=1$是函数$\frac{1}{\sqrt{1-x^2}}$的瑕点，所以

$$\int_0^1\frac{1}{\sqrt{1-x^2}}\mathrm{d}x=\lim_{\varepsilon\to0^+}\int_0^{1-\varepsilon}\frac{1}{\sqrt{1-x^2}}\mathrm{d}x=\lim_{\varepsilon\to0^+}[\arcsin x]\Big|_0^{1-\varepsilon}$$

$$=\lim_{\varepsilon\to0^+}\arcsin(1-\varepsilon)=\frac{\pi}{2}。$$

例 5.4.4 的 Maple 源程序

```
> #example4
```

```
> Int(1/(sqrt(1-x^2)),x=0..1)=int(1/(sqrt(1-x^2)),x=
0..1);
```

$$\int_0^1 \frac{1}{\sqrt{-x^2+1}}dx=\frac{\pi}{2}$$

例 5.4.5 讨论广义积分$\int_{-1}^{1}\frac{1}{x^2}\mathrm{d}x$ 的敛散性。

解 $x=0$ 是函数$f(x)=\frac{1}{x^2}$的瑕点，所以，

$$\int_{-1}^{1}\frac{1}{x^2}\mathrm{d}x=\lim_{\varepsilon_1\to0^+}\int_{-1}^{0-\varepsilon_1}\frac{1}{x^2}\mathrm{d}x+\lim_{\varepsilon_2\to0^+}\int_{0+\varepsilon_2}^{1}\frac{1}{x^2}\mathrm{d}x,$$

因为$\lim\limits_{\varepsilon_1\to0^+}\int_{-1}^{0-\varepsilon_1}\frac{1}{x^2}\mathrm{d}x=\lim\limits_{\varepsilon_1\to0^+}\left(-\frac{1}{x}\right)\Bigg|_{-1}^{-\varepsilon_1}=\lim\limits_{\varepsilon_1\to0^+}\left(\frac{1}{\varepsilon_1}-1\right)=+\infty$，故广义积分$\int_{-1}^{0}\frac{1}{x^2}\mathrm{d}x$ 发散，从而广义积分$\int_{-1}^{1}\frac{1}{x^2}\mathrm{d}x$ 发散。

例 5.4.6 讨论广义积分$\int_0^1\frac{1}{x^p}\mathrm{d}x(p>0)$的敛散性。

解 $x=0$ 是函数$\frac{1}{x^p}$的瑕点。

（1）当$p\neq1$ 时，

$$\int_0^1\frac{1}{x^p}\mathrm{d}x=\lim_{\varepsilon\to0^+}\int_{\varepsilon}^1\frac{1}{x^p}\mathrm{d}x=\lim_{\varepsilon\to0^+}\frac{1}{1-p}\left[x^{1-p}\right]_{\varepsilon}^{1}=\frac{1}{1-p}\lim_{\varepsilon\to0^+}(1-\varepsilon^{1-p})。$$

当$p<1$ 时，上式右端极限存在，其值为$\frac{1}{1-p}$，故$\int_0^1\frac{1}{x^p}\mathrm{d}x$ 收敛。

当$p>1$时，上式右端极限不存在，故$\int_0^1\frac{1}{x^p}\mathrm{d}x$ 发散。

（2）当$p=1$ 时，$\int_0^1\frac{1}{x}\mathrm{d}x=\lim\limits_{\varepsilon\to0^+}\int_{\varepsilon}^1\frac{1}{x}\mathrm{d}x=-\lim\limits_{\varepsilon\to0^+}\ln\varepsilon=+\infty$，故$\int_0^1\frac{1}{x^p}\mathrm{d}x$ 发散。

综上所述，当$p<1$ 时，积分$\int_0^1\frac{1}{x^p}\mathrm{d}x$ 收敛；当$p\geqslant1$ 时，积分$\int_0^1\frac{1}{x^p}\mathrm{d}x$ 发散。

习题 5.4

1. 判别下列各广义积分的敛散性，若收敛求其值：

（1）$\int_1^{+\infty}\frac{1}{x^3}\mathrm{d}x$；　（2）$\int_1^{+\infty}\frac{1}{\sqrt[3]{x}}\mathrm{d}x$；

（3）$\int_{-\infty}^{+\infty}\frac{1}{x^2+2x+2}\mathrm{d}x$；　（4）$\int_0^1\ln x\mathrm{d}x$；

(5) $\int_0^1 \frac{x\mathrm{d}x}{\sqrt{1-x^2}}$；(6) $\int_1^2 \frac{x\mathrm{d}x}{\sqrt{x-1}}$。

2. 当 k 为何值时，广义积分 $\int_2^{+\infty} \frac{\mathrm{d}x}{x(\ln x)^k}$ 收敛？当 k 为何值时，该广义积分发散？

3. 已知 $\int_2^3 f(x)\mathrm{d}x=-4$，求 $\int_1^{\sqrt{2}} xf(x^2+1)\mathrm{d}x$。

4. 设函数 $f(x)=\begin{cases} x\mathrm{e}^{-x^2}, & x\geqslant 0, \\ \frac{1}{1+\cos x}, & -1<x<0。\end{cases}$ 计算 $\int_1^4 f(x-2)\mathrm{d}x$。

5. 设 $f(x)$ 是周期函数且连续，周期为 T，证明：

$$\int_a^{a+nT} f(x)\mathrm{d}x=n\int_0^T f(x)\mathrm{d}x,$$

其中 n 是正整数。

6. 设 $f(x)$ 在所示区间上是连续函数，证明：

(1) $\int_1^a f\left(x^2+\frac{a^2}{x^2}\right)\frac{\mathrm{d}x}{x}=\int_1^{a^2} f\left(x+\frac{a^2}{x}\right)\frac{\mathrm{d}x}{2x}$；

(2) $\int_0^a x^3 f(x^2)\mathrm{d}x=\frac{1}{2}\int_0^{a^2} xf(x)\mathrm{d}x\,(a>0)$。

总习题5

1. 计算下列积分：

(1) $\int_0^{\frac{\pi}{2}} \sin x\cos^3 x\mathrm{d}x$；(2) $\int_0^a x^2\sqrt{a^2-x^2}\,\mathrm{d}x$；

(3) $\int_{-1}^1 \frac{x\mathrm{d}x}{\sqrt{5-4x}}$；(4) $\int_{\frac{3}{4}}^1 \frac{\mathrm{d}x}{\sqrt{1-x}-1}$；

(5) $\int_{-\pi}^{\pi} x^4\sin x\mathrm{d}x$；(6) $\int_{-5}^5 \frac{x^3\sin^2 x}{x^4+2x^2+1}\mathrm{d}x$；

(7) $\int_1^4 \frac{\ln x}{\sqrt{x}}\mathrm{d}x$；(8) $\int_0^{\frac{\pi}{2}} \mathrm{e}^{2x}\cos x\mathrm{d}x$；

(9) $\int_1^{\mathrm{e}} \sin(\ln x)\mathrm{d}x$；

(10) $\int_0^{+\infty} \frac{1}{(1+x^2)(1+x^\alpha)}\mathrm{d}x\,(\alpha\geqslant 0)$。

2. 求由 $\int_0^y \mathrm{e}^t\mathrm{d}t+\int_0^x \cos t\mathrm{d}t=0$ 所确定的隐函数 $y=y(x)$ 对 x 的导数 $\frac{\mathrm{d}y}{\mathrm{d}x}$。

3. 当 x 为何值时，函数 $I(x)=\int_0^x t\mathrm{e}^{-t^2}\mathrm{d}t$ 有极值？

4. 求 $\frac{\mathrm{d}}{\mathrm{d}x}\int_{\sin x}^{\cos x}\cos(\pi t^2)\mathrm{d}t$。

5. 设 $f(x)=\begin{cases} x+1, & x\leqslant 1, \\ \frac{1}{2}x^2, & x>1。\end{cases}$ 求 $\int_0^2 f(x)\mathrm{d}x$。

6. 求 $\lim\limits_{x\to+\infty}\frac{\int_0^x(\arctan t)^2\mathrm{d}t}{\sqrt{x^2+1}}$。

7. 求 $\lim\limits_{n\to\infty}\frac{1}{n^2}(\sqrt{n}+\sqrt{2n}+\cdots+\sqrt{n^2})$。

8. 设 $f(x)$ 是连续函数，且 $f(x)=x+2\int_0^1 f(t)\mathrm{d}t$，求 $f(x)$。

9. 已知 $\lim\limits_{x\to+\infty}\left(\frac{x-a}{x+a}\right)^x=\int_a^{+\infty}4x^2\mathrm{e}^{-2x}\mathrm{d}x$，求常数 a。

10. 已知 $f(x)=\mathrm{e}^{-x^2}$，求 $\int_0^1 f'(x)f''(x)\mathrm{d}x$。

11. 设 $x\to 0$ 时，$F(x)=\int_0^x(x^2-t^2)f''(t)\mathrm{d}t$ 的导数与 x^2 是等价无穷小，试求 $f''(0)$。

12. $f(x)$ 在 $[a,b]$ 上二次可导，且 $f'(x)>0$，$f''(x)>0$，试证：

$$(b-a)f(a)<\int_a^b f(x)\mathrm{d}x<(b-a)\frac{f(b)+f(a)}{2}。$$

13. 设 $f(x)$ 可微，$f(0)=0$，$f'(0)=1$，$F(x)=\int_0^x tf(x^2-t^2)\mathrm{d}t$，求 $\lim\limits_{x\to 0}\frac{F(x)}{x^4}$。

14. 设 $f(x)$ 为奇函数，在 $(-\infty,+\infty)$ 内连续且单调增加，$F(x)=\int_0^x(x-3t)f(t)\mathrm{d}t$。证明：

(1) $F(x)$ 为奇函数；

(2) $F(x)$ 在 $[0,+\infty)$ 上单调减少。

15. 求曲线 $y=\int_0^x(t-1)(t-2)\mathrm{d}t$ 在点 $(0,0)$ 处的切线方程。

16. 当 $x\geqslant 0$ 时，$f(x)$ 连续，且满足 $\int_0^{x^2(1+x)} f(t)\mathrm{d}t=x$，求 $f(2)$。

第 6 章

定积分的应用

前面我们介绍了定积分的概念、性质和计算方法。本章主要介绍将一个量表达成定积分的分析方法——元素法，并运用此方法和定积分理论来分析和解决一些几何学、物理学中的问题，建立计算这些几何量、物理量的公式。

6.1 定积分的元素法

我们已经知道，如果函数 $y=f(x)\,(f(x)\geqslant 0)$ 在区间 $[a,b]$ 上连续，则定积分 $\int_a^b f(x)\,\mathrm{d}x$ 的几何意义是：曲线 $y=f(x)$、x 轴与直线 $x=a$、$x=b$ 所围成的曲边梯形的面积。在第 5.1 节计算曲边梯形面积的步骤中，关键是确定 ΔA_i。

为简便起见，省略下标，用 ΔA 表示任一小区间 $[x,x+\mathrm{d}x]$ 上的小曲边梯形的面积，这样，曲边梯形的面积为

$$A=\sum \Delta A,$$

取 $[x,x+\mathrm{d}x]$ 的左端点 x 处的函数值 $f(x)$ 为高，$\mathrm{d}x$ 为底的矩形面积作为 ΔA 的近似值(见图 6.1.1 中阴影部分)，即

$$\Delta A\approx f(x)\,\mathrm{d}x,$$

上式右端 $f(x)\,\mathrm{d}x$ 称为**面积元素**，记为 $\mathrm{d}A=f(x)\,\mathrm{d}x$，于是

$$A\approx \sum f(x)\,\mathrm{d}x,$$

所以

$$A=\lim \sum f(x)\,\mathrm{d}x=\int_a^b f(x)\,\mathrm{d}x。$$

图 6.1.1

通过上面的做法，我们注意到：所求量(面积 A)与区间 $[a,b]$ 有关。如果把区间 $[a,b]$ 分成许多部分区间，那么所求量相应地分为许多部分量(即 ΔA)，而所求量等于所有部分量之和(即 $A=\sum \Delta A$)，这一性质称为所求量对于区间 $[a,b]$ 具有**可加性**。用 $f(x)\,\mathrm{d}x$ 近似 ΔA，这样，和式 $\sum f(x)\,\mathrm{d}x$ 的极限才是精确值 A。

一般地，如果某一实际问题中的所求量 U 符合下列条件：

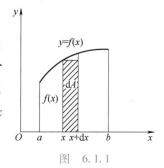

(1) U 是一个与变量 x 的变化区间 $[a,b]$ 有关的量。

(2) U 对于区间 $[a,b]$ 具有可加性，也就是说，如果把区间 $[a,b]$ 分成许多部分区间，则 U 相应地分成许多部分量，且 U 等于所有部分量之和。

(3) U 的部分量 ΔU_i 可近似地表示成 $f(\xi_i)\cdot\Delta x_i$，

那么，我们就可以用定积分来表达这个量 U。具体步骤如下：

(1) 根据问题，选取一个变量（例如 x）为积分变量，并确定它的变化区间 $[a,b]$。

(2) 设想将区间 $[a,b]$ 分成 n 个小区间，取其中任一小区间 $[x,x+\mathrm{d}x]$，求出它所对应的部分量 ΔU 的近似值 $f(x)\mathrm{d}x$，并称 $f(x)\mathrm{d}x$ 为量 U 的**元素**，记作 $\mathrm{d}U$，即

$$\mathrm{d}U=f(x)\mathrm{d}x。$$

(3) 以 U 的元素 $f(x)\mathrm{d}x$ 为被积表达式，在区间 $[a,b]$ 上做定积分，得

$$U=\int_a^b f(x)\mathrm{d}x,$$

这就是所求量 U 的积分表达式。

这个方法通常叫作**元素法**，其实质是选取积分变量，确定积分变量的变化区间，并求出所求量的元素，最后将所求量的元素在积分变量的变化区间上做定积分。下面两节中我们将应用这个方法来讨论几何、物理中的一些问题。

6.2 定积分在几何学中的应用

6.2.1 平面图形的面积

1. 直角坐标情形

我们知道，由连续曲线 $y=f(x)\ (f(x)\geqslant 0)$、直线 $x=a$、$x=b$ 及 x 轴所围成的曲边梯形的面积为定积分

$$\int_a^b f(x)\mathrm{d}x,$$

其中，被积表达式 $f(x)\mathrm{d}x$ 就是直角坐标下的面积元素，它表示高为 $f(x)$、底为 $\mathrm{d}x$ 的一个矩形面积。应用定积分，不但可以计算曲边梯形的面积，还可以计算一些比较复杂的平面图形的面积。

设平面图形由两条连续曲线 $y=f(x)$、$y=g(x)$ 及直线 $x=a$、$x=b\ (a<b)$ 所围成，则面积元素为

$$dA=|f(x)-g(x)|\mathrm{d}x,$$

于是平面图形的面积

$$A=\int_a^b |f(x)-g(x)|\,\mathrm{d}x。$$

类似地，平面图形由两条连续曲线 $x=\varphi(y)$、$x=\psi(y)$ 及直线 $y=c$、$y=d(c<d)$ 所围成，则面积元素为

$$\mathrm{d}A=|\varphi(y)-\psi(y)|\,\mathrm{d}y,$$

于是平面图形的面积

$$A=\int_c^d |\varphi(y)-\psi(y)|\,\mathrm{d}y。$$

例 6.2.1　计算由 $y=x$，$y=x^2$ 所围成的平面图形的面积。

解　如图 6.2.1 所示，由方程组

$$\begin{cases} y=x, \\ y=x^2, \end{cases}$$

得交点为(0,0)和(1,1)。

取横坐标 x 为积分变量，它的变化区间为[0,1]。相应于[0,1]上的任一小区间$[x,x+\mathrm{d}x]$的窄边的面积近似等于高为 $x-x^2$、底为 $\mathrm{d}x$ 的窄矩形的面积，从而面积元素

$$\mathrm{d}A=(x-x^2)\,\mathrm{d}x,$$

以$(x-x^2)\mathrm{d}x$ 为被积表达式，在区间[0,1]上做定积分，则所求面积为

$$A=\int_0^1 (x-x^2)\,\mathrm{d}x=\left[\frac{1}{2}x^2-\frac{1}{3}x^3\right]_0^1=\frac{1}{6}。$$

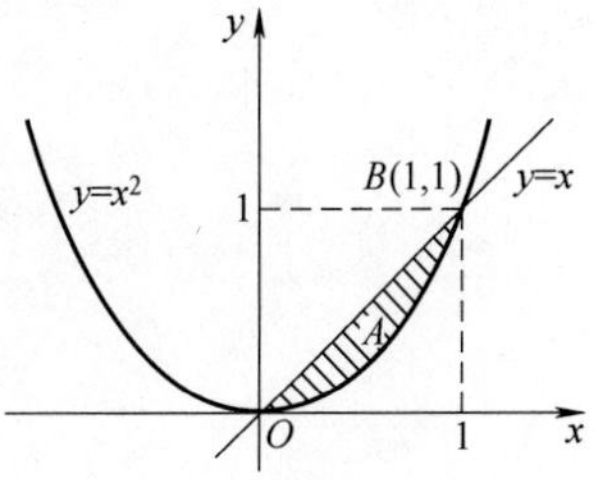

图　6.2.1

例 6.2.1 的 Maple 源程序

```
> #example1
> solve({y=x,y=x^2},{x,y});
                    {x=0,y=0},{x=1,y=1}
> plot([x,x^2],x=-1.1..1.1);
```

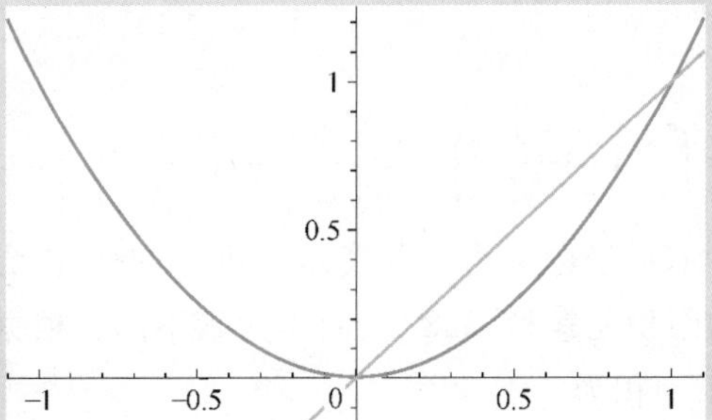

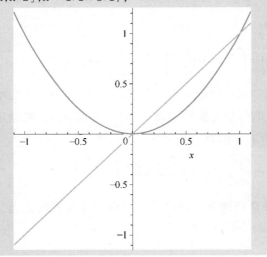

```
> int(x-x^2,x=0..1);
```

$$\frac{1}{6}$$

例 6.2.2 求由抛物线 $y^2=2x$ 与直线 $y=x-4$ 所围成的图形面积。

解 如图 6.2.2 所示，由方程组

$$\begin{cases}y^2=2x,\\y=x-4,\end{cases}$$

得交点为(2,-2)和(8,4)。

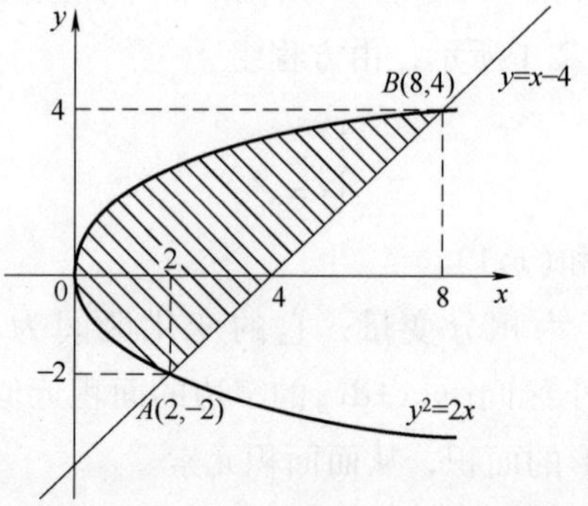

图 6.2.2

解法 1 取纵坐标 y 为积分变量，它的变化区间为[-2,4]。相应于[-2,4]上的任一小区间[$y,y+dy$]的窄边的面积近似等于高为 $y+4-\frac{1}{2}y^2$、底为 dy 的窄矩形的面积，从而面积元素

$$dA=\left(y+4-\frac{1}{2}y^2\right)dy,$$

以$\left(y+4-\frac{1}{2}y^2\right)dy$ 为被积表达式，在区间[-2,4]上做定积分，则所求面积为

$$A=\int_{-2}^{4}\left(y+4-\frac{1}{2}y^2\right)dy=\left[\frac{1}{2}y^2+4y-\frac{1}{6}y^3\right]_{-2}^{4}=18。$$

解法 2 取横坐标 x 为积分变量，则 x 的变化区间为[0,8]，但[0,2]上的面积元素和[2,8]上面积元素不同，根据定积分的元素法，得所求面积为

$$A=\int_0^2 2\sqrt{2x}\,dx+\int_2^8(\sqrt{2x}-x+4)\,dx=\left[\frac{4\sqrt{2}}{3}x^{\frac{3}{2}}\right]_0^2+\left[\frac{2\sqrt{2}}{3}x^{\frac{3}{2}}-\frac{1}{2}x^2+4x\right]_2^8=18。$$

比较例 6.2.2 两种解法可以看到，积分变量选取适当，可使计算简便。

例 6.2.2 的 Maple 源程序

```
> #example2
> solve({y^2=2*x,y=x-4},{x,y});
              {x=2,y=-2},{x=8,y=4}
> plot([sqrt(2*x),-sqrt(2*x),x-4],x=0..8.5);
```

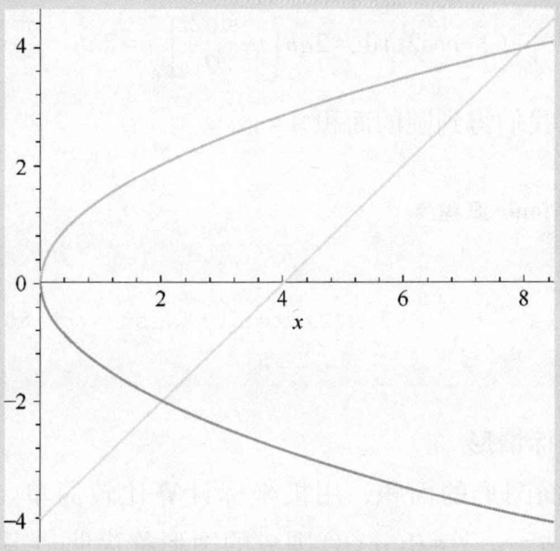


```
> int(y+4-y^2/2,y=-2..4);
                         18
```

例 6.2.3　求椭圆$\frac{x^2}{a^2}+\frac{y^2}{b^2}=1$所围成的图形的面积。

解　如图 6.2.3 所示，因为椭圆是关于 x、y 轴对称，所以椭圆所围成的图形的面积 A 是椭圆在第一象限所围图形面积的 4 倍，根据定积分的元素法，有

$$A=4\int_0^a y\mathrm{d}x,$$

其中 $y=\frac{b}{a}\sqrt{a^2-x^2}$，所以

$$A=4\int_0^a \frac{b}{a}\sqrt{a^2-x^2}\,\mathrm{d}x=\frac{4b}{a}\int_0^a\sqrt{a^2-x^2}\,\mathrm{d}x。$$

根据定积分的几何意义，易知

$$\int_0^a\sqrt{a^2-x^2}\,\mathrm{d}x=\frac{\pi}{4}a^2,$$

所以

$$A=\frac{4b}{a}\cdot\frac{\pi a^2}{4}=\pi ab。$$

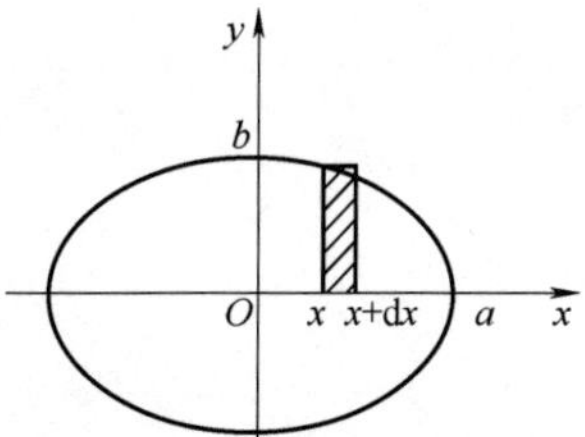

图　6.2.3

此题也可利用参数方程求解。椭圆的参数方程

$$\begin{cases}x=a\cos t,\\ y=b\sin t\end{cases}(0\leqslant t\leqslant 2\pi),$$

于是

$$A=4\int_0^a y\mathrm{d}x=4\int_{\frac{\pi}{2}}^0 b\sin t\mathrm{d}(a\cos t)=-4ab\int_{\frac{\pi}{2}}^0 \sin^2 t\mathrm{d}t$$

$$=2ab\int_0^{\frac{\pi}{2}}(1-\cos 2t)\mathrm{d}t=2ab\left[t-\frac{\sin 2t}{2}\right]_0^{\frac{\pi}{2}}=2ab\cdot\frac{\pi}{2}=\pi ab。$$

当 $a=b$ 时，我们得到圆的面积 $A=\pi a^2$。

例 6.2.3 的 Maple 源程序

```
> #example3
> int(4*b/a*sqrt(a^2-x^2),x=0..a)assuming a>0;
                              ba π
```

2. 极坐标情形

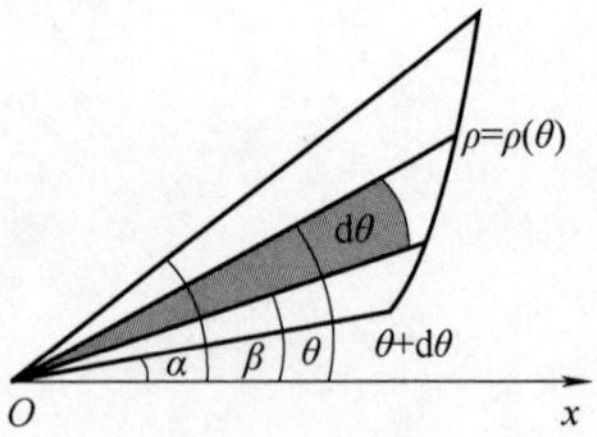

图 6.2.4

某些平面图形的面积，用极坐标计算比较简单。由曲线 $\rho=\rho(\theta)$ 及射线 $\theta=\alpha$、$\theta=\beta(\alpha<\beta)$ 围成的图形称为曲边扇形，现在要计算它的面积(见图 6.2.4)。这里，$\rho(\theta)$ 在 $[\alpha,\beta]$ 上连续，且 $\rho(\theta)\geqslant 0$，$0<\beta-\alpha\leqslant 2\pi$。

取极角 θ 为积分变量，它的变化区间为 $[\alpha,\beta]$。相应于 $[\alpha,\beta]$ 上的任一小区间 $[\theta,\theta+\mathrm{d}\theta]$ 的窄曲边扇形的面积近似等于半径为 $\rho(\theta)$、圆心角为 $\mathrm{d}\theta$ 的窄扇形的面积，从而面积元素

$$\mathrm{d}A=\frac{1}{2}[\rho(\theta)]^2\mathrm{d}\theta,$$

以 $\frac{1}{2}[\rho(\theta)]^2\mathrm{d}\theta$ 为被积表达式，在区间 $[\alpha,\beta]$ 上做定积分，得曲边扇形的面积为

$$A=\frac{1}{2}\int_\alpha^\beta[\rho(\theta)]^2\mathrm{d}\theta。$$

若平面图形是由两条连续曲线 $\rho=\rho_1(\theta)$、$\rho=\rho_2(\theta)$ 及射线 $\theta=\alpha$、$\theta=\beta(\alpha<\beta)$ 所围成，则面积元素为

$$\mathrm{d}A=\frac{1}{2}\left|[\rho_1(\theta)]^2-[\rho_2(\theta)]^2\right|\mathrm{d}\theta,$$

于是面积为

$$A=\frac{1}{2}\int_\alpha^\beta\left|[\rho_1(\theta)]^2-[\rho_2(\theta)]^2\right|\mathrm{d}\theta。$$

例 6.2.4 计算阿基米德螺线 $\rho=a\theta(a>0)$ 上相应于 θ 从 0 变到 2π 的一段弧与极轴所围成的图形的面积。

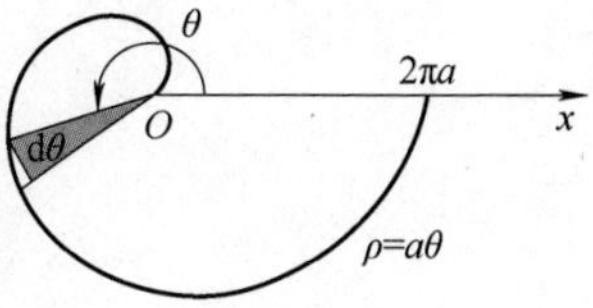

图　6.2.5

解　如图 6.2.5 所示，在指定的螺线上，θ 的变化区间为 $[0,2\pi]$。相应于 $[0,2\pi]$ 上任一小区间 $[\theta,\theta+d\theta]$ 的窄曲边扇形的面积近似于半径为 $a\theta$、圆心角为 $d\theta$ 的扇形的面积，从而得到面积元素

$$dA=\frac{1}{2}(a\theta)^2 d\theta,$$

于是所求面积为

$$A=\frac{1}{2}\int_0^{2\pi}(a\theta)^2 d\theta=\frac{1}{2}a^2\left[\frac{1}{3}\theta^3\right]_0^{2\pi}=\frac{4}{3}a^2\pi^3。$$

例 6.2.4 的 Maple 源程序

```
> #example4
> int(1/2 * a^2 * theta^2,theta=0..2 * pi)assuming a>0;
```

$$\frac{4a^2\pi^3}{3}$$

例 6.2.5　计算心形线 $\rho=a(1+\cos\theta)(a>0)$ 所围成的平面图形面积。

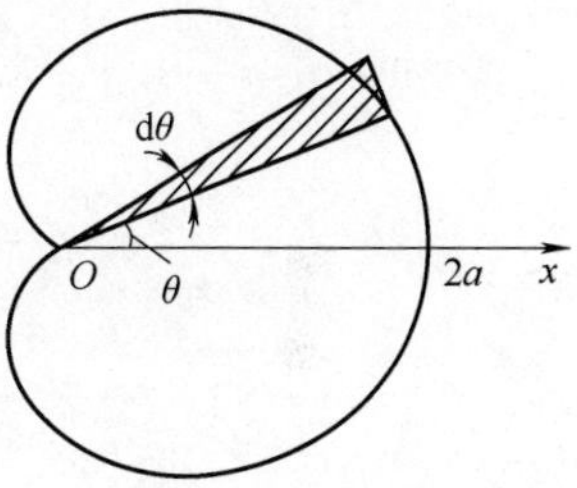

图　6.2.6

解　如图 6.2.6 所示，心形线所围成的平面图形对称于极轴，因此所求平面图形的面积是极轴以上部分平面图形面积的 2 倍，根据定积分的元素法，得

$$A=2\times\frac{1}{2}\int_0^{\pi}[a(1+\cos\theta)]^2 d\theta=a^2\int_0^{\pi}\left(\frac{3}{2}+2\cos\theta+\frac{1}{2}\cos2\theta\right)d\theta$$

$$=a^2\left[\frac{3}{2}\theta+2\sin\theta+\frac{1}{4}\sin2\theta\right]_0^{\pi}=\frac{3}{2}\pi a^2。$$

例 6.2.5 的 Maple 源程序

```
> #example5
> int(2 * 1/2 * (a * (1+cos(theta)))^2,theta=0..Pi)assuming
a>0;
```

$$\frac{3\pi a^2}{2}$$

6.2.2　体积

1. 旋转体的体积

旋转体就是由一个平面图形绕这个平面内一条直线旋转一周而成的立体，这条直线叫作旋转轴。常见的旋转体有圆柱、圆锥、圆台、球体等。

设一立体是由连续曲线 $y=f(x)$、直线 $x=a$、$x=b(a<b)$ 及 x 轴所围成的平面图形绕 x 轴旋转而成的旋转体，求它的体积 V。

取横坐标 x 为积分变量，它的变化区间为 $[a,b]$。相应于 $[a,b]$ 上的任一小区间 $[x,x+\mathrm{d}x]$ 的窄曲边梯形绕 x 轴旋转而成的薄片的体积近似等于底面半径为 $f(x)$、高为 $\mathrm{d}x$ 的扁圆柱体的体积(见图 6.2.7)，即体积元素

$$\mathrm{d}V=\pi[f(x)]^2\mathrm{d}x,$$

以 $\pi[f(x)]^2\mathrm{d}x$ 为被积表达式，在区间 $[a,b]$ 上做定积分，得所求旋转体体积为

$$V=\pi\int_a^b[f(x)]^2\mathrm{d}x。$$

同理可得：由连续曲线 $x=\varphi(y)$、直线 $y=c$、$y=d(c<d)$ 与 y 轴所围成的曲边梯形绕 y 轴旋转一周而成的旋转体(见图 6.2.8)的体积为

$$V=\pi\int_c^d[\varphi(y)]^2\mathrm{d}y。$$

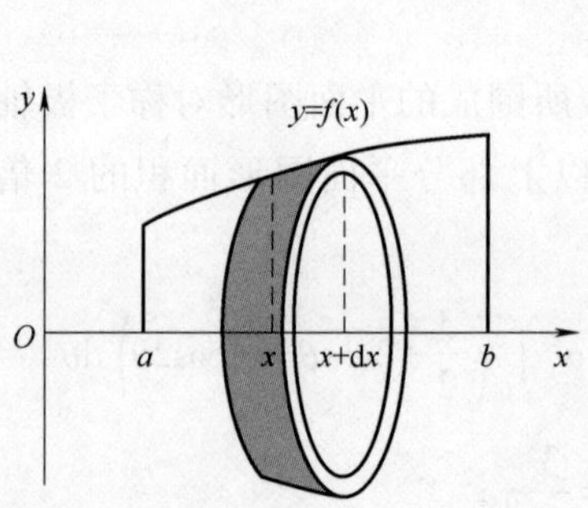

图 6.2.7

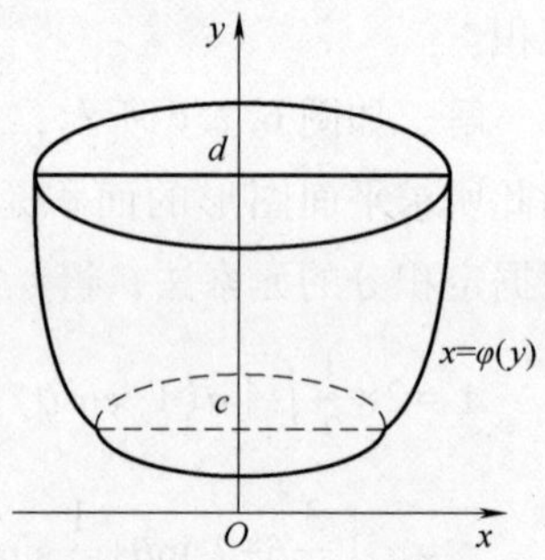

图 6.2.8

例 6.2.6 求由直线 $y=\frac{r}{h}x$、$x=h$ 及 x 轴围成的平面图形，绕 x 轴旋转所得圆锥体(见图 6.2.9)的体积。

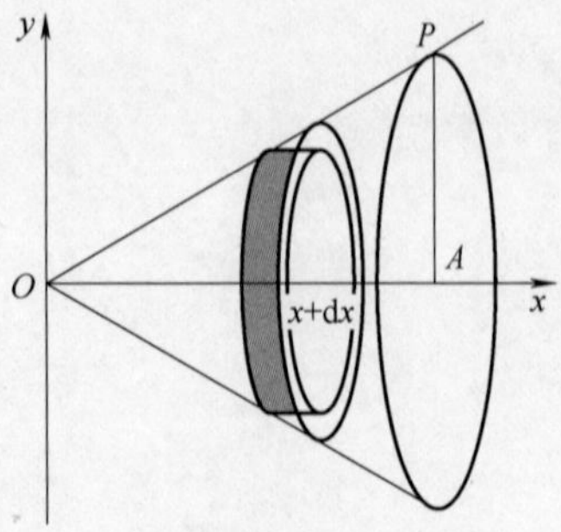

图 6.2.9

解 取横坐标 x 为积分变量，它的变化区间为 $[0,h]$。相应于 $[0,h]$ 上的任一小区间 $[x,x+\mathrm{d}x]$ 的薄片的体积，近似等于底面半径为 $\frac{r}{h}x$，高为 $\mathrm{d}x$ 的扁圆柱体的体积，即体积元素

$$\mathrm{d}V=\pi\left(\frac{r}{h}x\right)^2\mathrm{d}x,$$

于是所求圆锥体的体积为

$$V=\int_0^h\pi\left(\frac{r}{h}x\right)^2\mathrm{d}x=\frac{\pi r^2}{h^2}\left[\frac{1}{3}x^3\right]_0^h=\frac{\pi r^2h}{3}。$$

例 6.2.6 的 Maple 源程序

```
> #example6
> int(Pi*(r/h*x)^2,x=0..h);
```

$$\frac{\pi r^2 h}{3}$$

例 6.2.7 求椭圆$\frac{x^2}{a^2}+\frac{y^2}{b^2}=1$所围成的图形分别绕 x 轴与 y 轴旋转一周而成的旋转体(叫作旋转椭球体)的体积。

解　椭圆绕 x 轴旋转一周得到的旋转椭球体，可以看作是由半个椭圆

$$y=\frac{b}{a}\sqrt{a^2-x^2},$$

以及 x 轴围成的图形绕 x 轴旋转一周而成的立体。

取横坐标 x 为积分变量，它的变化区间为$[-a,a]$。相应于$[-a,a]$上的任一小区间$[x,x+\mathrm{d}x]$的薄片的体积，近似等于底面半径为$\frac{b}{a}\sqrt{a^2-x^2}$、高为 $\mathrm{d}x$ 的扁圆柱体的体积(见图 6.2.10)，即体积元素

$$\mathrm{d}V=\frac{\pi b^2}{a^2}(a^2-x^2)\,\mathrm{d}x,$$

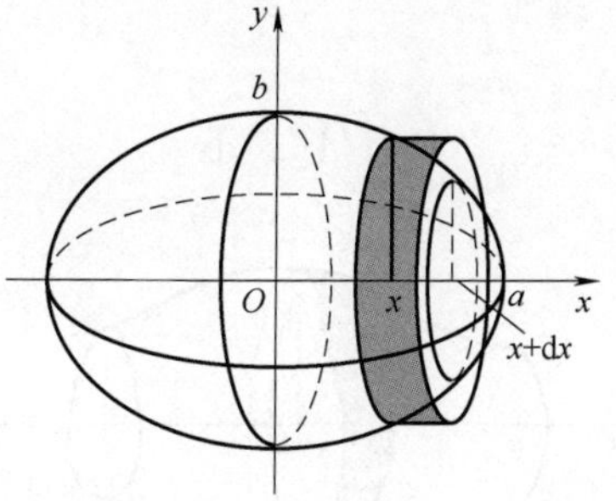

图　6.2.10

于是所求旋转椭球体的体积为

$$V_1=\int_{-a}^{a}\pi\frac{b^2}{a^2}(a^2-x^2)\,\mathrm{d}x=\frac{2\pi b^2}{a^2}\int_0^a(a^2-x^2)\,\mathrm{d}x$$

$$=\frac{2\pi b^2}{a^2}\left[a^2x-\frac{x^3}{3}\right]_0^a=\frac{4}{3}\pi ab^2。$$

根据定积分的元素法，同理可得，椭圆绕 y 轴旋转一周得到的旋转椭球体的体积为

$$V_2=\int_{-b}^{b}\pi\frac{a^2}{b^2}(b^2-y^2)\,\mathrm{d}y=\frac{2\pi a^2}{b^2}\int_0^b(b^2-y^2)\,\mathrm{d}y$$

$$=\frac{2\pi a^2}{b^2}\left[b^2y-\frac{y^3}{3}\right]_0^b=\frac{4}{3}\pi a^2b。$$

当 $a=b$ 时，旋转椭球体就成为半径为 a 的球，它的体积 $V=\frac{4}{3}\pi a^3$。

例 6.2.7 的 Maple 源程序

```
> #example7
> int(Pi * b^2/a^2 * (a^2-x^2),x=-a..a);
                    4πb²a
                    -----
                      3
> int(Pi * a^2/b^2 * (b^2-y^2),y=-b..b);
                    4πa²b
                    -----
                      3
```

2. 平行截面面积为已知的立体的体积

从计算旋转体体积的过程可以看出，如果一个立体不是旋转体，但知道该立体上垂直于定轴的所有截面的面积，那么，这个立体的体积也可以用定积分计算。

如图 6.2.11 所示，设过点 x 且垂直于 x 轴的平面与立体相截所得截面面积 $A(x)$ 是 x 的连续函数，且该立体在 $x=a$、$x=b(a<b)$ 之间，则对应于小区间 $[x,x+\mathrm{d}x]$ 的体积元素为 $\mathrm{d}V=A(x)\mathrm{d}x$。因此，所求立体的体积

$$V=\int_a^b A(x)\mathrm{d}x。$$

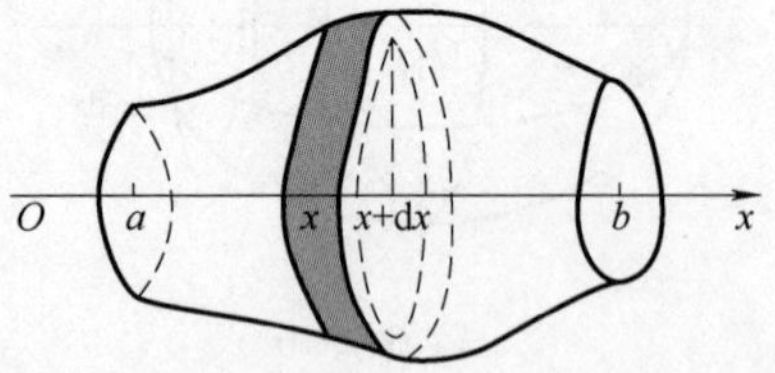

图 6.2.11

例 6.2.8 一平面经过半径为 R 的圆柱体的底圆中心并与底面交成角 β(见图 6.2.12)，计算该平面截圆柱体所得立体的体积。

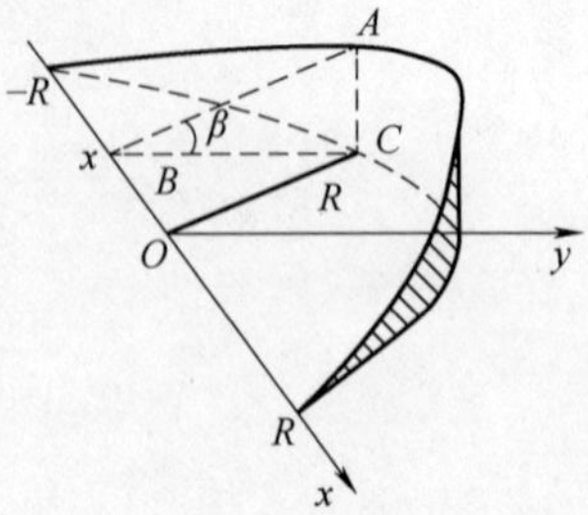

图 6.2.12

解 取平面与圆柱体的底面的交线为 x 轴，底面上过圆中心，且垂直于 x 轴的直线为 y 轴，则该立体中过点 x 且垂直于 x 轴的截面都是直角三角形。两个直角边分别为 $\sqrt{R^2-x^2}$，$\sqrt{R^2-x^2}\tan\beta$，因而截面面积为 $A(x)=\frac{1}{2}(R^2-x^2)\tan\beta$，于是所求立体的体积为

$$V=\int_{-R}^{R}\frac{1}{2}(R^2-x^2)\tan\beta\mathrm{d}x=\frac{1}{2}\tan\beta\left[R^2x-\frac{1}{3}x^3\right]_{-R}^{R}=\frac{2}{3}R^3\tan\beta。$$

例 6.2.8 的 Maple 源程序

```
> #example8
> int(1/2*(R^2-x^2)*tan(beta),x=-R..R);
```

$$\frac{2}{3}\tan(\beta)R^3$$

6.2.3 平面曲线的弧长

在平面几何中，直线的长度容易计算，但是曲线(除圆弧)长度的计算就比较困难。现在我们讨论如何计算平面曲线的弧长。

1. 直角坐标情形

当曲线弧由直角坐标方程 $y=f(x)$ $(a\leqslant x\leqslant b)$ 给出(见图 6.2.13)，其中 $f(x)$ 在 $[a,b]$ 上具有一阶连续导数。

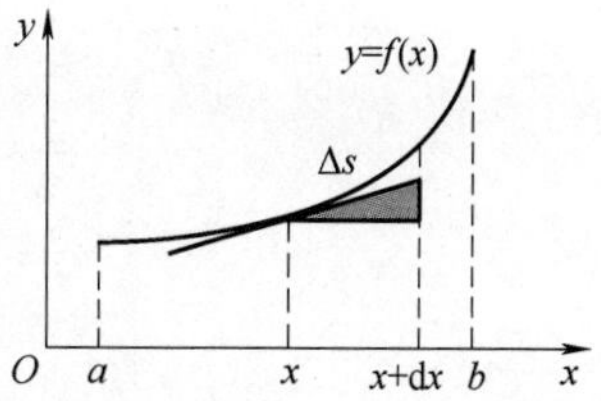

图　6.2.13

取 x 为积分变量，则 $x\in[a,b]$，在 $[a,b]$ 上任取一小区间 $[x,x+\mathrm{d}x]$，那么这一小区间所对应的曲线弧段的长度 Δs 可以用它的弧长元素 $\mathrm{d}s$ 来近似。则弧长元素为

$$\mathrm{d}s=\sqrt{1+[f'(x)]^2}\,\mathrm{d}x,$$

于是，所求弧长为

$$s=\int_a^b\sqrt{1+[f'(x)]^2}\,\mathrm{d}x。$$

例 6.2.9　计算曲线 $y=\frac{2}{3}x^{\frac{3}{2}}(x\in[a,b])$ 的弧长。

解　弧长元素为

$$\mathrm{d}s=\sqrt{1+y'^2}\,\mathrm{d}x=\sqrt{1+x}\,\mathrm{d}x,$$

故所求弧长为

$$s=\int_a^b\sqrt{1+x}\,\mathrm{d}x=\left[\frac{2}{3}(1+x)^{\frac{3}{2}}\right]\Bigg|_a^b=\frac{2}{3}\left[(1+b)^{\frac{3}{2}}-(1+a)^{\frac{3}{2}}\right]。$$

例 6.2.9 的 Maple 源程序

```
> #example9
> f:=x->2/3*x^(3/2):
> int(sqrt(1+diff(f(x),x)^2),x=a..b);
```

$$-\frac{2(1+a)^{(3/2)}}{3}+\frac{2(1+b)^{(3/2)}}{3}$$

2. 参数方程情形

若曲线由参数方程$\begin{cases}x=\varphi(t),\\ y=\psi(t)\end{cases}(\alpha\leqslant t\leqslant\beta)$给出，则弧长元素为

$$ds=\sqrt{(dx)^2+(dy)^2}=\sqrt{[\varphi'(t)]^2+[\psi'(t)]^2}\,dt,$$

从而，所求弧长为

$$s=\int_\alpha^\beta\sqrt{[\varphi'(t)]^2+[\psi'(t)]^2}\,dt。$$

例 6.2.10 计算半径为 r 的圆周长度。

解 圆的参数方程为

$$\begin{cases}x=r\cos t,\\ y=r\sin t\end{cases}(0\leqslant t\leqslant 2\pi),$$

弧长元素为

$$ds=\sqrt{(-r\sin t)^2+(r\cos t)^2}\,dt=r\,dt,$$

故所求弧长为

$$s=\int_0^{2\pi}r\,dt=2\pi r。$$

例 6.2.10 的 Maple 源程序

```
> #example10
> assume(r>0):
> x:=t->r*cos(t);y:=t->r*sin(t);
                    x:=t→r cos(t)
                    y:=t→r sin(t)
> dx:=D(x)(t):dy:=D(y)(t):
> int(sqrt(dx^2+dy^2),t=0..2*Pi);
                    2πr~
```

例 6.2.11 计算摆线$\begin{cases}x=a(\theta-\sin\theta),\\ y=a(1-\cos\theta)\end{cases}$的一拱$(a>0,0\leqslant\theta\leqslant 2\pi)$的长度(见图 6.2.14)。

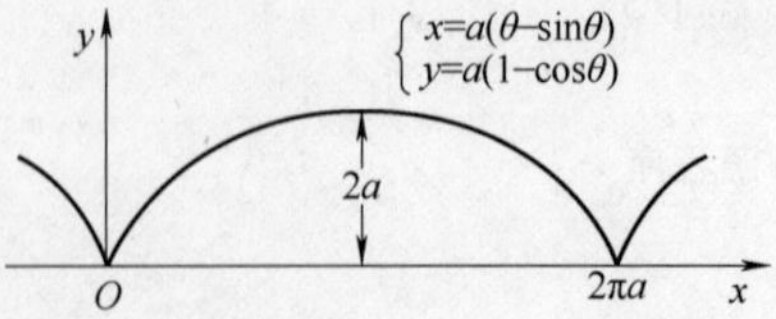

图 6.2.14

解 弧长元素为

$$ds=\sqrt{a^2(1-\cos\theta)^2+a^2\sin^2\theta}\,d\theta=a\sqrt{2(1-\cos\theta)}\,d\theta=2a\sin\frac{\theta}{2}d\theta,$$

故，所求弧长为

$$s=\int_0^{2\pi}2a\sin\frac{\theta}{2}\mathrm{d}\theta=2a\left(-2\cos\frac{\theta}{2}\right)\Big|_0^{2\pi}=8a。$$

例 6.2.11 的 Maple 源程序

```
> #example11
> assume(a>0):
> x:=theta->a*(theta-sin(theta));y:=theta->a*(1-
cos(theta));
                x:=θ→a(θ-sin(θ))
                y:=θ→a(1-cos(θ))
> dx:=D(x)(theta):dy:=D(y)(theta):
> int(sqrt(dx^2+dy^2),theta=0..2*Pi);
                    8a~
```

3. 极坐标情形

设曲线弧由极坐标方程 $\rho=\rho(\theta)(\alpha\leqslant\theta\leqslant\beta)$ 给出，由直角坐标与极坐标的关系可得

$$\begin{cases}x=\rho(\theta)\cos\theta,\\y=\rho(\theta)\sin\theta\end{cases}(\alpha\leqslant\theta\leqslant\beta),$$

于是，弧长元素为

$$\mathrm{d}s=\sqrt{x'^2(\theta)+y'^2(\theta)}\,\mathrm{d}\theta=\sqrt{\rho^2(\theta)+\rho'^2(\theta)}\,\mathrm{d}\theta,$$

从而，所求弧长为

$$s=\int_\alpha^\beta\sqrt{\rho^2(\theta)+\rho'^2(\theta)}\,\mathrm{d}\theta。$$

例 6.2.12　求阿基米德螺线 $\rho=a\theta(a>0)$ 相应于 $0\leqslant\theta\leqslant2\pi$ 一段的弧长（见图 6.2.15）。

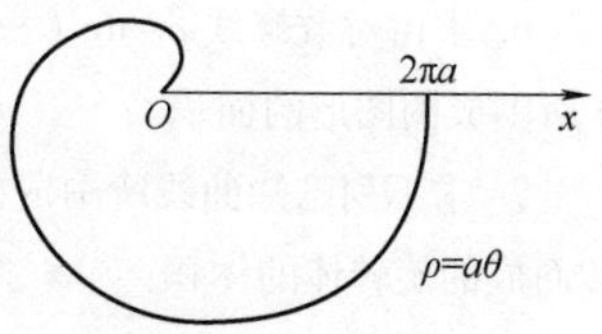

图　6.2.15

解　弧长元素为

$$\mathrm{d}s=\sqrt{a^2\theta^2+a^2}\,\mathrm{d}\theta=a\sqrt{1+\theta^2}\,\mathrm{d}\theta,$$

故所求弧长为

$$s=\int_0^{2\pi}a\sqrt{1+\theta^2}\,\mathrm{d}\theta=\frac{a}{2}\left[\theta\sqrt{1+\theta^2}+\ln(\theta+\sqrt{1+\theta^2})\right]_0^{2\pi}$$

$$=\frac{a}{2}[2\pi\sqrt{1+4\pi^2}+\ln(2\pi+\sqrt{1+4\pi^2})]。$$

例 6.2.12 的 Maple 源程序

```
> #example12
> assume(a>0):
> rho:=theta->a*theta;
```

```
pho:=θ→a θ
> int(sqrt((rho(theta))^2+diff(rho(theta),theta)^2),theta=0..2*Pi);
```

$$a\pi\sqrt{4\pi^2+1}-\frac{1}{2}a\ln(-2\pi+\sqrt{4\pi^2+1})$$

习题 6.2

1. 求由下列各曲线所围成的图形的面积：

(1) $y=x$，$y=\frac{1}{x}$及 $x=4$；

(2) $y=3-x^2$ 与 $y=2x$；

(3) $y=e^x$，$y=e^{-x}$及 $x=2$；

(4) $y^2=x$ 与 $y=x^2$；

(5) $y=\ln x$，$x=0$，$y=\ln a$ 及 $y=\ln b(b>a>0)$。

2. 求抛物线 $y=-x^2+4x-3$ 及其在点$(0,-3)$，$(3,0)$处的切线所围成的图形的面积。

3. 确定正数 k 的值，使曲线 $y^2=x$ 与直线 $y=kx$ 围成的面积为$\frac{1}{6}$。

4. 求由摆线$\begin{cases}x=a(\theta-\sin\theta),\\y=a(1-\cos\theta)\end{cases}$的一拱$(a>0,0\leqslant\theta\leqslant2\pi)$与 x 轴所围成的图形的面积。

5. 求由下列各曲线所围成的图形的面积：

(1) $\rho=2a\cos\theta$； (2) $\rho=4+2\cos\theta$；

(3) $\rho=3\cos\theta$ 与 $\rho=1+\cos\theta$；

(4) $\rho=\sqrt{2}\sin\theta$ 与 $\rho^2=\cos2\theta$。

6. 求由对数螺线 $\rho=ae^{\theta}(-\pi\leqslant\theta\leqslant\pi)$及射线 $\theta=\pi$ 所围成的图形的面积。

7. 求下列已知曲线所围成的图形按指定的轴旋转而成的旋转体的体积：

(1) $y=x^2$，$y=0$，$x=5$，绕 x 轴；

(2) $y=x^2$，$y=0$，$x=2$，绕 y 轴；

(3) $y=\frac{3}{x}$，$y=4-x$，绕 x 轴；

(4) $y=x^2$，$x=y^2$，绕 y 轴；

(5) $x^2+(y-5)^2=16$，绕 x 轴；

(6) $y=\sin x$，$x=0$，$x=\pi$，$y=0$，绕 x 轴。

8. 求由摆线$\begin{cases}x=a(\theta-\sin\theta),\\y=a(1-\cos\theta)\end{cases}$的一拱，直线 $y=0$ 所围成的图形分别绕 x 轴、y 轴和直线 $y=2a$ 旋转而成的旋转体的体积。

9. 求以半径为 R 的圆为底、平行且等于底圆直径的线段为顶、高为 h 的正劈锥体的体积。

10. 计算底面是半径为 R 的圆，而垂直于底面上一条固定直径的所有截面都是等边三角形的立体的体积。

11. 计算曲线 $y=\frac{\sqrt{x}}{3}(3-x)$上相应于 $1\leqslant x\leqslant3$ 的一段弧的长度。

12. 计算曲线 $y=\ln x$ 上相应于$\sqrt{3}\leqslant x\leqslant2\sqrt{2}$的一段弧的长度。

13. 计算星形线$\begin{cases}x=a\cos^3t,\\y=a\sin^3t\end{cases}$的全长。

14. 求对数螺线 $\rho=ae^{\theta}$ 相应于 $0\leqslant\theta\leqslant\varphi$ 的一段弧长。

15. 求心形线$\rho=a(1+\cos\theta)$的全长。

6.3 定积分在物理学中的应用

6.3.1 变力沿直线所做的功

根据物理学关于功的定义，如果物体在做直线运动的过程中有一个不变的力 F 作用在此物体上，这个力的方向与物体运动的

方向一致，并且物体移动了距离 s，那么力 F 对物体所做的功为

$$W=Fs。$$

如果物体在运动过程中所受到的力是变化的，如 $F=F(x)$，物体沿 x 轴由 a 移动到 b，且变力方向与 x 轴方向一致。试用定积分的元素法计算变力 $F(x)$ 在这段路程上对物体所做的功 W。

我们可以这样来求解：在区间 $[a,b]$ 上任取一小区间 $[x,x+\mathrm{d}x]$，当物体从 x 移到 $x+\mathrm{d}x$ 时，变力 $F(x)$ 所做的功可近似看作常力所做的功，且功元素为

$$\mathrm{d}W=F(x)\,\mathrm{d}x,$$

因而，所求的功为

$$W=\int_a^b F(x)\,\mathrm{d}x。$$

例 6.3.1　试求把弹簧拉长 l 个长度单位所做的功。

解　根据胡克定律，拉长弹簧所用的力 F 与拉长的长度 x 成正比，即

$$F=kx,$$

其中，k 为劲度系数。把弹簧拉长 l 个长度单位所做的功为

$$W=\int_0^l kx\,\mathrm{d}x=\frac{1}{2}kl^2。$$

例 6.3.1 的 Maple 源程序

```
> #example1
> int(k*x,x=0..l);
```

$$\frac{kl^2}{2}$$

例 6.3.2　设在 r 轴点 O 放置一个带电荷量为 $+q$ 的点电荷（见图 6.3.1），由物理学知，电荷周围电场会对其他带电体产生作用力，现有一单位正电荷被从点 a 沿 r 轴方向移至点 b，求电场力对它做的功。

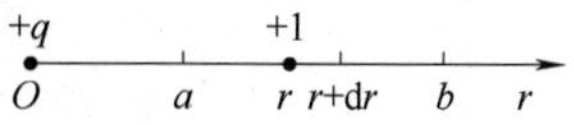

图　6.3.1

解　取 r 为积分变量，$r\in[a,b]$，取任一小区间 $[r,r+\mathrm{d}r]$，则单位正电荷在点 r 时电场对它的作用力的大小为 $F=k\,\dfrac{q}{r^2}$，功元素为 $\mathrm{d}W=k\,\dfrac{q}{r^2}\mathrm{d}r$，于是从 a 到 b 所做的功为

$$W=\int_a^b k\,\frac{q}{r^2}\mathrm{d}r=kq\left[-\frac{1}{r}\right]_a^b=kq\left(\frac{1}{a}-\frac{1}{b}\right)。$$

如果要考虑将单位电荷移到无穷远处，则

$$W=\int_a^{+\infty} k\frac{q}{r^2}\mathrm{d}r=\frac{1}{a}kq。$$

例 6.3.2 的 Maple 源程序

```
> #example2
> assume(a>0):assume(b>0):
> int(k*q/r^2,r=a..b);
                    -kq(a~-b~)
                     ---------
                       a~b~
> int(k*q/r^2,r=a..infinity);
                        kq
                        --
                        a~
```

例 6.3.3 在半径为 R 的半球形容器内，盛满密度为 ρ 的液体。为了将液体全部吸出，求外力所做的功。

解 这是一个变力、变路径做功的问题，建立坐标系以向下为 x 轴的正方向。当 $x\in[0,R]$ 时，在 $[x,x+\mathrm{d}x]$ 内对应的液体体积元素 $\mathrm{d}V=\pi(R^2-x^2)\mathrm{d}x$，此部分液体的重力为 $\mathrm{d}G=\rho g\mathrm{d}V$，将这一部分液体吸出，功元素为

$$\mathrm{d}W=x\cdot\mathrm{d}G=x\rho g\mathrm{d}V=\pi\rho gx(R^2-x^2)\mathrm{d}x。$$

于是外力所做的功为

$$W=\int_0^R\mathrm{d}W=\pi\rho g\int_0^R(R^2x-x^3)\mathrm{d}x=\frac{1}{4}\pi\rho gR^4,$$

其中，g 为重力加速度。

例 6.3.3 的 Maple 源程序

```
> #example3
> int(Pi*rho*g*(R^2*x-x^3),x=0..R);
                      πρgR^4
                      ------
                        4
```

6.3.2 水压力

根据物理学关于压强的定义，在水深为 h 处的压强为 $p=\rho gh$，其中 ρ 是水的密度，g 是重力加速度。如果有一面积为 A 的平板水平放置在水深为 h 处，那么平板一侧所受到的水压力为

$$P=p\cdot A。$$

如果平板铅直放置在水中，由于水深不同的点处压强不同，则平板一侧所受的水压力就不能用上述公式计算。下面举例说明它的计算方法。

例 6.3.4　一个横放着的圆柱形水桶，桶内盛有半桶水(见图 6.3.2a)，设桶的底半径为 R，水的密度为 ρ，计算桶的一个端面上所受的压力。

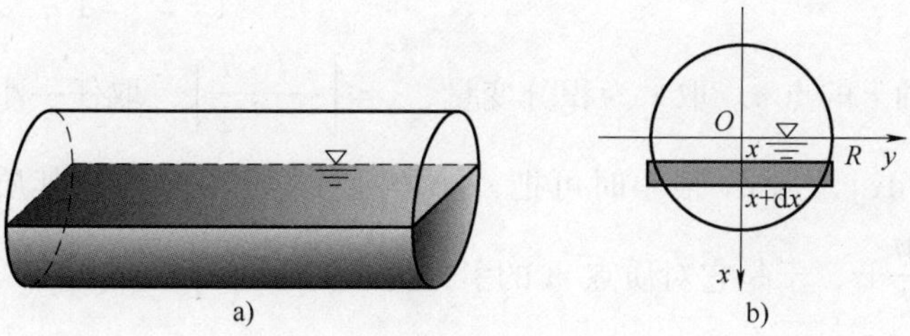

图　6.3.2

解　桶的一个端面是圆片，建立如图 6.3.2b 所示的坐标系，在水深 x 处于圆片上取一窄条，其宽为 $\mathrm{d}x$，则压力元素为

$$\mathrm{d}P=2\rho gx\sqrt{R^2-x^2}\,\mathrm{d}x,$$

于是，所求压力为

$$P=\int_0^R 2\rho gx\sqrt{R^2-x^2}\,\mathrm{d}x=-\int_0^R \rho g\sqrt{R^2-x^2}\,\mathrm{d}(R^2-x^2)$$

$$=-\frac{2}{3}\rho g\left[\sqrt{(R^2-x^2)^3}\right]_0^R=\frac{2}{3}\rho gR^3。$$

例 6.3.4 的 Maple 源程序

```
> #example4
> assume(R>0):
> int(2 * rho * g * x * sqrt(R^2-x^2),x=0..R);
```

$$\frac{2R\sim^3\rho g}{3}$$

6.3.3　引力

根据物理学关于万有引力的定义，质量分别为 m、M，相距为 r 的两个质点间的万有引力的大小为

$$F=G\frac{Mm}{r^2},$$

其中，G 为引力常量。

如果要计算一根细棒对一个质点的引力，那么，由于细棒上各点与该质点的距离是变化的，且各点对该质点的引力的方向也是变化的，因此就不能用上述公式来计算。下面举例说明它的计算方法。

例 6.3.5 一根长为 l 的均质细杆，质量为 M，在其中垂线上相距细杆为 a 处有一质量为 m 的质点，试求细杆对质点的万有引力。

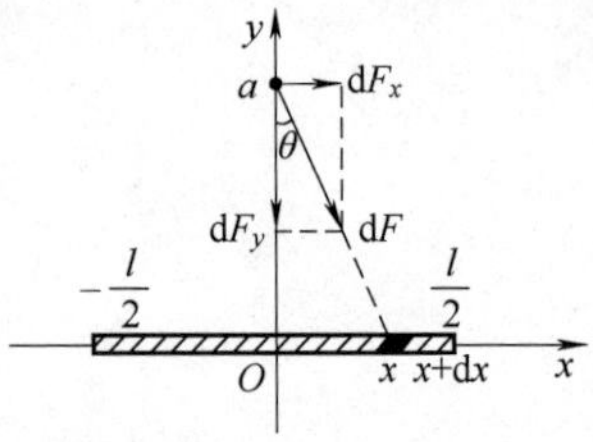

图 6.3.3

解 如图 6.3.3 所示，细杆位于 x 轴上的 $\left[-\dfrac{l}{2},\dfrac{l}{2}\right]$，质点位于 y 轴上的点 a。取 x 为积分变量，$x\in\left[-\dfrac{l}{2},\dfrac{l}{2}\right]$，取任一小区间 $[x,x+\mathrm{d}x]$，当 $\mathrm{d}x$ 很小时可把一小段细杆看作一质点，其质量为 $\mathrm{d}M=\dfrac{M}{l}\mathrm{d}x$，于是它对质点 m 的引力为

$$\mathrm{d}F=\frac{Gm}{r^2}\mathrm{d}M=\frac{GMm}{l(a^2+x^2)}\mathrm{d}x。$$

由于细杆上各点对质点 m 的引力方向各不相同，将 $\mathrm{d}F$ 分解到 x 轴和 y 轴两个方向上，得

$$\begin{cases}\mathrm{d}F_x=\mathrm{d}F\cdot\sin\theta,\\ \mathrm{d}F_y=\mathrm{d}F\cdot\cos\theta。\end{cases}$$

因为质点 m 位于细杆的中垂线上，其水平方向合力为零，即

$$F_x=\int_{-\frac{l}{2}}^{\frac{l}{2}}\mathrm{d}F_x=0。$$

又因为 $\cos\theta=\dfrac{a}{\sqrt{a^2+x^2}}$，得竖直方向合力为

$$F_y=\int_{-\frac{l}{2}}^{\frac{l}{2}}\mathrm{d}F_y=-2\int_0^{\frac{l}{2}}\frac{GMma}{l\sqrt{(a^2+x^2)^3}}\mathrm{d}x$$

$$=-\frac{2GMma}{la^2}\left[\frac{x}{\sqrt{a^2+x^2}}\right]_0^{\frac{l}{2}}=-\frac{2GMm}{a\sqrt{4a^2+l^2}},$$

其中，负号表示合力方向与 y 轴正方向相反。

例 6.3.5 的 Maple 源程序

```
> #example5
> int(-2*G*M*m*a/(l*(a^2+x^2)^(3/2)),x=0..l/2);
```

$$-\frac{2GMm}{\sqrt{4a\sim^2+l^2}\,a\sim}$$

习题 6.3

1. 一圆柱形的贮水桶高为 4m，底圆半径为 2m，桶内盛满了水，试问要把桶内的水全部吸出需要做多少功？

2. 由实验知道，弹簧在拉伸过程中，需要的力

F(单位：N)与伸长量 s(单位：cm)成正比，即

$$F=ks(k \text{是劲度系数}),$$

如果把弹簧由原长拉伸 8cm，计算所做的功。

3. 一物体按规律 $x=ct^2$ 做直线运动，介质的阻力与速度的二次方成正比，计算物体由 $x=0$ 移至 $x=a$ 时，克服介质阻力所做的功。

4. 要将一半径为 0.2m，密度为 500kg/m^3 浮于水面的木球提离水面，问需要做多少功？

5. 设水渠闸门的形状是一个底为 a，高为 h 的倒置的等腰三角形，求该闸门所承受的最大压力。

6. 有一等腰梯形闸门，它的两条底边各长 10m 和 6m，高为 20m，较长的底边和水面相齐，计算闸门的一侧所受的水压力。

7. 设有一长度为 l、线密度为 μ 的均质细直棒，在与棒的一端垂直距离为 a 单位处有一质量为 m 的质点，试计算该棒对质点的引力。

8. 设有一半径为 R，中心角为 φ 的圆弧形细棒，其线密度为常数 μ。在圆心处有一质量为 m 的质点 M。试求这细棒对质点 M 的引力。

总习题 6

1. 求由抛物线 $y=x^2$ 与 $y=2-x^2$ 所围图形的面积。

2. 求由曲线 $y=|\ln x|$ 与直线 $x=\dfrac{1}{10}$，$x=10$，$y=0$ 所围图形的面积。

3. 抛物线 $y^2=2x$ 把圆 $x^2+y^2\leqslant 8$ 分成两部分，求这两部分面积之比。

4. 求位于曲线 $y=\mathrm{e}^x$ 下方、该曲线过原点的切线的左方以及 x 轴上方之间的图形的面积。

5. 求由抛物线 $y^2=4x$ 与过焦点的弦所围成的图形面积的最小值。

6. 求由曲线 $\rho=a\sin\theta$，$\rho=a(\cos\theta+\sin\theta)(a>0)$ 所围图形公共部分的面积。

7. 求三叶形曲线 $\rho=a\sin 3\theta(a>0)$ 所围图形的面积。

8. 求圆盘 $x^2+y^2\leqslant a^2$ 绕 $x=-b(b>a>0)$ 旋转所成的旋转体的体积。

9. 证明：由平面图形 $0\leqslant a\leqslant x\leqslant b$，$0\leqslant y\leqslant f(x)$ 绕 y 轴旋转所成的旋转体的体积为

$$V=2\pi\int_a^b xf(x)\,\mathrm{d}x。$$

10. 利用题 9 的结论，计算曲线 $y=\sin x(0\leqslant x\leqslant \pi)$ 和 x 轴所围成的图形绕 y 轴旋转所得旋转体的体积。

11. 计算半立方抛物线 $y^2=\dfrac{2}{3}(x-1)^3$ 被抛物线 $y^2=\dfrac{x}{3}$ 截得的一段弧的长度。

12. 求抛物线 $y=\dfrac{1}{2}x^2$ 被圆 $x^2+y^2=3$ 所截下的有限部分的弧长。

13. 半径为 r 的球沉入水中，球的上部与水面相切，球的密度与水相同，现将球从水中取出，需做多少功？

14. 一底为 8cm、高为 6cm 的等腰三角形片，铅直地沉没在水中，顶在上，底在下且与水面平行，而顶离水面 3cm，试求它每面所受的压力。

15. 设星形线 $\begin{cases}x=a\cos^3 t,\\ y=a\sin^3 t\end{cases}$ 上每一点处的线密度的大小等于该点到原点距离的三次方，在原点 O 处有一单位质点，求星形线在第一象限的弧段对这质点的引力。

16. 求为使地面上质量为 m 的物体竖直升高 hm 克服地球引力所做的功 W，并问为使物体飞离地球引力范围，物体的初速度 v_0 至少应为多少？

第7章 微分方程

在许多实际问题(工程、经济等问题)中，往往很难直接找出所需要的函数关系，而只能列出含有未知函数及其导数的关系式，这种关系在数学上称为微分方程。微分方程建立后，对其进行研究，找出满足关系式的未知函数的过程，就是解微分方程。

微分方程是伴随着微积分学一起发展起来的。微积分学的奠基人牛顿和莱布尼茨的著作中都研究过与微分方程有关的问题。微分方程在物理、化学、工程学、经济学及人口统计等领域有着广泛的应用，可以解决许多与导数有关的问题。例如，物理中许多涉及变力的运动学、动力学问题，如空气的阻力为速度函数的落体运动等问题，都可以抽象为微分方程问题。本章将主要介绍微分方程的一些基本概念和常用的微分方程的求解方法。

7.1 微分方程的基本概念

例 7.1.1 某曲线经过点(1,3)，且曲线上任意一点(x,y)处的切线的斜率均等于该点的横坐标的2倍，试确定此曲线的方程。

解 由题意及导数的几何意义，有$y'=2x$，不难得出$y=x^2+C$；又因为曲线经过点(1,3)，即$y(1)=3$，可得$C=2$，因此，所求曲线方程为$y=x^2+2$。

例 7.1.1 的 Maple 源程序

```
> #example1
>dsolve({diff(y(x),x)=2*x,y(1)=3},y(x));
```

$$y(x)=x^2+2$$

例 7.1.2 汽车在平直公路上以加速度1m/s^{2}起动，求汽车起动过程中位移与时间的关系。

解 根据题意，汽车起动时位移与时间的函数关系$s=s(t)$应满足关系式

$$\frac{d^2s}{dt^2}=1。$$

此外，未知函数还应满足 $s(0)=0$，$v(0)=\frac{ds}{dt}=0$。

对 $\frac{d^2s}{dt^2}=1$ 两端积分一次得

$$v=\frac{ds}{dt}=t+C_1,$$

再积分一次得

$$s=\frac{1}{2}t^2+C_1t+C_2,$$

把条件 $s(0)=0$，$v(0)=\frac{ds}{dt}=0$ 代入得

$$C_1=0,\ C_2=0,$$

因此，汽车起动时位移与时间的关系为 $s=\frac{1}{2}t^2$。

例 7.1.2 的 Maple 源程序

```
> #example2
>dsolve({diff(s(t),t $2)=1,s(0)=0,D(s)(0)=0},s(t));
```

$$s(t)=\frac{t^2}{2}$$

从上述两个例子中，可以看出它们的关系式中都含有未知函数的导数。一般地，表示未知函数、未知函数的导数与自变量之间的关系的方程，叫作微分方程。若微分方程所含未知函数是一元函数，称为常微分方程，若微分方程所含未知函数是多元函数，称为偏微分方程(本章只讨论常微分方程，如无特殊说明，后述微分方程均指常微分方程)。

方程中未知函数导数的最高阶数称为微分方程的阶。一般地，n 阶微分方程的形式如下：

$$F(x,y,y',\cdots,y^{(n)})=0 \tag{7.1.1}$$

这里必须指出，在方程(7.1.1)中，$y^{(n)}$ 是必须出现的，而 $x,y,y',\cdots,y^{(n-1)}$ 等变量则可以不出现。例如，n 阶微分方程 $y^{(n)}+1=0$ 中，除 $y^{(n)}$ 外，其他变量都没有出现。

定义 7.1.1 设函数 $y=\varphi(x)$ 在区间 I 上有 n 阶连续导数，如果在区间 I 上恒有

$$F(x,\varphi(x),\varphi'(x),\cdots,\varphi^{(n)}(x))=0,$$

那么函数 $y=\varphi(x)$ 就叫作微分方程(7.1.1)在区间 I 上的解。

如果微分方程的解中含有任意常数，且任意常数(这里的任意常数是相互独立的)的个数与微分方程的阶数相同，这样的解叫作微分方程的通解。

如果微分方程(7.1.1)的解 $y=\varphi(x,C_1,C_2,\cdots,C_n)$ 中含有 n 个任意常数，则称该解为微分方程(7.1.1)的通解；如果微分方程(7.1.1)的通解为 $y=\varphi(x,C_1,C_2,\cdots,C_n)$，由条件 $y\big|_{x=x_0}=y(x_0)$，$y''\big|_{x=x_0}=y''(x_0)$，…，$y^{(n-1)}\big|_{x=x_0}=y^{(n-1)}(x_0)$ 确定 C_1^0，C_2^0，…，C_n^0 的值所得到的函数 $y=\varphi(x,C_1^0,C_2^0,\cdots,C_n^0)$ 称为微分方程(7.1.1)的特解，这些条件称为微分方程(7.1.1)的初始条件，又称初值条件。微分方程和初始条件统称为初值问题。

例 7.1.3 验证：函数 $y=C_1\mathrm{e}^{2x}+C_2\mathrm{e}^{3x}$ 是微分方程

$$\frac{\mathrm{d}^2y}{\mathrm{d}x^2}-5\frac{\mathrm{d}y}{\mathrm{d}x}+6y=0 \tag{7.1.2}$$

的通解，并求满足 $y\big|_{x=0}=2$，$y'\big|_{x=0}=5$ 的特解。

解　由 $y=C_1\mathrm{e}^{2x}+C_2\mathrm{e}^{3x}$ 得

$$\frac{\mathrm{d}y}{\mathrm{d}x}=2C_1\mathrm{e}^{2x}+3C_2\mathrm{e}^{3x},\quad \frac{\mathrm{d}^2y}{\mathrm{d}x^2}=4C_1\mathrm{e}^{2x}+9C_2\mathrm{e}^{3x},$$

将它们代入方程(7.1.2)的左端，得

$$\frac{\mathrm{d}^2y}{\mathrm{d}x^2}-5\frac{\mathrm{d}y}{\mathrm{d}x}+6y=4C_1\mathrm{e}^{2x}+9C_2\mathrm{e}^{3x}-5\times(2C_1\mathrm{e}^{2x}+3C_2\mathrm{e}^{3x})+6\times(C_1\mathrm{e}^{2x}+C_2\mathrm{e}^{3x})=0,$$

所以函数 $y=C_1\mathrm{e}^{2x}+C_2\mathrm{e}^{3x}$ 是微分方程(7.1.2)的解，且独立的任意常数的个数与方程的阶数相同，故 $y=C_1\mathrm{e}^{2x}+C_2\mathrm{e}^{3x}$ 是微分方程(7.1.2)的通解。

将 $y\big|_{x=0}=2$，$y'\big|_{x=0}=5$ 分别代入 $y=C_1\mathrm{e}^{2x}+C_2\mathrm{e}^{3x}$ 和 $\frac{\mathrm{d}y}{\mathrm{d}x}=2C_1\mathrm{e}^{2x}+3C_2\mathrm{e}^{3x}$ 中，得

$$C_1=1,\ C_2=1,$$

故所求特解为 $y=\mathrm{e}^{2x}+\mathrm{e}^{3x}$。

例 7.1.3 的 Maple 源程序

```
> #example3
>dsolve(diff(y(x),x $2)-5 * diff(y(x),x)+6 * y(x)=0,y(x),
implicit);
                    y(x) = _C1 e^(2x) + e^(3x) _C2
>dsolve({diff(y(x),x $2)-5 * diff(y(x),x)+6 * y(x)=0,
y(0)=2,D(y)(0)=5},y(x),implicit);
                    y(x) = e^(2x) + e^(3x)
```

习题 7.1

1. 指出下列微分方程的阶数：

(1) $y''-\frac{2}{x}y'+\frac{2y}{x^2}=0$；

(2) $x(y')^2-3yy'+x=0$；

(3) $(x-7y)\mathrm{d}x+(x-y)\mathrm{d}y=0$；

(4) $r'+r=\sin^2\theta$。

2. 验证函数 $y=C_1\mathrm{e}^{2x}+C_2\mathrm{e}^x$ 为二阶微分方程 $y''-3y'+2y=0$ 的通解，并求方程满足初始条件 $y(0)=0$，$y'(0)=2$ 的特解。

3. 求过点(2,3)且切线斜率为 $2x$ 的曲线方程。

4. 指出下列各题中的函数是否为所给微分方程的解：

(1) $xy'=2y$，$y=2x^2$；

(2) $y''+y=0$，$y=2\sin x+3\cos x$；

(3) $3y-xy'=0$，$y=x^3$；

(4) $y''-7y'+12y=0$，$y=\mathrm{e}^{3x}+\mathrm{e}^{4x}$。

5. 验证函数 $y=2(\cos 2x-\sin 3x)$ 是初值问题

$$\begin{cases} y''+4y=10\sin 3x, \\ y\big|_{x=0}=2,\ y'\big|_{x=0}=-6 \end{cases}$$

的解。

7.2 可分离变量的微分方程

本节讨论一阶微分方程

$$y'=f(x,y) \tag{7.2.1}$$

的一些特殊形式的解法。

如果一阶微分方程能写成

$$g(y)\mathrm{d}y=f(x)\mathrm{d}x \tag{7.2.2}$$

的形式，即能把微分方程写成一端只含 y 的函数和 $\mathrm{d}y$，另一端只含 x 的函数和 $\mathrm{d}x$，那么原方程就称为可分离变量的微分方程。

下面讨论可分离变量的微分方程的解法。

假定方程(7.2.2)中的函数 $g(y)$ 和 $f(x)$ 是连续的，设 $y=\varphi(x)$ 是方程的解，将它代入方程(7.2.2)中得到恒等式

$$g(\varphi(x))\varphi'(x)\mathrm{d}x=f(x)\mathrm{d}x,$$

将上式两端积分，并由 $y=\varphi(x)$ 引进变量 y，得

$$\int g(y)\mathrm{d}y=\int f(x)\mathrm{d}x,$$

设 $G(y)$ 及 $F(x)$ 分别为 $g(y)$ 和 $f(x)$ 的原函数，于是有

$$G(y)=F(x)+C, \tag{7.2.3}$$

因此，方程(7.2.3)满足关系式(7.2.2)。反之，如果 $y=\Phi(x)$ 是由式(7.2.3)所确定的隐函数，那么在 $g(y)\neq 0$ 的条件下，$y=\Phi(x)$ 也是方程(7.2.2)的解。事实上，由隐函数的求导法可知，当 $g(y)\neq 0$ 时，

$$\Phi'(x)=\frac{F'(x)}{G'(y)}=\frac{f(x)}{g(y)},$$

这就表示函数 $y=\Phi(x)$ 满足方程(7.2.2)。所以如果方程(7.2.2)中 $g(y)$ 和 $f(x)$ 是连续的，且 $g(y)\neq 0$，那么式(7.2.2)两端积分后得到的关系式(7.2.3)，就用隐式给出了方程(7.2.2)的解，式(7.2.3)就叫作微分方程(7.2.2)的隐式解。又由于关系式(7.2.3)中含有任意常数，因此式(7.2.3)所确定的隐函数是方程(7.2.2)的通解，所以式(7.2.3)叫作微分方程(7.2.2)的隐式通解。

例 7.2.1 求微分方程 $y'=-axy$ 的通解。

解 当 $y\neq 0$ 时，由 $\frac{\mathrm{d}y}{\mathrm{d}x}=-axy$ 分离变量得

$$\frac{1}{y}\mathrm{d}y=-ax\mathrm{d}x,$$

两边积分

$$\int\frac{1}{y}\mathrm{d}y=-a\int x\mathrm{d}x,$$

得 $\ln|y|=-\frac{a}{2}x^2+C_1$，化简为 $|y|=\mathrm{e}^{-\frac{a}{2}x^2+C_1}=\mathrm{e}^{C_1}\cdot\mathrm{e}^{-\frac{a}{2}x^2}$，即 $y=\pm\mathrm{e}^{C_1}\cdot\mathrm{e}^{-\frac{a}{2}x^2}$，记 $\pm\mathrm{e}^{C_1}=C$，经验证 $y=0$ 也为方程的解，故方程通解为 $y=C\cdot\mathrm{e}^{-\frac{a}{2}x^2}$。

例 7.2.1 的 Maple 源程序

```
> #example1
>dsolve(diff(y(x),x)=-a*x*y(x),y(x));
```

$$y(x)=\_C1\,\mathrm{e}^{\left(-\frac{ax^2}{2}\right)}$$

例 7.2.2 求微分方程 $(x^2+x^2y^3)\mathrm{d}x-(x^3y^2+y^2)\mathrm{d}y=0$ 满足初值条件 $y|_{x=0}=2$ 的特解。

解 分离变量，得

$$\frac{y^2}{1+y^3}\mathrm{d}y=\frac{x^2}{1+x^3}\mathrm{d}x,$$

两边积分 $\int\frac{y^2}{1+y^3}\mathrm{d}y=\int\frac{x^2}{1+x^3}\mathrm{d}x$，得

$$\frac{1}{3}\ln|1+y^3|=\frac{1}{3}\ln|1+x^3|+\frac{1}{3}\ln|C|,$$

故方程的通解为 $1+y^3=C(1+x^3)$。

将 $y|_{x=0}=2$ 代入，得 $C=9$，故所求的特解为 $1+y^3=9(1+x^3)$，即 $9x^3-y^3+8=0$。

例 7.2.2 的 Maple 源程序

```
> #example2
> dsolve({diff(y(x),x)=(x^2+x^2*y(x)^3)/(x^3*y(x)^2+y(x)^2),y(0)=2},y(x),implicit);
```

$$-9x^3-8+y(x)^3=0$$

例 7.2.3 已知镭的衰变速度与它的现存量 R 成正比，经过 a 年后，其剩余量是原始量 R_0 的一半，求镭的现存量 R 与时间 t 的函数关系。

解 由题意得微分方程$\frac{\mathrm{d}R}{\mathrm{d}t}=kR(k<0)$，分离变量，得

$$\frac{\mathrm{d}R}{R}=k\mathrm{d}t,$$

两边积分$\int\frac{\mathrm{d}R}{R}=\int k\mathrm{d}t$，得 $\ln R=kt+\ln|C|$，即 $R=C\mathrm{e}^{kt}$。

由题意，$R|_{t=0}=R_0$，$R|_{t=a}=\frac{R_0}{2}$，将它们代入，得 $C=R_0$，$k=-\frac{\ln 2}{a}$，故所求的函数关系为 $R=R_0\cdot 2^{-\frac{t}{a}}$。

例 7.2.3 的 Maple 源程序

```
> #example3
>dsolve({diff(R(t),t)=k*R(t),R(0)=R[0]},R(t));
```

$$R(t)=R_0\mathrm{e}^{(kt)}$$

习题 7.2

1. 求下列微分方程的通解：

(1) $\frac{\mathrm{d}y}{\mathrm{d}x}=3x^2y$；　(2) $(1-y)\mathrm{d}x-(1-x)\mathrm{d}y=0$；

(3) $y'+xy=0$；　(4) $y\ln x\mathrm{d}x+x\ln y\mathrm{d}y=0$。

2. 求下列微分方程在给定条件下的特解：

(1) $x\mathrm{d}y+2y\mathrm{d}x=0$，$y|_{x=2}=1$；

(2) $\frac{\mathrm{d}y}{\mathrm{d}x}=\frac{x^4}{y}$，$y|_{x=0}=3$；

(3) $(1+x^2)y'=\arctan x$，$y|_{x=0}=0$；

(4) $\cos x\sin y\mathrm{d}y=\cos y\sin x\mathrm{d}x$，$y|_{x=0}=\frac{\pi}{4}$。

3. 有一盛满了水的圆锥形漏斗，高为 10cm，顶角为 60°，漏斗下端小孔的面积为 0.5cm²，求水面高度变化的规律及水流完所需的时间。

4. 一曲线通过点(2,3)，且曲线的任一点上的切线被两坐标轴截得线段均被切点平分，求曲线方程。

5. 小船从河边点 O 处出发驶向对岸(两岸为平行直线)。设船速为 a，船行方向始终与河岸垂直，又设河宽为 h，河中任一点处的水流速度与该点到两岸距离的乘积成正比(比例系数为 k)，求小船的航行路线。

7.3 齐次方程

7.3.1 齐次方程的概念

如果一阶微分方程 $F(x,y,y')=0$ 可以化成$\frac{dy}{dx}=f\left(\frac{y}{x}\right)$的形式，则称此微分方程 $F(x,y,y')=0$ 为齐次方程。例如$(xy+2y^2)dx-(3x^2-2xy)dy=0$ 是齐次方程，因为其可化为

$$\frac{dy}{dx}=\frac{xy+2y^2}{3x^2-2xy}=\frac{\frac{y}{x}+2\left(\frac{y}{x}\right)^2}{3-2\left(\frac{y}{x}\right)}。$$

对于齐次方程$\frac{dy}{dx}=f\left(\frac{y}{x}\right)$，引进变量 $u=\frac{y}{x}$，则 $y=ux$，$\frac{dy}{dx}=u+x\frac{du}{dx}$，代入方程可以化为

$$u+x\frac{du}{dx}=f(u),$$

即

$$x\frac{du}{dx}=f(u)-u,$$

从而转化为可分离变量的微分方程

$$\frac{1}{f(u)-u}du=\frac{1}{x}dx,$$

求出积分后，再用$\frac{y}{x}$代替 u，便得原齐次方程的通解。

例 7.3.1 解方程 $x^2y'+y^2=xy$。

解 原方程可化为

$$\frac{dy}{dx}=\frac{y}{x}-\left(\frac{y}{x}\right)^2,$$

令 $u=\frac{y}{x}$，则

$$\frac{dy}{dx}=x\frac{du}{dx}+u,$$

于是

$$x\frac{du}{dx}+u=u-u^2,$$

分离变量得

$$-\frac{du}{u^2}=\frac{dx}{x},$$

两端积分得

$$\frac{1}{u}=\ln|x|+\ln|C|,$$

即

$$e^{\frac{1}{u}}=Cx,$$

用$\frac{y}{x}$代替 u。因此原方程通解为

$$e^{\frac{x}{y}}=Cx\left(\text{或 } y=\frac{x}{C_1+\ln x}\right)。$$

例 7.3.1 的 Maple 源程序

```
> #example1
>dsolve(x^2*diff(y(x),x)+y(x)^2=x*y(x),y(x));
```

$$y(x)=\frac{x}{\ln(x)+\_C1}$$

例 7.3.2 解方程$(x^2-y^2)y'=xy$。

解 原方程可化为

$$\frac{dy}{dx}=\frac{\frac{y}{x}}{1-\left(\frac{y}{x}\right)^2},$$

令 $u=\frac{y}{x}$，则

$$\frac{dy}{dx}=x\frac{du}{dx}+u,$$

于是

$$x\frac{du}{dx}+u=\frac{u}{1-u^2},$$

分离变量得

$$\frac{1-u^2}{u^3}du=\frac{dx}{x},$$

两端积分得

$$-\frac{1}{2u^2}-\ln|u|=\ln|x|+C_1,$$

用$\frac{y}{x}$代替 u，因此原方程通解为

$$-\ln\left|\frac{y}{x}\right|-\frac{x^2}{2y^2}-\ln|x|-C_1=0（或\ y=Ce^{-\frac{x^2}{2y^2}}）。$$

例 7.3.2 的 Maple 源程序

```
> #example2
>dsolve((x^2-y(x)^2) * diff(y(x),x) =x * y(x),y(x),implic-
it);
```

$$-\ln\left(\frac{y(x)}{x}\right)-\frac{1}{2}\frac{x^2}{y(x)^2}-\ln(x)-\_C1=0$$

*7.3.2 可转化为齐次方程的微分方程

有些一阶微分方程可以经过适当的代换转化为齐次方程或可分离变量的方程。

1. $\dfrac{dy}{dx}=\dfrac{ax+by+c}{a_1x+b_1y+c_1}$型一阶微分方程

（1）若 $c=c_1=0$，则该方程为$\dfrac{dy}{dx}=\dfrac{ax+by}{a_1x+b_1y}=\dfrac{a+b\dfrac{y}{x}}{a_1+b_1\dfrac{y}{x}}=\varphi\left(\dfrac{y}{x}\right)$为齐次方程；

（2）若$\dfrac{a}{b}\neq\dfrac{a_1}{b_1}$及 $c^2+c_1^2\neq0$，则可做变换 $x=X+h$，$y=Y+k$，这里 h，k 是待定的常数，于是 $dx=dX$，$dy=dY$，于是该方程变形为$\dfrac{dY}{dX}=\dfrac{aX+bY+ah+bk+c}{aX+bY+a_1h+b_1k+c_1}$，因为$\dfrac{a}{b}\neq\dfrac{a_1}{b_1}$及 $c^2+c_1^2\neq0$，所以方程组$\begin{cases}ah+bk+c=0,\\a_1h+b_1k+c_1=0\end{cases}$有唯一确定的解 h，k；这样，该方程就化为齐次方程$\dfrac{dY}{dX}=\dfrac{aX+bY}{aX+bY}=\varphi\left(\dfrac{Y}{X}\right)$。求出这齐次方程的通解，代回 $X=x-h$，$Y=y-k$，即得该方程的通解。

（3）若$\dfrac{a}{b}=\dfrac{a_1}{b_1}$而 $c^2+c_1^2\neq0$，则令$\dfrac{a}{a_1}=\dfrac{b}{b_1}=\lambda$，该方程可写为$\dfrac{dy}{dx}=\dfrac{(ax+by)+c}{\lambda(ax+by)+c_1}$，引入新变量 $v=ax+by$，得$\dfrac{dv}{dx}=a+b\dfrac{dy}{dx}$，或$\dfrac{dy}{dx}=\dfrac{1}{b}\left(\dfrac{dv}{dx}-a\right)$，于是该方程成为$\dfrac{1}{b}\left(\dfrac{dv}{dx}-a\right)=\dfrac{v+c}{\lambda v+c_1}$，这是可分离变量的微分方程，可以利用可分离变量的微分方程的解法求得通解。

以上方法还可应用于更一般的微分方程$\dfrac{dy}{dx}=f\left(\dfrac{ax+by+c}{a_1x+b_1y+c_1}\right)$。

例 7.3.3 求微分方程 $(x+y-3)\mathrm{d}x+(2x+3y-8)\mathrm{d}y=0$ 的通解。

解 原方程变形得 $\dfrac{\mathrm{d}y}{\mathrm{d}x}=-\dfrac{x+y-3}{2x+3y-8}$。引进变量 X，Y 和待定参数 h，k，令 $x=X+h$，$y=Y+k$，则 $\dfrac{\mathrm{d}Y}{\mathrm{d}X}=-\dfrac{(X+h)+(Y+k)-3}{2(X+h)+3(Y+k)-8}$，化简为

$$\frac{\mathrm{d}Y}{\mathrm{d}X}=-\frac{X+Y+h+k-3}{2X+3Y+2h+3k-8},$$

令 $\begin{cases}h+k-3=0,\\2h+3k-8=0,\end{cases}$ 解得 $h=1$，$k=2$；即 $x=X+1$，$y=Y+2$，则

$\dfrac{\mathrm{d}Y}{\mathrm{d}X}=-\dfrac{X+Y}{2X+3Y}$，转化为齐次方程 $\dfrac{\mathrm{d}Y}{\mathrm{d}X}=-\dfrac{1+\dfrac{Y}{X}}{2+3\dfrac{Y}{X}}$；令 $u=\dfrac{Y}{X}$，则 $u+X\dfrac{\mathrm{d}u}{\mathrm{d}X}=-\dfrac{1+u}{2+3u}$，化简为 $X\dfrac{\mathrm{d}u}{\mathrm{d}X}=-\dfrac{1+3u+3u^2}{2+3u}$，分离变量并积分 $\displaystyle\int\frac{2+3u}{1+3u+3u^2}\mathrm{d}u=-\int\frac{1}{X}\mathrm{d}X$，得

$$\frac{\sqrt{3}}{3}\arctan\sqrt{3}(2u+1)+\frac{1}{2}\ln(1+3u+3u^2)=-\ln|X|+C。$$

回代 $u=\dfrac{Y}{X}$，得

$$\frac{\sqrt{3}}{3}\arctan\sqrt{3}\left(2\frac{Y}{X}+1\right)+\frac{1}{2}\ln\left(1+3\frac{Y}{X}+3\left(\frac{Y}{X}\right)^2\right)=-\ln|X|+C。$$

所以原方程的通解为

$$\frac{\sqrt{3}}{3}\arctan\sqrt{3}\left(2\frac{y-2}{x-1}+1\right)+\frac{1}{2}\ln\left[1+3\frac{y-2}{x-1}+3\left(\frac{y-2}{x-1}\right)^2\right]=-\ln|x-1|+C。$$

例 7.3.3 的 Maple 源程序

```
> #example3
>dsolve((x+y(x)-3)+(2*x+3*y(x)-8)*diff(y(x),x)=0,
y(x),implicit);
```

$$-\frac{1}{2}\ln\left(\frac{(x-1)^2-3(x-1)(-y(x)+2)+3(-y(x)+2)^2}{(x-1)^2}\right)$$

$$-\frac{1}{3}\sqrt{3}\arctan\left(\frac{(2y(x)-5+x)\sqrt{3}}{x-1}\right)-\ln(x-1)-\_C1=0$$

2. 适当的代换转化为可分离变量的或齐次方程的微分方程

有些方程不是上面介绍的 $\dfrac{\mathrm{d}y}{\mathrm{d}x}=\dfrac{ax+by+c}{a_1x+b_1y+c_1}$ 型一阶微分方程，但

是仍可以通过适当的代换后转化为可分离变量的微分方程或齐次方程，从而求出其通解。

例 7.3.4 求微分方程$\frac{dy}{dx}=\frac{3x^2+y^2-6x+3}{2xy-2y}$的通解。

解 原方程可化为

$$\frac{dy}{dx}=\frac{3x^2+y^2-6x+3}{2xy-2y}=\frac{3(x-1)^2+y^2}{2y(x-1)}。$$

令 $t=x-1$，则

$$\frac{dy}{dx}=\frac{dy}{dt}\cdot\frac{dt}{dx}=\frac{dy}{dt},$$

即可得齐次方程

$$\frac{dy}{dt}=\frac{3t^2+y^2}{2yt}=\frac{3}{2}\cdot\frac{t}{y}+\frac{1}{2}\cdot\frac{y}{t},$$

令 $u=\frac{y}{t}$，则

$$\frac{dy}{dt}=u+t\frac{du}{dt},$$

代入方程并分离变量得

$$\frac{2u}{3-u^2}du=\frac{1}{t}dt,$$

积分得

$$3t^2-y^2=Ct,$$

故原方程的通解为

$$3(x-1)^2-y^2=C(x-1)。$$

例 7.3.4 的 Maple 源程序

```
> #example4
>dsolve(diff(y(x),x) = (3 * x^2 + y(x)^2 - 6 * x + 3) / (2 * x * y(x) - 2 * y(x)), y(x), implicit);
                y(x)^2 - (3x + _C1)(x - 1) = 0
```

习题 7.3

1. 求下列微分方程的通解：

(1) $(x-2y)dy=2ydx$； (2) $\frac{dy}{dx}=2\sqrt{\frac{dy}{dx}}+\frac{y}{x}$；

(3) $(x^2+y^2)dx-xydy=0$； (4) $\frac{dx}{x^2-2xy}=\frac{dy}{xy-y^2}$；

(5) $xy^2dy=(x^3+y^3)dx$； (6) $y'=\frac{y}{y-x}$。

2. 求下列微分方程在给定初始条件下的特解：

(1) $(xe^{\frac{y}{x}}+y)dx=xdy$，$y\big|_{x=1}=0$；

(2) $y'=\frac{y}{x}+\tan\frac{y}{x}$，$y\big|_{x=1}=\frac{\pi}{4}$；

(3) $x\mathrm{d}y=\left(2x\tan\frac{y}{x}+y\right)\mathrm{d}x$，$y\big|_{x=2}=\pi$；

(4) $xy^2\mathrm{d}y=(x^3+y^3)\mathrm{d}x$，$y\big|_{x=1}=1$。

3. 求微分方程$\frac{\mathrm{d}y}{\mathrm{d}x}=\frac{x+y+4}{x-y-6}$的通解。

7.4 一阶线性微分方程

7.4.1 一阶线性微分方程的概念

一阶微分方程 $F(x,y,y')=0$ 若具有如下形式：

$$y'+p(x)y=q(x), \tag{7.4.1}$$

则称之为一阶线性微分方程，所谓线性是指方程关于 y，y'都是一次的。若 $q(x)\equiv0$，则方程称为一阶齐次线性微分方程；若 $q(x)\neq0$，则方程称为一阶非齐次线性微分方程。

当 $q(x)\equiv0$ 时(一阶齐次线性微分方程)，方程(7.4.1)为可分离变量的微分方程。分离变量并积分

$$\ln y=-\int p(x)\mathrm{d}x+\ln C$$

得 $y=C\mathrm{e}^{-\int p(x)\mathrm{d}x}$。故 $y=C\mathrm{e}^{-\int p(x)\mathrm{d}x}$是 $y'+p(x)y=0$ 的通解，其中不定积分$\int p(x)\mathrm{d}x$ 只需取 $p(x)$ 的一个原函数。

当 $q(x)\neq0$ 时(一阶非齐次线性微分方程)，我们来学习微分方程一种常见的解法——常数变易法。

(1) 首先求出相应的齐次线性方程 $y'+p(x)y=0$ 的通解 $y=C_0\mathrm{e}^{-\int p(x)\mathrm{d}x}$；

(2) 令 $C_0=C(x)$，设 $y=C(x)\mathrm{e}^{-\int p(x)\mathrm{d}x}$是非齐次线性方程 $y'+p(x)y=q(x)$ 的解，$y'=C'(x)\mathrm{e}^{-\int p(x)\mathrm{d}x}-C(x)p(x)\mathrm{e}^{-\int p(x)\mathrm{d}x}$，为确定函数 $C(x)$，将 y，y'代入方程(7.4.1)中得

$$C'(x)\mathrm{e}^{-\int p(x)\mathrm{d}x}-C(x)p(x)\mathrm{e}^{-\int p(x)\mathrm{d}x}+p(x)C(x)\mathrm{e}^{-\int p(x)\mathrm{d}x}=q(x),$$

化简得 $C'(x)\mathrm{e}^{-\int p(x)\mathrm{d}x}=q(x)$，即$\frac{\mathrm{d}C(x)}{\mathrm{d}x}=q(x)\mathrm{e}^{\int p(x)\mathrm{d}x}$。故

$$C(x)=\int q(x)\mathrm{e}^{\int p(x)\mathrm{d}x}\mathrm{d}x+C,$$

从而一阶非齐次线性方程 $y'+p(x)y=q(x)$ 的通解为

$$y=\mathrm{e}^{-\int p(x)\mathrm{d}x}\left[\int q(x)\mathrm{e}^{\int p(x)\mathrm{d}x}\mathrm{d}x+C\right]=\mathrm{e}^{-\int p(x)\mathrm{d}x}\int q(x)\mathrm{e}^{\int p(x)\mathrm{d}x}\mathrm{d}x+C\mathrm{e}^{-\int p(x)\mathrm{d}x}。\tag{7.4.2}$$

注 (1) 上述求解一阶非齐次线性微分方程的方法称为常数变易法。

(2) 上述公式中的不定积分均只取一个原函数。

(3) $y^* = e^{-\int p(x)dx}\int q(x)e^{\int p(x)dx}dx$ 是一阶非齐次线性微分方程 $y'+p(x)y=q(x)$ 的一个解；$Y=Ce^{-\int p(x)dx}$ 是对应的一阶齐次线性方程的通解；故一阶非齐次线性方程的通解的结构为 $y=Y+y^*$。

例 7.4.1　求解方程 $\frac{dy}{dx}-\frac{y}{x}=x^2$。

解法 1　这是一个非齐次线性微分方程，利用常数变易法。

对应齐次方程为 $\frac{dy}{dx}=\frac{y}{x}$，分离变量，得

$$\frac{dy}{y}=\frac{dx}{x};$$

两边积分，得 $\ln|y|=\ln|x|+\ln C$；所以齐次方程的通解为 $y=Cx$。

令 $y=C(x)x$，则

$$\frac{dy}{dx}=C'(x)x+C(x);$$

代入原方程，得

$$\frac{dy}{dx}-\frac{y}{x}=C'(x)x+C(x)-\frac{C(x)x}{x}=x^2,$$

化简得 $C'(x)=x$，所以 $C(x)=\frac{1}{2}x^2+C$。故原方程的通解为

$$y=\left(\frac{1}{2}x^2+C\right)x。$$

对于一阶线性微分方程也可以直接利用公式求通解。

解法 2　直接应用式(7.4.2)

$$y=e^{-\int p(x)dx}\left[\int q(x)e^{\int p(x)dx}dx+C\right],$$

得到方程的通解，其中 $p(x)=-\frac{1}{x}$，$q(x)=x^2$，代入积分同样可得方程的通解

$$y=\left(\frac{1}{2}x^2+C\right)x。$$

例 7.4.1 的 Maple 源程序

```
> #example1
>dsolve(diff(y(x),x)-y(x)/x=x^2,y(x),implicit);
```

$$y(x)=\left(\frac{x^2}{2}+\_C1\right)x$$

例 7.4.2 求解微分方程 $y'-\frac{2}{x}y=x^2\cos x$。

解 令 $p(x)=-\frac{2}{x}$，$q(x)=x^2\cos x$，代入公式 $y=e^{-\int p(x)dx}\left[\int q(x)e^{\int p(x)dx}dx+C\right]$，得

$$y=e^{-\int\left(-\frac{2}{x}\right)dx}\left(\int x^2\cos x e^{\int\left(-\frac{2}{x}\right)dx}dx+C\right)$$

$$=\left(\int\cos x dx+C\right)x^2=x^2(\sin x+C)。$$

所以原方程的通解为 $y=x^2(\sin x+C)$。

例 7.4.2 的 Maple 源程序

```
> #example2
>dsolve(diff(y(x),x)-2/x*y(x)=x^2*cos(x),y(x),implic-
it);
                         y(x)=x^2 sin(x)+_C1x^2
```

注 在一阶微分方程中，x 和 y 的地位是对等的。求解时，可以视 y 为未知函数，x 为自变量；也可以视 x 为未知函数，而 y 为自变量。这是解某些微分方程时，需要特别注意的一点。

*7.4.2 伯努利方程

微分方程

$$y'+p(x)y=q(x)y^n(n\neq 0,1)$$

的特点是：未知函数的导数仍是一次的，但未知函数出现 n 次方。当 $n=0$ 时，方程为一阶线性微分方程 $y'+p(x)y=q(x)$，$n=1$ 时，方程为可分离变量的微分方程 $y'+p(x)y=q(x)y$，即 $y'+[p(x)-q(x)]y=0$。当 $n\neq 0$，1 时，方程 $y'+p(x)y=q(x)y^n$ 称为伯努利方程。

下面介绍这类方程的求解方法。在原方程两边同乘以 y^{-n} 得

$$y^{-n}y'+p(x)y^{1-n}=q(x),$$

而 $(y^{1-n})'=(1-n)y^{-n}y'$，即 $y^{-n}y'=\frac{(y^{1-n})'}{1-n}$，因此有

$$\frac{(y^{1-n})'}{1-n}+p(x)y^{1-n}=q(x),$$

即

$$(y^{1-n})'+(1-n)p(x)y^{1-n}=(1-n)q(x)。$$

令 $z=y^{1-n}$，原方程化为

$$z'+(1-n)p(x)z=(1-n)q(x),$$

这是关于 z，z'的一阶线性微分方程，利用一阶线性微分方程的通解公式得

$$z=e^{-\int(1-n)p(x)dx}\left[\int(1-n)q(x)e^{\int(1-n)p(x)dx}dx+C\right],$$

再回代 $z=y^{1-n}$ 即可得原方程的通解。

例 7.4.3 求微分方程 $y'-\frac{4}{x}y=x^2\sqrt{y}$ 的通解。

解 该方程是 $n=\frac{1}{2}$ 的伯努利方程。

两端同除以 $y^{\frac{1}{2}}$，得

$$\frac{1}{\sqrt{y}}\frac{dy}{dx}-\frac{4}{x}\sqrt{y}=x^2,$$

令 $z=\sqrt{y}$，则 $\frac{dz}{dx}=\frac{1}{2\sqrt{y}}\frac{dy}{dx}$，代入方程得

$$\frac{dz}{dx}-\frac{2}{x}z=\frac{x^2}{2},$$

则

$$z=e^{-\int\left(-\frac{2}{x}\right)dx}\left[\int\frac{x^2}{2}e^{\int\left(-\frac{2}{x}\right)dx}dx+C\right]=x^2\left(\int\frac{1}{2}dx+C\right)=x^2\left(\frac{x}{2}+C\right),$$

用$\sqrt{y}$代替 z，得所求通解为

$$\sqrt{y}=x^2\left(\frac{x}{2}+C\right)。$$

例 7.4.3 的 Maple 源程序

```
> #example3
>dsolve(diff(y(x),x)-4/x * y(x)=x^2 * sqrt(y(x)),y(x),im-
plicit);
```

$$\sqrt{y(x)}-\left(\frac{x}{2}+\_C1\right)x^2=0$$

例 7.4.4 求微分方程 $y'+\frac{y}{x}=y^2\ln x$ 的通解。

解 该方程是 $n=2$ 的伯努利方程。两端同除以 y^2，得

$$\frac{1}{y^2}\frac{dy}{dx}+\frac{1}{x}\frac{1}{y}=\ln x,$$

令 $z=\frac{1}{y}$，则

$$\frac{dz}{dx}-\frac{1}{x}z=-\ln x,$$

则

$$z=e^{-\int\left(-\frac{1}{x}\right)dx}\left[\int(-\ln x)e^{\int\left(-\frac{1}{x}\right)dx}dx+C\right]=x\left[C-\frac{1}{2}(\ln x)^2\right],$$

用$\frac{1}{y}$代替 z，得所求通解为

$$xy\left[C-\frac{1}{2}(\ln x)^2\right]=1。$$

例 7.4.4 的 Maple 源程序

```
> #example4
>dsolve(diff(y(x),x)+y(x)/x=y(x)^2 * ln(x),y(x),implic-
it);
```

$$\frac{1}{y(x)}-\left(-\frac{1}{2}\ln(x)^2+\_C1\right)x=0$$

习题 7.4

1. 求下列微分方程的通解：

(1) $y'+y=3x$；　(2) $y'-\frac{2}{x}y=\frac{\sin 3x}{x^2}$；

(3) $\frac{dy}{dx}+y=e^{-x}$；　(4) $y'+y\cos x=e^{-\sin x}$；

(5) $\frac{dy}{dx}=6\frac{y}{x}-xy^2$；　(6) $\frac{dy}{dx}+\frac{y}{x}=a(\ln x)y^2$；

(7) $(x-2y)dy+2ydx$；　(8) $x^2y'+xy=y^2$；

(9) $y'+2xy=2xe^{-x^2}$；　(10) $xy'+y=\cos x$。

2. 求下列微分方程在给定初始条件下的特解：

(1) $y'=2xy+e^{x^2}\cos x$，$y\big|_{x=0}=2$；

(2) $x\frac{dy}{dx}-2y=x^3e^x$，$y\big|_{x=1}=0$；

(3) $xy'+2y=x$，$y\big|_{x=1}=0$；

(4) $xy'+y=e^x$，$y\big|_{x=1}=e$。

3. 求一曲线方程，该曲线通过原点，并且它在点(x,y)处的切线的斜率为$2x+y$。

4. 验证形如 $yf(xy)dx+xg(xy)dy=0$ 的微分方程可经变量代换 $u=xy$ 化为可分离变量的方程，并求其通解。

5. 设 y_1 是一阶齐次线性方程 $y'+P(x)y=0$ 的解，y_2 是对应的一阶非齐次线性方程 $y'+P(x)y=Q(x)$ 的解，证明：$y=Cy_1+y_2$（C 为任意常数）也是 $y'+P(x)y=Q(x)$ 的解。

6. 设 y_1 是一阶非齐次线性微分方程$y'+P(x)y=Q_1(x)$的解，y_2 是方程 $y'+P(x)y=Q_2(x)$ 的解，证明：$y=y_1+y_2$ 是微分方程 $y'+P(x)y=Q_1(x)+Q_2(x)$ 的解。

*7.5　全微分方程

若一阶微分方程

$$P(x,y)dx+Q(x,y)dy=0\tag{7.5.1}$$

的左端 $P(x,y)dx+Q(x,y)dy$ 恰好是某一个函数 $u(x,y)$ 的全微分，

这样的微分方程称为全微分方程。即

$$\frac{\partial u}{\partial x}=P(x,y),\ \frac{\partial u}{\partial y}=Q(x,y),$$

则微分方程(7.5.1)化为

$$du(x,y)=P(x,y)dx+Q(x,y)dy,$$

即 $du(x,y)=0$，则全微分方程的通解为 $u(x,y)=C$，并称 $u(x,y)=C$为隐式通解。

由曲线积分理论知，若 $P(x,y)$ 与 $Q(x,y)$ 在单连通区域 G 内具有一阶连续的偏导数，要使方程(7.5.1)为全微分方程，则 $\frac{\partial P}{\partial y}=\frac{\partial Q}{\partial x}$在区域 G 内恒成立。在此前提条件下方程的通解为 $u(x,y)=\int_{(x_0,y_0)}^{(x,y)}P(x,y)dx+Q(x,y)dy$，其中 $A(x_0,y_0)$是 G 内适当选定的点，$C(x,y)$表示区域 G 内任意的点，在具体计算时，选在区域 G 内的折线$\overline{AB}+\overline{BC}(B(x,y_0))$化为定积分，即

$$u(x,y)=\int_{\overline{AB}}Pdx+Qdy+\int_{\overline{BC}}Pdx+Qdy=\int_{x_0}^{x}P(x,y_0)dx+\int_{y_0}^{y}Q(x,y)dy,$$

则 $u(x,y)=C$ 为方程(7.5.1)的隐式通解(也可以取折线$\overline{AD}+\overline{DC}$ $[D(x_0,y)]$)。

例 7.5.1 求解微分方程

$$[\cos(x+y^2)+3y]dx+[2y\cos(x+y^2)+3x]dy=0。$$

解 令 $P(x)=\cos(x+y^2)+3y$，$Q(x)=2y\cos(x+y^2)+3x$，则

$$\frac{\partial P}{\partial y}=-2y\sin(x+y^2)+3=\frac{\partial Q}{\partial x},$$

所以这是全微分方程。方程左端可改写为

$$[\cos(x+y^2)dx+2y\cos(x+y^2)3ydy]+3(ydx+xdy)=0,$$

或

$$d\sin(x+y^2)+3d(xy)=0,$$

原方程通解为 $\sin(x+y^2)+3xy=C$。

例 7.5.1 的 Maple 源程序

```
> #example1
>dsolve(cos(x+y(x)^2)+3 * y(x)+(2 * y(x) * cos(x+y(x)^2)+3
* x) * diff(y(x),x)=0,y(x),implicit);
                sin(x+y(x)^2)+3xy(x)+_C1=0
```

如果方程

$$P(x,y)dx+Q(x,y)dy=0$$

不是全微分方程，但在方程乘上因子 $\mu(x,y)(\neq 0)$ 后所得到的方程

$$\mu P(x,y)\mathrm{d}x+\mu Q(x,y)\mathrm{d}y=0 \qquad (7.5.2)$$

是全微分方程，则称函数 $\mu(x,y)$ 为方程(7.5.2)的积分因子。

根据上述全微分方程的定义，积分因子应满足下列条件：

$$\frac{\partial(\mu P)}{\partial y}=\frac{\partial(\mu Q)}{\partial x}。$$

例如，方程 $y\mathrm{d}x-x\mathrm{d}y=0$，有 $\frac{\partial P}{\partial y}=1\neq-1=\frac{\partial Q}{\partial x}$，故该方程不是全微分方程。但方程两端乘上因子 $\frac{1}{y^2}$ 以后，方程 $\frac{y\mathrm{d}x-x\mathrm{d}y}{y^2}=0$ 变成为全微分方程。事实上 $\mathrm{d}\left(\frac{x}{y}\right)=\frac{y\mathrm{d}x-x\mathrm{d}y}{y^2}$，因此，$\frac{1}{y^2}$ 是上述方程的一个积分因子。不难验证 $\frac{1}{xy}$ 和 $\frac{1}{x^2}$ 都是方程 $y\mathrm{d}x-x\mathrm{d}y=0$ 的积分因子。一般来说，求微分方程的积分因子不是一件容易的事，而且积分因子往往不是唯一的。这里，我们不深入讨论这个问题，但在一些比较简单的情形下，则可利用观察法来求得积分因子，这种方法要求记住一些常见的全微分表达式，例如：$x\mathrm{d}x+y\mathrm{d}y=\mathrm{d}\left(\frac{x^2+y^2}{2}\right)$；$\frac{x\mathrm{d}y-y\mathrm{d}x}{x^2}=\mathrm{d}\left(\frac{y}{x}\right)$；$\frac{x\mathrm{d}y+y\mathrm{d}x}{xy}=\mathrm{d}(\ln xy)$；$\frac{x\mathrm{d}y-y\mathrm{d}x}{x^2+y^2}=\mathrm{d}\left(\arctan\frac{y}{x}\right)$；$\frac{x\mathrm{d}x+y\mathrm{d}y}{x^2+y^2}=\mathrm{d}\left[\frac{1}{2}\ln(x^2+y^2)\right]$ 等。

例 7.5.2 求微分方程 $(y\cos x+1)\mathrm{d}x+\left(1-\frac{x}{y}\right)\mathrm{d}y=0$ 的通解。

解 由于 $M(x)=y\cos x+1$，$N(x)=1-\frac{x}{y}$，$\frac{\partial M}{y}=\cos x\neq\frac{\partial N}{x}=-\frac{1}{y}$，但当方程乘以 $\frac{1}{y}$，原微分方程可变为

$$\left(\cos x+\frac{1}{y}\right)\mathrm{d}x+\left(\frac{1}{y}-\frac{x}{y^2}\right)\mathrm{d}y=0,$$

此时，$P(x)=\cos x+\frac{1}{y}$，$Q(x)=\frac{1}{y}-\frac{x}{y^2}$，$\frac{\partial P}{y}=-\frac{1}{y^2}=\frac{\partial Q}{x}$，原微分方程可化简为

$$\cos x\mathrm{d}x+\frac{1}{y}\mathrm{d}x+\frac{y-x}{y^2}\mathrm{d}y=0,$$

即

$$\mathrm{d}\sin x+\mathrm{d}\ln|y|+\mathrm{d}\left(\frac{x}{y}\right)=\mathrm{d}\left(\sin x+\ln|y|+\frac{x}{y}\right)=0,$$

所以，原方程的通解为

$$\sin x+\ln|y|+\frac{x}{y}=C。$$

例 7.5.2 的 Maple 源程序

```
> #example2
>dsolve((y(x)*cos(x)+1)/(x/y(x)-1)=diff(y(x),x),y(x),
implicit);
```

$$-\_C1+\frac{\ln\left(\frac{y(x)}{x}\right)y(x)+x}{y(x)}+\sin(x)+\ln(x)=0$$

例 7.5.3 求微分方程 $x\mathrm{d}x+y\mathrm{d}y=\sqrt{x^2+y^2}\,\mathrm{d}x$ 的通解。

解 微分方程可变形为

$$\frac{1}{2}\mathrm{d}(x^2+y^2)=\sqrt{x^2+y^2}\,\mathrm{d}x,$$

方程两边同时乘以$\frac{1}{\sqrt{x^2+y^2}}$，得

$$\frac{1}{2}\frac{\mathrm{d}(x^2+y^2)}{\sqrt{x^2+y^2}}=\mathrm{d}x,$$

所以，原方程的通解为

$$\sqrt{x^2+y^2}=x+C。$$

例 7.5.3 的 Maple 源程序

```
> #example3
>dsolve(x+y(x)*diff(y(x),x)=sqrt(x^2+y(x)^2),y(x),im-
plicit);
```

$$-\_C1+\frac{\sqrt{x^2+y(x)^2}}{y(x)^2}+\frac{x}{y(x)^2}=0$$

习题 7.5

1. 求下列微分方程的通解：

(1) $\frac{2x}{y^3}\mathrm{d}x+\frac{y^2-3x^2}{y^4}\mathrm{d}y=0$；

(2) $(x^3-3xy^2)\mathrm{d}x+(y^3-3x^2y)\mathrm{d}y=0$；

(3) $2x(1+\sqrt{x^2-y})\mathrm{d}x-\sqrt{x^2-y}\,\mathrm{d}y=0$；

(4) $(x^2+x^3+y)\mathrm{d}x+(1+x)\mathrm{d}y=0$。

2. 利用观察法求下列方程的积分因子，并求微分方程的通解：

(1) $(x+y)(dx-dy)=dx+dy$;

(2) $(xdy+ydx)(y+1)+x^2y^2dy=0$。

7.6 可降阶的高阶微分方程

前面我们主要学习了一阶微分方程的解的问题，本节开始我们将介绍二阶及其以上阶的微分方程，这样的微分方程统称为高阶微分方程。

下面我们介绍三类具有一定特点的高阶微分方程及其求通解的方法。

7.6.1 $y^{(n)}=f(x)$型的n阶微分方程

特点：方程只含有$y^{(n)}$和x，不含y及y的1到$(n-1)$阶导数。

解法：利用高阶导数的定义$y^{(n)}=\dfrac{d(y^{(n-1)})}{dx}$，将原方程变为$\dfrac{d(y^{(n-1)})}{dx}=f(x)$，化为可分离变量的方程并积分$\int d(y^{n-1})=\int f(x)dx$，得$y^{(n-1)}=\int f(x)dx+C_1$。再积分一次得$y^{(n-2)}=\int\left[\int f(x)dx\right]dx+C_1x+C_2$。

经过n次积分后，即可得n阶微分方程$y^{(n)}=f(x)$的通解。

注 上面公式中的不定积分每次只取一个原函数。

例 7.6.1 求微分方程$y'''=e^{2x}-5\cos 3x$的通解。

解 对所给方程$y'''=e^{2x}-5\cos 3x$接连积分三次，得

$$y''=\frac{1}{2}e^{2x}-\frac{5}{3}\sin 3x+C,$$

$$y'=\frac{1}{4}e^{2x}+\frac{5}{9}\cos 3x+Cx+C_2,$$

$$y=\frac{1}{8}e^{2x}+\frac{5}{27}\sin 3x+C_1x^2+C_2x+C_3\left(其中\ C_1=\frac{C}{2}\right)。$$

所以原方程的通解为

$$y=\frac{1}{8}e^{2x}+\frac{5}{27}\sin 3x+C_1x^2+C_2x+C_3。$$

例 7.6.1 的 Maple 源程序

```
> #example1
>dsolve(diff(y(x),x $3)=exp(2 * x)-5 * cos(3 * x),y(x),im-
plicit);
```

$$y(x)=\frac{1}{8}e^{(2x)}+\frac{5}{27}\sin(3x)+\frac{\_C1x^2}{2}+\_C2x+\_C3$$

7.6.2 $y''=f(x,y')$ 型微分方程

这类二阶微分方程的特点是方程中不显含 y。

若令 $y'=p$，则 $y''=\frac{dp}{dx}=p'$，于是原方程可化成一阶微分方程 $p'=f(x,p)$，解得 $p=\varphi(x,C_1)$，于是 $y=\int\varphi(x,C_1)dx+C_2$。

例 7.6.2 求微分方程 $xy''+y'=2x$ 的通解。

解 方程中不显含 y，属于 $y''=f(x,y')$ 型，故代换 $y'=p$，$y''=\frac{dp}{dx}=p'$，原方程变为 $xp'+p=2x$，即 $p'+\frac{1}{x}p=2$，这是一阶非齐次线性微分方程。

由公式，得

$$p=e^{-\int\frac{1}{x}dx}\left(\int 2e^{\int\frac{1}{x}dx}dx+C_1\right)=\frac{1}{x}\left(\int 2x dx+C_1\right)=\frac{1}{x}(x^2+C_1),$$

将 $y'=p$ 代入，得 $y'=\frac{1}{x}(x^2+C_1)$，两端积分，得原方程的通解为

$$y=\frac{1}{2}x^2+C_1\ln|x|+C_2。$$

例 7.6.2 的 Maple 源程序

```
> #example2
>dsolve(x * diff(y(x),x $2) +diff(y(x),x) -2 * x=0,y(x),im-
plicit);
```

$$y(x)=\frac{x^2}{2}+\_C1\ln(x)+\_C2$$

7.6.3 $y''=f(y,y')$ 型微分方程

这类二阶微分方程的特点是方程中不显含“x”。若做代换：$y'=p$，则 $y''=p'=\frac{dp}{dx}=\frac{dp}{dy}\frac{dy}{dx}=p\frac{dp}{dy}$，代入原方程后得一阶微分方程 $p\frac{dp}{dy}=f(y,p)$，其中 $p=p(y)$ 为未知函数。

例 7.6.3 求微分方程 $yy''-(y')^2=0$ 的通解。

解 方程中不显含 x，属于 $y''=f(y,y')$ 型，故做代换：$y'=p$，

$y''=p\dfrac{dp}{dy}$，则原方程变为$\left(y\dfrac{dp}{dy}-p\right)p=0$。

(1) 若 $p=0$，即 $y'=0$，方程的解为 $y=C$，但不是方程的通解；

(2) 若$p\neq0$，则$y\dfrac{dp}{dy}-p=0$为可分离变量的微分方程，分离变量并两边积分$\int\dfrac{dp}{p}=\int\dfrac{dy}{y}$，得 $\ln|p|=\ln|y|+\ln|C_1|$，回代 $p=C_1y$，即 $y'=C_1y$，则$\dfrac{dy}{y}=C_1dx$，积分得 $\ln y=C_1x+\ln C_2$，化简为 $y=C_2e^{C_1x}$，所以原方程的通解为

$$y=C_2e^{C_1x}。$$

例 7.6.3 的 Maple 源程序

```
> #example3
>dsolve(y(x)*diff(y(x),x$2)-(diff(y(x),x))^2=0,y(x),
implicit);
                    ln(y(x))-_C1 x-_C2=0
```

习题 7.6

1. 求下列微分方程的通解：

(1) $y''=\dfrac{1}{1+x^2}$；　(2) $y'''=e^{3x}+\sin x$；

(3) $y''=x+\sin x$；　(4) $y'''=xe^x$；

(5) $y''=y'+x$；　(6) $xy''+y'=0$；

(7) $y''=x+e^x$；　(8) $y^3y''-1=0$；

(9) $y''+\dfrac{y'^2}{1+y}=0$；　(10) $yy''+2(y')^2=0$。

2. 求下列微分方程的通解或给定初始条件下的特解：

(1) $(1-x^2)y''-xy'=2$；　(2) $y''=y'+x$；

(3) $(1+x^2)y''=2xy'$，$y|_{x=0}=1$，$y'|_{x=0}=3$；

(4) $(1-x^2)y''-xy'=3$，$y|_{x=0}=0$，$y'|_{x=0}=0$；

(5) $y''=(y')^{\frac{1}{2}}$，$y|_{x=0}=0$，$y'|_{x=0}=1$。

3. 试求满足方程 $y''=x$ 的经过点 $M(0,1)$ 且在此点与直线 $y=\dfrac{x}{2}+1$ 相切的积分曲线。

4. 设一质量为 m 的物体从高处由静止开始下落，如果空气阻力 $R=cv$(其中 c 为常数，v 为物体运动的速度)，试求物体下落的距离 s 与时间 t 的函数关系。

7.7 高阶线性微分方程

7.7.1 线性微分方程

形如

$$y^{(n)}+p_1(x)y^{(n-1)}+p_2(x)y^{(n-2)}+\cdots+p_{n-1}(x)y'+p_n(x)y=f(x) \qquad (7.7.1)$$

的方程称为 n 阶线性微分方程，其中 $p_1(x), p_2(x), \cdots, p_n(x), f(x)$ 是已知函数，$f(x)$称为自由项。若$f(x)\equiv 0$，称方程(7.7.1)为 n 阶齐次线性微分方程，否则为 n 阶非齐次线性微分方程。这里所谓的线性是指 $y^{(n)}, y^{(n-1)}, \cdots, y', y$ 都是一次的。

特别地，当 $n=2$ 时，称方程(7.7.1)为二阶线性微分方程。二阶线性微分方程的一般形式是

$$y''+p(x)y'+q(x)y=f(x)。\tag{7.7.2}$$

相应地，若$f(x)\equiv 0$，称方程(7.7.2)为二阶齐次线性微分方程，否则为二阶非齐次线性微分方程。后面我们将重点介绍二阶线性微分方程的解。

7.7.2 齐次线性微分方程解的结构

以二阶齐次线性微分方程

$$y''+p(x)y'+q(x)y=0 \tag{7.7.3}$$

为例介绍齐次线性微分方程解的结构。

定理 7.7.1（解的叠加性） 如果函数 $y_1(x)$ 与 $y_2(x)$ 是方程(7.7.3)的两个解，那么 $y=C_1y_1(x)+C_2y_2(x)$ 也是方程(7.7.3)的解，其中 C_1 与 C_2 是任意常数。

例如，方程 $y''-y=0$，观察知方程的两组解 $y_1=\mathrm{e}^x$，$y_2=2\mathrm{e}^x$ 均为其解，容易验证

$$y=C_1y_1+C_2y_2=(C_1+2C_2)\mathrm{e}^x$$

也是方程 $y''-y=0$ 的解，但此解不是方程 $y''-y=0$ 的通解。对于另外两组解 $y_1=\mathrm{e}^x$，$y_2=\mathrm{e}^{-x}$而言，$y=C_1y_1+C_2y_2=C_1\mathrm{e}^x+C_2\mathrm{e}^{-x}$也是方程 $y''-y=0$ 的解，但此解是方程 $y''-y=0$ 的通解。那么满足什么条件的两个解能成为方程(7.7.3)的通解呢？为解决此问题，我们介绍一个新的概念：函数的线性相关性。

定义 7.7.1 若存在一组不全为零的常数 $k_1, k_2, \cdots, k_n$，使得定义在区间 I 上的函数 $y_1, y_2, \cdots, y_n$ 的线性组合恒为零，即 $k_1y_1+k_2y_2+\cdots+k_ny_n\equiv 0$，则称 $y_1, y_2, \cdots, y_n$ 是线性相关的，否则是线性无关的。

例 7.7.1 证明：函数 $\cos 2x$，$\sin^2 x$，$\cos^2 x$ 在 $\mathbf{R}$ 内是线性相关的。

证明 因为 $\cos 2x+\sin^2 x-\cos^2 x=\cos^2 x-\sin^2 x+\sin^2 x-\cos^2 x\equiv 0$，

所以函数 $\cos 2x$，$\sin^2 x$，$\cos^2 x$ 在 $\mathbf{R}$ 内是线性相关的。

特别地，对于两个函数 $y_1(x)$ 与 $y_2(x)$ 来说，由定义 7.7.1 知：

（1）若在 I 内有 $\dfrac{y_1(x)}{y_2(x)} \not\equiv$ 常数，则 $y_1(x)$ 与 $y_2(x)$ 在 I 内是线性无关的；

（2）$\dfrac{y_1(x)}{y_2(x)} \equiv$ 常数，$y_1(x)$ 与 $y_2(x)$ 在 I 内是线性相关的。

例 7.7.2 说明下列函数组在其定义域内的线性相关性：

（1）$y_1=\sin 2x$ 和 $y_2=\cos 2x\left(x\neq k\pi+\dfrac{\pi}{2},\ k\in\mathbf{Z}\right)$；

（2）$y_1=3e^{2x}$ 和 $y_2=2e^{2x}(x\neq 0)$。

解 （1）因 $\dfrac{\sin 2x}{\cos 2x}=\tan 2x\not\equiv$ 常数，所以函数 $y_1=\sin 2x$ 和 $y_2=\cos 2x$ 线性无关。

（2）因 $\dfrac{3e^{2x}}{2e^{2x}}=\dfrac{3}{2}\equiv$ 常数，所以函数 $y_1=3e^{2x}$ 和 $y_2=2e^{2x}$ 线性相关。

结合前面介绍的方程 $y''-y=0$ 的通解和例 7.7.2 中的两组函数的线性相关性的结论，得出如下重要定理。

定理 7.7.2（二阶齐次线性微分方程解的结构） 若函数 $y_1(x)$ 与 $y_2(x)$ 是方程 $y''+p(x)y'+q(x)y=0$ 的两个线性无关的解，则 $y=C_1y_1(x)+C_2y_2(x)$（C_1，C_2 是任意常数）就是其通解。

例 7.7.3 验证 $y_1=e^{3x}$ 与 $y_2=e^{4x}$ 是二阶齐次线性微分方程 $y''-7y'+12y=0$ 的两个解，写出其通解。

解 将 $y_1=e^{3x}$，$(y_1)'=3e^{3x}$ 及 $(y_1)''=9e^{3x}$ 代入方程 $y''-7y'+12y=0$ 得

$$9e^{3x}-7\times 3e^{3x}+12e^{3x}=0,$$

则 y_1 是齐次方程 $y''-7y'+12y=0$ 的解。同理可知，y_2 也是该方程的解。

又因为 $\dfrac{y_2}{y_1}=\dfrac{e^{4x}}{e^{3x}}=e^x\not\equiv$ 常数，即 y_1 与 y_2 线性无关。所以由定理 7.7.2 可知 $y=C_1e^{3x}+C_2e^{4x}$ 是 $y''-7y'+12y=0$ 通解。

例 7.7.3 的 Maple 源程序

```
> #example3
```

```
>dsolve(diff(y(x),x $2)-7 * diff(y(x),x)+12 * y(x)=0,y
(x),implicit);
                    y(x) = _C1 e^(3x) + _C2 e^(4x)
```

定理 7.7.2 不难推广至 n 阶齐次线性微分方程，这里不再赘述。接下来讨论二阶非齐次线性微分方程 $y''+p(x)y'+q(x)y=f(x)$ 的解的结构。

7.7.3 非齐次线性微分方程解的结构

以二阶非齐次线性微分方程

$$y''+p(x)y'+q(x)y=f(x) \tag{7.7.4}$$

为例介绍非齐次线性微分方程解的结构。

定理 7.7.3 若 Y 是非齐次线性方程(7.7.4)对应的齐次线性方程(7.7.3)的通解，y^* 是非齐次线性方程(7.7.4)的一个解，则 $Y+y^*$ 是非齐次线性方程(7.7.4)的通解。

证明 Y 是方程(7.7.3)的通解，则有 $Y''+p(x)Y'+q(x)Y=0$；y^* 是方程(7.7.4)的解，则有 $y^{*\prime\prime}+p(x)y^{*\prime}+q(x)y^*=f(x)$；则将 $Y+y^*$ 代入方程(7.7.4)得

$$\begin{aligned}&(Y+y^*)''+p(x)(Y+y^*)'+q(x)(Y+y^*)\\&=[Y''+p(x)Y'+q(x)Y]+[y^{*\prime\prime}+p(x)y^{*\prime}+q(x)y^*]\\&=0+f(x)=f(x),\end{aligned}$$

表明 $Y+y^*$ 是方程(7.7.4)的解；又因为 $Y+y^*$ 中含有与方程的阶数相同个数的任意常数(含在 Y 内)，故 $Y+y^*$ 是方程(7.7.4)的通解。

定理 7.7.4 设 y_k 是方程 $y''+p(x)y'+q(x)y=f_k(x)\ (k=1,2)$ 的解，则 y_1+y_2 是方程 $y''+p(x)y'+q(x)y=f_1(x)+f_2(x)$ 的解。

定理 7.7.4 通常称为非齐次线性微分方程的解的叠加原理。

定理 7.7.5 设 $y_1+\mathrm{i}y_2$ 是方程 $y''+p(x)y'+q(x)y=f_1(x)+\mathrm{i}f_2(x)$ 的解，则 y_k 是方程 $y''+p(x)y'+q(x)y=f_k(x)\ (k=1,2)$ 的解。

证明 由已知条件得

$$(y_1+\mathrm{i}y_2)''+p(x)(y_1+\mathrm{i}y_2)'+q(x)(y_1+\mathrm{i}y_2)=f_1(x)+\mathrm{i}f_2(x),$$

即

$$(y_1''+p(x)y_1'+q(x)y_1)+\mathrm{i}(y_2''+p(x)y_2'+q(x)y_2)=f_1(x)+\mathrm{i}f_2(x),$$

根据复数相等的定义，有

$$y_1''+p(x)y_1'+q(x)y_1=f_1(x) \text{ 且 } y_2''+p(x)y_2'+q(x)y_2=f_2(x),$$

即 y_k 是方程 $y''+p(x)y'+q(x)y=f_k(x)\,(k=1,2)$ 的解。

定理 7.7.6　若 y_1，y_2 是非齐次线性方程(7.7.4)的两个解，则 y_1-y_2 是齐次线性方程(7.7.3)的解。

习题 7.7

1. 下列函数组在定义区间内哪些是线性无关的？

(1) x,x^2；　(2) $x,2x$；

(3) $e^{2x},3e^{2x}$；　(4) e^{-x},e^{x}；

(5) $\cos 2x$，$\sin 2x$；　(6) $\sin 2x,\sin x\cos x$。

2. 求证 1，$\sin x$，$\cos x$ 在 $\mathbf{R}$ 内是线性无关的。

3. 已知 $y_1=1$，$y_2=x$，$y_3=x^2$ 是某二阶非齐次线性微分方程的三个解，求该方程的通解。

4. 设 y_1，y_2，y_3 是方程 $y''+p(x)y'+q(x)y=f(x)$ 的线性无关解，求方程的通解。

5. 验证 $y_1=\cos\omega x$ 及 $y_2=\sin\omega x$ 都是方程 $y''+\omega^2y=0$ 的解，并写出该方程的通解。

6. 验证 $y_1=e^{x^2}$ 及 $y_2=xe^{x^2}$ 都是方程 $y''-4xy'+(4x^2-2)y=0$ 的解，并写出该方程的通解。

7. 验证 $y=C_1x^2+C_2x^2\ln x$（C_1,C_2 是任意常数）是方程 $x^2y''-3xy'-5y=x^2\ln x$ 的解。

7.8　二阶常系数线性微分方程

7.8.1　二阶常系数齐次线性微分方程的解

二阶齐次线性微分方程 $y''+p(x)y'+q(x)y=0$ 中 $p(x)$、$q(x)$ 为常数时，称之为二阶常系数齐次线性微分方程，即

$$y''+py'+qy=0 \tag{7.8.1}$$

其中，p，q 为常数。根据二阶齐次线性微分方程解的结构，只要能得到方程 $y''+py'+qy=0$ 的两个线性无关的解 y_1，y_2，即可得方程的通解 $C_1y_1+C_2y_2$。

我们知道指数函数 $y=e^{rx}$（r 为常数）的各阶导数 $y'=re^{rx}$，$y''=r^2e^{rx}$，…，$y^{(n)}=r^ne^{rx}$ 只相差一个常数因子。由于指数函数的各阶导数具有这样的特征，使我们猜想方程(7.8.1)是否具有 $y=e^{rx}$ 的特解。

将 $y=e^{rx}$ 代入方程(7.8.1)得

$$r^2+pr+q=0 \tag{7.8.2}$$

其中，代数方程(7.8.2)称为二阶常系数齐次微分方程(7.8.1)的特征方程。可见 $y=e^{rx}$ 是方程(7.8.1)的解的充要条件是 r 是方程(7.8.2)的根。至此我们看到方程(7.8.1)的特解问题，已转化

为求一个代数方程(7.8.2)的问题，也就是说求出方程(7.8.2)的根就能写出方程(7.8.1)的解。

由代数学知道，二次方程 $r^2+pr+q=0$ 在复数域内必有两个根，可由求根公式 $r_{1,2}=\dfrac{-p\pm\sqrt{p^2-4q}}{2}$ 求得，下面我们分三种情形来讨论。

(1) 当 $p^2-4q>0$ 时，r_2，r_2 是两个不相等的实根

$$r_1=\frac{-p+\sqrt{p^2-4q}}{2},\quad r_2=\frac{-p-\sqrt{p^2-4q}}{2}。$$

此时 $y_1=e^{r_1x}$ 与 $y_2=e^{r_2x}$ 是方程(7.8.1)的两个特解；由 $\dfrac{y_1}{y_2}=e^{(r_1-r_2)x}\neq$ 常数，知 y_1，y_2 线性无关，所以微分方程(7.8.1)的通解为

$$y=C_1e^{r_1x}+C_2e^{r_2x}。$$

(2) 当 $p^2-4q=0$ 时，r_2，r_2 是两个相等的实根，$r_2=r_2=-\dfrac{p}{2}$，可得微分方程(7.8.1)的一个特解为 $y_1=e^{r_1x}$。但 $y_1=Ce^{r_1x}$ 不是通解(因为只有一个任意常数)。因此，要写出方程(7.8.1)的通解，还需要找另一个与 y_1 无关的特解 y_2，即要求 $\dfrac{y_1}{y_2}\neq$ 常数。为此，设 $\dfrac{y_2}{y_1}=u(x)$，其中 $u(x)$ 为待定函数。由 $y_2=u(x)e^{r_1x}$，下面来确定 $u(x)$ 从而可求出 y_2。对 $y_2=u(x)e^{r_1x}$ 求导，得

$$y_2'=r_1e^{r_1x}u+e^{r_1x}u'=e^{r_1x}(r_1u+u'),$$

$$y_2''=r_1e^{r_1x}(r_1u+u')+e^{r_1x}(r_1u'+u'')=e^{r_1x}(r_1^2u+2r_1u'+u''),$$

将 y_2''，y_2'，y_2 代入方程(7.8.1)得

$$e^{r_1x}(u''+2r_1u'+r_1^2u)+pe^{r_1x}(r_1u+u')+qe^{r_1x}u=0,$$

约去不为零的 e^{r_1x}，以 u''，u'，u 为准合并同类项，得

$$u''+(2r_1+p)u'+(r_1^2+pr_1+q)u=0,$$

因为 r_1 是特征方程(7.8.2)的二重根，知 $r_1^2+pr_1+q=0$，再由 $r_1=-\dfrac{p}{2}$ 知 $2r_1+p=0$，于是 $u''=0$，得 $u'=C$，$u=Cx$；不妨取 $C=1$，得 $u=x$。所以 $y_2=xe^{r_1x}$，显然 $\dfrac{y_2}{y_1}=\dfrac{xe^{r_1x}}{e^{r_1x}}=x\neq$ 常数，即 y_1，y_2 线性无关。所以

$$y=C_1e^{r_1x}+C_2xe^{r_1x},$$

即

$$y=(C_1+C_2x)e^{r_1x}$$

为方程(7.8.1)当 $p^2-4q=0$ 时的通解。

(3) 当 $p^2-4q<0$ 时，r_1，r_2 是一对共轭复根 $r_1=\alpha+i\beta$，$r_2=\alpha-i\beta$，其中，$\alpha=-\frac{p}{2}$，$\beta=\frac{\sqrt{4q-p^2}}{2}$。那么 $y_1=e^{(\alpha+i\beta)x}$，$y_2=e^{(\alpha-i\beta)x}$ 是方程(7.8.1)的两个线性无关的特解。

为得到实数形式的解，利用欧拉公式 $e^{ix}=\cos x+i\sin x$ 将这两个解写成

$$y_1=e^{(\alpha+i\beta)x}=e^{\alpha x}\cdot e^{i\beta x}=e^{\alpha x}(\cos\beta x+i\sin\beta x),$$
$$y_2=e^{(\alpha-i\beta)x}=e^{\alpha x}\cdot e^{-i\beta x}=e^{\alpha x}(\cos\beta x-i\sin\beta x),$$

由于 y_1，y_2 是共轭复值函数，且 y_1，y_2 都是方程(7.8.1)的解，根据齐次线性微分方程的解的叠加原理，得

$$\bar{y}_1=\frac{1}{2}(y_1+y_2)=e^{\alpha x}\cos\beta x,$$

$$\bar{y}_2=\frac{1}{2i}(y_1-y_2)=e^{\alpha x}\sin\beta x,$$

还是方程(7.8.1)的解，且 $\frac{\bar{y}_2}{\bar{y}_1}=\frac{e^{\alpha x}\cos\beta x}{e^{\alpha x}\sin\beta x}=\cot\beta x\neq$ 常数，知 $\bar{y}_1$，$\bar{y}_2$ 线性无关。所以微分方程(7.8.1)当 $p^2-4q<0$ 时的通解为

$$y=e^{\alpha x}(C_1\cos\beta x+C_2\sin\beta x)。$$

综上所述，求二阶常系数齐次线性微分方程(7.8.1) $y''+py'+qy=0$ 的通解的步骤：

第一步　写出微分方程(7.8.1)的特征方程 $r^2+pr+q=0$；

第二步　求出特征方程的两个根 r_1，r_2；

第三步　根据 r_1，r_2 的三种不同情形，写出方程(7.8.1)的通解。具体如下：

特征方程的根 r_1、r_2 的情形	微分方程 $y''+py'+qy=0$ 的通解形式
两个不相等实根 $r_1\neq r_2$	$y=C_1e^{r_1x}+C_2e^{r_2x}$
两个相等实根 $r_1=r_2=r$	$y=(C_1+C_2x)e^{rx}$
一对共轭复根 $r_{1,2}=\alpha\pm i\beta$	$y=e^{\alpha x}(C_1\cos\beta x+C_2\sin\beta x)$

例 7.8.1　求微分方程 $y''-3y'-18y=0$ 的通解。

解　特征方程是

$$r^2-3r-18=0,$$

即

$$(r-6)(r+3)=0,$$

有不相等的实根

$$r_1=-3,\ r_2=6,$$

因此，所求通解为

$$y=C_1e^{-3x}+C_2e^{6x}。$$

例 7.8.1 的 Maple 源程序

```
> #example1
>dsolve(diff(y(x),x $2)-3 * diff(y(x),x)-18 * y(x)=0,y
(x),implicit);
```

$$y(x)=\_C1\,e^{(6x)}+\_C2\,e^{(-3x)}$$

例 7.8.2 求微分方程 $y''+6y'+9y=0$ 满足初始条件 $y|_{x=0}=2$ 与 $y'|_{x=0}=-3$ 的特解。

解 特征方程是

$$r^2+6r+9=0,$$

即

$$(r+3)^2=0,$$

有重根

$$r_1=r_2=-3,$$

因此，方程的通解为

$$y=e^{-3x}(C_1+C_2x)。$$

代入初始条件 $y|_{x=0}=2$ 与 $y'|_{x=0}=-3$，得

$$C_1=2,\ C_2=3,$$

所以所求特解为

$$y=e^{-3x}(2+3x)。$$

例 7.8.2 的 Maple 源程序

```
> #example2
>dsolve(diff(y(x),x $2)+6 * diff(y(x),x)+9 * y(x)=0,y(x),
implicit);
```

$$y(x)=\_C1\,e^{(-3x)}+\_C2\,e^{(-3x)}x$$

```
>dsolve({diff(y(x),x $2)+6 * diff(y(x),x)+9 * y(x)=0,
y(0)=2,D(y)(0)=-3},y(x),implicit);
```

$$y(x)=2e^{(-3x)}+3e^{(-3x)}x$$

例 7.8.3 求微分方程 $y''+y'+y=0$ 的通解。

解 特征方程是

$$r^2+r+1=0,$$

因为 $p^2-4q=1^2-4\times1=-3<0$，其特征根是一对共轭复根。由 $\alpha=$

$-\frac{p}{2}=-\frac{1}{2}$，$\beta=\frac{\sqrt{4q-p^2}}{2}=\frac{\sqrt{3}}{2}$，知

$$\alpha\pm\beta\mathrm{i}=-\frac{1}{2}\pm\frac{\sqrt{3}}{2}\mathrm{i};$$

因此所求方程的通解是

$$y=\mathrm{e}^{-\frac{1}{2}x}\left(C_1\cos\frac{\sqrt{3}}{2}x+C_2\sin\frac{\sqrt{3}}{2}x\right)。$$

例 7.8.3 的 Maple 源程序

```
> #example3
>dsolve(diff(y(x),x $2)+diff(y(x),x)+y(x)=0,y(x),im-
plicit);
```

$$y(x)=\_C1\,\mathbf{e}^{\left(-\frac{x}{2}\right)}\sin\left(\frac{\sqrt{3}x}{2}\right)+\_C2\,\mathbf{e}^{\left(-\frac{x}{2}\right)}\cos\left(\frac{\sqrt{3}x}{2}\right)$$

注　上面结果可扩展到 n 阶常系数齐次线性微分方程

$$y^{(n)}+p_1y^{(n-1)}+p_2y^{(n-2)}+\cdots+p_{n-1}y'+p_ny=0。$$

若对应特征方程含有一个三重实根 $r=r_0$，则对应通解中必然含有三项

$$(C_1+C_2x+C_3x^2)\mathrm{e}^{r_0x},$$

若特征方程含有一个三重共轭复根 $r=\alpha\pm\mathrm{i}\beta$，则对应通解中必然有六项

$$\mathrm{e}^{\alpha x}[(a_1+a_2x+a_3x^2)\cos\beta x+(b_1+b_2x+b_3x^2)\sin\beta x]。$$

例 7.8.4　求下列微分方程的通解：

（1）$y'''+2y''-y'-2y=0$；　　（2）$y^{(5)}+3y^{(4)}-4y''-9y'+9y=0$。

解　(1) 特征方程是

$$r^3+2r^2-r-2=0,$$

特征根为

$$r_1=-2,\ r_2=-1,\ r_3=1,$$

因此，方程的通解为

$$y=C_1\mathrm{e}^{-2x}+C_2\mathrm{e}^{-x}+C_3\mathrm{e}^{x}。$$

例 7.8.4(1) 的 Maple 源程序

```
> #example4(1)
>dsolve(diff(y(x),x $3)+2*diff(y(x),x $2)-diff(y(x),x)-
2*y(x)=0,y(x),implicit);
```

$$y(x)=\_C1\,\mathbf{e}^{x}+\_C2\,\mathbf{e}^{-2x}+\_C3\,\mathbf{e}^{x}$$

（2）特征方程是

$$r^5+3r^4-4r^2-9r+9=0,$$

特征根为

$$r_1=-3,\ r_{2,3}=1,\ r_4=-1-\sqrt{2}\mathrm{i},\ r_5=-1+\sqrt{2}\mathrm{i},$$

因此，方程的通解为

$$y=C_1\mathrm{e}^{-3x}+(C_2+C_3x)\mathrm{e}^{x}+\mathrm{e}^{-x}(C_4\cos\sqrt{2}x+C_5\sin\sqrt{2}x)。$$

例 7.8.4(2)的 Maple 源程序

```
> #example4(2)
>dsolve(diff(y(x),x$5)+3*diff(y(x),x$4)-4*diff(y(x),
x$2)-9*diff(y(x),x)+9*y(x)=0,y(x),implicit);
```

$$y(x)=\_C1\,\mathrm{e}^{(-3x)}+\_C2\,\mathrm{e}^{x}+\_C3\,\mathrm{e}^{x}x+\_C4\,\mathrm{e}^{(-x)}\sin(\sqrt{2}x)+\_C5\,\mathrm{e}^{(-x)}\cos(\sqrt{2}x)$$

7.8.2 二阶常系数非齐次线性微分方程

二阶常系数非齐次线性微分方程

$$y''+py'+qy=f(x)。\tag{7.8.3}$$

根据二阶常系数非齐次线性微分方程解的结构，其通解为 $y=Y+y^*$；其中 Y 是相应的齐次线性方程 $y''+py'+qy=0$ 的通解，而 y^* 则是 $y''+py'+qy=f(x)$ 的一个特解。

前面已经讨论了齐次方程 $y''+py'+qy=0$ 的通解问题，本节主要讨论方程(7.8.3)的特解的求法。在这里只介绍方程 $y''+py'+qy=f(x)$ 中的 $f(x)$ 取两种常见情形时，求特解 y^* 的方法，主要采用待定系数法。

1. $f(x)=p_m(x)\mathrm{e}^{\lambda x}$ 型，其中，$p_m(x)$ 是一个 m 次的多项式，λ 为常数

二阶常系数非齐次线性微分方程

$$y''+py'+qy=p_m(x)\mathrm{e}^{\lambda x}。\tag{7.8.4}$$

例如，$f(x)=p_m(x)\mathrm{e}^{\lambda x}=(x^2+1)\mathrm{e}^{2x}$，利用求导公式得

$$f'(x)=2x\mathrm{e}^{2x}+2(x^2+1)\mathrm{e}^{2x}=2\mathrm{e}^{2x}(x^2+x+1)。$$

我们发现多项式与指数函数乘积的导数仍然是同一类的函数(即仍然是多项式与指数函数的乘积)。因此可猜想特解仍然是多项式与指数函数乘积的形式，且 λ 不变。

不妨设特解 $y^*=Q(x)\mathrm{e}^{\lambda x}$，其中 $Q(x)$ 是多项式，下面确定多项式 $Q(x)$ 的次数和系数。对 $y^*=Q(x)\mathrm{e}^{\lambda x}$ 求导得

$$y^{*\prime}=Q'(x)\mathrm{e}^{\lambda x}+\lambda Q(x)\mathrm{e}^{\lambda x}=\mathrm{e}^{\lambda x}[Q'(x)+\lambda Q(x)],$$

$$y^{*\prime\prime}=\lambda e^{\lambda x}[Q'(x)+\lambda Q(x)]+e^{\lambda x}[Q''(x)+\lambda Q'(x)]$$
$$=e^{\lambda x}[Q''(x)+2\lambda Q'(x)+\lambda^2 Q(x)]。$$

将 y^*，$y^{*\prime}$，$y^{*\prime\prime}$代入原方程(7.8.4)，得

$$e^{\lambda x}[Q''(x)+2\lambda Q'(x)+\lambda^2 Q(x)]+pe^{\lambda x}[Q'(x)+\lambda Q(x)]+qQ(x)e^{\lambda x}$$
$$=p_m(x)e^{\lambda x},$$

约去 $e^{\lambda x}\neq 0$，再按 $Q''(x)$，$Q'(x)$，$Q(x)$合并，得

$$Q''(x)+(2\lambda+p)Q'(x)+(\lambda^2+p\lambda+q)Q(x)=p_m(x)。\tag{7.8.5}$$

注意到方程(7.8.5)左端仍然是多项式，方程(7.8.4)对应的齐次方程的特征方程是 $r^2+pr+q=0$。下面以特征根 r_1、r_2 与 λ 的关系分情况讨论。

(1) 若 $\lambda^2+p\lambda+q\neq 0$，则 $Q(x)$必须是一个 m 次的多项式，即 $Q(x)=Q_m(x)$。而 $\lambda^2+p\lambda+q\neq 0$ 表明 λ 不是特征方程的根(即 $\lambda\neq r_1$ 且 $\lambda\neq r_2$)，所以方程(7.8.4)的一个特解为 $y=Q(x)e^{\lambda x}=Q_m(x)e^{\lambda x}$。将 $Q_m(x)=b_0x^m+b_1x^{m-1}+\cdots+b_{m-1}x+b_m$，代入式(7.8.5)，比较等式两端 x 的同次幂的系数，就得到含有 $b_0,b_1,\cdots,b_m$ 作为未知数的 $m+1$ 个方程的联立方程组，从而可以求出 $b_0,b_1,\cdots,b_m$，故而得到所求的特解

$$y^*=Q(x)e^{\lambda x}。$$

(2) 若 $\lambda^2+p\lambda+q=0$ 但 $2\lambda+p\neq 0$，则 $Q'(x)$必须是一个 m 次的多项式，$Q(x)$应该是一个 $m+1$ 次的多项式，可取 $Q(x)=xQ_m(x)$；而 $\lambda^2+p\lambda+q=0$ 表明 λ 是特征根，$2\lambda+p\neq 0$ 表明 λ 不是特征方程的重根(即 $\lambda=r_1$ 或 $\lambda=r_2$ 且 $r_1\neq r_2$)，此时 $Q(x)=xQ_m(x)$，代入式(7.8.5)，比较等式两端 x 的同次幂的系数可以用同样的方法确定 $Q_m(x)$的系数 $b_0,b_1,\cdots,b_m$。从而方程的一个解为

$$y=xQ_m(x)e^{\lambda x}。$$

(3) 若 $\lambda^2+p\lambda+q=0$，且 $2\lambda+p=0$，则 $Q''(x)$必须是一个 m 次的多项式，$Q(x)$应该是一个 $m+2$ 次的多项式，可取 $Q(x)=x^2Q_m(x)$；而 $\lambda^2+p\lambda+q=0$ 表明 λ 是特征根，$2\lambda+p=0$ 表明 λ 是特征方程的重根(即 $\lambda=r_1=r_2$)，此时 $Q(x)=x^2Q_m(x)$，代入式(7.8.5)，比较等式两端 x 的同次幂的系数可以用同样的方法确定 $Q_m(x)$的系数 b_0，$b_1,\cdots,b_m$。从而方程的一个解为

$$y=Q(x)e^{\lambda x}=x^2Q_m(x)e^{\lambda x}。$$

综上讨论，方程 $y''+py'+qy=p_m(x)e^{\lambda x}$的一个解为 $y=x^kQ_m(x)e^{\lambda x}$，其中 $k=0,1,2$；λ 不是特征根则 $k=0$；λ 是单根则 $k=1$；λ 是重根则 $k=2$。

将 $y=x^kQ_m(x)e^{\lambda x}$代入方程 $y''+py'+qy=p_m(x)e^{\lambda x}$即可确定 m 次的

多项式 $Q_m(x)$ 的系数，从而求出 $y''+py'+qy=p_m(x)e^{\lambda x}$ 的一个特解。

求 $y''+py'+qy=p_m(x)e^{\lambda x}$ 的一个特解 $y=x^kQ_m(x)e^{\lambda x}$ 的主要步骤：

第一步　写出特征方程 $r^2+pr+q=0$，求出特征根 r_1，r_2；

第二步　根据 λ 是否是特征根，是单根还是重根确定 k 的值(0,1,2)，写出方程的一个解的形式：$y=x^kQ_m(x)e^{\lambda x}$；

第三步　将 $y=x^kQ_m(x)e^{\lambda x}$ 代入方程 $y''+py'+qy=p_m(x)e^{\lambda x}$，确定 $Q_m(x)$ 求得方程的一个特解。

例 7.8.5　求微分方程 $y''+5y'+4y=3-2x$ 的通解。

解　先求对应齐次方程的通解，特征方程 $r^2+5r+4=0$，即 $(r+4)(r+1)=0$，解得 $r_1=-4$，$r_2=-1$，所以，对应齐次方程的通解为 $Y=C_1e^{-4x}+C_2e^{-x}$。

由 $f(x)=3-2x$ 知，$m=1$，$\lambda=0$，由于 $\lambda=0$ 不是特征方程的根，故设原方程的特解为

$$y^*=a_0x+a_1,$$

求导得

$$(y^*)'=a_0,(y^*)''=0,$$

代入原方程并化简，得

$$5a_0+4a_1+4a_0x=3-2x,$$

比较两端同次幂的系数，有

$$\begin{cases}5a_0+4a_1=3,\\4a_0=-2\end{cases}$$

解得

$$a_0=-\frac{1}{2},a_1=\frac{11}{8},$$

所以原方程的特解为

$$y^*=-\frac{1}{2}x+\frac{11}{8},$$

从而原方程的通解为

$$y=C_1e^{-4x}+C_2e^{-x}-\frac{1}{2}x+\frac{11}{8}。$$

例 7.8.5 的 Maple 源程序

```
> #example5
>dsolve(diff(y(x),x $2)+5 * diff(y(x),x)+4 * y(x)=3-2 * x,
y(x),implicit);
```

$$y(x)=e^{(-4x)}\_C2+e^{(-x)}\_C1-\frac{x}{2}+\frac{11}{8}$$

例 7.8.6　求微分方程 $y''-6y'+9y=e^{3x}$ 的通解。

解　先求对应齐次方程的通解，特征方程 $r^2-6r+9=0$，即 $(r-3)^2=0$，解得 $r_1=r_2=3$，所以，对应齐次方程的通解为 $Y=(C_1+C_2x)e^{3x}$。

由 $f(x)=e^{3x}$ 知，$m=0$，$\lambda=3$，由于 $\lambda=3$ 是特征方程的重根，故设原方程的特解为

$$y^*=x^2\cdot a_0\cdot e^{3x},$$

求导得

$$(y^*)'=(2a_0x+3a_0x^2)e^{3x},$$

$$(y^*)''=(2a_0+12a_0x+9a_0x^2)e^{3x},$$

代入原方程并化简，得

$$2a_0\cdot e^{3x}=e^{3x},$$

比较两端的系数，有

$$2a_0=1,$$

解得

$$a_0=\frac{1}{2},$$

所以原方程的特解为

$$y^*=\frac{1}{2}x^2e^{3x},$$

从而原方程的通解为

$$Y=(C_1+C_2x)e^{3x}+\frac{1}{2}x^2e^{3x}。$$

例 7.8.6 的 Maple 源程序

```
> #example6
>dsolve(diff(y(x),x $2)-6 * diff(y(x),x)+9 * y(x)=exp(3 *
x),y(x),implicit);
```

$$y(x)=e^{(3x)}\_C2+e^{(3x)}x\_C1+\frac{1}{2}x^2e^{(3x)}$$

例 7.8.7　求微分方程 $y''-5y'+6y=xe^{2x}$ 的通解。

解　先求对应齐次方程的通解，特征方程 $r^2-5r+6=0$，即 $(r-2)(r-3)=0$，解得 $r_1=2$，$r_2=3$，所以，对应齐次方程的通解为 $Y=C_1e^{2x}+C_2e^{3x}$。

由 $f(x)=xe^{2x}$ 知，$m=1$，$\lambda=2$，由于 $\lambda=2$ 是特征方程的单根，故设原方程的特解为

$$y^*=x(a_0x+a_1)e^{2x},$$

求导得

$$(y^*)'=[2a_0x^2+2(a_0+a_1)x+a_1]e^{2x},$$

$$(y^*)''=[4a_0x^2+(8a_0+4a_1)x+(2a_0+4a_1)]e^{2x},$$

代入原方程并化简，得

$$-2a_0x+2a_0-a_1=x,$$

比较两端的系数，有

$$\begin{cases}-2a_0=1,\\2a_0-a_1=0,\end{cases}$$

解得

$$a_0=-\frac{1}{2},\ a_1=-1,$$

所以原方程的特解为

$$y^*=x\left(-\frac{1}{2}x-1\right)e^{2x},$$

从而原方程的通解为

$$y=C_1e^{2x}+C_2e^{3x}-\frac{1}{2}x(x+2)e^{2x}。$$

例 7.8.7 的 Maple 源程序

```
> #example7
>dsolve(diff(y(x),x $2)-5 * diff(y(x),x)+6 * y(x)=x *
exp(2 * x),y(x),implicit);
```

$$y(x)=e^{(2x)}\_C2+e^{(3x)}\_C1-\frac{1}{2}xe^{(2x)}(x+2)$$

2. $f(x)=[p_l(x)\cos\omega x+p_n(x)\sin\omega x]e^{\lambda x}$型，其中，$\lambda$，$\omega$是常数，$p_l(x)$与$p_n(x)$分别是$l$次与$n$次多项式，并且有一个可以为零

对于形如

$$y''+py'+qy=[p_l(x)\cos\omega x+p_n(x)\sin\omega x]e^{\lambda x}$$

的微分方程，可以推得，它具有如下形式的特解：

$$y^*=x^kQ_m(x)e^{(\lambda+i\omega)x}=x^ke^{\lambda x}[Q_m^{(1)}(x)\cos\omega x+Q_m^{(2)}(x)\sin\omega x],$$

其中，$Q_m^{(1)}(x)$，$Q_m^{(2)}(x)$是m次多项式，$m=\max\{l,n\}$，如果$\lambda+i\omega$不是特征根，取$k=0$；如果$\lambda+i\omega$是特征根，取$k=1$。

例 7.8.8 求微分方程$y''+y=x\cos2x$的通解。

解 先求对应齐次方程的通解，特征方程$r^2+1=0$，解得$r_1=i$，$r_2=-i$，所以，对应齐次方程的通解为$Y=C_1\cos x+C_2\sin x$。

由 $f(x)=x\cos 2x$ 知，$l=1$，$\lambda=0$，$\omega=2$，由于 $\lambda+\mathrm{i}\omega=2\mathrm{i}$ 不是特征方程的根，故设原方程的特解为

$$y^*=(a_0x+a_1)\cos 2x+(b_0x+b_1)\sin 2x,$$

求导得

$$(y^*)'=(a_0+2b_0x+2b_1)\cos 2x+(-2a_0x-2a_1+b_0)\sin 2x,$$

$$(y^*)''=(-4a_0x-4a_1+4b_0)\cos 2x-(4a_0+4b_0x+4b_1)\sin 2x,$$

代入原方程并化简，得

$$(-3a_0x-3a_1+4b_0)\cos 2x-(4a_0+3b_0x+3b_1)\sin 2x=x\cos 2x,$$

比较两端的系数，有

$$\begin{cases}-3a_0=1,\\ -3a_1+4b_0=0,\\ 3b_0=0,\\ 4a_0+3b_1=0,\end{cases}$$

解得

$$a_0=-\frac{1}{3},\ a_1=0,\ b_0=0,\ b_1=\frac{4}{9},$$

所以原方程的特解为

$$y^*=-\frac{1}{3}x\cos 2x+\frac{4}{9}\sin 2x,$$

从而原方程的通解为

$$y=C_1\cos x+C_2\sin x-\frac{1}{3}x\cos 2x+\frac{4}{9}\sin 2x。$$

例 7.8.8 的 Maple 源程序

```
> #example8
>dsolve(diff(y(x),x $2)+y(x)=x * cos(2 * x),y(x),implic-
it);
```

$$y(x)=\sin(x)\_C2+\cos(x)\_C1-\frac{1}{3}x\cos(2x)+\frac{4}{9}\sin(2x)$$

例 7.8.9　求微分方程 $y''-2y'+5y=\mathrm{e}^x\sin 2x$ 的通解。

解　先求对应齐次方程的通解，特征方程 $r^2-2r+5=0$，解得 $r_1=1+2\mathrm{i}$，$r_2=1-2\mathrm{i}$，所以，对应齐次方程的通解为 $Y=\mathrm{e}^x(C_1\cos 2x+C_2\sin 2x)$。

由 $f(x)=\mathrm{e}^x\sin 2x$ 知，$l=m=0$，$\lambda=1$，$\omega=2$，由于 $\lambda\pm\mathrm{i}\omega=1\pm 2\mathrm{i}$ 是特征方程的根，故设原方程的特解为

$$y^*=x\mathrm{e}^x(a\cos 2x+b\sin 2x),$$

求出 $(y^*)'$，$(y^*)''$ 代入原方程并化简，得

$$e^x(4b\cos2x-4a\sin2x)=e^x\sin2x,$$

比较 $\cos2x$ 与 $\sin2x$ 的系数，有

$$\begin{cases}4b=0,\\-4a=1,\end{cases}$$

解得

$$a=-\frac{1}{4},b=0,$$

所以原方程的特解为

$$y^*=-\frac{1}{4}xe^x\cos2x,$$

从而原方程的通解为

$$y=e^x(C_1\cos2x+C_2\sin2x)-\frac{1}{4}xe^x\cos2x。$$

例 7.8.9 的 Maple 源程序

```
> #example9
> dsolve(diff(y(x),x $ 2)-2 * diff(y(x),x)+5 * y(x) =exp(x)
* sin(2 * x),y(x),implicit);
```

$$y(x)=e^x\sin(2x)\_C2+e^x\cos(2x)\_C1-\frac{1}{4}e^x\cos(2x)x$$

习题 7.8

1. 求下列微分方程的通解：

(1) $y''+5y'+6y=0$；　(2) $2y''+y'+y=0$；

(3) $y''+6y'+9y=0$；　(4) $y''-4y'+4=0$；

(5) $y''-2y'-3y=2x+1$；　(6) $y''+y'-2y=2e^x$；

(7) $y''-y=\sin^2x$；　(8) $y''+3y'+2y=3xe^{-x}$。

2. 求下列微分方程满足已给初始条件的特解：

(1) $y''-4y'+3y=0$，$y\big|_{x=0}=6$，$y'\big|_{x=0}=10$；

(2) $4y''-4y'+y=0$，$y\big|_{x=0}=1$，$y'\big|_{x=0}=2$；

(3) $y''-3y'+2y=5$，$y\big|_{x=0}=1$，$y'\big|_{x=0}=2$；

(4) $4y''+16y'+15y=4e^{-\frac{3}{2}x}$，$y\big|_{x=0}=3$，$y'\big|_{x=0}=-\frac{11}{2}$；

(5) $y''-3y'-4y=0$，$y\big|_{x=0}=0$，$y'\big|_{x=0}=-5$；

(6) $y''+4y'+29y=0$，$y\big|_{x=0}=0$，$y'\big|_{x=0}=15$；

(7) $y''-y=4xe^x$，$y\big|_{x=0}=0$，$y'\big|_{x=0}=1$；

(8) $y''-4y'=5$，$y\big|_{x=0}=1$，$y'\big|_{x=0}=0$。

3. 大炮以仰角 α、初速度 v_0 发射炮弹，若不计空气阻力，求弹道曲线。

4. 设函数 $\varphi(x)$ 连续，且满足

$$\varphi(x)=e^x+\int_0^x t\varphi(t)\,dt-x\int_0^x\varphi(t)\,dt,$$

求 $\varphi(x)$。

5. 一链条悬挂在一钉子上，起动时一端离开钉子 8m，另一端离开钉子 12m，分别在以下两种情况下求链条滑下来所需要的时间：

(1) 若不计钉子对链条所产生的摩擦力；

(2) 若摩擦力的大小等于 1m 长的链条所受重力的大小。

总 习 题 7

1. 填空题：

(1) $xy''+y'''+x^2y=x^4+2$ 是________阶微分方程。

(2) 一个三阶微分方程的通解应含有________个独立的常数。

(3) 微分方程 $y'=-\frac{x}{y}$ 的通解为________。

(4) 已知 $y=1$，$y=x$，$y=x^2$ 是某二阶非齐次线性微分方程的三个解，则该方程的通解为______。

(5) 以 $y=C_1e^x+C_2xe^x$ 为通解的微分方程为________。

2. 选择题：

(1) (　　)是微分方程 $y''+2y'+y=0$ 的解。

A. xe^x　　B. $-xe^x$

C. x^2e^{-x}　　D. xe^{-x}

(2) 微分方程 $y''-4y'+4y=0$ 的两个线性无关的解是(　　)。

A. e^{2x} 与 $2e^{2x}$　　B. e^{2x} 与 xe^{2x}

C. e^{-2x} 与 $2e^{-2x}$　　D. e^{-2x} 与 xe^{-2x}

(3) 若 $y_1(x)$ 与 $y_2(x)$ 是某个二阶常系数齐次线性方程的解，则 $C_1y_1(x)+C_2y_2(x)$（C_1，C_2 为任意常数）一定是该方程的(　　)。

A. 通解　　B. 特解

C. 解　　D. 全部解

(4) 下列方程中是线性微分方程的是(　　)。

A. $\sin(y')+xy=e^x$　　B. $xy''+3y'+xy=e^x$

C. $(y')^2+6y=0$　　D. $y''+\sin y=8x$

(5) 具有特解 $y_1=e^{-x}$，$y_2=2xe^{-x}$，$y_3=3e^x$ 的三阶常系数齐次线性微分方程是(　　)。

A. $y'''+y''-y'-y=0$　　B. $y'''-y''-y'+y=0$

C. $y'''-6y''+11y'-6y=0$　　D. $y'''-2y''-y'+2y=0$

3. 求下列微分方程的通解：

(1) $xy'+y=2\sqrt{xy}$；　(2) $xy'\ln x+y=ax(\ln x+1)$；

(3) $y''+2(y')^2+1=0$；　(4) $yy''-(y')^2 11=0$；

(5) $dx+xydy=y^2dx+ydy$；

(6) $xy'+y-e^x=0$；　(7) $y''-2y'+3y=0$；

(8) $y''-y'=4xe^x$。

4. 求下列微分方程满足初始条件的特解：

(1) $xdy-e^{-y}dx=dx$，$y\big|_{x=1}=0$；

(2) $y'+3y=e^{2x}$，$y\big|_{x=1}=e^2$；

(3) $y''-8y'+25y=0$，$y\big|_{x=0}=0$，$y'\big|_{x=0}=4$；

(4) $y''-3y'+2y=5$，$y\big|_{x=0}=1$，$y'\big|_{x=0}=2$；

(5) $y''-a(y')^2=0$，$y\big|_{x=0}=0$，$y'\big|_{x=0}=-1$；

(6) $y''+2y'+y=\cos x$，$y\big|_{x=0}=0$，$y'\big|_{x=0}=\frac{3}{2}$。

5. 已知曲线 $y=f(x)$ 过点 $\left(0,-\frac{1}{2}\right)$，且其上任一点 (x,y) 处切线斜率为 $x\ln(1+x^2)$，试求该曲线方程。

6. 求满足微分方程 $y''-4y'+3y=0$ 的一条积分曲线，使其在点 $M(0,2)$ 处与直线 $x-y+2=0$ 相切。

7. 求满足下列方程的可微函数 $f(x)$：

(1) $f(x)=\int_0^x f(t)dt+e^x$；

(2) $f(x)=\int_0^{2x} f\left(\frac{t}{2}\right)dt+\ln 2$。

8. 已知某曲线经过点 $(1,1)$，它上面任意点的切线在纵轴上的截距等于该点的横坐标，求它的方程。

9. 已知某车间的容积为 30m×30m×6m，其中的空气含 0.12% 的 CO_2（以容积计算），现以含 CO_2 0.04%的新鲜空气输入，问每分钟输入多少，才能在 30min 后使车间空气中 CO_2 的含量不超过 0.06%？（假定输入的新鲜空气与原有空气很快混合均匀后，以相同的流量排出。）

10. 设可导函数 $\varphi(x)$ 满足

$$\varphi(x)\cos x+2\int_0^x \varphi(t)\sin t\,dt=x+1$$

求 $\varphi(x)$。

习题参考答案

第 1 章

习题 1.1

1. (1) $\{x \mid x \neq -1 \text{ 且 } x \neq 1\}$；(2) $\left[-\dfrac{2}{3}, +\infty\right)$；(3) $[-1,0) \cup (0,1]$；(4) $(-2,2)$；

   (5) $[0,+\infty)$；(6) $\left\{x \mid x \neq \dfrac{\pi}{2} - 1 + k\pi, k \in \mathbf{Z}\right\}$；(7) $[2,4]$；(8) $(-\infty,0) \cup (0,3]$；

   (9) $(-1,+\infty)$；(10) $(-\infty,0) \cup (0,+\infty)$。

2. (1) 不同，定义域不同；(2) 相同；(3) 不相同，定义域不同。
3. (1) 偶函数；(2) 非奇非偶函数；(3) 非奇非偶函数；(4) 奇函数；(5) 偶函数；(6) 奇函数。
4. 定义域：$(-\infty,4]$；$f(-2)=0$，$f(1)=3$。
5. (1) 周期函数，$T=\dfrac{\pi}{2}$；(2) 周期函数，$T=2\pi$；

   (3) 周期函数，$T=\pi$；(4) 周期函数，$T=2$。

习题 1.2

1. (1) $y=\sqrt{u}, u=1+x^2$；(2) $y=\ln u, u=1-x^2$；(3) $y=u^5$，$u=\sin v, v=x^3+1$；

   (4) $y=e^u, u=v^2, v=\sin x$；(5) $y=\arcsin u, u=\sqrt{v}, v=x^2-1$；

   (6) $y=\arctan u, u=1+\sqrt{v}$，$v=1+x^2$。

2. (1) $y=x^3-2$；(2) $y=\dfrac{1-x}{1+x}$；(3) $y=e^{x-1}-2$；(4) $y=\dfrac{1}{3}\arcsin\dfrac{x}{2}$。

习题 1.3

1. (1) 1；(2) 0；(3) 2；(4) 1；(5) 不存在；(6) 不存在。
2. 略。
3. 略。

习题 1.4

1. (1) 2；(2) 0；(3) 0；(4) 0；(5) 0；(6) 不存在。
2. (1) 1；(2) 不存在；(3) 6；(4) 不存在。
3. 略。
4. (1)(2)(3)(4)(8) 是无穷小；(5)(6)(7) 是无穷大。
5. (1) 0；(2) 0；(3) 0。
6. (1) $\dfrac{3}{4}$；(2) $\dfrac{1}{3}$；(3) 2；(4) 3；(5) 不存在；(6) $\dfrac{1}{2}$；(7) 1；(8) a；(9) $\dfrac{2}{3}$；

（10）$\frac{\sqrt{2}}{2}$；（11）1；（12）x；（13）-1；（14）e^3；（15）e^3；（16）e^{-3}。

习题 1.5

1.（1）不连续；（2）连续。

2.（1）$x_1=-2$，$x_2=1$ 是无穷间断点；（2）$x_1=1$ 是可去间断点，$x_2=2$ 是无穷间断点；
（3）$x=0$ 是无穷间断点；（4）$x=0$ 是可去间断点。

3. $k=\frac{1}{3}$。

4. 略。

5. 略。

总习题 1

1.（1）A；（2）B；（3）A；（4）B；（5）D；（6）A；（7）C；（8）D；（9）C；（10）B；（11）A；（12）D；
（13）B；（14）D；（15）B。

2.（1）$(-\infty,0]$；（2）$[1,e]$；（3）$[0,\tan 1]$；（4）$\left[2k\pi-\frac{\pi}{2},2k\pi+\frac{\pi}{2}\right]$，$k\in\mathbf{Z}$。

3.（1）不相同；（2）不相同。

4.（1）6；（2）$\frac{2}{3}$；（3）$\frac{1}{4}$；（4）2；（5）1；（6）4；（7）e^{-6}；（8）2；（9）1。

5. $a=-3$，$b=2$。

6~12. 略。

第 2 章

习题 2.1

1. $(a+b)f'(x)$。

2. $f'(0)=1$。

3.（1）$-f'(x_0)$；（2）$f'(x_0)$；（3）$2f'(x_0)$；（4）$-\frac{1}{3f'(x_0)}$。

4. 切线方程为 $4x+y-4=0$，法线方程为 $2x-8y+15=0$。

5. $f'(0)=0$。

6. $f'_+(0)=0$，$f'_-(0)=1$，$f(x)$ 在 $x=0$ 处不可导。

7.（1）连续而不可导；（2）连续且可导。

8. 连续且可导。

9. 左导数 $f'_-(1)=2$，右导数 $f'_+(1)$ 不存在，$f(x)$ 在 $x=1$ 处不可导。

10. $a=1$，$b=1$。

11. $a=2$，$b=-1$。

12.（1）$n\geqslant1$；（2）$n\geqslant2$；（3）$n\geqslant3$。

习题 2.2

1.（1）$y'=4x$；（2）$y'=3x^2+2^x\ln 2$；

（3）$y'=\frac{7}{3}x^{\frac{4}{3}}$；（4）$y'=\frac{1}{2}-\frac{2}{x^2}$；

（5）$y'=\log_2 x+\frac{1}{\ln 2}$；（6）$y'=x(2\ln x+1)$；

(7) $y'=e^x(\sin x+\cos x)$； (8) $y'=-\dfrac{2}{(1+x)^2}$；

(9) $y'=\dfrac{1-x^2}{(1+x^2)^2}$； (10) $y'=\dfrac{1-\cos x-x\sin x}{(1-\cos x)^2}$；

(11) $y'=\dfrac{\arctan x}{2\sqrt{x}}+\dfrac{\sqrt{x}}{x^2+1}$； (12) $y=\arccos x$。

2. (1) $y'=\dfrac{x}{\sqrt{x^2+3}}$； (2) $y'=4(2x-1)$；

(3) $y'=\dfrac{2x}{x^2+1}$； (4) $y'=2x\cos x^2$；

(5) $y'=2e^{2x+1}$； (6) $y'=\cot x$；

(7) $y'=4x\tan x^2\sec^2 x^2$； (8) $y'=3^{\sin x}\cdot\ln 3\cdot\cos x$；

(9) $y'=-e^{-x}(\cos x^2+2x\sin x^2)$； (10) $y'=\dfrac{2e^x\arcsin e^x}{\sqrt{1-e^{2x}}}$；

(11) $y'=\dfrac{2}{x^2}\cos\dfrac{1}{x}\sin\dfrac{1}{x}$； (12) $y=(1+x^2)^{\arctan x}\left[\dfrac{\ln(1+x^2)}{1+x^2}+\dfrac{2x\arctan x}{1+x^2}\right]$。

3. (1) 5； (2) 0； (3) $-\dfrac{1}{\pi^2}$。

4. $\dfrac{d}{dx}f(h(x))\Big|_{x=0}=5e^{\frac{1}{3}}\sin^2(\sin 1)$。

5. 略。

6. 切线方程为 $2x-y=0$，法线方程为 $x+2y=0$。

7. $\dfrac{f(x)f'(x)+g(x)g'(x)}{\sqrt{f^2(x)+g^2(x)}}$。

8. (1) $2xf'(x^2)$； (2) $\sin 2xf'(\sin^2 x)+\dfrac{f'(\arcsin x)}{\sqrt{1-x^2}}$。

9. $-99!$。

10. $\dfrac{1}{x}$。

习题 2.3

1. (1) $y'=\dfrac{2}{3y^2+1}$； (2) $y'=\dfrac{4x}{e^y+1}$；

(3) $y'=-\dfrac{2xy^2}{x^2y+1}$； (4) $y'=\dfrac{1}{(1-\cos y)x}$。

2. (1) $y'=x^x(1+\ln x)$；

(2) $y'=\dfrac{1}{2}\sqrt{\dfrac{(x-1)(x-2)}{(x-3)(x-4)}}\left(\dfrac{1}{x-1}+\dfrac{1}{x-2}-\dfrac{1}{x-3}-\dfrac{1}{x-4}\right)$；

(3) $y'=\left(\dfrac{1}{1+x}\right)^x\left(\ln\dfrac{1}{1+x}-\dfrac{x}{1+x}\right)$；

(4) $y'=\dfrac{\sqrt[3]{x-1}}{(x+1)e^x}\left[\dfrac{1}{3(x-1)}-\dfrac{1}{x+1}-1\right]$。

3. (1) $\dfrac{dy}{dx}=\dfrac{e^y\cos t}{2(2-y)(3t+1)}$； (2) $\dfrac{dy}{dx}=\dfrac{1}{2t}$。

4. $y'=\dfrac{e^x-y}{e^y+x}$，$y'\big|_{x=0}=1$。

5. 略。

6. $bx+ay-\sqrt{2}ab=0$。

7. 切线方程：$x+y-\sqrt{2}a=0$；法线方程：$x-y=0$。

8. 速度大小：$v=\sqrt{v_1^2+(v_2-gt)^2}$；运动方向：水平方向。

9. 1。

10. $f'(x)=\begin{cases}3x^2\sin\dfrac{1}{x}-x\cos\dfrac{1}{x}, & x\neq 0,\\ 0, & x=0。\end{cases}$

习题 2.4

1. (1) $f''(1)=26$，$f^{(4)}(1)=0$；(2) $f''(1)=-\dfrac{3}{4\sqrt{2}}$，$f''(-1)=\dfrac{3}{4\sqrt{2}}$；

(3) 1；(4) $y''=\dfrac{2-x^2}{(1-x^2)^{\frac{3}{2}}}$。

2. (1) $\dfrac{2y}{x^2}$；(2) $-\dfrac{y}{[1-\cos(x+y)]^3}$；(3) $\dfrac{2(e^y-x)y-y^2e^y}{(e^y-x)^3}$；(4) $\dfrac{1}{y}-\dfrac{x^2}{y^3}$。

3. (1) $y^{(n)}=-3^n\cdot(n-1)!(1-3x)^{-n}$；(2) $y^{(n)}=n!+(-1)^n\cdot e^x$；

(3) $y^{(n)}=e^x[(x^2+2x+2)+n(2x+2)+n\cdot(n-1)]$；

(4) $y^{(n)}=\dfrac{1}{2}\left[\dfrac{n!}{(1-x)^{n+1}}-(-1)^n\dfrac{n!}{(1+x)^{n+1}}\right]$；(5) $y^{(n)}=(\sqrt{2})^n e^x\sin\left(x+n\cdot\dfrac{\pi}{4}\right)$；

(6) $y^{(n)}=\dfrac{n!}{(1+x)^{n+1}}$。

4. $y''=-\dfrac{b^4}{a^2y^3}$。

5. $y''\big|_{x=0}=2e^2$。

6. (1) $\dfrac{3}{4(1-t)}$；(2) $2\dfrac{x^2+y^2}{(x-y)^3}$。

7. $\dfrac{dy}{dx}=-\sqrt[3]{\dfrac{y}{x}}$，$\dfrac{d^2y}{dx^2}=\dfrac{1}{3a\cos^4t\sin t}$。

8. (1) 略；(2) $y^{(2n+1)}(0)=0(n=0,1,2,\cdots)$，$y^{2n}(0)=2[(2n-2)!!]^2(n=1,2,\cdots)$。

9. $\dfrac{6}{25}e^{3t}$。

10. $6xf'(x^3)+9x^4f''(x^3)$。

11. $f'''(2)=207360\dfrac{d^2x}{dy^2}$。

习题 2.5

1. 当 $\Delta x=0.1$，$\Delta y-dy=0.01$；当 $\Delta x=0.01$，$\Delta y-dy=0.0001$。

2. (1) $dy=\dfrac{x\cos x-\sin x}{x^2}dx$；　(2) $dy=(2x\ln(x^2)+2x-\sin x)dx$；

(3) $dy=ae^{\sin(ax+b)}\cos(ax+b)dx$；　(4) $dy=\ln x dx$；

(5) $dy=\frac{1+3x^2-2x}{(1-x^2)^2}dx$；　　(6) $dy=\ln(1+x+\sqrt{2x+x^2})dx$。

3. (1) $dy=\frac{6}{3x+1}\sin(\ln(3x+1))\cos(\ln(3x+1))dx$；(2) $dy=\frac{3dt}{3t+1}=\frac{6\sin x\cos x}{3\sin^2 x+1}dx$；

(3) $dy=\frac{3}{2}\sqrt{x^2-2x+5}(3x^2-2)dx$；　　(4) $dy=\frac{2\ln(1+x^2-\cot x)}{(1+x^2-\cot x)[1+\ln(1+x^2-\cot x)]^4}\left(2x+\frac{1}{\sin^2 x}\right)dx$。

4. $df(e)=2dx$。

5. (1) $-\frac{1}{x}+C$；　　(2) $\frac{1}{3}e^{3x}+C$；

(3) $-\frac{1}{3}\cos 3x+C$；　　(4) $\frac{1}{3}x^3+C$；

(5) $2\sqrt{x-1}+C$；　　(6) $\frac{1}{3}\tan 3x+C$。

6. (1) $dy=-2dx$；　　(2) $dy=2edx$。

7. $-\frac{e^{x+y}+y}{e^{x+y}+x}dx$。

8. 0。

9. $e^{f(x)}\left[\frac{1}{x}f'(\ln x)+f'(x)f(\ln x)\right]dx$。

习题 2.6

1. (1) 0.7194；　(2) 1.004；　(3) 1.0434；　(4) 2.7455。

2. 略。

3. 1.16g。

4. 3.57‰。

5. 19.63cm^3。

6. (1) 30°47″；　(2) 60°2′。

7. 水的质量为16747kg，最大绝对误差为251kg，最大相对误差为1.5%。

总习题 2

1. (1) A；(2) C；(3) A；(4) D；(5) C；(6) B；(7) C；(8) D；(9) B；(10) D。

2. (1) $2f'(x_0)$；　　(2) $e^{\sin x}\cos x f'(e^{\sin x})$；

(3) $(\Delta x)^2$；　　(4) -1，1，不存在；

(5) $\sqrt{3}$；　　(6) 1；

(7) 平均变化率，变化率；　　(8) $x>0$。

3. (1) $g(x)=\begin{cases}-\sqrt{\frac{1-x}{2}}, & x<-1,\\ \sqrt[3]{x}, & -1\leqslant x\leqslant 27,\\ \frac{1}{7}(x-6), & 27<x。\end{cases}$

(2) $g(x)$在$(-\infty,+\infty)$连续，无间断点；$g(x)$有不可导点，且不可导点为$x=-1,x=0,x=27$。

4. $f'(x)$在$x=0$处连续。

5. $f'(x)$存在，且$f'(x)=2x+5f'(0)$。

6. $y=(x-a)\cos a+\sin a$。

7. $a=\frac{f''(0)}{2}$，$b=f'(0)$，$c=f(0)$。

8. 略。

9. 切线方程为 $y=x-1$，法线方程为 $y=-x+3$。

10. (1) $y'=\log_2 x+\frac{1}{\ln 2}$；　(2) $y'=\frac{2}{\sin 2x}$；

(3) $y'=\frac{e^{\arctan\sqrt{x}}}{2\sqrt{x(1+x)^2}}$；　(4) $y'=\frac{ay-x^2}{y^2-ax}$；

(5) $y'=\frac{1}{3}\sqrt[3]{\frac{x(x^2+1)}{(x^2-1)^2}}\left(\frac{1}{x}+\frac{2x}{x^2+1}-\frac{4x}{x^2-1}\right)$；　(6) $f'(x)=\begin{cases}\cos x, & x<0,\\ 1, & x\geqslant 0。\end{cases}$

11. 略。

12. (1) $b=-\frac{1}{3}$；(2) $y=7x+3$ 与 $y=3x+3$。

13. $\frac{d^2x}{dy^2}=-2xe^{-2x^2}$，$\varphi''(1)=0$。

14. (1) $f'(x)=\begin{cases}\frac{(g'(x)+e^{-x})x-g(x)+e^{-x}}{x^2}, & x\neq 0,\\ \frac{1}{2}(g'(0)-1), & x=0;\end{cases}$

(2) $f'(x)$ 在 $x=0$ 处连续，从而在 $(-\infty,+\infty)$ 上连续。

15. (1) $f'(x)=f'(0)[1+f^2(x)]$；(2) $f(x)=\tan[f'(0)x]$。

16. (1) $y^{(n)}=\frac{(-1)^{n-1}(n-1)!}{x^n}$；(2) $y^{(n)}=a^n e^{ax}$；(3) $y^{(n)}=(-1)^n\frac{n!}{(1+x)^{n+1}}$；

(4) $y^{(n)}=-2^{n-1}\cos\left(2x+\frac{n\pi}{2}\right)+\frac{1}{2}\cdot 4^{n-1}\cos\left(4x+\frac{n\pi}{2}\right)$。

17. (1) $y^{(4)}=0$；(2) $y'''=(12x-8x^3)e^{-x^2}$；(3) $y^{(5)}=\frac{24}{(1+x)^5}$；

(4) $y^{(10)}=\frac{2}{3}\left(\frac{2}{3}-1\right)\cdots\left(\frac{2}{3}-9\right)(x+1)^{\frac{28}{3}}-\frac{1}{3}\left(\frac{1}{3}+1\right)\cdots\left(\frac{1}{3}+9\right)(x+1)^{\frac{31}{3}}$。

18. 略。

19. $dy\big|_{x=1}=-dx$。

20. 略。

21. $\frac{dy}{dx}=\frac{t}{2}$。

22. $dy=\frac{x+y}{x-y}dx$。

23. $\left.\frac{d^2y}{dx^2}\right|_{x=0}=0$。

24. $dy=9x^2\arcsin x\,dx$；$d^2y=9\left(2x\arcsin x+\frac{x^2}{\sqrt{1-x^2}}\right)dx^2$。

25. $f(x)=xe^{x+1}$。

26. $\frac{dy}{dx}=-\frac{x}{t}\cos t\left(1+\frac{1}{e^{1+\sin t}}\right)$。

27. （1）0.01； （2）0.60062；

（3）5.08； （4）0.7194。

28. 0.93%。

29. 不正常。

第3章

习题3.1

1~15. 略。

习题3.2

1. 单调增加函数。
2. 单调增加函数。
3. （1）单调减少函数；（2）单调减少函数；（3）单调增加函数。
4. （1）单调减少区间为$(-\infty,0)$，单调增加区间为$(0,+\infty)$；

（2）单调减少区间为$(-\infty,-1)$，单调增加区间为$(-1,+\infty)$；

（3）单调减少区间为$(-1,1)$，单调增加区间为$(-\infty,-1)\cup(1,+\infty)$；

（4）单调减少区间为$(2,3)\cup(3,+\infty)$，单调增加区间为$(-\infty,1)\cup(1,2)$；

（5）单调减少区间为$(-\infty,2)$，单调增加区间为$(2,+\infty)$；

（6）单调减少区间为$(-\sqrt{2},0)\cup(\sqrt{2},+\infty)$，单调增加区间为$(-\infty,-\sqrt{2})\cup(0,\sqrt{2})$。

5. 单调减少区间为$(1,2)$，单调增加区间为$(-\infty,1)\cup(2,+\infty)$。
6. 方程没有实根。
7. 略。

习题3.3

1. （1）$\frac{1}{3}$；（2）-2；（3）$-\frac{1}{8}$；（4）1；（5）2；（6）0；（7）1；（8）2；（9）$-\frac{1}{2}$；（10）1；

（11）-1；（12）∞；（13）0；（14）$-\frac{1}{2}$；（15）$\ln\frac{a}{b}$；（16）∞；（17）-2；（18）0；（19）∞；

（20）$\frac{a}{b}$；（21）∞；（22）$\frac{1}{2}$；（23）1。

2. （1）∞；（2）$\frac{1}{2}$；（3）1；（4）1；（5）$\frac{1}{e}$；（6）0；（7）1；（8）0；（9）0；（10）0；（11）0。

习题3.4

1. （1）$\frac{1}{1-x}=1+x+x^2+\cdots+x^n+o(x^n)$；

（2）$\ln(1-x)=x+\frac{x^2}{2}+\frac{x^3}{3}+\cdots+\frac{x^n}{n}+o(x^n)$；

（3）$\frac{1}{\sqrt{1-2x}}=1+x+\frac{1\times3}{2!}x^2+\frac{1\times3\times5}{3!}x^3+\cdots+\frac{1\times3\times\cdots\times(2n-1)}{n!}x^n+o(x^n)$。

2. （1）$\frac{1}{x}=-1-(x+1)-(x+1)^2-(x+1)^3-\cdots-(x+1)^n+o[(x+1)^n]$；

（2）$\ln x=(x-1)-\frac{(x-1)^2}{2}+\frac{(x-1)^3}{3}-\cdots+(-1)^{n-1}\frac{(x-1)^n}{n}+o[(x-1)^n]$；

（3）$e^{2x}=e^2+2e^2(x-1)+\frac{2^2e^2}{2!}(x-1)^2+\frac{2^3e^2}{3!}(x-1)^3+\cdots+\frac{2^ne^2}{n!}(x-1)^n+o[(x-1)^n]$；

（4）$\sin x=\sin\frac{\pi}{4}+\sin\frac{3\pi}{4}\cdot\left(x-\frac{\pi}{4}\right)+\frac{\sin\frac{5\pi}{4}}{2!}\left(x-\frac{\pi}{4}\right)^2+\frac{\sin\frac{7\pi}{4}}{3!}\left(x-\frac{\pi}{4}\right)^3+\cdots+\frac{\sin\frac{(2n+1)\pi}{4}}{n!}\left(x-\frac{\pi}{4}\right)^n+$

$o\left[\left(x-\frac{\pi}{4}\right)^n\right]$。

3. （1）$x+\frac{1}{3}x^3+\frac{2}{15}x^5$；（2）$x-\frac{1}{3}x^3+\frac{2}{15}x^5$；（3）$-\frac{1}{2}x^2-\frac{1}{12}x^4$；

（4）$1+x+\frac{1}{2}x^2$；（5）$x-\frac{1}{3}x^3$。

4. $x+\frac{1}{3}x^3+\frac{2}{15}x^5+o(x^5)$。

习题 3.5

1. （1）极小值$f(-1)=-2$；（2）极大值$f(0)=-1$；（3）极小值$f(0)=1$；（4）极小值$f\left(\frac{3}{2}\right)=-\frac{27}{16}$；

（5）极大值$f(3)=108$，极小值$f(5)=0$；（6）极大值$f(0)=0$，极小值$f\left(\frac{2}{5}\right)=-\frac{3}{25}\sqrt[3]{20}$；

（7）极小值$f(0)=0$；（8）极大值$f(0)=4$，极小值$f(-2)=\frac{8}{3}$；（9）极大值$f\left(\frac{3}{2}\right)=\frac{27}{16}$；

（10）极大值$f(1)=1$，极小值$f(-1)=-1$；（11）极大值$f(0)=0$，极小值$f(1)=-3$；

（12）极小值$f(6)=108$。

2. （1）最小值$-\frac{27}{16}$，最大值 0；（2）最小值-71，最大值 10；（3）最小值$\sqrt{6}-5$，最大值$\frac{5}{4}$；

（4）最小值 0，最大值 16。

3. （1）凹区间$(-\infty,0)\cup(1,+\infty)$，凸区间$(0,1)$，拐点$(0,0)$，$(1,-1)$；

（2）凹区间$(2,+\infty)$，凸区间$(-\infty,2)$，拐点$(2,2e^{-2})$；

（3）凹区间$(1,+\infty)$，凸区间$(0,1)$，拐点$(1,-7)$；

（4）凹区间$(-\sqrt{3},0)\cup(\sqrt{3},+\infty)$，凸区间$(-\infty,-\sqrt{3})\cup(0,\sqrt{3})$，拐点$(0,0)$，$\left(\sqrt{3},\frac{\sqrt{3}}{4}\right)$，$\left(-\sqrt{3},-\frac{\sqrt{3}}{4}\right)$；

（5）凹区间$\left(\frac{1}{2},+\infty\right)$，凸区间$\left(-\infty,\frac{1}{2}\right)$，拐点$\left(\frac{1}{2},\frac{13}{2}\right)$；

（6）凹区间$\left(-\frac{\sqrt{6}}{2},0\right)\cup\left(\frac{\sqrt{6}}{2},+\infty\right)$，凸区间$\left(-\infty,-\frac{\sqrt{6}}{2}\right)\cup\left(0,\frac{\sqrt{6}}{2}\right)$，拐点$(0,0)$，$\left(\frac{\sqrt{6}}{2},\frac{\sqrt{6}}{2}e^{-\frac{3}{2}}\right)$，

$\left(-\frac{\sqrt{6}}{2},-\frac{\sqrt{6}}{2}e^{-\frac{3}{2}}\right)$。

4. 略。

5. $a=-\frac{3}{2}$，$b=\frac{9}{2}$。

6. 略。

7. $a=0$，$b=-3$，$c=-24$，$d=16$。

8. 略。

9. 拐点$(k\pi,(-1)^k e^{k\pi})$ $k=0,\pm1,\pm2,\cdots$。

10. 拐点$(0,0)$，$(1,4)$，$(-1,-4)$。

11. 略。

习题 3.6

1. (1) $K=\frac{\sqrt{2}}{4}$；(2) $K=\frac{2}{a\pi}$；(3) $K=\frac{\sqrt{2}}{6}$；(4) $K=2$；(5) $K=\frac{a^4b^4}{(a^4y_0^2+b^4x_0^2)^{3/2}}$；(6) $K=\frac{b}{a^2}$。

2. $\left(\frac{9}{8},\pm3\right)$。

3. $\left(\ln\frac{\sqrt{2}}{2},\ \frac{\sqrt{2}}{2}\right)$。

4. $a=\pm\frac{1}{2}$，$b=0$，c 为任意常数。

总习题 3

1. (1) $(-\infty,-1)$；(2) $f(a)$。

2. (1) C；(2) C；(3) C；(4) C。

3~5. 略。

6. $\frac{3}{2}$。

7. 略。

8. 略。

9. $a=2$，极大值$f\left(\frac{\pi}{3}\right)=\sqrt{3}$。

10. $\left(\frac{3}{4},\frac{9}{4}\right)$。

11. $x=\frac{\sqrt{2}}{2}$处的曲率半径最小，此时曲率半径为$\frac{3\sqrt{3}}{2}$。

第 4 章

习题 4.1

1. (1) $\frac{1}{3}x^3+2x^2-3x+C$；
(2) $\frac{1}{2}\tan x+C$；
(3) $\frac{4^x}{\ln4}+2\cdot\frac{6^x}{\ln6}+\frac{9^x}{\ln9}+C$；
(4) $\frac{4}{7}x^{\frac{7}{4}}+C$；
(5) $-\frac{1}{x}-3\ln|x|+3x-\frac{1}{2}x^2+C$；
(6) $x-\arctan x+C$；
(7) $x-\cos x+\sin x+C$；
(8) $\frac{1}{4}\ln\left|\frac{x-1}{x+3}\right|+C$；
(9) $27x-9x^3+\frac{9}{5}x^5-\frac{1}{7}x^7+C$；
(10) $\frac{1}{2}x^2+\frac{4}{3}x^{\frac{3}{2}}+x+C$；
(11) $\frac{1}{2}e^{2x}-e^x+x+C$；
(12) $-\frac{1}{3}\cot^3x-\cot x+C$；
(13) $3e^x-\ln|x|+\tan x+2x+C$；
(14) $(\sin x+\cos x)\operatorname{sgn}(\cos x-\sin x)+C$。

2. D。

3. B。

4. $\int p(x)\,dx=\frac{a_0}{n+1}x^{n+1}+\frac{a_1}{n}x^n+\cdots+\frac{a_{n-1}}{2}x^2+a_nx+C$。

5. $y=\ln|x|+1$。

习题 4.2

(1) $\ln|x+a|+C$；

(2) $-\frac{2}{5}\sqrt{2-5x}+C$；

(3) $-\frac{1}{2}e^{-x^2}+C$；

(4) $\ln|\ln(\ln x)|+C$；

(5) $\frac{1}{3}\ln^3 x+C$；

(6) $2\arctan\sqrt{x}+C$；

(7) $\frac{1}{\sqrt{6}}\arctan\left(\sqrt{\frac{3}{2}}x\right)+C$；

(8) $\frac{1}{\sqrt{2}}\arctan\left(\frac{1}{\sqrt{2}}\tan x\right)+C$；

(9) $-\frac{1}{\arcsin x}+C$；

(10) $\frac{1}{6}\sin^6 x+C$；

(11) $\frac{1}{3}[(x+1)^{\frac{3}{2}}-(x-1)^{\frac{3}{2}}]+C$；

(12) $\frac{1}{\sqrt{2}}\arctan\frac{x^2-1}{\sqrt{2}x}+C$；

(13) $\frac{1}{4}\ln^2\frac{1+x}{1-x}+C$；

(14) $\ln\left|\tan\frac{x}{2}\right|+C$；

(15) $-\frac{3}{140}(9+12x+14x^2)(1-x)^{\frac{4}{3}}+C$；

(16) $\frac{3}{2}\arcsin\frac{x-1}{\sqrt{3}}-\frac{x-1}{2}\sqrt{2+2x-x^2}+C$；

(17) $-\frac{2}{15}(32+8x+3x^2)\sqrt{2-x}+C$；

(18) $-2e^{-\frac{x}{2}}-x+2\ln(1+e^{\frac{x}{2}})+C$；

(19) $\frac{x}{2}\sqrt{a^2+x^2}-\frac{a^2}{2}\ln(x+\sqrt{a^2+x^2})+C$；

(20) $-\ln\left|\frac{1+\sqrt{x^2+1}}{x}\right|+C$；

(21) $\sqrt{x^2-9}-3\arccos\frac{3}{|x|}+C$；

(22) $-\frac{1}{14}\ln|2+x^7|+\frac{1}{2}\ln|x|+C$；

(23) $-e^{-x}\cdot\arctan e^x+x-\frac{1}{2}\ln|1+e^{2x}|+C$；

(24) $\frac{2}{3}\frac{2x+1}{\sqrt{1+x+x^2}}+C$。

习题 4.3

1. (1) $-\frac{1}{2}(x^2+1)e^{-x^2}+C$；

(2) $\frac{x^{n+1}}{n+1}\left(\ln x-\frac{1}{n+1}\right)+C$；

(3) $x\arcsin x+\sqrt{1-x^2}+C$；

(4) $\left(\frac{1}{4}-\frac{1}{2}x^2\right)\cos 2x+\frac{x}{2}\sin 2x+C$；

(5) $-e^{-x}\operatorname{arccot}e^x-x+\frac{1}{2}\ln(1+e^{2x})+C$；

(6) $x\tan x+\ln|\cos x|+C$；

(7) $-\cot x\cdot\ln(\sin x)-\cot x-x+C$；

(8) $-\frac{1}{x}(\ln^2 x+2\ln x+2)+C$；

(9) $x\ln(x+\sqrt{1+x^2})-\sqrt{1+x^2}+C$；

(10) $\frac{e^x}{1+x}+C$；

(11) $\frac{1}{8}e^{2x}(2-\cos 2x-\sin 2x)+C$；

(12) $(x+1)\arctan\sqrt{x}-\sqrt{x}+C$。

2. 提示：使用分部积分法，注意到 $P^{(n+1)}(x)\equiv 0$。

习题 4.4

1. (1) $-\frac{1}{3}\frac{1}{x-1}+\frac{2}{9}\ln\left|\frac{x-1}{x+2}\right|+C$；

(2) $x+\frac{1}{6}\ln|x|-\frac{9}{2}\ln|x-2|+\frac{28}{3}\ln|x-3|+C$；

(3) $x+\frac{1}{3}\arctan x-\frac{8}{3}\arctan\frac{x}{2}+C$;　(4) $\tan x-\frac{2}{\tan x}-\frac{1}{3\tan^3 x}+C$;

(5) $\frac{1}{\sqrt{5}}\arctan\frac{3\tan\frac{2}{x}+1}{\sqrt{5}}+C$;　(6) $\frac{1}{4}\ln\left|\frac{x-1}{x+1}\right|-\frac{1}{2}\arctan x+C$;

(7) $\arctan\left(\frac{x}{\sqrt{x^2+1}}\right)+C$;　(8) $-\frac{4}{1+\sqrt[4]{x}}+\frac{2}{(1+\sqrt[4]{x})^2}+C$;

(9) $-\frac{3}{2}\sqrt[3]{\frac{x+1}{x-1}}+C$;　(10) $-\frac{1}{\sqrt{2}}\ln\left|\frac{\sqrt{2}x+\sqrt{x^4+1}}{x^2-1}\right|+C$。

2. 提示：设 $a_1\sin x+b_1\cos x=A(a\sin x+b\cos x)+B(a\cos x-b\sin x)$，其中 A，B 为常数。

总习题 4

1. $F(x)+C$。

2. $\frac{1}{a}F(ax+b)+C$。

3. $\frac{1}{4}x^3\mathrm{e}^{\ln x}+C$。

4. $y=-\frac{2}{\sqrt{x}}+3$。

5. C。

6. B。

7. B。

8. $f(x)=\frac{1}{3}x^3+2$。

9. (1) $(\sqrt{2x-1}-1)\mathrm{e}^{\sqrt{2x-1}}+C$;　(2) $\frac{3}{7}x^{\frac{7}{3}}+C$;

(3) $4t^3+3\cos t+C$;　(4) $2x^3-\frac{5}{2}x^2+x+C$;

(5) $-\frac{1}{4}(1-3x)^{\frac{4}{3}}+C$;　(6) $\frac{1}{2\sqrt{6}}\ln\left|\frac{\sqrt{2}+\sqrt{3}x}{\sqrt{2}-\sqrt{3}x}\right|+C$;

(7) $\frac{1}{4}\arctan\frac{x^2}{2}+C$;　(8) $\cos\frac{1}{x}+C$;

(9) $-\ln(\mathrm{e}^{-x}+\sqrt{1+\mathrm{e}^{-2x}})+C$;　(10) $-\frac{4}{3}(\cot x)^{\frac{3}{4}}+C$;

(11) $\left(\frac{2}{3}-\frac{4}{7}\sin^2 x+\frac{2}{11}\sin^4 x\right)\sqrt{\sin^3 x}+C$;　(12) $\frac{1}{\sqrt{2}}\arctan\frac{x^2-1}{\sqrt{2}x}+C$;

(13) $\frac{1}{2}x^2-x+\ln|1+x|+C$;　(14) $\frac{2}{3}x^{\frac{3}{2}}\left(\ln^2 x-\frac{4}{3}\ln x+\frac{8}{9}\right)+C$;

(15) $x+2\arctan(\mathrm{e}^x)+C$;　(16) $\frac{1}{a^2}\frac{x}{\sqrt{x^2+a^2}}+C$;

(17) $a\arctan\frac{x}{a}-\sqrt{a^2-x^2}+C$;　(18) $\frac{2}{\sqrt{7}}\arctan\frac{2x-1}{\sqrt{7}}+C$;

(19) $\frac{1}{3}x^3\arccos x-\frac{x^2+2}{9}\sqrt{1-x^2}+C$;　(20) $\frac{1}{4}\ln\frac{(x+1)^2}{x^2+1}+\frac{1}{2}\arctan x+C$;

(21) $x\ln(x+\sqrt{1+x^2})-\sqrt{1+x^2}+C$; (22) $x(\arcsin x)^2+2\sqrt{1-x^2}\arcsin x-2x+C$;

(23) $-\frac{x}{2(1+x^2)}+\frac{1}{2}\arctan x+C$; (24) $-\sqrt{5+x-x^2}+\frac{1}{2}\arcsin\frac{2x-1}{\sqrt{21}}+C$;

(25) $4\ln\left|\frac{x-1}{x-2}\right|-\frac{5x-6}{x^2-3x+2}+C$; (26) $\frac{1}{5}\ln\left|\frac{x(x^4-5)}{x^5-5x+1}\right|+C$。

10. (1) $xf'(x)-f(x)+C$; (2) $\frac{1}{2}f(2x)+C$。

11. 提示：由 $f'(\sin^2x)=\cos^2x=1-\sin^2x$，可得 $f'(x)=1-x$。

12. 提示：$f(x)=x|x|=\begin{cases}x^2, & x\geqslant 0,\\ -x^2, & x<0。\end{cases}$

13. 提示：设 $t=\ln x$，则 $f'(t)=\begin{cases}1, & t\leqslant 0,\\ e^t, & t>0。\end{cases}$

第5章

习题 5.1

1. (1) $\frac{1}{4}$; (2) $e-1$; (3) $c(b-a)$。

2. (1) 大于；(2) 小于；(3) 大于；(4) 大于。

3. $a=0$，$b=1$。

4. (1) 6; (2) −2; (3) −3; (4) 5。

5~7. 略。

习题 5.2

1. 0，$\frac{1}{2}$。

2. $\cot t$。

3. $x=0$。

4. (1) $2x\sqrt{1+x^6}$; (2) $-\sin x\sin(\cos^2x)-\cos x\sin(\sin^2x)$;

(3) $\sec^2x\sqrt{\sin(\tan x)}$; (4) $\frac{1}{2\sqrt{x}}e^{\cos\sqrt{x}}$。

5. (1) $\frac{1}{2}$; (2) $\frac{1}{2}$; (3) $\frac{1}{2}$; (4) 2。

6. $\frac{dy}{dx}=-\frac{\cos x}{2e^y}$。

7. (1) $\frac{29}{6}$; (2) $\frac{\pi}{6}$; (3) $\frac{25}{2}$; (4) $\frac{3}{2}$; (5) $\frac{(b-a)^{n+1}}{n+1}$; (6) 1; (7) −1; (8) $2\sqrt{2}$; (9) $\frac{\sqrt{3}}{2}$;

(10) e^b-e^a; (11) 2; (12) $\frac{\pi}{2}$; (13) $\frac{2}{3}a^{\frac{3}{2}}$; (14) 2; (15) $\frac{1}{2}\arccos\left(-\frac{2}{3}\right)-\frac{\pi}{3}$; (16) $\frac{1}{2}\ln^2 2$;

(17) e^2; (18) $\frac{1}{x^a}-\frac{1}{x^b}$; (19) $\frac{8}{3}$; (20) $\frac{b^{n+1}-a^{n+1}}{n+1}$。

8. 略。

9. 0。

10. 略。

习题 5.3

1. (1) 2ln3; (2) $\frac{1}{6}$; (3) $\frac{3}{2}$; (4) $1-e^{-\frac{1}{2}}$; (5) $\frac{1}{3}$; (6) $2(\sqrt{3}-1)$; (7) $\frac{1}{4}$; (8) $\frac{\pi}{12}-\frac{\sqrt{3}}{8}$;

(9) $\frac{\pi}{3}+\frac{\sqrt{3}}{2}$; (10) $\arctan e-\frac{\pi}{4}$; (11) $\frac{4}{3}$; (12) 2。

2. (1) $1-2e^{-1}$; (2) 1; (3) $\frac{e^2+1}{4}$; (4) $\frac{\pi}{4}-\frac{1}{2}$; (5) 8ln2−1; (6) 0; (7) $2\left(\frac{\pi}{2}-1\right)$; (8) $2e^2$;

(9) $\frac{e^{\frac{\pi}{2}}+1}{2}$; (10) $2\left(1-\frac{1}{e}\right)$。

3. 略。

习题 5.4

1. (1) $\frac{1}{2}$; (2) 发散; (3) π; (4) 发散; (5) 1; (6) $\frac{8}{3}$。

2. $k>1$ 时收敛; $k\leqslant 1$ 时发散。

3. −2。

4. $\tan\frac{1}{2}-\frac{1}{2}(e^{-4}-1)$。

5. 略。

6. 略。

总习题 5

1. (1) $\frac{1}{4}$; (2) $\frac{\pi}{16}a^4$; (3) $\frac{1}{6}$; (4) 1−2ln2; (5) 0; (6) 0; (7) 8ln2−4; (8) $\frac{1}{5}(e^{\pi}-2)$;

(9) $\frac{e}{2}(\sin 1-\cos 1+1)$; (10) $\frac{\pi}{4}$。

2. $\frac{dy}{dx}=-\frac{\cos x}{e^y}$。

3. 当 $x=0$ 时, 函数 $I(x)$ 有极小值。

4. $-\sin x\cos(\pi\cos^2 x)-\cos x\cos(\pi\sin^2 x)$。

5. $\frac{8}{3}$。

6. $\frac{\pi^2}{4}$。

7. $\frac{2}{3}$。

8. $f(x)=x-1$。

9. $a=0$ 或 $a=-1$。

10. $2e^{-2}$。

11. $\frac{1}{2}$。

12. 略。

13. $\frac{1}{4}$。

14. 略。

15. $y=2x$。

16. $\frac{1}{5}$。

第6章

习题 6.2

1. (1) $\frac{15}{2}-2\ln 2$；(2) $\frac{32}{3}$；(3) $e^2+e^{-2}-2$；(4) $\frac{1}{3}$；(5) $b-a$。

2. $\frac{9}{4}$。

3. $k=1$。

4. $3\pi a^2$。

5. (1) πa^2；(2) 18π；(3) $\frac{5\pi}{4}$；(4) $\frac{\pi}{6}+\frac{1-\sqrt{3}}{2}$。

6. $\frac{a^2}{4}(e^{2\pi}-e^{-2\pi})$。

7. (1) 625π；(2) 8π；(3) $\frac{8\pi}{3}$；(4) $\frac{3\pi}{10}$；(5) $160\pi^2$；(6) $\frac{\pi^2}{2}$。

8. $5\pi^2a^3$，$6\pi^3a^3$，$7\pi^2a^3$。

9. $\frac{\pi hR^2}{2}$。

10. $\frac{4\sqrt{3}R^3}{3}$。

11. $2\sqrt{3}-\frac{4}{3}$。

12. $1+\frac{1}{2}\ln\frac{3}{2}$。

13. $6a$。

14. $\frac{\sqrt{1+a^2}}{a}(e^{a\varphi}-1)$。

15. $8a$。

习题 6.3

1. 974.70kJ。

2. $0.32k$(J)。

3. $2kca^2$(k 为比例系数)。

4. 20.51J。

5. $\frac{\rho gah^2}{6}$。

6. 14373kN。

7. 引力大小为$\frac{2Gm\mu l}{a}\cdot\frac{1}{\sqrt{4a^2+l^2}}$，方向与细棒垂直且由质点指向细棒。

8. 引力大小为$\frac{2Gm\mu}{R}\sin\frac{\varphi}{2}$，方向指向圆弧的中心。

总习题 6

1. $\frac{8}{3}$。

2. $\frac{1}{10}(99\ln10-81)$。

3. $\frac{3\pi+2}{9\pi-2}$。

4. $\frac{e}{2}$。

5. $\frac{8}{3}$。

6. $\frac{\pi-1}{4}a^2$。

7. $\frac{1}{4}\pi a^2$。

8. $2\pi^2a^2b$。

9. 略。

10. $2\pi^2$。

11. $\frac{8}{9}\left[\left(\frac{5}{2}\right)^{\frac{3}{2}}-1\right]$。

12. $\sqrt{6}+\ln(\sqrt{2}+\sqrt{3})$。

13. $\frac{4}{3}\pi r^4 g$。

14. 1.65N。

15. $F_x=\frac{3}{5}Ga^2$，$F_y=\frac{3}{5}Ga^2$。

16. $W=GMm\left(\frac{1}{R}-\frac{1}{R+h}\right)$（$G$ 为引力常量，R 为地球半径，M 为地球质量），v_0 至少为 11.2km/s。

第 7 章

习题 7.1

1. (1) 二阶；(2) 一阶；(3) 一阶；(4) 一阶。
2. 特解为 $y=2e^{2x}-2e^x$。
3. $y=x^2-1$。
4. (1) 是；(2) 是；(3) 是；(4) 是。
5. 略。

习题 7.2

1. (1) $y=Ce^{x^3}$； (2) $(1-x)(1+y)=C$；
   (3) $y=Ce^{-\frac{x^2}{2}}$； (4) $\ln^2x+\ln^2y=C$。
2. (1) $x^2y=4$； (2) $\frac{1}{2}y^2-\frac{1}{5}x^5=\frac{9}{2}$；

（3）$y=\frac{1}{2}(\arctan x)^2$；（4）$\cos x-\sqrt{2}\cos y=0$。

3. $t=-0.0305h^{\frac{5}{2}}+9.64$，水流完所需的时间约为 10s。

4. $xy=6$。

5. 取 O 为原点，河岸朝顺水方向为 x 轴，y 轴指向对岸，则所求航线为

$$x=\frac{k}{a}\left(\frac{h}{2}y^2-\frac{1}{3}y^3\right)。$$

习题 7.3

1. （1）$y=C(x+2y)^2$；（2）$y=x(\ln|x|+C)^2$ 和 $y=0$；

（3）$y^2=x^2\ln(Cx^2)$；（4）$\ln\frac{y^2}{|x|}+\frac{x}{y}=C$；

（5）$Cx^3=e^{\frac{y^3}{x^3}}$；（6）$2xy-y^2=C$。

2. （1）$y=-x\ln|1-\ln|x||$；（2）$\sin\frac{y}{x}=\frac{\sqrt{2}}{2}x$；

（3）$y=x\arcsin\frac{x^2}{4}$；（4）$y^3=x^3(3\ln|x|+1)$。

3. $\arctan\left(\frac{y-5}{x-1}\right)-\frac{1}{2}\ln\left[1+\left(\frac{y-5}{x-1}\right)^2\right]=\ln|C(x-1)|\ (x\neq1)$。

习题 7.4

1. （1）$y=3x-3+Ce^{-x}$；（2）$y=\frac{1}{x^2}\left(C-\frac{1}{3}\cos 3x\right)$；

（3）$y=e^{-x}(x+C)$；（4）$y=e^{-\sin x}(x+C)$；

（5）$\frac{x^6}{y}-\frac{x^8}{8}=C$ 和 $y=0$；（6）$xy\left(C-\frac{a}{2}\ln^2x\right)=1$；

（7）$y=C(x+2y)^2$；（8）$y-2x=Cx^2y$；

（9）$y=(x^2+C)e^{-x^2}$；（10）$y=\frac{\sin x+C}{x}$。

2. （1）$y=e^{x^2}(\sin x+2)$；（2）$y=x^2(e^x-e)$；

（3）$y=\frac{1}{3}x-\frac{1}{3x^2}$；（4）$y=\frac{e^x}{x}$。

3. $y=2(e^x-x-1)$。

4. $\ln|x|+\int\frac{g(u)\mathrm{d}u}{u[f(u)-g(u)]}=C$，求出后将 $u=xy$ 代回，求通解。

5. 略。

6. 略。

习题 7.5

1. （1）$-\frac{1}{y}+\frac{x^2}{y^3}=C$；（2）$\frac{x^4}{4}-\frac{3}{2}x^2y^2+\frac{y^4}{4}=C$；

（3）$x^2+\frac{2}{3}(x^2-y)^2=C$；（4）$y+xy+\frac{x^3}{3}+\frac{x^4}{4}=C$。

2. （1）$x-y-\ln(x+y)=C$；（2）$-\frac{1}{xy}+\ln(y+1)=C$。

习题 7.6

1. (1) $y=x\arctan x-\frac{1}{2}\ln(1+x^2)+C_1x+C_2$；　(2) $y=\frac{1}{27}e^{3x}+\cos x+\frac{1}{2}C_1x^2+C_2x+C_3$；

(3) $y=\frac{1}{6}x^3-\sin x+C_1x+C_2$；　(4) $y=(x-3)e^x+C_1x^2+C_2x+C_3$；

(5) $y=C_1e^x-\frac{1}{2}x^2-x+C_2$；　(6) $y=C_1\ln|x|+C_2$；

(7) $y=\frac{1}{6}x^3+e^x+C_1x+C_2$；　(8) $C_1y^2-1=(C_1x+C_2)^2$；

(9) $(1+y)^2=2C_1x+C_2$；　(10) $y^3=C_1x+C_2$。

2. (1) $y=(\arcsin x)^2+C_1\arcsin x+C_2$；　(2) $y=-\frac{1}{2}x^2-x+C_1e^x+C_2$；

(3) $y=x^3+3x+1$；　(4) $y=(\arcsin x)^2+C_1\arcsin x+C_2$；

(5) $y=\frac{1}{12}(x+2)^3-\frac{2}{3}$。

3. $y=\frac{x^2}{6}+\frac{x}{2}+1$。

4. $s=\frac{mg}{c}\left(t+\frac{m}{c}e^{-\frac{c}{m}t}-\frac{m}{c}\right)$。

习题 7.7

1. (1)(4)(5)(6) 线性无关。

2. 提示：设 $k_1+k_2\sin x+k_3\cos x=0$，等式两边同时求导得 $k_2\cos x-k_3\sin x=0$，当 $x=0$ 时，得 $k_2=0$；当 $x=\frac{\pi}{2}$ 时，得 $k_3=0$；代入 $k_1+k_2\sin x+k_3\cos x=0$，得 $k_1=0$。即 $k_1=k_2=k_3=0$，所以 1，$\sin x$，$\cos x$ 线性无关。

3. $y=C_1(x-1)+C_2(x^2-1)+1$。

4. $y=y_3+C_1(y_1-y_2)+C_2(y_2-y_3)$。

5. $y=C_1\cos\omega x+C_2\sin\omega x$。

6. $y=(C_1+C_2x)e^{x^2}$。

7. 略。

习题 7.8

1. (1) $y=C_1e^{-2x}+C_2e^{-3x}$；　(2) $y=e^{-\frac{1}{4}x}\left(C_1\cos\frac{\sqrt{7}}{4}x+C_2\sin\frac{\sqrt{7}}{4}x\right)$；

(3) $y=e^{-3x}(C_1+C_2x)$；　(4) $y=C_1+C_2e^{4x}+x$；

(5) $y=C_1e^{3x}+C_2e^{-x}-\frac{2}{3}x+\frac{1}{9}$；　(6) $y=C_1e^x+C_2e^{-2x}+\frac{2}{3}xe^x$；

(7) $y=C_1e^x+C_2e^{-x}+\frac{1}{10}\cos 2x-\frac{1}{2}$；　(8) $y=C_1e^{-x}+C_2e^{-2x}+\left(\frac{3}{2}x^2-3x\right)e^x$。

2. (1) $y=4e^x+2e^{3x}$；　(2) $y=\left(1+\frac{3}{2}x\right)e^{\frac{x}{2}}$；

(3) $y=\frac{7}{2}e^{2x}-5e^x+\frac{5}{2}$；　(4) $y=e^{-\frac{3}{2}x}+2e^{-\frac{5}{2}x}+xe^{-\frac{3}{2}x}$；

(5) $y=e^{-x}-e^{4x}$；　(6) $y=3e^{-2x}\sin 5x$；

(7) $y=e^x-e^{-x}+e^x(x^2-x)$；(8) $y=\frac{11}{16}+\frac{5}{16}e^{4x}-\frac{5}{4}x$。

3. 取炮口为原点，炮弹前进的水平方向为 x 轴、铅直向上为 y 轴，建立直角坐标系。弹道曲线为

$$\begin{cases}x=v_0\cos\alpha\cdot t,\\ y=v_0\sin\alpha\cdot t-\frac{1}{2}gt^2。\end{cases}$$

4. $\varphi(x)=\frac{1}{2}(\cos x+\sin x+e^x)$。

5. (1) $t=\sqrt{\frac{10}{g}}\ln(5+2\sqrt{6})$(s)；(2) $t=\sqrt{\frac{10}{g}}\ln\left(\frac{19+4\sqrt{22}}{3}\right)$(s)。

总习题 7

1. (1) 三；(2) 3；(3) $x^2+y^2=C$；(4) $y=C_1(x-1)+C_2(x^2-1)+1$；(5) $y''-2y'+y=0$。

2. (1) D；(2) B；(3) C；(4) B；(5) A。

3. (1) $x-\sqrt{xy}=C$；(2) $y=ax+\frac{C}{\ln x}$；

(3) $y=\ln|\cos(x+C_1)|+C_2$；(4) $y=\frac{1}{2C_1}(e^{C_1x+C_2}+e^{-C_1x+C_2})$；

(5) $1-y^2=C(1-x^2)$；(6) $y=\frac{1}{x}(e^x+C)$；

(7) $y=C_1e^{3x}+C_2e^{-x}$；(8) $y=C_1e^x+C_2e^{-x}+(x^2-x)e^x$。

4. (1) $1+e^y=2x$；(2) $y=\frac{1}{5}e^{2x}+\frac{4}{5}e^{5-3x}$；

(3) $y=\frac{4}{3}e^{4x}\sin 3x$；(4) $y=-5e^x+\frac{7}{2}e^{2x}+\frac{5}{2}$；

(5) $y=-\frac{1}{a}\ln(ax+1)$；(6) $y=xe^{-x}+\frac{1}{2}\sin x$。

5. $y=\frac{1}{2}(1+x^2)[\ln(1+x^2)-1]$。

6. $y=\frac{5}{2}e^x-\frac{1}{2}e^{3x}$。

7. (1) $f(x)=(x+1)e^x$；(2) $f(x)=e^{2x}\ln 2$。

8. $y=x-x\ln x$。

9. 约 $250m^3$。

10. $\varphi(x)=\cos x+\sin x$。

参考文献

[1] 陈静，戴绍虞. 高等数学：上册[M]. 南京：南京大学出版社，2017.

[2] 同济大学数学系. 高等数学：上册[M]. 6版. 北京：高等教育出版社，2007.

[3] 华东师范大学数学系. 数学分析：上册[M]. 3版. 北京：高等教育出版社，2001.

[4] 同济大学数学系. 高等数学：上册[M]. 7版. 北京：高等教育出版社，2014.

[5] 王震，惠小健. 高等数学[M]. 南京：南京大学出版社，2017.

[6] 华东师范大学数学系. 数学分析：上册[M]. 5版. 北京：高等教育出版社，2019.

[7] 蔡高厅，邱忠文，李君湘. 高等数学试题精选与解答[M]. 天津：天津大学出版社，2002.

[8] 刘讲军. 高等数学[M]. 北京：北京理工大学出版社，2017.

[9] 马建国. 数学分析：上册[M]. 北京：科学出版社，2011.

[10] 滕兴虎，郑琴，周华任，等. 吉米多维奇数学分析习题集精选详解[M]. 南京：东南大学出版社，2011.

[11] 王宪杰. 高等数学典型应用实例与模型[M]. 北京：科学出版社，2005.

[12] 梅顺治，刘富贵. 高等数学方法与应用[M]. 北京：科学出版社，2000.

[13] 舒阳春. 高等数学中的若干问题解析[M]. 北京：科学出版社，2005.